Aleida-Seraphia-Maria Ixkes 6c 09/10
Hanna Ziai 6d 10/11
Ralf Schöner 6b 12/13 Sa

Lambacher Schweizer 6

Mathematik für Gymnasien

Hessen

bearbeitet von
Christina Drüke-Noe
Harald Eisfeld
Edmund Herd
Andreas König
Michael Stanzel
Andrea Stühler

Ernst Klett Schulbuchverlage
Stuttgart · Leipzig

Begleitmaterial:
Zu diesem Buch gibt es ein Lösungsheft mit der ISBN-13: 978-3-12-734763-6, ISBN-10: 3-12-734763-4

1. Auflage 1 5 4 3 | 2010 09 08

Alle Drucke dieser Auflage sind unverändert und können im Unterricht nebeneinander verwendet werden. Die letzten Zahlen bezeichnen jeweils die Auflage und das Jahr des Druckes.

Internetadresse: www.klett.de

Autoren: Manfred Baum; Martin Bellstedt; Heidi Buck; Christina Drüke-Noe; Prof. Rolf Dürr; Harald Eisfeld; Hans Freudigmann; Dr. Frieder Haug; Edmund Herd; Andrea Stühler;
Berater: Andreas König Michael Stanzel
Redaktion: Katja Biallaß; Dr. Matthias Dorn
Gestaltung: Claudia Rupp, Stuttgart; Andreas Staiger, Stuttgart
Zeichnungen/Illustrationen: Uwe Alfer, Waldbreitbach; Jochen Ehmann, Stuttgart; Christine Lackner-Hawighorst, Ittlingen; Helmut Holtermann, Dannenberg
Bildkonzept Umschlag: Soldankommunikation, Stuttgart
Umschlagfotografie: Katja Krause, Würzburg

DTP/Satz: topset Computersatz, Nürtingen
Reproduktion: Meyle + Müller, Medien-Management, Pforzheim
Druck: Stürtz GmbH, Würzburg
Printed in Germany
ISBN-13: 978-3-12-734761-6
ISBN-10: 3-12-734761-8

Moderner Mathematikunterricht mit dem Lambacher Schweizer

Mathematik – vielseitig und schülerorientiert
Ein zeitgemäßer Mathematikunterricht soll Kindern und Jugendlichen neben Rechenfertigkeiten zahlreiche weitere Fähigkeiten vermitteln, die grundlegend für die Allgemeinbildung sowie hilfreich zum Verstehen der Umwelt sind.

Das Erlernen solcher fachlicher und überfachlicher **Basisfähigkeiten** wird im Lambacher Schweizer in einem vielfältigen Aufgabenangebot für die Schülerinnen und Schüler ermöglicht. Auf den Seiten „Wiederholen – Vertiefen – Vernetzen" und in den Sachthemen werden zudem die Inhalte der Kapitel bzw. des Buches noch einmal für integriertes und vernetzendes Lernen aufbereitet. Die Sachthemen behandeln unter einem Oberthema Inhalte aus allen Kapiteln des Buches oder schulen Fähigkeiten wie das Lösen von Problemen, das Argumentieren und das Begründen. Sie lassen sich sowohl nutzen, um über sie in die Kapitel einzusteigen, als auch als Wiederholung und Festigung im Anschluss an die Kapitel.
Im neuen hessischen Lehrplan werden die Inhalte des Mathematikunterrichts fünf zentralen und schülerverständlichen **Leitideen** zugeordnet, die über die achtjährige Gymnasialzeit hin Bestand haben und sich im Lambacher Schweizer durchgängig wieder finden: Zahl, Messen, Raum und Form, Funktionaler Zusammenhang, sowie Daten und Zufall. Dies bietet für die Schülerinnen und Schüler die Chance, Zusammenhänge über die Kapitel hinaus herzustellen und damit ein größeres Verständnis für die Mathematik zu erlangen.
Um grundlegende Fertigkeiten und Inhalte, so genanntes **Basiswissen**, bei den Schülerinnen und Schülern langfristig zu sichern, werden mit der Frage „Kannst du das noch?" Aufgaben zu früheren Themen eingestreut. Weitere Möglichkeiten zum selbstkontrollierten Üben sind mit den Aufgaben zu „Bist du sicher?" und in den „Trainingsrunden" gegeben.

Das achtjährige Gymnasium
Die Verkürzung der gymnasialen Schulzeit in Hessen und die Anpassung des Lehrplans führen zu einigen Änderungen des Lernstoffes und seiner Abfolge. Der gesamte Lehrplan und seine Zielsetzungen werden im Lambacher Schweizer passgenau umgesetzt. Neu in Klasse 6 sind z. B. die Abschnitte zu Winkeln im Dreieck und den besonderen Linien im Dreieck, sowie das neue Kapitel zur Wahrscheinlichkeitsrechnung.
Ein Beispiel für integriertes und vernetzendes Lernen zeigt sich in der gemeinsamen Einführung von Bruch-, Dezimal- und Prozentschreibweise bei Bruchzahlen. Sie verdeutlicht, dass es sich nur um verschiedene Darstellungen derselben Zahl handelt.
Im Sinne verständnisorientierter Vorbereitung zukünftiger Lernstoffe wird in Klasse 6 beispielsweise mit den ersten Schritten des Begründens bei geometrischen Sachverhalten eine Grundlage für das abstraktere Vorgehen beim Beweisen und Begründen in Klasse 7 gelegt.

Einsatz des Taschenrechners und des Computers in Klasse 6
Der Lehrplan sieht in Hessen in Klasse 6 die Einführung und sinnvolle Nutzung des Taschenrechners bei rechenintensiven Aufgaben vor. Dies bietet die Möglichkeit, Anwendungsbezüge herzustellen und dabei zeitaufwändige und fehleranfällige Rechnungen zu umgehen. Bei entsprechenden Aufgaben wird dies durch das Taschenrechnersymbol gekennzeichnet.
In einigen Aufgaben wird das Wissen aus Klasse 5 zur Nutzung eines Programms zur Tabellenkalkulation wieder aufgefrischt. Zwei Exkursionen zur Nutzung eines Geometrie-Programms (DGS, d. h. Dynamische Geometrie Software) am Computer runden dieses Angebot zum Computereinsatz ab. Aufgaben, die mithilfe des Computers gelöst werden können bzw. müssen, werden mit bzw. gekennzeichnet.

Inhaltsverzeichnis

Lernen mit dem Lambacher Schweizer

Liebe Schülerinnen und Schüler,

auf diesen zwei Seiten stellen wir euer neues Mathematikbuch vor, das euch im Mathematikunterricht begleiten und unterstützen soll.

Wie ihr im Inhaltsverzeichnis sehen könnt, besteht das Buch aus sechs **Kapiteln** und zwei **Sachthemen**. In den Kapiteln lernt ihr nacheinander neue mathematische Inhalte kennen. In dem Sachthema Olympia trefft ihr wieder auf die Inhalte aller Kapitel, allerdings versteckt in olympischen Rekorden. In dem anderen Sachthema lernt ihr viele allgemein hilfreiche Techniken zum Lösen von Problemen kennen. Ihr seht also, mathematischen Problemen begegnet man nicht nur im Mathematikunterricht.

In den Kapiteln geht es darum, neue Inhalte kennen zu lernen, zu verstehen, zu üben und zu vertiefen.
Sie beginnen mit einer **Auftaktseite**, auf der ihr entdecken und lesen könnt, was euch in dem Kapitel erwartet.

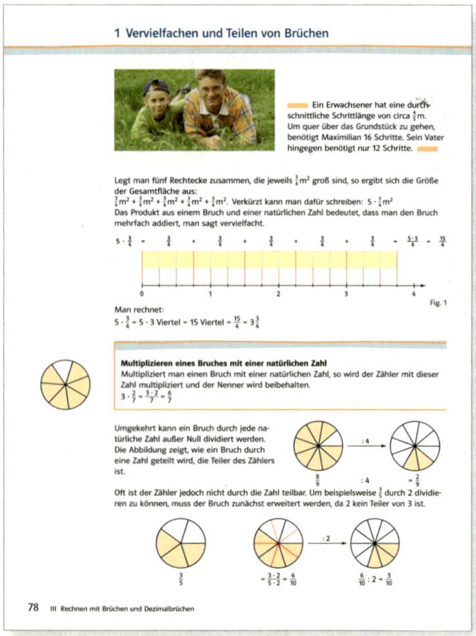

Die Kapitel sind in **Lerneinheiten** unterteilt, die euch immer einen mathematischen Schritt voranbringen. Zum **Einstieg** findet ihr stets eine Anregung oder eine Frage zu dem Thema. Ihr könnt euch dazu alleine Gedanken machen, es in der Gruppe besprechen oder mit der ganzen Klasse gemeinsam mit eurer Lehrerin oder eurem Lehrer diskutieren.

Im **Merkkasten** findet ihr die wichtigsten Inhalte der Lerneinheit zusammengefasst. Ihr solltet ihn deshalb sehr aufmerksam lesen.

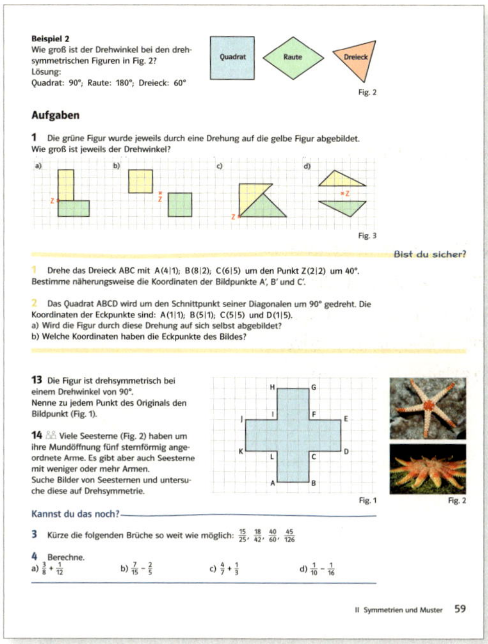
Beispiel 2
Wie groß ist der Drehwinkel bei den drehsymmetrischen Figuren in Fig. 2?
Lösung:
Quadrat: 90°; Raute: 180°; Dreieck: 60°

Fig. 2

Aufgaben

1 Die grüne Figur wurde jeweils durch eine Drehung auf die gelbe Figur abgebildet.
Wie groß ist jeweils der Drehwinkel?

Fig. 3

Bist du sicher?

1 Drehe das Dreieck ABC mit A(4|1); B(8|2); C(6|5) um den Punkt Z(2|2) um 40°.
Bestimme näherungsweise die Koordinaten der Bildpunkte A', B' und C'.

2 Das Quadrat ABCD wird um den Schnittpunkt seiner Diagonalen um 90° gedreht. Die Koordinaten der Eckpunkte sind: A(1|1); B(5|1); C(5|5) und D(1|5).
a) Wird die Figur durch diese Drehung auf sich selbst abgebildet?
b) Welche Koordinaten haben die Eckpunkte des Bildes?

13 Die Figur ist drehsymmetrisch bei einem Drehwinkel von 90°.
Nenne zu jedem Punkt des Originals den Bildpunkt (Fig. 1).

14 Viele Seesterne (Fig. 2) haben um ihre Mundöffnung fünf sternförmig angeordnete Arme. Es gibt aber auch Seesterne mit weniger oder mehr Armen.
Suche Bilder von Seesternen und untersuche diese auf Drehsymmetrie.

Fig. 1

Fig. 2

Kannst du das noch?

3 Kürze die folgenden Brüche so weit wie möglich: $\frac{15}{25}$, $\frac{18}{42}$, $\frac{40}{60}$, $\frac{45}{126}$

4 Berechne.
a) $\frac{3}{8} + \frac{1}{12}$ b) $\frac{7}{15} - \frac{2}{5}$ c) $\frac{4}{7} + \frac{1}{3}$ d) $\frac{1}{10} - \frac{1}{16}$

II Symmetrien und Muster 59

Vor den Aufgaben findet ihr **Beispiel**aufgaben. Sie führen euch vor, wie ihr die nachfolgenden Aufgaben lösen sollt. Hilfreiche Hinweise sind in kursiver Schrift ergänzt.

In dem Aufgabenblock **Bist du sicher?** könnt ihr alleine testen, ob ihr die grundlegenden Aufgaben zu dem neu gelernten Stoff lösen könnt. Die Lösungen dazu findet ihr hinten im Buch.

In den Aufgaben, die mit 👥 oder 👥👤 gekennzeichnet sind, bietet es sich besonders an, mit einem Partner oder in einer Gruppe zu arbeiten.

Mit den **Kannst-du-das-noch?**-Aufgaben könnt ihr altes Wissen wiederholen. Oft bereitet es euch auf das nächste Kapitel vor. Auch die Lösungen für diese Aufgaben findet ihr hinten im Buch.

Wiederholen – Vertiefen – Vernetzen

Auf den Seiten **Wiederholen – Vertiefen – Vernetzen** findet ihr Aufgaben, die den Lernstoff verschiedener Lerneinheiten und manchmal auch der Kapitel miteinander verbinden.

Rückblick

Training Runde 1

Am Ende des Kapitels findet ihr jeweils zwei Seiten, die euch helfen, das Gelernte abzusichern. Auf den **Rückblick**seiten sind die wichtigsten Inhalte des Kapitels zusammengefasst. Und in den **Trainingsrunden** könnt ihr noch einmal üben, was ihr im Kapitel gelernt habt. Sie eignen sich auch gut als Vorbereitung für Klassenarbeiten. Die Lösungen dazu findet ihr auf den hinteren Seiten des Buches.

Horizonte Exkursion

Entdeckungen Exkursion

Geschichten Exkursion

Besonders viel Spaß wünschen wir euch bei den **Exkursionen**: Horizonte, Entdeckungen, Geschichten am Ende der Kapitel.
Auf den **Horizonte**-Seiten könnt ihr interessante Dinge erfahren, z. B., wie die Ägypter schon vor über 4000 Jahren mit Brüchen gerechnet haben. Auf den **Entdeckungen**-Seiten könnt ihr selbst aktiv werden und z. B. herausfinden, warum Höflichkeit auch eine gute Gewinnstrategie ist. Die **Geschichten** schließlich könnt ihr vor allem einfach lesen. Vielleicht werdet ihr manchmal staunen, wie alltäglich Mathematik sein kann.

Ihr könnt euch also auf euer Mathematikbuch verlassen. Es gibt euch viele Hilfestellungen für den Unterricht und die Klassenarbeiten und vor allem möchte es euch zeigen: Mathematik ist sinnvoll und kann Freude machen.

Wir wünschen euch viel Erfolg!
Das Autorenteam und der Verlag

Das kannst du schon

- Mit natürlichen Zahlen rechnen
- Mit Längen, Gewichten und Uhrzeiten rechnen
- Flächeninhalte und Rauminhalte berechnen

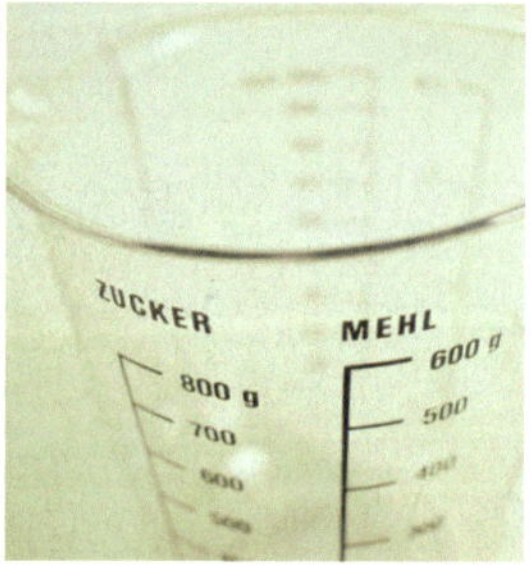

Zahl

Messen

Raum und Form

Funktionaler Zusammenhang

Daten und Zufall

Bruch, Komma und Prozent

Wir schreiben hier für den Beginn
mal ein paar neue Zahlen hin:
1; 0,1; 0,001; 0,0001 ...
Kaum steh'n sie da, hört man die Worte:
Von uns gibt's auch noch diese Sorte
$\frac{1}{1}$; $\frac{1}{10}$; $\frac{1}{100}$; $\frac{1}{1000}$; $\frac{1}{10\,000}$ ...

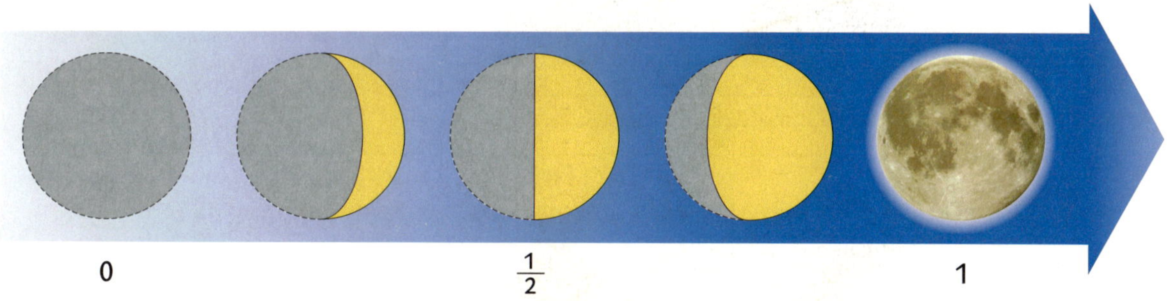

Das kannst du bald

- Anteile mit Brüchen, Dezimalbrüchen und in Prozent angeben
- Brüche und Dezimalbrüche vergleichen
- Brüche und Dezimalbrüche addieren und subtrahieren
- Kommazahlen als Dezimalbrüche verstehen

1 Brüche und Anteile

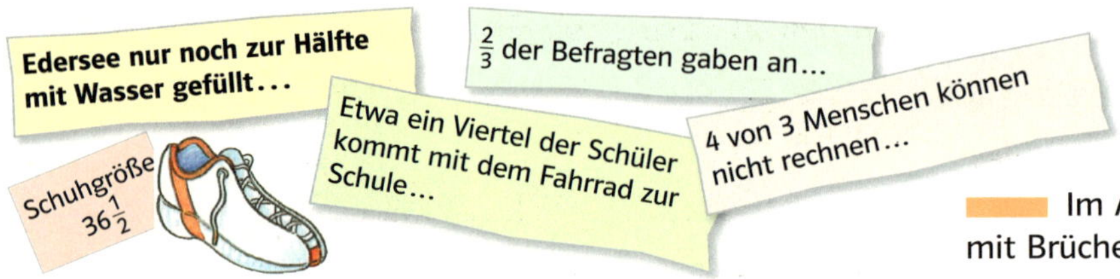

Im Alltag findest du häufig Angaben mit Brüchen.

Brüche können Anteile von Größen, wie Längen, Gewichten und Zeitdauern angeben.
Zum Beispiel bedeutet $\frac{3}{4}$m drei Viertel von 1 Meter.
Man erhält $\frac{3}{4}$m, indem man einen Meter in vier gleich lange Teile aufteilt und drei dieser Teile nimmt (siehe Fig 1). Man rechnet:

Fig. 1

1m = 100cm
Ein Viertel von 100cm = 25cm
Drei Viertel von 100cm = 3 · 25cm = 75cm
$\frac{3}{4}$m = 75cm.

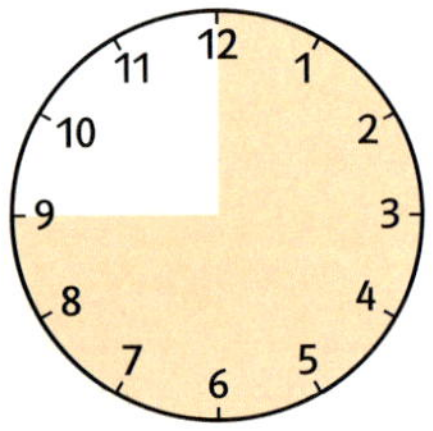

Auf dieser Uhr ist eine Dreiviertelstunde dargestellt. Der Kreis wurde zunächst in vier gleich große Teile eingeteilt, drei von ihnen wurden eingefärbt.
Eine Dreiviertelstunde = $\frac{3}{4}$h = 3 Viertel von 1h = 3 Viertel von 60min = 3 · 15min = 45min

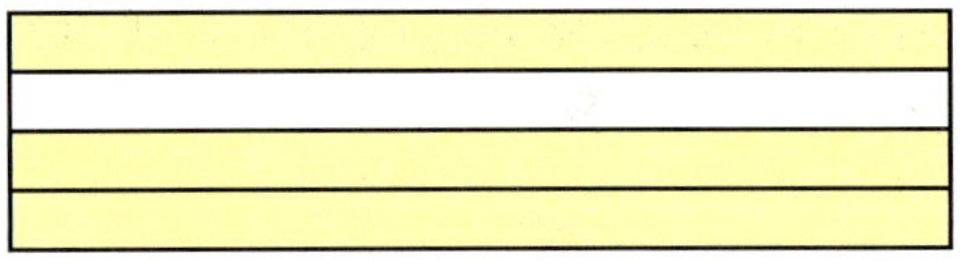
Fig. 2

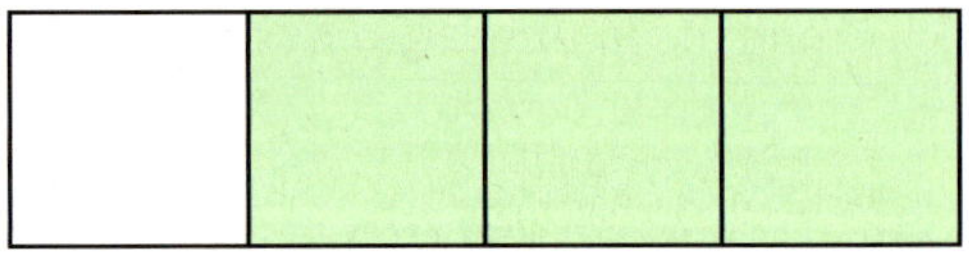
Fig. 3

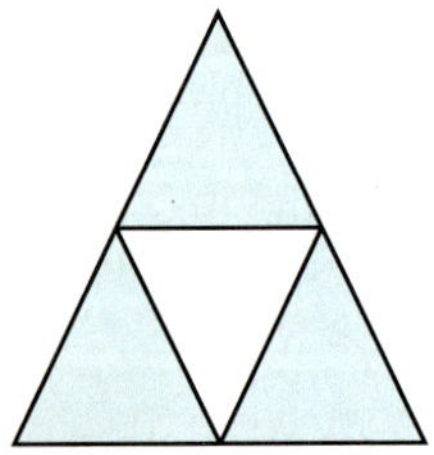

Drei Viertel der Klasse 6b, die aus 28 Schülerinnen und Schülern besteht, kommen mit dem Bus zur Schule. Das sind 21 Schülerinnen und Schüler.

Alle Darstellungen veranschaulichen denselben Anteil $\frac{3}{4}$. Die gefärbten Teile sehen dennoch alle anders aus und sind unterschiedlich groß, da sie sich jeweils auf verschiedene **Ganze** beziehen. Man muss immer beachten, was das Ganze ist, das heißt wovon der Anteil gesucht wird.

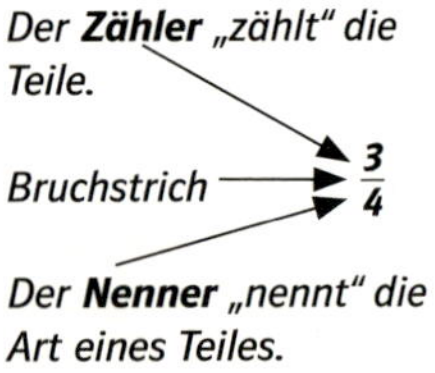

Zur Beschreibung von **Anteilen** verwendet man **Brüche** wie $\frac{1}{5}, \frac{3}{5}, \frac{3}{4}, \ldots$
Die obere Zahl eines Bruches heißt **Zähler**, die Zahl unter dem Bruchstrich heißt **Nenner**.
Man bestimmt zum Beispiel den Anteil $\frac{5}{8}$ von einem Ganzen, indem man das Ganze in acht gleich große Teile teilt und fünf davon nimmt.

Beispiel 1
Welcher Anteil ist gefärbt?
Gib zunächst an, was das Ganze ist.

a)
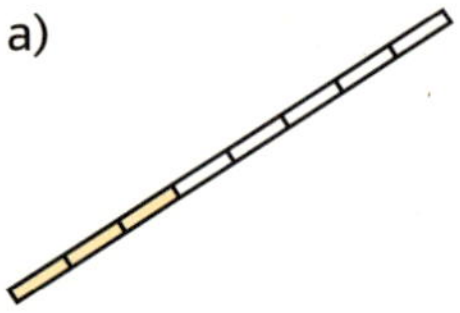

b)

Lösung:
a) Der Stab ist das Ganze. Davon sind drei Achtel (kurz: $\frac{3}{8}$) gefärbt.

b) Alle zehn Würfel bilden das Ganze. Sieben Zehntel (kurz: $\frac{7}{10}$) davon sind gefärbt.

Beispiel 2
Wie viel m sind $\frac{2}{5}$ km? Veranschauliche dies durch eine Zeichnung.
Lösung:
$\frac{2}{5}$ km = $\frac{2}{5}$ von 1 km = (1000 m : 5) · 2 =
200 m · 2 = **400 m**

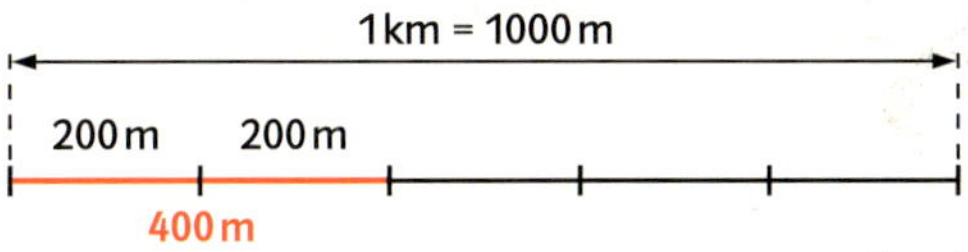

Fig. 1

Beispiel 3
Berechne. Gib jeweils an, was das Ganze ist.
a) $\frac{9}{10}$ t
b) $\frac{5}{6}$ von 2 h
c) $\frac{3}{5}$ von 20 Personen
Lösung:
a) $\frac{1}{10}$ t = 100 kg; $\frac{9}{10}$ t = 9 · 100 kg = 900 kg. Das Ganze ist 1 t.
b) 2 h = 120 min; $\frac{1}{6}$ von 120 min = 20 min; 5 · 20 min = 100 min. Das Ganze sind 2 h.
c) $\frac{1}{5}$ von 20 Personen = 4 Personen; 3 · 4 Personen = 12 Personen. 20 Personen sind das Ganze.

Aufgaben

1 Wenn die Tankanzeige voll anzeigt, sind 80 Liter im Tank. Wie viel Liter sind im Tank?
a)

b)

c)

2 Welcher Anteil ist gefärbt? Schreibe als Bruch und in Worten.
a)

b)

c)
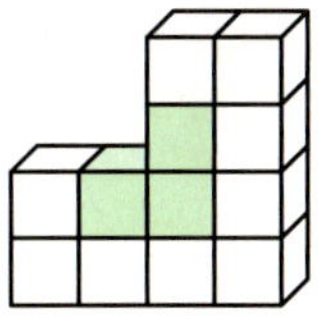

3 Stelle den Bruch in Form eines Anteils von einem Ganzen bildlich dar.
a) $\frac{2}{3}$
b) $\frac{4}{12}$
c) $\frac{1}{7}$
d) $\frac{8}{20}$

4 Stelle drei Brüche bildlich als Anteil eines Ganzen dar und lass deinen Nachbarn herausfinden, welche Brüche du dargestellt hast.

5 Schreibe ohne Bruch. Gib jeweils an, was das Ganze ist.

a) $\frac{1}{2}$ km	b) $\frac{1}{4}$ m	c) $\frac{1}{5}$ cm	d) $\frac{1}{4}$ h	e) $\frac{1}{3}$ h
$\frac{3}{4}$ €	$\frac{3}{4}$ km	$\frac{3}{10}$ kg	$\frac{3}{4}$ h	$\frac{4}{5}$ km
$\frac{3}{10}$ t	$\frac{1}{6}$ h	$\frac{2}{6}$ h	$\frac{1}{2}$ g	$\frac{1}{10}$ cm

6 Berechne und gib an, was das Ganze ist.

a) $\frac{1}{20}$ m
$\frac{1}{12}$ h

b) $\frac{3}{100}$ kg
$\frac{3}{10}$ min

c) $\frac{20}{100}$ €
$\frac{6}{20}$ t

d) $\frac{1}{8}$ km
$\frac{7}{60}$ min

e) $\frac{1}{60}$ h
$\frac{99}{100}$ m

7 a) $\frac{1}{4}$ von 8 kg
$\frac{3}{10}$ von 20 Äpfeln

b) $\frac{2}{3}$ von 60 m
$\frac{1}{2}$ von 5 €

c) $\frac{1}{10}$ von 1 cm
$\frac{7}{8}$ von 40 Eiern

d) $\frac{2}{5}$ von 100 Personen
$\frac{3}{100}$ von 8 km

Zu Aufgabe 8: Die Summe der vier Ergebnisse ergibt 188.

8 In der Klassenstufe 6 sind 80 Kinder. Wie viele Kinder sind davon
a) drei Viertel, b) vier Achtel, c) ein Zehntel, d) fünf Fünftel?

9 Welcher Anteil des Rechtecks ist gefärbt und welcher Anteil ist nicht gefärbt?

a) 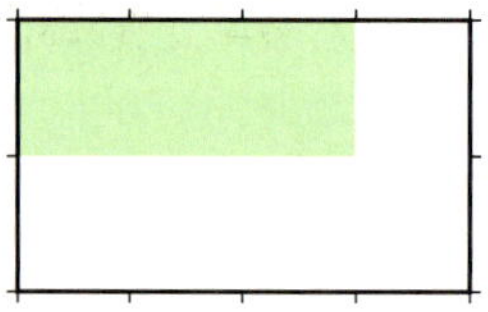

b) 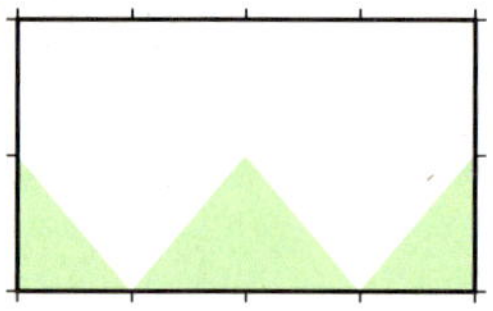

c) 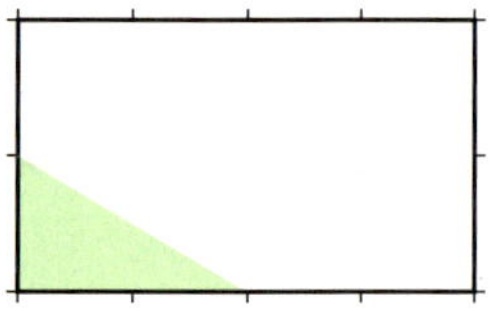

Zur Erinnerung:
$1\,m^2 = 100\,dm^2$
$1\,dm^2 = 100\,cm^2$
$1\,m^3 = 1000\,dm^3$
1 dm3 = $1000\,cm^3$
$1\,a = 100\,m^2$
1 ha = 100 a

10 Berechne und gib jeweils an, was das Ganze ist.

a) $\frac{1}{2}\,m^2$
$\frac{1}{2}\,m^3$
$\frac{1}{2}$ a

b) $\frac{1}{5}\,m^2$
$\frac{3}{10}\,dm^3$
$\frac{1}{10}$ a

c) $\frac{1}{5}\,cm^2$
$\frac{3}{4}\,m^3$
$\frac{1}{2}$ ha

d) $\frac{1}{4}\,dm^2$
$\frac{1}{4}\,m^3$
$\frac{1}{10}$ ha

e) $\frac{1}{10}\,cm^2$
$\frac{1}{5}\,dm^3$
$\frac{1}{5}$ ha

11 a) $\frac{1}{4}$ von $8\,m^2$
$\frac{3}{10}$ von 2 ha

b) $\frac{2}{3}$ von $60\,cm^2$
$\frac{3}{100}$ von 8 a

c) $\frac{1}{10}$ von $3\,cm^3$
$\frac{1}{100}$ von $10\,m^2$

d) $\frac{2}{5}$ von $6\,m^2$
$\frac{2}{3}$ von 9 Liter

Bist du sicher?

1 Welcher Anteil der Figur ist gefärbt?

a) 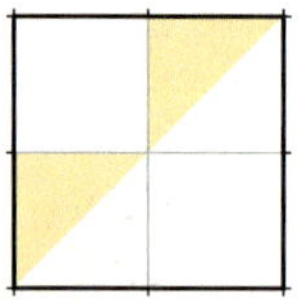

b) 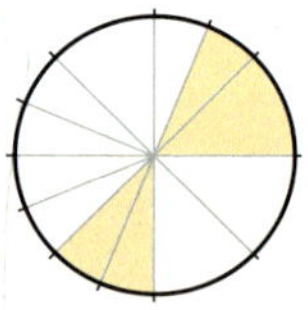

c) 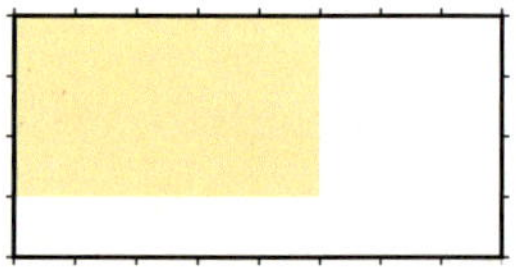

2 Gib die Größen ohne Bruch an.
a) $\frac{3}{10}$ kg b) $\frac{1}{4}\,m^2$ c) $\frac{2}{3}$ von 30 min d) $\frac{1}{8}$ von $4\,m^3$.

3 Von einer Tafel Schokolade mit 24 Stückchen isst Yvonne $\frac{1}{6}$ und Ricki $\frac{2}{3}$. Wie viele Stückchen bleiben übrig?

12 Erkläre anhand einer Zeichnung, welcher Anteil eines Meters 10 cm sind.

13 Übertrage die Zeichnungen in dein Heft. Zeichne jeweils auf zwei Arten den Anteil $\frac{1}{2}$ ein.

a) 

b) 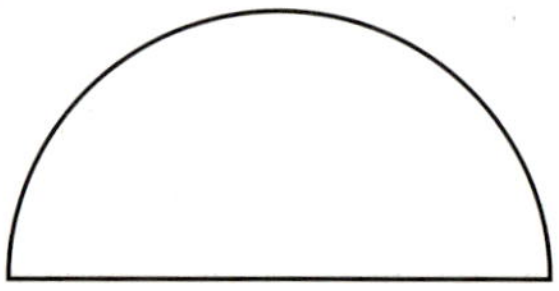

c) 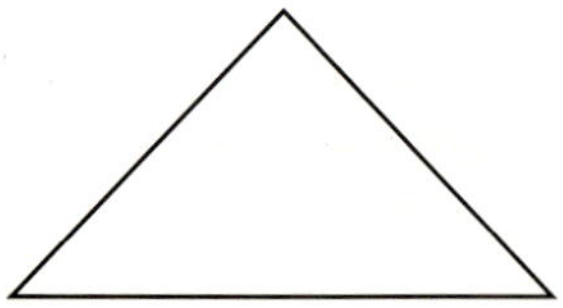

14 Rothirsche und Impala-Antilopen haben mit 10 m die größte Sprungweite aller Tiere. Löwen kommen auf $\frac{2}{5}$ dieser Weite, Füchse auf $\frac{1}{4}$ und Flöhe auf $\frac{1}{20}$. Berechne die Sprungweiten dieser Tiere.

15 Vergleiche verschiedene Tafeln Schokolade. Welcher Anteil von der ganzen Tafel sind jeweils
a) 8, b) 12,
c) 4, d) 6,
e) 20 Stückchen?

16 Zeichne die Figuren (Fig. 1) in dein Heft und ergänze sie zu einem Ganzen.

17 Gero hat von seinen Einnahmen des letzten halben Jahres $\frac{2}{3}$ für einen Kletterkurs gespart. Seine Einnahmen waren das monatliche Taschengeld von 6 € und Geldgeschenke von 15 € und 60 €. Wie viel hat er für den Kletterkurs gespart?

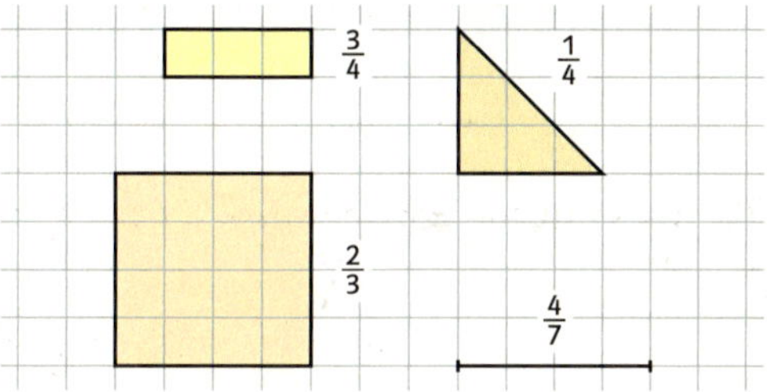

Fig. 1

18 Nina und ihre Mutter spielen für 12 € Lotto. Davon bezahlt Nina 2 € und ihre Mutter 10 €. Zu ihrer Freude gewinnen sie 300 €. Wie würdest du den Gewinn aufteilen?

19 Dreieck und Parallelogramm
Von dem Parallelogramm in Fig. 2 wird ein Dreieck abgeschnitten. Welcher Anteil von der Parallelogrammfläche ist das?

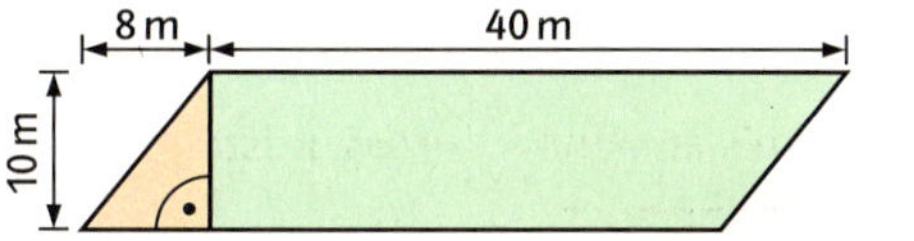

Fig. 2

20 Wie man sich täuschen (lassen) kann
In Zeitungen und Prospekten werden Anteile oft bildlich dargestellt. Dabei kann es passieren, dass die bildliche Darstellung nicht zu den angegebenen Zahlen passt (Fig. 3 und Fig. 4). Beschreibe jeweils, warum die Darstellung irreführend ist. Fertige eine passende Zeichnung an.

Fig. 3

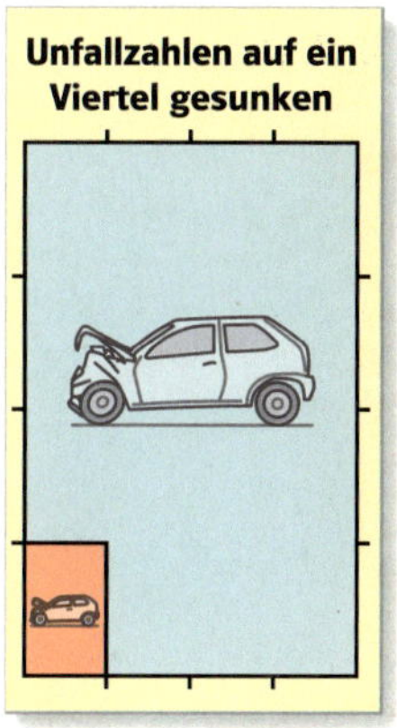

Fig. 4

Kannst du das noch?

21 Kettenräder von Fahrrädern haben unterschiedliche Anzahlen von Zähnen. Bei einem Modell hat das kleine Kettenrad 24 Zähne, das große hat 30 Zähne. Nach wie vielen Umdrehungen befinden sich beide Kettenräder wieder in der ursprünglichen Position?

22 Berechne schriftlich.
a) 13498 + 5704 + 56291
b) 13547 − (4678 + 2424 + 1322)
c) 2539 · 25
d) 1431 : 53

2 Größenvergleich bei Brüchen

„Soll ich die Pizza in acht oder in vier Teile schneiden?"
„Lieber in vier, acht Stücke schaffe ich nicht."

Marina und Katrin halten zwei unterschiedliche, mit Wasser gefüllte Messbecher in den Händen und überlegen, wessen Messbecher mehr Wasser enthält. Von den Skalen lesen sie ab, dass Marinas Messbecher $\frac{3}{4}$l Wasser enthält, Katrins $\frac{5}{8}$l. Da sie beide Wassermengen nicht unmittelbar **vergleichen** können, schlägt Marina vor, beide Wassermengen umzurechnen:

$\frac{3}{4}$l = $\frac{3}{4}$ von 1l = $\frac{3}{4}$ von 1000 ml = 750 ml und $\frac{5}{8}$l = $\frac{5}{8}$ von 1l = $\frac{5}{8}$ von 1000 ml = 625 ml.

Da 625 ml < 750 ml ist, ist auch $\frac{5}{8}$l < $\frac{3}{4}$l. Daher enthält Marinas Messbecher mehr Wasser als Katrins.

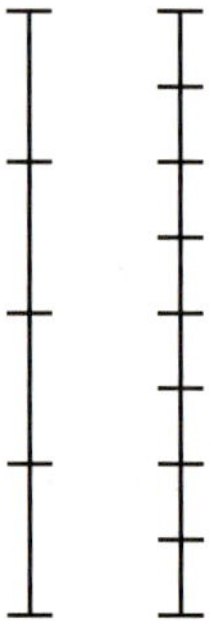
Fig. 1

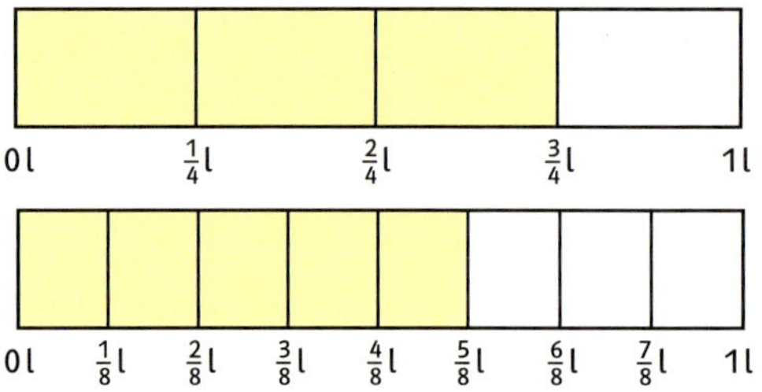

Die beiden Anteile $\frac{3}{4}$ und $\frac{5}{8}$ kann man auch mit Rechteckstreifen darstellen und vergleichen.
Man sieht: $\frac{5}{8}$l < $\frac{3}{4}$l

$\frac{2}{4}$ und $\frac{4}{8}$ markieren die gleiche Streckenlänge, ebenso $\frac{6}{8}$ und $\frac{3}{4}$ (siehe Fig. 1). In der feineren Einteilung sind die Teile nur halb so groß. Für den gleichen Anteil nimmt man also doppelt so viele Stücke.
Rechnerisch erhält man $\frac{4}{8}$ aus $\frac{2}{4}$, indem man Zähler und Nenner von $\frac{2}{4}$ jeweils mit zwei multipliziert. Man sagt, der Bruch wird mit 2 **erweitert**. Dabei wird die Unterteilung des Ganzen verfeinert.
$\frac{3}{4}$ hingegen entsteht aus $\frac{6}{8}$, indem man Zähler und Nenner jeweils durch zwei dividiert. Man sagt, der Bruch wird mit 2 **gekürzt**. Die Unterteilung des Ganzen wird gröber.

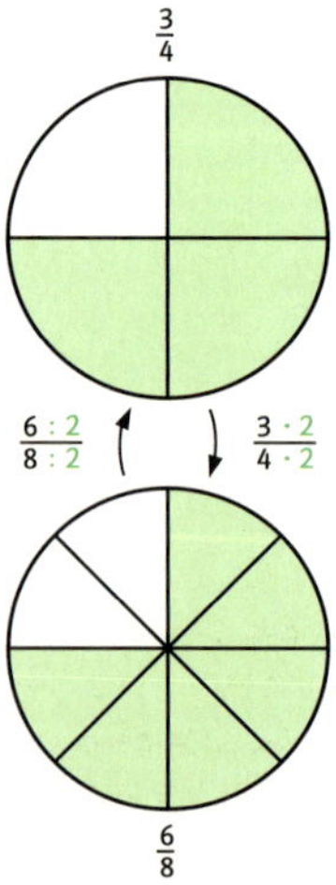

Erweitern eines Bruchs bedeutet: Zähler und Nenner des Bruchs werden mit der gleichen Zahl multipliziert. Dadurch wird das Ganze feiner unterteilt.
Kürzen eines Bruchs bedeutet: Zähler und Nenner des Bruchs werden durch die gleiche Zahl dividiert. Dadurch wird das Ganze gröber unterteilt.
Der Wert eines Bruchs bleibt beim Erweitern und beim Kürzen erhalten.
$\frac{1}{2} = \frac{2}{4} = \frac{3}{6} = \frac{4}{8} = \dots$

Brüche mit gleichem Nenner lassen sich direkt vergleichen. Da die Nenner gleich sind, sind die einzelnen Teile gleich groß und es genügt die Zähler zu vergleichen:
3 < 5, also 3 Achtel < 5 Achtel.

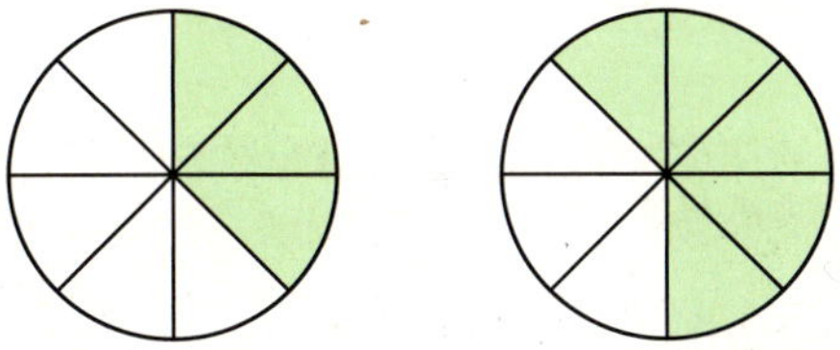

$\frac{3}{8} < \frac{5}{8}$

In den meisten Fällen sind Nenner und Zähler der Brüche verschieden, z. B. $\frac{2}{3}$ und $\frac{4}{7}$. Erweitert man beide Brüche so, dass sie den selben Nenner haben, können sie verglichen werden. Beide Brüche können auf den Nenner 21 erweitert werden: $\frac{2 \cdot 7}{3 \cdot 7}$ und $\frac{4 \cdot 3}{7 \cdot 3}$.

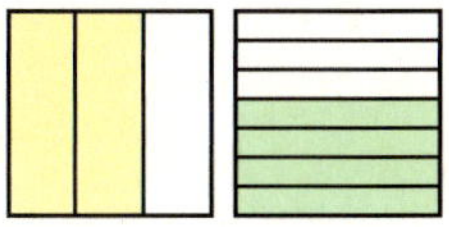

$\frac{2}{3}$? $\frac{4}{7}$

$\frac{14}{21} > \frac{12}{21}$

Brüche kann man **vergleichen**, indem man sie durch Erweitern oder Kürzen auf den gleichen Nenner bringt. Solche Brüche mit gleichem Nenner heißen **gleichnamig.** Sind die Brüche gleichnamig, so ist der Bruch mit dem größeren Zähler größer.

Beispiel 1 Erweitern und kürzen
a) Erweitere $\frac{3}{7}$ mit 3. b) Kürze $\frac{16}{28}$ mit 4.
Lösung:
a) $\frac{3}{7} = \frac{9}{21}$ *Zähler: 3 · 3= 9; Nenner: 7 · 3 = 21*
b) $\frac{16}{28} = \frac{4}{7}$ *Zähler 16 : 4 = 4; Nenner: 28 : 4 = 7*

Statt „kürze soweit wie möglich" sagt man auch: „kürze vollständig".

Beispiel 2 Brüche mit verschiedenen Nennern schreiben
a) Schreibe den Bruch $\frac{5}{9}$ als Bruch mit dem Nenner 36.
b) Handelt es sich bei $\frac{6}{8}$ und $\frac{9}{12}$ um denselben Anteil?
Lösung:
a) $\frac{5}{9} = \frac{20}{36}$ *36 : 9 = 4; man muss $\frac{5}{9}$ mit 4 erweitern.*
b) $\frac{6}{8} = \frac{3}{4}$ *(gekürzt mit 2);* $\frac{9}{12} = \frac{3}{4}$ *(gekürzt mit 3).* Es handelt sich um denselben Anteil.

Beim Kürzen kann es sinnvoll sein, den größten gemeinsamen Teiler des Zählers und des Nenners zu verwenden.

Beispiel 3
Vergleiche $\frac{4}{5}$ mit $\frac{4}{6}$.
Lösung:
Die Zähler sind gleich, also genügt der Vergleich der Nenner. $\frac{4}{6} < \frac{4}{5}$, da ein Sechstel kleiner als ein Fünftel ist.

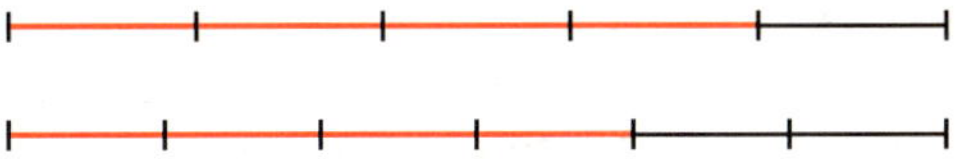

Beispiel 4
Vergleiche $\frac{7}{12}$ und $\frac{5}{8}$.
Lösung:

1. Möglichkeit:
neuer Nenner ist Produkt der alten Nenner
12 · 8 = 96
$\frac{7}{12} = \frac{56}{96}$ $\frac{5}{8} = \frac{60}{96}$
$\frac{7}{12} < \frac{5}{8}$

2. Möglichkeit:
neuer Nenner ist kgV der alten Nenner
$\frac{7}{12} = \frac{14}{24}$ $\frac{5}{8} = \frac{15}{24}$
$\frac{7}{12} < \frac{5}{8}$

Zur Erinnerung: kgV(7; 8) = 56 bedeutet: Das kleinste gemeinsame Vielfache von 7 und 8 ist 56.

Aufgaben

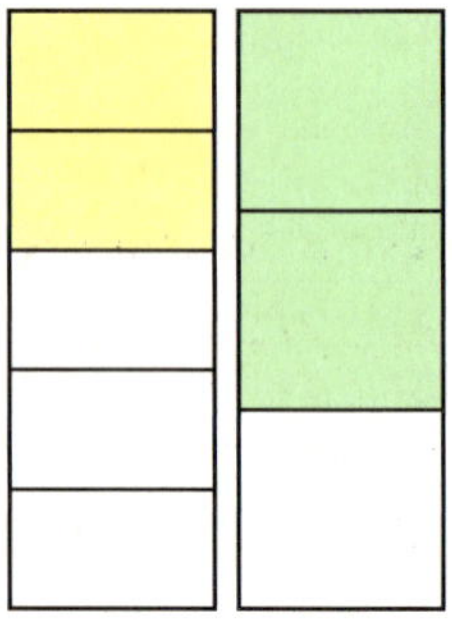

2 Fünftel < 2 Drittel

Bei gleicher Anzahl der Teile reicht es aus, die Nenner zu vergleichen

1 Drücke den Anteil der braunen Stückchen an der ganzen Tafel mit verschiedenen Brüchen aus.

a) 

b) 

c) 

2 Erweitere.

a) $\frac{2}{3}$ mit 5 b) $\frac{1}{2}$ mit 3 c) $\frac{5}{4}$ mit 2
$\frac{1}{12}$ mit 6 $\frac{5}{7}$ mit 7 $\frac{8}{8}$ mit 8

d) $\frac{3}{10}$ mit 10 e) $\frac{3}{2}$ mit 11 f) $\frac{1}{13}$ mit 3
$\frac{1}{4}$ mit 15 $\frac{20}{25}$ mit 5 $\frac{8}{9}$ mit 7

3 Kürze.

a) $\frac{6}{10}$ mit 2 b) $\frac{8}{10}$ mit 2 c) $\frac{6}{18}$ mit 6
$\frac{15}{50}$ mit 5 $\frac{14}{28}$ mit 7 $\frac{26}{39}$ mit 13

d) $\frac{6}{12}$ mit 2 e) $\frac{6}{9}$ mit 3 f) $\frac{20}{100}$ mit 10
$\frac{28}{42}$ mit 7 $\frac{18}{42}$ mit 6 $\frac{19}{38}$ mit 19

Wenn du die Zahlen, durch die du gekürzt hast, addierst, ergibt das folgende Ergebnisse:

12 60 3 6 18 39

4 a) Mit welcher Zahl wurde erweitert?
$\frac{3}{5} = \frac{9}{15}$; $\frac{6}{8} = \frac{60}{80}$; $\frac{4}{9} = \frac{36}{81}$; $\frac{7}{11} = \frac{84}{132}$

b) Mit welcher Zahl wurde gekürzt?
$\frac{15}{20} = \frac{3}{4}$; $\frac{14}{35} = \frac{2}{5}$; $\frac{25}{75} = \frac{1}{3}$; $\frac{91}{117} = \frac{7}{9}$

5 Gib nach der Größe geordnet alle Zahlen an, mit denen man den Bruch kürzen kann.

a) $\frac{8}{10}$ b) $\frac{12}{18}$ c) $\frac{15}{25}$ d) $\frac{18}{36}$ e) $\frac{10}{50}$ f) $\frac{48}{72}$

6 Kürze vollständig.

a) $\frac{12}{24}$; $\frac{12}{18}$; $\frac{30}{40}$; $\frac{25}{100}$; $\frac{50}{60}$; $\frac{50}{75}$
b) $\frac{15}{18}$; $\frac{16}{18}$; $\frac{6}{30}$; $\frac{48}{56}$; $\frac{75}{100}$; $\frac{120}{200}$
c) $\frac{8}{12}$; $\frac{35}{42}$; $\frac{13}{65}$; $\frac{80}{100}$; $\frac{125}{1000}$; $\frac{34}{51}$

7 Gib einen Bruch an, den man nur mit den angegebenen Zahlen kürzen kann.

a) 1; 5 b) 1; 2; 4 c) 1; 3; 9 d) 1; 2; 3; 6 e) 1; 2; 7; 14

8 Gib den gefärbten Anteil der Figur mit einem vollständig gekürzten Bruch an.

a) 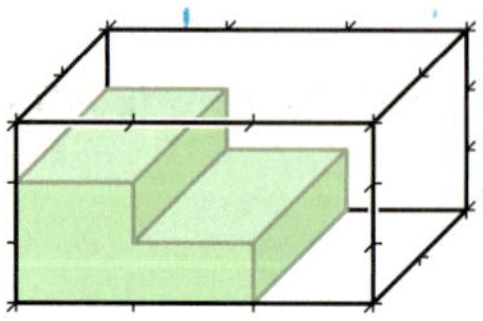

b) 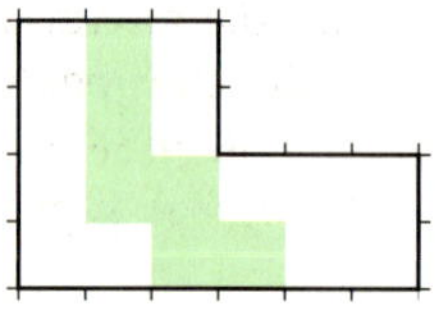

c) 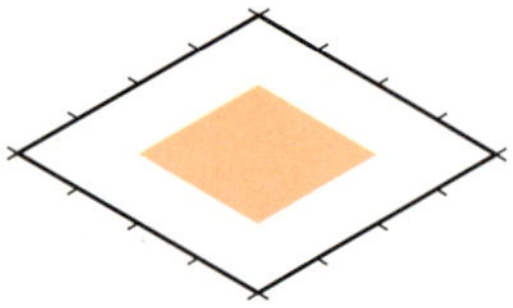

Die gesuchten Zahlen aus Aufgabe 9 ergeben ein Lösungswort.

27	T
12	U
4	C
60	I
143	H
18	L
6	S
130	H
72	C
88	T
56	S
5	H

9 Übertrage ins Heft und ergänze die fehlende Zahl.

a) $\frac{\square}{12} = \frac{1}{2}$ b) $\frac{35}{42} = \frac{\square}{6}$ c) $\frac{\square}{108} = \frac{5}{9}$ d) $\frac{9}{\square} = \frac{3}{9}$ e) $\frac{45}{\square} = \frac{5}{8}$ f) $\frac{60}{144} = \frac{5}{\square}$
$\frac{32}{40} = \frac{\square}{5}$ $\frac{\square}{42} = \frac{3}{7}$ $\frac{\square}{121} = \frac{8}{11}$ $\frac{16}{\square} = \frac{2}{7}$ $\frac{91}{\square} = \frac{7}{10}$ $\frac{99}{\square} = \frac{9}{13}$

10 Prüfe, ob die Brüche denselben Anteil bezeichnen. Falls nicht, gib an, welcher größer ist und begründe deine Antwort.

a) $\frac{4}{12}$; $\frac{1}{3}$ b) $\frac{10}{16}$; $\frac{30}{48}$ c) $\frac{8}{12}$; $\frac{12}{16}$ d) $\frac{10}{15}$; $\frac{6}{9}$

e) $\frac{18}{24}$; $\frac{15}{20}$ f) $\frac{36}{60}$; $\frac{15}{30}$ g) $\frac{3}{5}$; $\frac{4}{5}$ h) $\frac{5}{12}$; $\frac{5}{13}$

Bist du sicher?

1 a) Erweitere $\frac{4}{9}$ mit 6. b) Kürze $\frac{24}{32}$ vollständig. c) Schreibe $\frac{4}{6}$ mit dem Nenner 9.

2 Gib einen Bruch an, den man mit 6, aber nicht mit 4 kürzen kann.

3 Welche der Anteile $\frac{3}{12}$; $\frac{20}{100}$; $\frac{20}{80}$; $\frac{3}{15}$; $\frac{5}{20}$ sind gleich?

Das sind die Zähler und Nenner der Ergebnisse von Aufgabe 1:

3 9 24 6 4 54

11 a) Schreibe die Anteile $\frac{4}{5}$; $\frac{1}{4}$; $\frac{18}{60}$ und $\frac{18}{24}$ jeweils als Bruch mit dem Nenner 20.

b) Schreibe die Anteile $\frac{30}{100}$; $\frac{5}{25}$ und $\frac{8}{16}$ jeweils als Bruch mit dem Nenner 10.

12 Ordne der Größe nach.

a) $\frac{3}{4}$; $\frac{5}{8}$; $\frac{1}{3}$; $\frac{7}{12}$ b) $\frac{2}{3}$; $\frac{1}{15}$; $\frac{3}{5}$; $\frac{7}{10}$ c) $\frac{6}{7}$; $\frac{3}{2}$; $\frac{9}{14}$; $\frac{7}{4}$

d) $\frac{7}{3}$; $\frac{9}{4}$; $\frac{19}{6}$; 3 e) $\frac{3}{50}$; $\frac{7}{100}$; $\frac{13}{1000}$; $\frac{1}{10}$; $\frac{17}{250}$ f) $\frac{6}{7}$; $\frac{7}{8}$; $\frac{7}{6}$

13 Finde die kleinste und die größte Zahl heraus.

$\frac{1}{8}$ $\frac{1}{6}$ $\frac{9}{30}$ $\frac{3}{11}$ $\frac{4}{15}$ $\frac{5}{6}$ $\frac{5}{28}$ $\frac{12}{60}$ $\frac{140}{280}$ $\frac{7}{30}$ $\frac{1}{7}$ $\frac{3}{13}$ $\frac{2}{17}$ $\frac{2}{15}$

14 Gib die Anteile mit einem vollständig gekürzten Bruch an.

a) Von 100 Losen waren 90 Nieten.

b) Drei von 72 kontrollierten Fahrgästen fuhren ohne Fahrausweis.

c) Von 60 kontrollierten Autos fuhren 24 zu schnell.

15 Wahr oder falsch?

a) Wenn der Zähler und der Nenner eines Bruches beide eine gerade Zahl sind, dann kann man den Bruch mit einer Zahl kürzen, die größer als 1 ist.

b) Wenn der Zähler und der Nenner eines Bruches beide eine ungerade Zahl sind, dann kann man den Bruch mit einer Zahl kürzen, die größer als 1 ist.

c) Es gibt keinen Bruch, den man mit 1077 kürzen kann.

16 Denke dir einen Würfel mit der Kantenlänge 4 cm. Dieser Würfel ist aus roten und grünen Würfeln mit der Kantenlänge 1 cm zusammengesetzt. Alle kleinen Würfel, die man von außen sehen kann, sind grün. Die anderen kleinen Würfel haben die Farbe Rot. Welcher Anteil von allen kleinen Würfeln ist rot?

3 Brüche am Zahlenstrahl

Müsst ihr alle so durcheinander laufen?
Könnt ihr euch nicht einmal der Reihe nach auf der weißen Linie aufstellen?

Auf einer Tankanzeige wird bei vollem Tank 1 angezeigt. Die Anteile $\frac{1}{4}$, $\frac{1}{2}$ und $\frac{3}{4}$ sind dadurch auf der Skala festgelegt. Wenn die Tankfüllung noch genauer angezeigt werden soll, kann man die Skala feiner einteilen, z. B. in Achtel. Die Brüche $\frac{1}{4}$ und $\frac{2}{8}$ stehen dann auf der Skala an derselben Stelle.

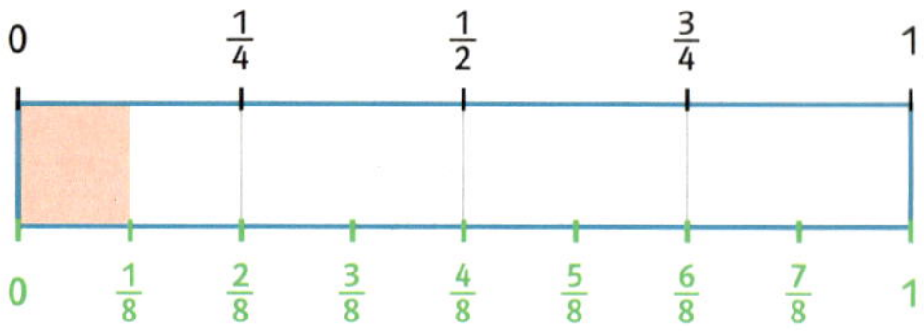

Fig. 1

Auf einem Zahlenstrahl, auf dem die Zahlen 0 und 1 eingetragen sind, kann man jedem Bruch eine bestimmte Stelle zuordnen. Dabei werden Brüche, die denselben Anteil beschreiben, wie $\frac{1}{4}$ und $\frac{2}{8}$, an derselben Stelle eingetragen. Diese Brüche bezeichnen dieselbe Zahl.
Brüche wie $\frac{3}{2}$, bei denen der Zähler größer als der Nenner ist, sind größer als 1 und werden rechts von der 1 eingetragen.

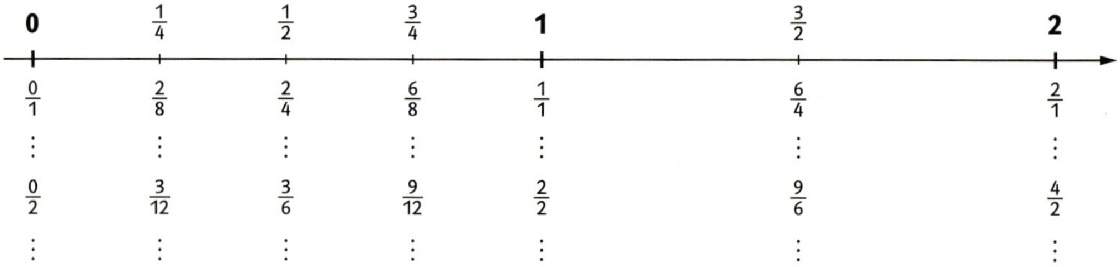

Fig. 2

Eine Division lässt sich als Bruch schreiben und umgekehrt.

$9:3 = \frac{9}{3}$

$\frac{9}{5} = 9:5$

$9:1 = \frac{9}{1}$

Eine Division wie 2 : 3 wurde bisher nicht berechnet. Diese Rechnung müsste man beispielsweise ausführen, wenn man zwei Blechkuchen auf drei Personen verteilen möchte. Fig. 3 zeigt das Ergebnis: Jede Person erhält $\frac{2}{3}$ eines Blechkuchens. Das Ergebnis der Division 2:3 ist der Bruch $\frac{2}{3}$.
Es gilt $2:3 = \frac{2}{3}$.

Fig. 3

Brüche, die durch Kürzen und Erweitern auseinander hervorgehen, werden auf dem Zahlenstrahl an derselben Stelle eingetragen. Sie bezeichnen dieselbe **Zahl**.
Eine Division von zwei Zahlen wie 7 : 8 hat als Ergebnis den Bruch $\frac{7}{8}$.
$\frac{14}{16}, \frac{21}{24}, \frac{28}{32}, \ldots$ bezeichnen die gleiche Zahl.

Natürliche Zahlen können auch als Brüche geschrieben werden:

$6 = 6 : 1 = \frac{6}{1}$

Beispiel 1 Brüche anordnen
Zeichne auf einem Zahlenstrahl die Brüche $\frac{1}{3}; \frac{1}{2}; \frac{5}{6}; \frac{4}{3}; \frac{2}{6}; \frac{4}{2}$ ein.
Lösung:

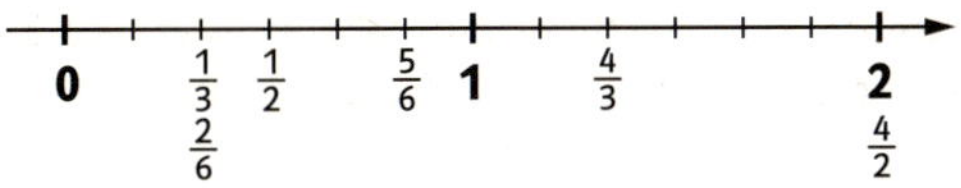

Man muss überlegen, wie lang die Strecke von 0 bis 1 sein soll. Bei diesen Zahlen ist für eine günstige Einteilung 6 cm geeignet.

Die Strecke zwischen den Zahlen 0 und 1 nennt man auch ***Einheitsstrecke****.*

Man erkennt, dass, wie bei den natürlichen Zahlen auch, der auf dem Zahlenstrahl weiter links stehende Bruch der kleinere ist.

Beispiel 2 Brüche als Ergebnis von Divisionen
Schreibe das Ergebnis als Bruch.
a) 15 : 12 b) 6 kg : 11 c) 10 : 7
Lösung:
a) $15 : 12 = \frac{15}{12} = \frac{5}{4}$ b) $6\,kg : 11 = \frac{6}{11}\,kg$ c) $10 : 7 = \frac{10}{7}$

Aufgaben

1 Übertrage den Zahlenstrahl in dein Heft. Zeichne die Strecke $\overline{AE}$ zwischen 0 und 1 mit einer Länge von 5 cm.
Zeichne die Brüche $\frac{2}{5}; \frac{1}{4}; \frac{1}{5}; \frac{8}{10}; \frac{7}{10}; \frac{80}{100}$ ein.

2 Schreibe für jeden Buchstaben einen vollständig gekürzten Bruch.

a)

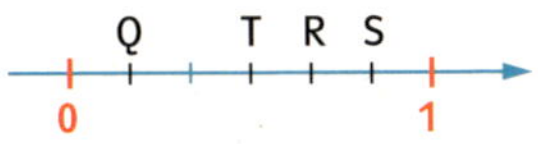

b)

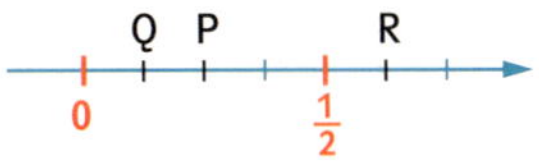

c)

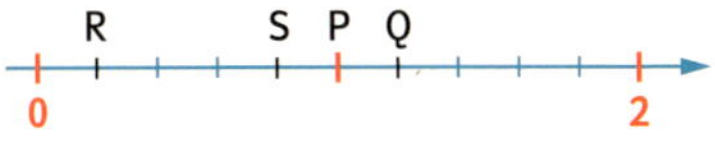

3 Zeichne einen Zahlenstrahl, bei dem das Teilstück zwischen 1 und 5 eine Länge von 16 cm hat. Trage die Brüche $1\frac{1}{4}; \frac{9}{8}; \frac{5}{5}; \frac{14}{8}; \frac{18}{16}; \frac{11}{4}; \frac{7}{2}; \frac{25}{8}; 4\frac{3}{4}$ ein.

$1\frac{1}{4}$ bedeutet: $1 + \frac{1}{4}$

4 Es ist $18\,cm : 30 = \frac{18}{30}\,cm = \frac{3}{5}\,cm = 6\,mm$. Schreibe ebenso mit einer natürlichen Maßzahl.
a) 3 kg : 5 b) 12 m : 24 c) $50\,m^3 : 20$ d) 4 km : 100 e) $300\,cm^2 : 120$

5 Schreibe als Bruch. Kürze vollständig. Ordne die Ergebnisse nach der Größe.
a) 40 : 30 b) 25 : 20 c) 16 : 18 d) 6 : 8 e) 1 : 13 f) 81 : 54

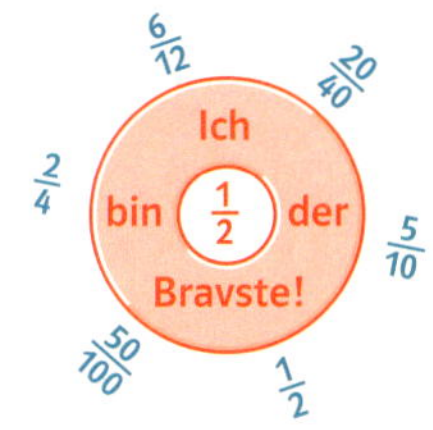

Fig. 1

6 Gib drei Divisionsaufgaben an, die als Ergebnis die angegebene Zahl haben.

a) $\frac{3}{4}$ b) $\frac{2}{5}$ c) $\frac{1}{12}$

7 Bei welchen Brüchen handelt es sich um dieselbe Zahl? Begründe deine Antwort.

a) $\frac{4}{5}$; $\frac{12}{15}$ b) $\frac{20}{5}$; $\frac{4}{1}$ c) $\frac{3}{2}$; $\frac{2}{3}$ d) $\frac{14}{18}$; $\frac{7}{9}$ e) $\frac{25}{30}$; $\frac{10}{12}$ f) $\frac{80}{100}$; $\frac{4}{5}$

Bist du sicher?

1 Schreibe für jeden Buchstaben einen vollständig gekürzten Bruch.

2 Prüfe, ob es sich um dieselbe Zahl handelt.

a) $\frac{9}{15}$; $\frac{12}{20}$ b) $\frac{9}{6}$; $\frac{32}{8}$

8 Trage die Brüche auf einem Zahlenstrahl ein. Überlege vorher, wie lang du die Einheitsstrecke (das ist die Strecke zwischen den Zahlen 0 und 1) zeichnest.

a) $\frac{1}{5}$; $\frac{2}{10}$; $\frac{5}{10}$; $\frac{4}{5}$; $\frac{2}{20}$; $\frac{7}{20}$ b) $\frac{5}{8}$; $\frac{3}{4}$; $\frac{9}{8}$; $\frac{3}{8}$; $\frac{1}{4}$ c) $\frac{4}{12}$; $\frac{7}{12}$; $\frac{1}{6}$; $\frac{12}{12}$; $\frac{11}{12}$

9 Ergänze die fehlende Zahl. Kann es mehr als eine Lösung geben? Begründe.

a) $\frac{100}{150} = \frac{\square}{15}$ b) $\frac{11}{2} = \frac{44}{\square}$ c) $\frac{1}{\square} = \frac{4}{12}$ d) $\frac{150}{\square} = \frac{300}{150}$ e) $\frac{\square}{22} = \frac{22}{11}$

10 Gib fünf Brüche an, die alle die Zahl $\frac{6}{10}$ bezeichnen.

11 Finde passende Zahlen für das Kästchen und das Dreieck.

a) $3 : \square = \frac{9}{\triangle}$ b) $\square : 18 = \frac{\triangle}{6}$ c) $27 : \square = \frac{9}{\triangle}$ d) $\square : 24 = \frac{\triangle}{18}$

12 Gib drei verschiedene Bruchdarstellungen der natürlichen Zahlen 2 und 7 an.

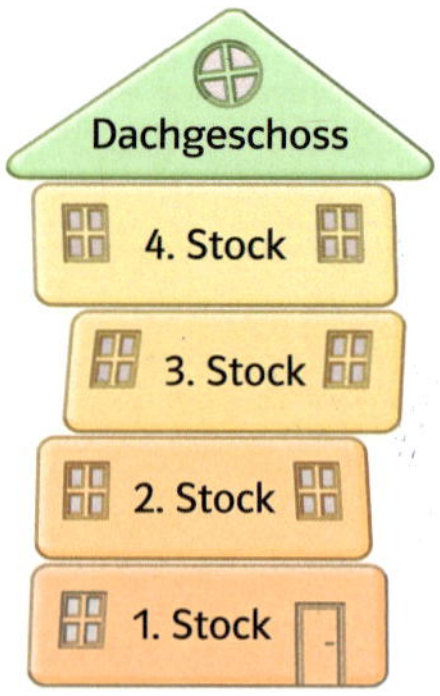

13 Zum Knobeln

Welche Brüche wohnen in der Bruchbude? Lies den Text sorgfältig durch.
Im 1. Stock wohnt ein Bruch mit dem Nenner 8. Im 2. Stock und 3. Stock wohnen Brüche, die dieselbe Zahl bezeichnen. Bei den Brüchen im Dachgeschoss und im 4. Stock sind Zähler und Nenner vertauscht. Im 4. Stock wohnt ein Bruch, dessen Zähler dem Flächeninhalt und dessen Nenner dem Umfang eines Quadrates mit der Seitenlänge 3 entspricht. Der Zähler des Bruches im 1. Stock ist ein Viertel von seinem Nenner. Beim Bruch im 2. Stock sind Zähler und Nenner gleich und ihre Summe entspricht der Stocknummer. Beim Bruch im 3. Stock ist die Summe aus Zähler und Nenner 10.

Kannst du das noch?

14 Berechne.

a) 12 + 30 − 11 b) 40 + 10 + 18 + 32 c) 22 + 33 + 1023 d) 23 + 14 + 17 + 36

15 Wie weit und in welche Richtung muss man auf dem Zahlenstrahl gehen,

a) um von der Zahl 11 zur Zahl 30 zu kommen,

b) um von der Zahl 190 zur Zahl 110 zu kommen?

4 Addieren und Subtrahieren von Brüchen

Australien besteht zu $\frac{1}{25}$ aus Ackerland, zu $\frac{1}{20}$ aus Wald und zu $\frac{3}{5}$ aus Weideland. Der Rest ist Ödland, vor allem Wüste.

Fläche Australiens: ca. 7,7 Mio. km²

Zum Vergleich: Die Fläche Deutschlands beträgt ca. 357 000 km²

Brüche mit **gleichem Nenner** lassen sich leicht addieren und subtrahieren.

Zur Erinnerung: Brüche mit gleichem Nenner heißen gleichnamig.

Addieren von Brüchen mit gleichem Nenner.

$\frac{1}{5} + \frac{3}{5} = \frac{1+3}{5} = \frac{4}{5}$

Fig. 1

1 Fünftel + 3 Fünftel = 4 Fünftel

Subtrahieren von Brüchen mit gleichem Nenner.

$\frac{11}{12} - \frac{7}{12} = \frac{11-7}{12} = \frac{4}{12}$

Fig. 2

11 Zwölftel − 7 Zwölftel = 4 Zwölftel

Brüche mit **verschiedenen Nennern** muss man vor dem Addieren gleichnamig machen.

$\frac{1}{2} + \frac{1}{3} = \frac{3}{6} + \frac{2}{6} = \frac{3+2}{6} = \frac{5}{6}$

Fig. 3

Entsprechend geht man bei der Subtraktion vor: $\frac{5}{6} - \frac{4}{9} = \frac{15}{18} - \frac{8}{18} = \frac{15-8}{18} = \frac{7}{18}$

Bei der **Addition** und **Subtraktion** von Brüchen macht man diese zunächst gleichnamig. Bei der Addition addiert man dann die Zähler, bei der Subtraktion subtrahiert man sie. Der gemeinsame Nenner wird beibehalten.

Vergiss nicht, das Ergebnis zu kürzen!

In Aufgabe 1 erfährst du, woran Uta gerade denkt. Schreibe dazu die zughörigen Buchstaben in der Reihenfolge der Aufgabenspalte auf.

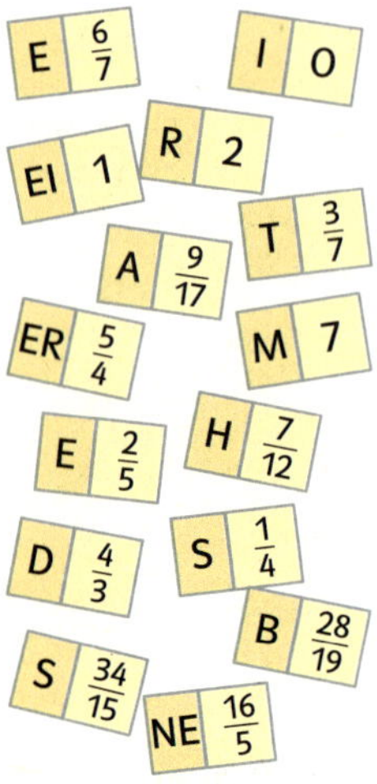

Fig. 1

Beispiel 1 Gleiche Nenner

Berechne und gib das Ergebnis mit einem vollständig gekürzten Bruch an.

a) $\frac{3}{8} + \frac{1}{8}$ b) $\frac{3}{7} - \frac{1}{7}$

Lösung:

a) $\frac{3}{8} + \frac{1}{8} = \frac{3+1}{8} = \frac{4}{8} = \frac{1}{2}$ b) $\frac{3}{7} - \frac{1}{7} = \frac{3-1}{7} = \frac{2}{7}$

Beispiel 2 Verschiedene Nenner

Berechne und gib das Ergebnis mit einem vollständig gekürzten Bruch an.

a) $\frac{3}{4} + \frac{1}{6}$ b) $\frac{5}{6} - \frac{1}{2}$

Lösung:

a) $\frac{3}{4} + \frac{1}{6} = \frac{9}{12} + \frac{2}{12} = \frac{9+2}{12} = \frac{11}{12}$ b) $\frac{5}{6} - \frac{1}{2} = \frac{5}{6} - \frac{3}{6} = \frac{5-3}{6} = \frac{2}{6} = \frac{1}{3}$

Aufgaben

1 Berechne und gib das Ergebnis mit einem vollständig gekürzten Bruch an. Die Lösungen findest du auf dem Rand.

a)	b)	c)	d)	e)
$\frac{3}{4} + \frac{2}{4}$	$\frac{1}{7} + \frac{5}{7}$	$\frac{5}{3} - \frac{2}{3}$	$\frac{11}{5} - \frac{11}{5}$	$\frac{2}{17} + \frac{7}{17}$
$\frac{5}{3} - \frac{1}{3}$	$\frac{7}{10} - \frac{3}{10}$	$\frac{21}{15} + \frac{13}{15}$	$\frac{5}{28} + \frac{7}{28}$	$\frac{12}{12} - \frac{5}{12}$
$\frac{9}{19} + \frac{19}{19}$	$\frac{31}{8} - \frac{15}{8}$	$\frac{13}{6} + \frac{29}{6}$	$\frac{17}{16} - \frac{13}{16}$	$\frac{0}{5} + \frac{16}{5}$

2 Schreibe in dein Heft und berechne.

a) Startzahl $\frac{5}{8}$, plus $\frac{6}{8}$, minus $\frac{3}{8}$, minus 5 Achtel, plus $\frac{20}{8}$, minus dreizehn Achtel.

b) Startzahl $\frac{19}{10}$, minus $\frac{13}{10}$, plus $\frac{7}{10}$, plus $\frac{7}{10}$, plus $\frac{15}{10}$, minus 7 Zehntel, minus $\frac{3}{10}$.

3 Welche Summe ist durch die gefärbten Flächen dargestellt?
Welcher Anteil der Fläche ist ungefärbt?

a) b) c) d)

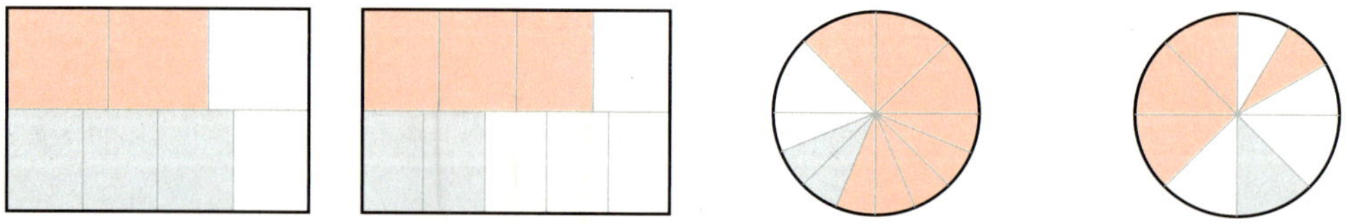

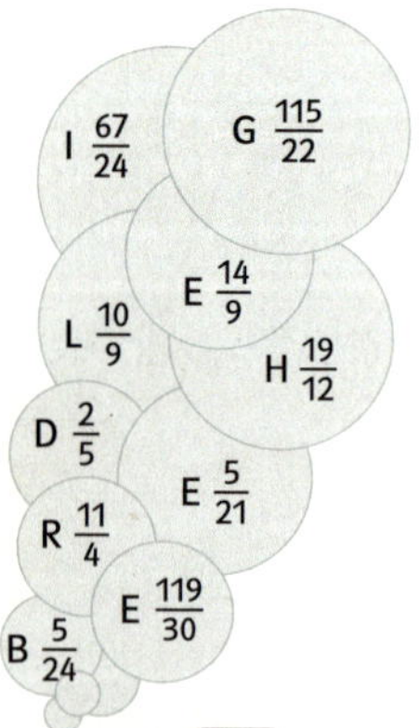

4 Schreibe in dein Heft und bestimme x.

a) $\frac{x}{14} + \frac{3}{14} = \frac{9}{14}$ b) $\frac{11}{6} - \frac{x}{6} = \frac{5}{6}$ c) $\frac{6}{17} + \frac{5}{x} = \frac{11}{17}$ d) $\frac{x}{22} - \frac{5}{22} = \frac{22}{22}$

5 Wohin geht die Reise?

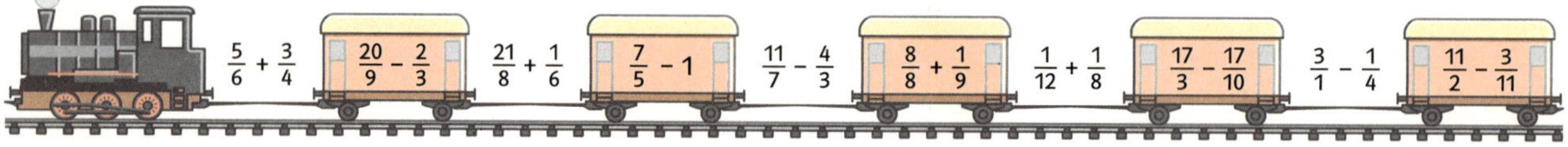

Fig. 2

6 Von zwei Brüchen sind die Nenner bekannt. Gib mehrere gemeinsame Nenner an.

a) 4; 5 b) 4; 6 c) 4; 8 d) 15; 25 e) 12; 15
f) 8; 10 g) 8; 12 h) 7; 35 i) 6; 9 j) 6; 14

7 In einem Rechteck sollen die Anteile $\frac{1}{3}$, $\frac{1}{5}$ und $\frac{1}{15}$ in verschiedenen Farben gefärbt werden. Welche Maße für das Rechteck sind günstig? Welcher Anteil des Rechtecks bleibt ungefärbt?

8 a) Vermindere dreizehn Zehntel um zwei Drittel.
b) Wie viel fehlt von einem Fünftel bis einundzwanzig Hundertstel?

9 Berechne und gib das Ergebnis als vollständig gekürzten Bruch an.

a) $\frac{1}{3} + \frac{3}{4} + \frac{3}{2}$
$\frac{6}{25} + \frac{7}{10} + \frac{4}{5}$

b) $\frac{8}{3} - \frac{1}{6} - \frac{2}{1}$
$\frac{11}{12} - \frac{2}{9} - \frac{5}{9}$

c) $\frac{30}{4} + \frac{20}{30} - \frac{10}{6}$
$\frac{1}{2} - \frac{5}{12} + \frac{8}{8}$

d) $\frac{11}{8} + \frac{11}{5} + \frac{1}{20}$
$4 - \frac{9}{7} + \frac{7}{9}$

In Aufgabe 9 erfährst du Toms Berufswunsch. Schreibe dazu die zugehörigen Buchstaben in der Reihenfolge der Aufgabenspalte auf.

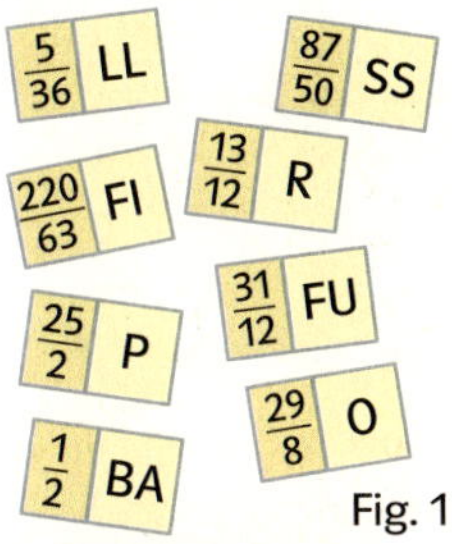

Fig. 1

10 Berechne und ordne die Ergebnisse nach der Größe. Vor dem Ausrechnen kann Kürzen sinnvoll sein.

a) $\frac{45}{60} + \frac{9}{72}$ b) $\frac{30}{36} - \frac{32}{80}$ c) $\frac{105}{150} + \frac{24}{144}$ d) $\frac{190}{240} - \frac{96}{256}$

11 Gib das Ergebnis ohne Bruch an.

a) $\frac{2}{5}\text{m} + \frac{1}{2}\text{m}$ b) $\frac{3}{4}\text{kg} - \frac{1}{2}\text{kg}$ c) $\frac{5}{2}\text{km} - \frac{2}{5}\text{km}$ d) $\frac{1}{4}\text{h} + \frac{1}{6}\text{h}$

e) $\frac{1}{2}\text{m}^2 + \frac{1}{4}\text{m}^2$ f) $5\,\text{cm} - \frac{5}{2}\text{cm}$ g) $\frac{5}{2}\text{g} - \frac{5}{10}\text{g}$ h) $\frac{1}{10}\text{m}^3 + \frac{3}{5}\text{m}^3$

12 a) In der Zahlenmauer (Fig. 2) steht über zwei Zahlen stets deren Summe. Übertrage die Figur in dein Heft und ergänze die fehlenden Zahlen.
b) Gehe so durch das Labyrinth (Fig. 3), dass du eine möglichst große Summe erhältst.

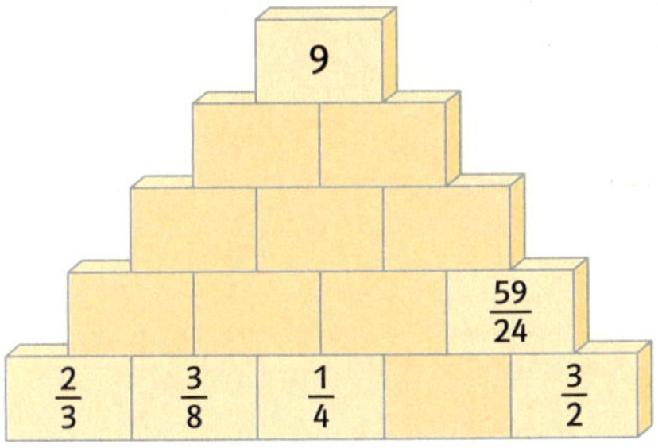

Fig. 2

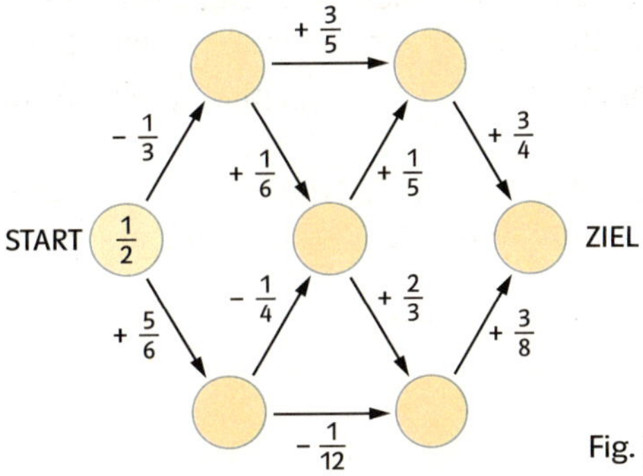

Fig. 3

Bist du sicher?

1 Berechne und gib das Ergebnis mit einem vollständig gekürzten Bruch an.

a) $\frac{7}{8} + \frac{5}{12}$
$\frac{7}{8} - \frac{5}{12}$

b) $\frac{17}{5} - \frac{9}{20}$
$\frac{11}{15} + \frac{13}{20}$

c) $3 - \frac{4}{9} + \frac{7}{6}$
$\frac{7}{6} - \frac{4}{9} + 3$

d) $\frac{24}{27} - \frac{20}{24}$
$\frac{36}{36} - \frac{25}{30}$

2 a) Subtrahiere ein Achtel von einem Fünftel.
b) Wie viel fehlt von einem Hundertstel zu einem Zehntel?

13 a) Schreibe $\frac{3}{4}$ auf drei verschiedene Arten als Summe.
b) Schreibe $\frac{1}{2}$ als Summe von Brüchen, deren Nenner alle größer als 10 sind.
c) Gib drei vollständig gekürzte Brüche mit verschiedenen Nennern an, deren Summe 2 ergibt.

Fig. 1

14 Frau Mall berichtet: „Von meinem Monatseinkommen brauche ich ein Drittel für die Miete und ein Achtel für mein Auto. Dann ist bereits mehr als die Hälfte weg.“ Stimmt das?

15 Peter möchte gerne ein neues Mountainbike kaufen. Die Hälfte des Kaufpreises hat er bereits gespart. Von seinen Eltern erhält er $\frac{1}{4}$ des Preises. Die Großeltern beteiligen sich mit 20 %. Welchen Rabatt muss der Händler gewähren, damit Peter es sofort kaufen kann?

16 Jan mixt ein Getränk nach einem neuen Rezept (Fig. 1). Hat er den richtigen Krug gewählt? Begründe.

17 Der Film in Lauras Fotoapparat ist schon halb voll. Sie macht vier Aufnahmen, danach ist noch $\frac{1}{3}$ des Films leer. Wie viele Aufnahmen sind auf dem Film?

18 Ein Lastwagen kann $11\frac{1}{2}$ t laden. Er wird nacheinander mit $2\frac{1}{8}$ t, 600 kg, $1\frac{3}{4}$ t, 900 kg und $3\frac{3}{4}$ t beladen. Formuliere verschiedene Fragen und stelle sie deinem Partner.

19 Was meinst du dazu?

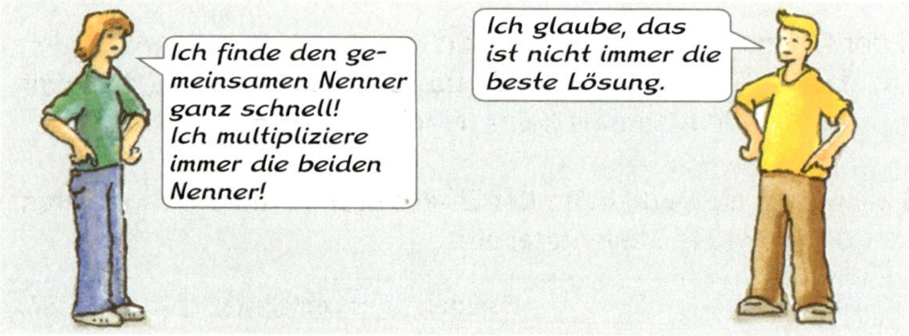

Fig. 2

20 Wahr oder falsch?
Begründe deine Antwort.
a) Die Differenz zweier verschiedener Brüche ergibt nie eine natürliche Zahl.
b) Addiert man mehrmals den gleichen Bruch, so ergibt sich irgendwann eine natürliche Zahl.
c) Der Nenner der Summe zweier Brüche ist stets größer als die Nenner der Summanden.

21 Zum Knobeln
Ein alter Araber bestimmte vor seinem Tode, dass der erste seiner Freunde die Hälfte, der zweite den vierten und der dritte den fünften Teil seiner Kamele erben sollte. Da der Alte 19 Kamele hinterließ, konnten sich die drei Freunde nicht einigen.
Warum konnten sich die Freunde nicht einigen? Wie würdest du teilen?
Sie wandten sich an einen Derwisch, der auf einem alten Kamel dahergeritten kam, und baten ihn um Hilfe. Dieser sagte: „Ich will euch mein Kamel leihen.“ Nun nahm sich der Erste die Hälfte der 20 Kamele heraus, der Zweite ein Viertel und der Dritte ein Fünftel. Zum Schluss blieb das Kamel des Derwischs übrig. Der Derwisch bestieg es wieder und ritt davon. Alle waren zufrieden. Rechne nach.

5 Dezimalbrüche

Paul fährt zusammen mit seiner älteren Schwester nach Italien in den Urlaub. Auf dem Weg dorthin tanken sie in der Schweiz. Für einen Euro bekommt man derzeit 1,5505 Sfr oder umgekehrt entspricht ein Schweizer Franken momentan 0,6450 €.

Was bedeutet eine Kommazahl wie 0,63? Man erkennt dies, wenn man die Zahl mit einer Größe verbindet.

0,**1** m = 1 dm = $\frac{1}{10}$ m; 0,**63** € = 63 ct = $\frac{63}{100}$ €; 0,**308** kg = 308 g = $\frac{308}{1000}$ kg.
0,1 bedeutet $\frac{1}{10}$; 0,63 bedeutet $\frac{63}{100}$; 0,308 bedeutet $\frac{308}{1000}$.

0,63 liest man: null Komma sechs drei (nicht: null Komma dreiundsechzig).

Die Beispiele zeigen: Bei der Kommaschreibweise von Zahlen entscheidet die Anzahl der Stellen hinter dem Komma darüber, ob in der Bruchschreibweise der Nenner 10, 100 oder 1000 steht. Dies gilt auch, wenn vor dem Komma keine 0 steht: 1,53 € = 153 ct = $\frac{153}{100}$ €.

Auch an der **Stellentafel** kann man die Bedeutung der Ziffern nach dem Komma erklären. Dazu trägt man die Dezimalbrüche in die Stellentafel ein.

dezimal (lat.) = auf die Zahl 10 bezogen.

Hunderter	Zehner	Einer	,	Zehntel	Hundertstel	Tausendstel
		0	,	1		
		0	,	6	3	
		0	,	3	0	8
		1	,	5	3	

Hat ein **Dezimalbruch** eine, zwei, drei, … Stellen hinter dem Komma, dann kann man ihn als Bruch mit dem Nenner 10 (100, 1000 …) schreiben.
0,7 = $\frac{7}{10}$ 3,31 = $\frac{331}{100}$ 8,039 = $\frac{8039}{1000}$ 6,003 = $\frac{6003}{1000}$

In der Bruchschreibweise kann eine Zahl unterschiedlich dargestellt werden.
$\frac{3}{10} = \frac{30}{100}$ ($\frac{3}{10}$ erweitert mit 10)
$\frac{3}{10} = \frac{300}{1000}$ ($\frac{3}{10}$ erweitert mit 100)
Man kann sie auch als Dezimalbruch schreiben.
$\frac{3}{10}$ = 0,3; $\frac{30}{100}$ = 0,30; $\frac{300}{1000}$ = 0,300.
Dies zeigt: 0,3 = 0,30 = 0,300.

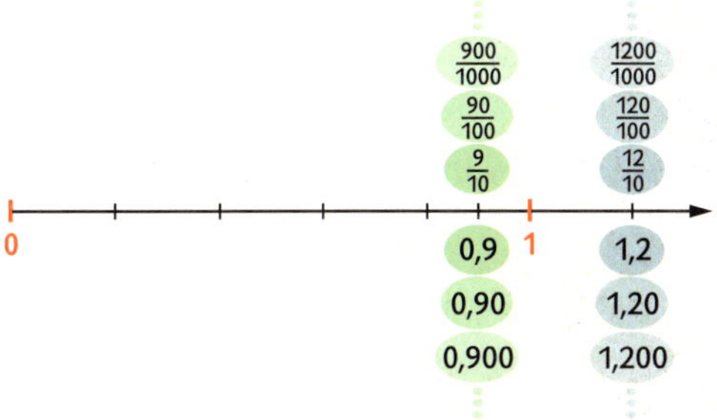

Pro cento (lat.):
Von Hundert
$\frac{1}{100} = 1\%$

Anteile lassen sich als Dezimalbrüche oder Brüche angeben. Eine weitere Möglichkeit dafür sind **Prozente**. Prozent bedeutet Hundertstel oder auch „von 100":
$0{,}62 = \frac{62}{100} = 62\%$.

Umwandeln in einen Dezimalbruch
Um einen Bruch wie $\frac{3}{4}$ in einen Dezimalbruch umzuwandeln, erweitert man so, dass der Nenner 10, 100, 1000, ... lautet:
$\frac{3}{4} = \frac{3 \cdot 25}{4 \cdot 25} = \frac{75}{100} = 0{,}75$.

Brüche wie $\frac{1}{3}$ lassen sich auf diese Weise nicht in die Dezimalbruchschreibweise umwandeln, weil 3 nicht auf 10, 100, 1000 ... erweitert werden kann.

34,12
3 Zehner
4 Einer
1 Zehntel
2 Hundertstel

Umwandeln in die Bruchschreibweise
Soll umgekehrt der Dezimalbruch 0,75 in die Bruchschreibweise umgewandelt werden, so kann man diesen zunächst in die Stellentafel eintragen.

Einer	,	Zehntel	Hundertstel
0	,	7	5

In der Stellentafel erkennt man, dass $0{,}75 = \frac{7}{10} + \frac{5}{100} = \frac{70}{100} + \frac{5}{100} = \frac{75}{100}$.

Beispiel 1
Verwandle in die Bruch- bzw. in die Dezimalbruchschreibweise.
a) 0,6 b) 0,724 c) $\frac{13}{100}$
Lösung:

Einer	,	Zehntel	Hundertstel	Tausendstel
0	,	6		
0	,	7	2	4
0	,	1	3	

In der Stellentafel kannst du ablesen, dass
a) $0{,}6 = \frac{6}{10}$
b) $0{,}724 = \frac{724}{1000}$
c) $\frac{13}{100} = 0{,}13$.

Beispiel 2
Von den vier Darstellungen gekürzter Bruch, Hundertstelbruch, Dezimalbruch und Prozent ist eine bereits gegeben. Gib jeweils die fehlenden drei Darstellungen an.
a) 0,30 b) $\frac{14}{100}$ c) $\frac{3}{4}$
Lösung:
a) $0{,}30 = 30\% = \frac{30}{100} = \frac{3}{10}$ b) $\frac{14}{100} = 0{,}14 = 14\% = \frac{7}{50}$ c) $\frac{3}{4} = \frac{75}{100} = 0{,}75 = 75\%$

Aufgaben

1 Gib den Anteil in Prozent an.
a) 94 von 100 Kindern können im Alter von zehn Jahren schwimmen.
b) Von 25 Schülern der Klasse wohnen zwei außerhalb des Stadtbezirks.
c) 30 von 250 Befragten lesen jede Woche ein Buch.

2 Schreibe als Dezimalbruch und als Bruch. Kürze, wenn möglich.

a) 2%	b) 6%	c) 10%	d) 5%	e) 50%	f) 8%
20%	3%	40%	80%	12%	60%
25%	75%	90%	95%	30%	33%

3 Schreibe in Prozentschreibweise, als Dezimalbruch und als Hundertstelbruch.

a) $\frac{1}{2}$; $\frac{1}{5}$; $\frac{4}{5}$; $\frac{5}{20}$; $\frac{66}{200}$; $\frac{3}{4}$; $\frac{900}{1000}$

b) $\frac{2}{8}$; $\frac{9}{50}$; $\frac{176}{200}$; $\frac{24}{40}$; $\frac{18}{300}$; $\frac{20}{80}$; $\frac{7}{35}$

4 Welcher Anteil der Fläche ist jeweils gefärbt? Gib als gekürzten Bruch und in Prozent an.

a) b) c) d) e)

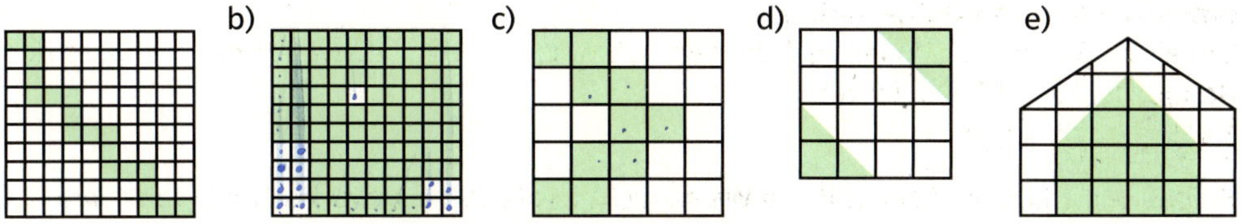

5 In welchem Gefäß ist der Anteil der Gewinnlose höher?

a) b)

6 Die Tabelle zeigt das Ergebnis einer Umfrage in der Klasse 6 a.

Von 50 Ferientagen waren		
langweilig	gelungen	durchwachsen
30	15	5

Von 200 Schultagen waren		
langweilig	gelungen	durchwachsen
80	70	50

Gefallen den Schülern der Klasse 6 a die Ferientage oder die Schultage besser?

Info

Dezimalbrüche kann man gut miteinander **vergleichen**, indem man sie in eine Stellentafel einträgt. Dann werden die Stellen von links nach rechts verglichen. Entscheidend ist die erste Stelle, an der die Ziffern verschieden sind.

Einer	,	Zehntel	Hundertstel	Tausendstel
6	,	4	2	5
6	,	4	2	6

6,425 < 6,426
da 5 Tausendstel < 6 Tausendstel

7 Ordne die beim Sporttag von den Mädchen der 6 b erzielten 50-m-Zeiten:
Anita 8,93 s; Barbara 9,21 s; Franca 9,02 s; Doris 8,99 s; Fatma 8,96 s; Eleni 9,00 s;
Lisa 8,88 s; Marja 9,20 s; Sabina 8,78 s; Petra 9,03 s; Gina 8,98 s; Anne 9,04 s.

8 Vergleiche. Schreibe mit dem Kleinerzeichen.

a) $\frac{3}{5}$; $\frac{1}{5}$ — $2\frac{1}{5}$; 3

b) $\frac{1}{3}$; $\frac{1}{2}$ — $\frac{8}{8}$; $\frac{8}{9}$

c) $\frac{3}{4}$; $\frac{4}{5}$ — $\frac{18}{3}$; 5

d) $\frac{2}{7}$; $\frac{4}{10}$ — $8\frac{1}{2}$; $\frac{80}{2}$

e) $\frac{11}{6}$; 2 — $\frac{1}{6}$; $\frac{2}{9}$

f) $\frac{5}{3}$; $\frac{3}{5}$ — $\frac{12}{18}$; $\frac{8}{10}$

9 Vergleiche die Dezimalbrüche. Begründe deine Antwort.

a) 0,4; 0,6 — 0,034; 0,04

b) 0,76; 0,71 — 2,98; 2,89

c) 1,45; 1,29 — 0,004; 0,010

d) 6,958; 6,955 — 3,900; 3,055

e) 5,09; 5,111 — 7,701; 7,107

Bist du sicher?

Bei Aufgabe 1 gibt es dreimal <; zweimal >.

1 Setze < oder > passend im Heft ein.

a) 0,63 ▢ 0,71 b) $\frac{3}{5}$ ▢ $\frac{7}{10}$ c) 1,245 ▢ $\frac{126}{100}$ d) 8,051 ▢ 8,049 e) $\frac{8}{3}$ ▢ $1\frac{5}{6}$

Alle Prozentangaben von Aufgabe 2b) addiert ergeben 195 %.

2 a) Schreibe als Bruch und kürze.
2 %; 25 %; 70 %; 4 %; 44 %

b) Schreibe in Prozent.
$\frac{1}{5}$; $\frac{6}{10}$; $\frac{35}{100}$; $\frac{16}{40}$; $\frac{100}{250}$

3 Von zwei gleichen Torten wird eine in 12 Stücke und die andere in 16 Stücke geschnitten. Welcher Anteil ist größer: 4 Stücke der ersten oder 6 Stücke der zweiten Torte?

In Deutschland besteht etwa zwei Drittel des Waldes aus Nadelbäumen und ein Drittel aus Laubbäumen.

10 Förster erstellen in regelmäßigen Abständen eine Bestandsaufnahme der von ihnen betreuten Wälder. Um einen Überblick darüber zu gewinnen, wie viele Bäume der verschiedenen Arten vorhanden sind, zählt der Förster z. B. 400 Bäume eines Waldstückes aus. Die Tabelle zeigt das Ergebnis.

Fichte	Kiefer	Buche	Eiche	Sonstige
160	80	100	40	20

Bestimme die prozentualen Anteile der Baumarten und stelle das Ergebnis in einer Tabelle und in einem Diagramm dar.

11 a) Trage auf dem Zahlenstrahl die folgenden Brüche ein: $\frac{1}{2}$; $\frac{3}{4}$; $1\frac{2}{5}$; $2\frac{1}{4}$
b) Zwischen welchen benachbarten dieser vier Brüche ist der Abstand am größten?

12 Auf dem Zahlenstrahl wird die Strecke von $\frac{1}{2}$ bis $\frac{3}{4}$ in drei gleiche Teile geteilt. Welche Brüche gehören zu den beiden Teilpunkten?

2 9 0 1

13 Lege aus den Kärtchen auf dem Rand alle möglichen Dezimalzahlen, die vor dem Komma die Ziffer 1 haben und ordne sie nach der Größe.

14 Die Tabelle zeigt die Geburtenzahlen einer Klinik während einer Woche.

	Mo	Di	Mi	Do	Fr	Sa	So
Jungen	40	45	56	36	48	24	35
Mädchen	60	45	42	44	42	36	25

a) Wurden mehr Jungen oder mehr Mädchen geboren?
b) Der Anteil der Jungengeburten am Montag ist 40 von 100. An welchem Wochentag war der Anteil der Jungengeburten am größten?

6 Addieren und Subtrahieren von Dezimalbrüchen

Zwei deutsche Dritte drängen sich aufs Podest
Überlegene Siegerin auf der tückischen Piste Radaz in den französischen Alpen war die Schwedin Anja Pärson, die mit einem fulminanten zweiten Lauf doch noch auf den 1. Platz kam …

Slalom Damen, Megève, 5. Januar 2004

Läuferin	1. Durchgang	2. Durchgang
Anja Pärson	51,88 s	50,37 s
Line Viken	53,62 s	50,25 s
Marlies Schild	51,13 s	51,46 s
Martina Ertl	52,42 s	50,28 s
Monika Bergmann-Schmuderer	51,82 s	50,88 s
Kristina Koznick	53,23 s	50,65 s

Um festzustellen, ob der Lkw die zulässige Zuladung von 5 t überschritten hat, kann man zunächst einen Überschlag durchführen. Man rundet die Gewichte geeignet und addiert: $2\frac{1}{2}\,t + 2\,t + \frac{1}{2}\,t = 5\,t$.
Das zugeladene Gewicht wäre zulässig.
Da nur mit gerundeten Werten gearbeitet wurde, muss man genauer nachrechnen.

Fig. 1

Wie man Dezimalbrüche **addiert** und **subtrahiert**, kann man sich herleiten, wenn man die Dezimalbrüche als Brüche schreibt.
Die vorliegenden Zahlen reichen nicht weiter als zur Tausendstelstelle. Daher können alle als Brüche mit dem Nenner 1000 geschrieben werden.
Es ist $2{,}55 + 2{,}1 + 0{,}455 = \frac{2550}{1000} + \frac{2100}{1000} + \frac{455}{1000} = \frac{5105}{1000} = 5{,}105$.

Man trägt die Maßzahlen der einzelnen Gewichte in eine Stellentafel ein und addiert sie stellenweise wie bei natürlichen Zahlen.
Die unterste Zeile zeigt die Summe.
Der Lkw ist also überladen, da $5{,}105\,t > 5\,t$.

Einer	,	Zehntel	Hundertstel	Tausendstel
2	,	5	5	0
2	,	1	0	0
0	,	4	5	5
1		1		
5	,	1	0	5

Um festzustellen, um wie viel der Lkw überladen ist, subtrahiert man 5 t von 5,105 t. Die Subtraktion ergibt 0,105 t. Der Lkw ist um $0{,}105\,t = 105\,kg$ überladen.

Um **Dezimalbrüche** zu **addieren** oder zu **subtrahieren**, schreibt man sie so untereinander, dass Komma unter Komma steht. Dann addiert bzw. subtrahiert man stellenweise.

	1	2,	5	3	4
+		8,	9	1	0
	1	1			
	2	1,	4	4	4

	1	2,	5	3	4
−		8,	9	1	0
	1	1			
		3,	6	2	4

Tipp:
Fehlende Stellenwerte kannst du mit Nullen auffüllen.

Beispiel

a) 30,125 + 1,279 b) 12,5 + 0,487 c) 2,342 − 1,4 d) 7 − 2,83

Lösung:

a)	b)	c)	d)
30,125	12,500	2,342	7,00
+ 1,279	+ 0,487	− 1,400	− 2,83
1 1		1	1 1
31,404	12,987	0,942	4,17

Bei der Aufgabe 2 kannst du eine Ergebniskontrolle durch die Quersummenprobe machen.

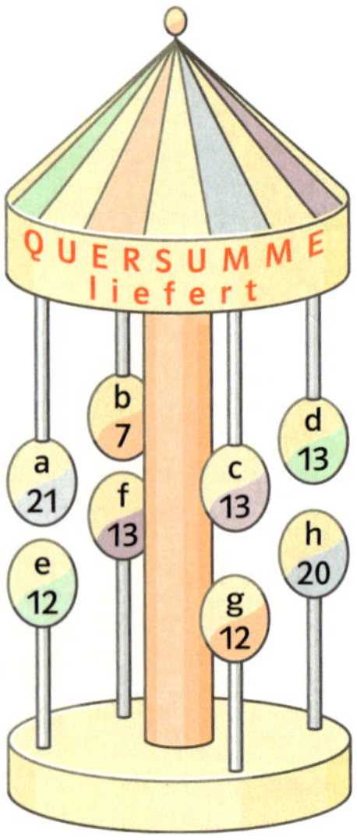

Fig. 1

Aufgaben

1 Berechne im Kopf.

a) 1,4 + 0,6 b) 6,3 + 2,9 c) 7,8 − 5,6 d) 2,9 + 4,3 e) 67,7 − 15,2 f) 45,7 + 13,8

2 Berechne schriftlich.

a) 5,22 + 2,73 b) 2,03 + 1,28 c) 4,27 + 16,2 d) 0,021 + 5,23
e) 3,45 − 1,89 f) 0,473 − 0,289 g) 1 − 0,097 h) 3,999 − 3,7

3 a) Um wie viel sind die Zahlen größer als 1? 1,5; 1,04; 1,33; 2,22; 1,001; 10,01
b) Wie groß ist der Abstand von der 15-km-Marke? 9,7 km; 9270 m; 16,64 km; 17 866 m

4 Übertrage in dein Heft und setze im Ergebnis das Komma an die richtige Stelle.

a) 4,4 + 0,8 = 52 b) 1,04 + 0,4 = 144 c) 8,4 − 6,2 = 22 d) 7,89 − 5,63 = 226

5 Berechne jeweils die Summe und die Differenz der Zahlen.

a) 5,7; 3,6 b) 1,8; 0,9 c) 99,9; 9,99 d) 10,01; 1,1

6 Welche Zahl musst du für x einsetzen?

a) 7,2 + x = 9,7 b) x + 3,8 = 9,9 c) 8,9 − x = 3,1 d) x − 4,5 = 5,6 e) x − x = 2,3

7 □□,□ − 0,□ = ?

Setze die Ziffern 4; 5; 6; 7 so ein, dass das Ergebnis

a) möglichst groß wird, b) möglichst klein wird, c) genau 55,7 beträgt.

8 Berechne. Überlege dir zu jeder Aufgabe eine passende Sachsituation.

a) 610 m + 0,45 km − 0,05 km b) $3{,}2\,m^3 + 255\,l - 3300\,dm^3$

9 3,5 □ 5,6 □ 2,1 □ 4,3

a) Setze + und − in die Kästchen. Wie viele Möglichkeiten gibt es?
b) Welcher Rechenausdruck liefert das größte Ergebnis, welcher das kleinste? Berechne.
c) Welcher Rechenausdruck liefert ein Ergebnis, das möglichst nahe bei 5 liegt?

10 a) Welche der drei Messbecher können in einen umgefüllt werden?
b) Wie viel Wasser fehlt bei 0,75 l zu 2 l?
c) Erfinde weitere Aufgaben und löse sie.

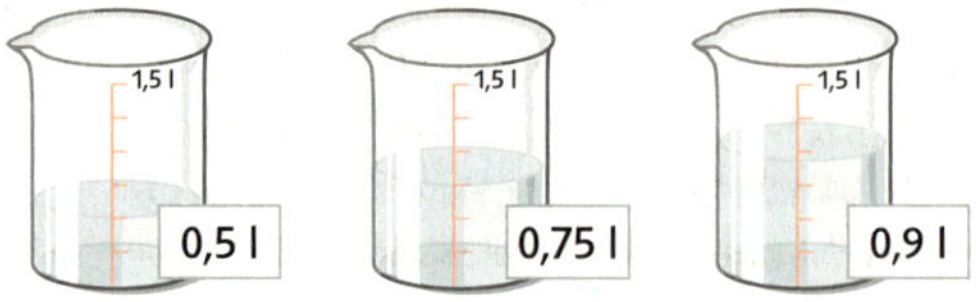

11 Welche Zahlen ergeben die Summe 1? Versuche es mit zwei, drei oder vier Zahlen.

0,6 0,2 0,3715 0,0285 0,5 0,8 0,1715 0,3 0,6285

12 Tim hat am Fahrrad einen Kilometerzähler (Fig. 1), der eine Nachkommaziffer anzeigt.
a) Was bedeutet die Nachkommaziffer?
b) Gib die Längen der gefahrenen Strecken zwischen den einzelnen Zählerständen an.
c) Wie viel km muss Tim noch fahren, bis die erste Ziffer auf 4 springt?

Fig. 1

13 a) Die Entfernung Erde–Sonne beträgt bei Sonnenferne 152,099 Mio. km, bei Sonnennähe 147,096 Mio. km. Wie groß ist der Unterschied? Wie kommt er zustande?
b) Der Erdumfang über die Pole gemessen beträgt 40 008,006 km und entlang des Äquators 40 075,161 km. Wie groß ist der Unterschied? Woran liegt das?

14 Der Regierungsbezirk Köln hat eine Gesamtfläche von 7365 km^2, davon werden 3527,77 km^2 landwirtschaftlich genutzt. 19,31 km^2 bestehen aus Wald- und Grünland. Der Rest sind Ödland, Wasserflächen, Verkehrs- und Siedlungsflächen.
Wie viel km^2 sind das?

15 Überlege selbst jeweils zwei Aufgaben mit Dezimalbrüchen, so dass sich
a) als Summe 34,7
b) als Differenz 23,9 ergibt.

Bist du sicher?

1 a) Berechne im Kopf:	5,2 + 2,4	3,9 − 2,7	10,2 − 1,5.
b) Berechne schriftlich:	6,59 + 13,8	3,608 + 2,22	10,5 − 6,97.
c) Berechne:	15,8 kg + 6,3 kg	27,2 kg − 1100 g	47,8 m^3 − 800 dm^3.

2 a) Welche Zahl vermindert um 3,55 ergibt 7,99?
b) Welche Zahl muss man zu 6,57 addieren, um 17,22 zu erhalten?

16 In einen Güterwagen werden Kisten mit Maschinenteilen geladen.
Sie haben folgende Gewichtsaufschriften: 3,550 t; 1,520 t; 2,300 t; 1,265 t; 1,750 t; 3,050 t.
a) Berechne das Gesamtgewicht der Ladung.
b) Auf der Seitenwand des Güterwagens ist angeschrieben, mit wie viel Tonnen er höchstens beladen werden darf. Das Ladegewicht hängt von der Streckenart (A, B oder C) und der Geschwindigkeit des Güterzuges ab (90: bis 90 $\frac{km}{h}$; S: bis 100 $\frac{km}{h}$).
Wie viel Tonnen können in den einzelnen Fällen jeweils noch geladen werden?

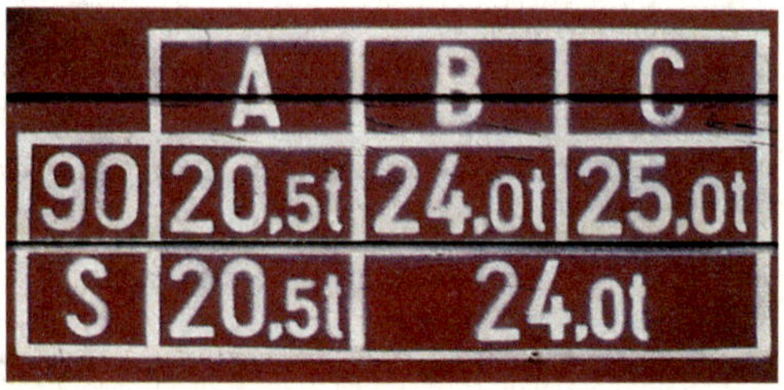

17 In Schilda wurde bei der Stadtgründung im Jahre 1594 ein Wettbewerb im Schildweitwurf ausgetragen. Der Sieger erzielte nach Auskunft der Chronik mit einer Weite von 0,01434 Meilen den ersten Stadtrekord. Im Jahre 1702 findet man folgende Zeitungsmeldung: „Wie jedes Jahr wurde auch gestern beim Stadtsportfest ein neuer Stadtrekord im Schildweitwurf aufgestellt. Die Siegerweite betrug 0,01541 Meilen."
Wurde tatsächlich jedes Jahr ein neuer Rekord erzielt?

18 Suche jeweils die größte (kleinste) Summe aus zwei (drei; vier) Zahlen.

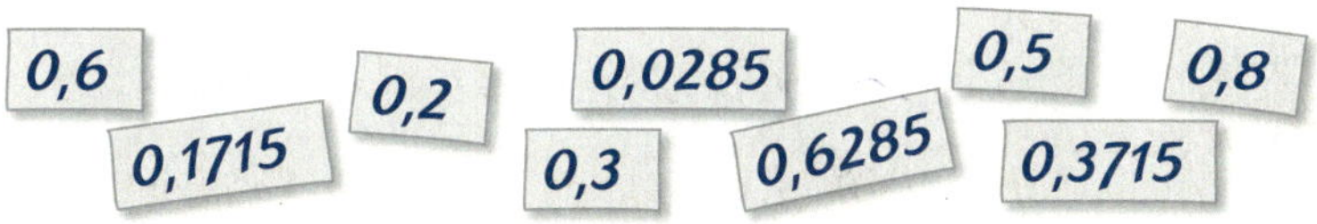

7 Rechenvorteile

15.9.	Übertrag aus Klasse 5	+115,23 Euro
10.12.	Deko für die Party	– 43,20 Euro
20.12.	Weihnachtsbazar	+ 150,71 Euro
13.5.	Verkauf der Klassenzeitung	+ 273,10 Euro
20.6.	Bus für Ausflug	– 540,00 Euro
28.6.	Spende der Fa. Trico	+ 50,00 Euro
3.7.	Kuchenverkauf	+ 75,20 Euro

Hans verwaltet die Klassenkasse der Klasse 6b. Am Ende des Schuljahres muss er über die Einnahmen und Ausgaben Bilanz ziehen.

Rechenausdrücke werden meistens von links nach rechts berechnet. Um geschickt zu rechnen, lassen sich Rechenregeln vorteilhaft nutzen. Bei der Berechnung eines Rechenausdrucks mit Brüchen oder mit Dezimalbrüchen gelten die gleichen **Rechenregeln** wie bei natürlichen Zahlen.

Manchmal kann man einen mehrgliedrigen Rechenausdruck geschickter berechnen, wenn man zuerst die Zahlen zusammenfasst, die subtrahiert werden sollen.

Statt von links nach rechts zu rechnen,

17,4 – 8,5 – 1,5
= 8,9 – 1,5
= 7,4

kann man auch so vorgehen:

17,4 – 8,5 – 1,5
= 17,4 – (8,5 + 1,5)
= 17,4 – 10
= 7,4

Werden in einem Rechenausdruck **mehrere Zahlen subtrahiert**, so kann man diese zunächst addieren und dann die Summe subtrahieren:
6,5 – 3,1 – 1,2 = 6,5 – (3,1 + 1,2)

Kommutativ- und Assoziativgesetz gelten nicht für die Subtraktion.

Zwei wichtige Rechengesetze, die auch für Brüche und Dezimalbrüche gültig sind, heißen:

Kommutativgesetz:
Bei der Addition darf man die Summanden vertauschen.
0,75 + 0,3 + 0,25 = 0,75 + 0,25 + 0,3 = 1,3

Assoziativgesetz:
Bei der Addition darf man durch das Setzen von Klammern die Reihenfolge der Berechnung verändern.
(8,3 + 2,4) + 0,6 = 10,7 + 0,6 = 11,3
8,3 + (2,4 + 0,6) = 8,3 + 3 = 11,3

Beispiel Rechenvorteile nutzen
Fasse geschickt zusammen und berechne.

a) 28,6 – 12,8 – 3,2

b) 23,6 + 4,5 + 6,4 + 8,5

Lösung:

a) 28,6 –12,8 – 3,2 = 28,6 – (12,8 + 3,2)
= 28,6 – 16,0
= 12,6

23,6 + 4,5 + 6,4 + 8,5 = (23,6 + 6,4) + (4,5 + 8,5)
= 30 + 13
= 43

Beispiel 2 Rechenregeln kombinieren

35,9 + 6,7 + 5,1 + 3,3 *Vertauschen der Reihenfolge*
= 35,9 + 5,1 + 6,7 + 3,3
= (35,9 + 5,1) + (6,7 + 3,3) *Klammern setzen, zusammenfassen*
= 41,0 + 10,0
= 51,0

Aufgaben

1 Fasse geschickt zusammen und berechne im Kopf.

a) 7,5 − 2,5 − 1,5 − 2 b) 16,3 + 2,7 − 3,9 − 5,1 c) $17 + \frac{1}{4} + 5{,}2 + 1{,}75$ d) $\frac{1}{8} + \frac{3}{16} + \frac{13}{16} + \frac{7}{8}$

2 Berechne die Summen im Kopf.

a) 17,95 + 34,78 + 3,05 b) 17,45 + 16,98 + 2,55
c) 35,23 + 4,57 + 4,77 d) 6,34 + 99,01 + 0,99

3 Überlege, ob sich durch das Anwenden von Rechenregeln die Berechnung vereinfachen lässt. Berechne anschließend.

a) 34,5 − 23,2 − 6,8 b) 125,9 − 35,9 + 17,1 c) 9 + 6,3 − 6,3 − 5,9 d) 9,7 − 5,9 + 6,3 − 6
e) $\frac{12}{5} - \frac{9}{10} - \frac{11}{10} - \frac{2}{10}$ f) $\frac{7}{6} + \frac{7}{4} - \frac{11}{6} - \frac{5}{6}$ g) $\frac{27}{9} - \frac{13}{9} - \frac{1}{3}$ h) $0{,}5 + \frac{3}{4} - 0{,}3 + 0{,}25$

4 Begründe am Beispiel der drei Holzstücke (siehe Fig 1) die Gültigkeit des
a) Kommutativgesetzes,
b) Assoziativgesetzes.

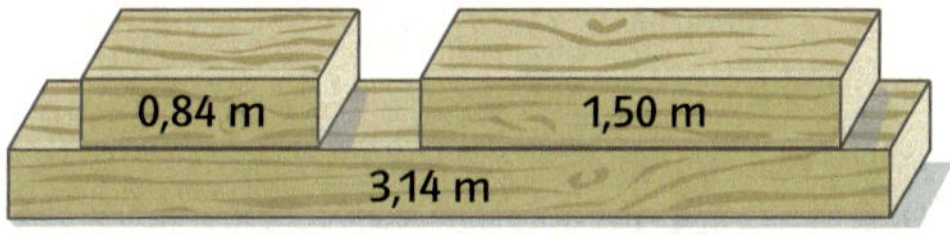

Fig. 1

5 Wurde richtig oder falsch gerechnet? Korrigiere gegebenenfalls.

a) 7,7 + 3,5 + 9,3 = 7,7 + 9,3 + 3,5 = 16 + 3,5 = 19,5
b) 8,4 + 6,8 + 2,6 = 8,4 + 2,6 + 6,8 = 11,0 + 6,8 = 71,8

6 Der Kassenzettel wurde so zerrissen, dass die Summe nicht mehr lesbar ist. Maximilian will die Gesamtsumme nochmals nachrechnen. Wie kann er geschickt vorgehen?

7 Welche Zahl ist kleiner? $\frac{7}{8}$ vermindert um die Differenz von 0,4 und $\frac{1}{4}$, oder die Summe von $\frac{7}{8}$ und 0,25, vermindert um $\frac{2}{5}$?

Bist du sicher?

1 Berechne.

a) 7 − 0,7 − 1,3 − 2,9 b) 16,9 − 0,6 − 0,3 + 0,6 c) 5,8 + 8,2 − 4,1 − 3,1 d) $\frac{3}{4} + \frac{8}{3} - \frac{7}{3} + \frac{11}{4} + \frac{1}{6}$

Die Summe aller Lösungen ist 29,5.

8 Tricks mit Köpfchen

a) Frau Nagel addiert beim Einkaufen die einzelnen Preise, ärgert sich aber über die Rechnerei. Ihre Tochter Simone hat das genaue Ergebnis sofort. Wie rechnet sie (Fig 2)?
b) Rolf rechnet 87,581 − 0,999 fix im Kopf. Wie geht er vor?
c) Findet selbst entsprechende Aufgaben, die man mit kleinen Tricks schnell im Kopf rechnen kann. Erfindet dazu ein Wettspiel!

Fig. 2

8 Runden und Überschlagen

Beim Bau eines Schrankes muss ein Schreiner die Einzelteile auf Millimeter genau zusägen, damit beim Zusammenbauen keine Probleme entstehen. Manchmal jedoch werden nur ungefähre Werte benötigt, um das Wichtige einer Infomation mitzuteilen.

Beim Runden von Dezimalbrüchen geht man wie beim Runden von natürlichen Zahlen vor.

Die Stellen nach dem Komma nennt man auch ***Dezimalen****.*

Vor dem **Runden** von Dezimalbrüchen muss man festlegen, wie viele Stellen nach dem Komma die gerundete Zahl haben soll.
Ist die erste Ziffer, die man weglässt 0; 1; 2; 3 oder 4, so wird **abgerundet**.
Ist die erste Ziffer, die man weglässt 5; 6; 7; 8 oder 9, so wird **aufgerundet**.

Rundet man 1,099 auf Hundertstel, so erhält man 1,099 ≈ 1,10. Durch die Null verdeutlicht man, dass auf zwei Dezimalen gerundet wurde.

Eine wichtige Anwendung des Rundens ist der **Überschlag**. Bei umfangreichen Rechnungen kann man mit einer Überschlagsrechnung schnell einen Näherungswert finden oder kontrollieren, ob das Ergebnis der genauen Rechnung ungefähr stimmt. Dabei werden die Zahlen so gerundet, dass der Überschlag im Kopf gerechnet werden kann:

	123,86 + 37,41 = 161,27	1,736 − 0,497 = 1,239
Überschlag:	120 + 40 = 160	1,7 − 0,5 = 1,2

Fig. 1

Beim Umgang mit **Messwerten** sind noch weitere Aspekte zu beachten. Wird die Größe einer Schülerin auf Zentimeter genau gemessen, so bedeutet die Angabe 142 cm, dass sie in Wirklichkeit z. B. 141,5 cm oder 141,7 cm groß sein könnte. Es kommen alle Längen in Frage, die gerundet 142 cm ergeben.
Manchmal muss man **mit Messwerten rechnen**. Haben zwei Strecken die gemessenen Längen 1,2 m und 0,68 m, so ist die wirkliche Gesamtlänge mindestens 1,15 m + 0,675 m = 1,825 m. Sie könnte aber auch 1,24 m + 0,684 m = 1,924 m sein. Aus diesem Grund beschränkt man sich bei der Angabe des Endergebnisses auf die Anzahl der Dezimalen des ungenauesten Messwertes, d. h. 1,2 m + 0,68 m = 1,88 m ≈ 1,9 m.

Beispiel 1 Runden
a) Runde 3,029 auf Zehntel. b) Runde 3,029 m auf cm.
Lösung:
a) 3,029 ≈ 3,0 *Die Ziffer 2 an der Hundertstelstelle entscheidet für Abrunden.*
b) 3,029 m ≈ 3,03 m *Die Ziffer 9 an der mm-Stelle entscheidet für Aufrunden.*

Beispiel 2 Überschlagen
a) Überschlage zuerst. Rechne dann genau: 47,47 + 52,52 − 19,19 − 63,63.
b) 1,03 + 10,11 + 100,01 − 0,05
Welcher Wert ist dem richtigen Ergebnis am nächsten: 90; 100; 110?
Lösung:
a) Überschlag: 50 + 50 − 20 − 60 = 20 Genaues Ergebnis: 17,17
b) Überschlag: 10 + 100 = 110, also liegt 110 dem richtigen Wert am nächsten.

Was ist denn hier los?
1,455 ≈ 1,5 ≈ 2
aber
1,455 ≈ 1

Was sagst du dazu?
0,02549 ≈ 0

Aufgaben

1 a) Runde auf eine Dezimale: 3,24; 1,346; 30,96; 0,99; 1,001; 1,009; 1,01; 1,09
b) Runde auf zwei Dezimalen: 2,837; 0,608; 0,905; 6,998; 9,995; 9,994; 9,999; 10,004

2 a) Runde auf Tausendstel: 0,4451; 0,0516; 8,86471; 13,50069; 0,0097; 3,9999
b) Um wie viel weicht der gerundete Wert vom exakten Wert ab?

3 a) Runde auf kg: 7,52 kg; 4963 g; 0,7537 t. b) Runde auf min: 4 min 20 s; 1 min 42 s.

Vorsicht!
2 h 41 min = 3 h

4 Zwischen welchen Euro-Beträgen lagen die genauen Kosten für die Schule (Fig. 1)?

5 a) Wie viele Erststimmen hat jede Partei mindestens bzw. höchstens erhalten?
b) Sammle Zeitungsnotizen, in denen gerundete Zahlenangaben verwendet werden. Überprüfe, ob es sinnvoll ist, gerundete Angaben zu verwenden.

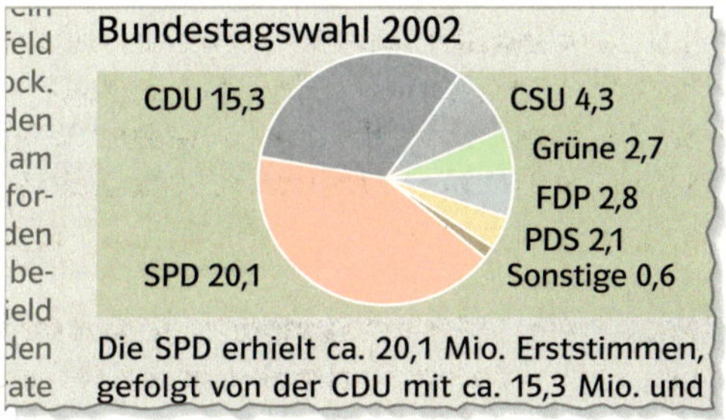

Fig. 2

Die Kosten für das Ernst-Klett-Gymnasium betrugen 9,5 Mio. €.

Fig. 1

6 Nenne fünf Zahlen, die gerundet 5,3 ergeben. Gibt es eine größte bzw. eine kleinste?

7 Überschlage zuerst und berechne dann genau.
a) 23,91 + 136,69 b) 520,49 − 89,51 c) $10 + \frac{1}{4} - 1{,}23 + 7{,}6$ d) $6{,}9 - 3{,}5 + 12\frac{1}{2}$

8 Es ist 2,7 + 4,2 + 6,1 + 12,0 = 25,0. Gib vier Zahlen mit je zwei Dezimalen an, die auf Zehntel gerundet jeweils gerade die Summanden 2,7; 4,2 usw. ergeben und die ungerundet eine möglichst große bzw. kleine Summe ergeben.

9 Beim letzten Sturm wurde das Dach des Hauses von Familie Kern beschädigt. Der Schaden wurde vom Dachdecker beseitigt.
Frau Kern hat 150 € Bargeld zu Hause. Überschlage, ob sie die Rechnung (Fig. 3) sofort bezahlen kann. Ermittle anschließend den exakten Rechnungsbetrag.

Dachdecker Freiluft
Rechnung
Familie Kern

Dachplatten	47,42
Kleinteile	9,04
Lohn (3 h)	76,95
MwSt.	21,35

Fig. 3

Bist du sicher?

1 Runde jeweils auf eine bzw. zwei Dezimalen: 1,2543; 1,5991; 0,58739; 199,0099.

2 Überschlage zuerst und rechne dann genau. a) 1122,7 + 3,9 − 0,75 b) 7,66 − 5,9 + 4,8

3 Reicht Carola ein 50-€-Schein zum Bezahlen an der Kasse des Centi-Marktes?

Centi-Markt
2,45 €
12,99 €
9,56 €
23,98 €

10 Zeitungen berichten regelmäßig über die Entwicklung der Weltbevölkerung. In einer Zeitungsmeldung vom 05.01.2005, einem Mittwoch, titelt die Frankfurter Rundschau: „Warten auf Nr. 1300 000 000 – Chinas Bevölkerung wächst jährlich um etwa zehn Millionen". In dem Artikel heißt es: „Das bevölkerungsreichste Land der Welt, China, wird Berichten staatlicher Medien zufolge voraussichtlich am Donnerstag offiziell die Zahl von 1,3 Milliarden Einwohnern erreichen." Nimm Stellung zur Genauigkeit dieser Aussage und erläutere, ob tatsächlich am 06.01.2005 der 1300 000 000ste Einwohner Chinas geboren wurde.

11 a) Schätze, wie schwer deine volle Schultasche ist. Wiege sie anschließend.
b) Katja hat ihre Schultasche ausgepackt und den Inhalt gewogen.

Fig. 1

Die leere Schultasche wiegt 1,13 kg. Überschlage zunächst, welches Gewicht Katjas gefüllte Schultasche besitzt, und berechne dann genau.

12 Runden oder nicht runden? Das ist hier die Frage!
Überlege, ob es sinnvoll ist, in jeder Situation zu runden. Begründe deine Entscheidung.
a) Der Rundwanderweg für den Ausflug ist 17,462 km lang.
b) Die Essensvorräte der Expedition reichen noch für 1,5 Monate.
c) Timo hat berechnet, dass das Auto im Schnitt 8,162 Liter pro 100 km verbraucht.
d) Martin hat errechnet, dass man $4\frac{1}{4}$ Rollen zum Tapezieren des Zimmers benötigt.

13 Die ältesten Steinbrücken stammen aus der Steinzeit. Die Römer bauten vor 2000 Jahren die ersten großen Brückenanlagen in Europa. Die Technik des Brückenbaus wurde stets verbessert; anstelle der Baumaterialien Stein und Holz traten Eisen und Beton. Die Geschichte des Tunnelbaus ist dagegen sehr jung. Die ersten längeren Tunnel wurden erst im vorigen Jahrhundert gebaut, als es Tunnelbaumaschinen gab.

Gotthard-Tunnel, Schweiz, 16 289 m
Elb-Tunnel, Hamburg, 3342 m
Simplon-Tunnel, Schweiz-Italien, 19 800 m
Rhein-Brücke, Düsseldorf, 590 m
Golden Gate Bridge, San Francisco 2150 m
Europa-Brücke, Innsbruck, 785 m
Ärmelkanal-Tunnel, Engl.-Frankr., 50 532 m
Frejm-Tunnel, Italien-Schweiz, 12 832 m
Bosporus-Brücke, Istanbul, 1560 m
Köhlbrand-Brücke, Hamburg, 3940 m
Pont du Gard, Frankreich, 273 m
Seikan-Tunnel, Japan, 53 788 m

Fig. 2

Informiert euch über die Geschichte des Brücken- und Tunnelbaus. Sammelt Bilder von bedeutenden Bauwerken. Gestaltet damit ein Wandplakat und stellt es euren Mitschülerinnen und Mitschülern vor. Überlegt euch, wie man die Längen der Brücken bzw. der Tunnel veranschaulichen könnte, und führt eure Idee durch.

Kannst du das noch?

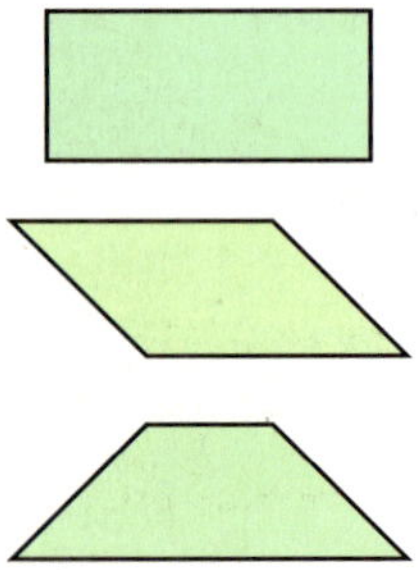
Fig. 3

14 a) Benenne die Vierecke (Fig. 3) und untersuche sie auf Achsensymmetrie.
b) Zeichne zwei weitere achsensymmetrische Vierecke.

15 Gegeben ist das Viereck ABCD mit A(1|1), B(3,5|1), C(3,5|3), D(1,5|4). Ergänze es zu einer achsensymmetrischen Figur durch Spiegelung an $\overline{BC}$. Gib die Bildpunkte an.

1 Welcher Anteil der Fläche ist gefärbt? Gib das Ergebnis als Bruch und in Prozent an.

a)

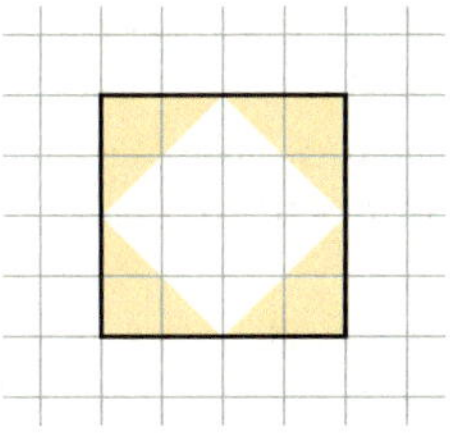

b)

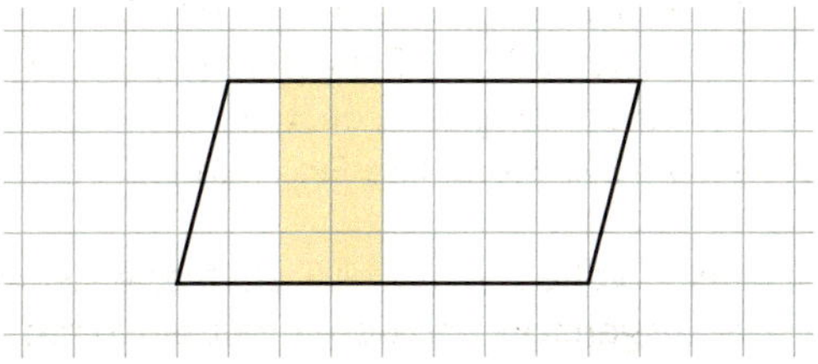

c)

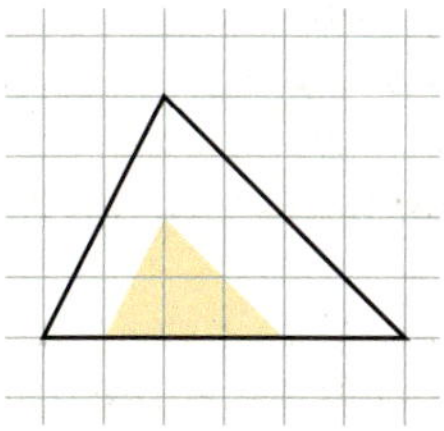

2 Zahlenvergleich mit Köpfchen

Versuche durch Nachdenken und ohne Rechnung die größere Zahl anzugeben. Erläutere deine Überlegung.

a) $\frac{5}{11}$; $\frac{5}{12}$ b) $\frac{8}{20}$; $\frac{8}{30}$ c) $\frac{15}{18}$; $\frac{19}{16}$ d) $\frac{7}{5}$; $\frac{19}{22}$ e) $\frac{13}{14}$; $\frac{8}{9}$ f) $\frac{25}{24}$; $\frac{7}{6}$

3 In der Tabelle sind die acht bevölkerungsreichsten und die acht flächengrößten Bundesländer aufgeführt. Dabei bedeutet B 15; F 20: Der Bevölkerungsanteil ist 15 %, der Flächenanteil ist 20 %, bezogen auf Deutschland.

Bayern	Mecklenburg-Vorpommern	Baden-Württemberg	Niedersachsen	Hessen	Sachsen	Brandenburg	Nordrhein-Westfalen
B 15; F 20	B 2; F 7	B 12; F 10	B 10; F 13	B 7; F 6	B 6; F 5	B 4; F 8	B 22; F 10

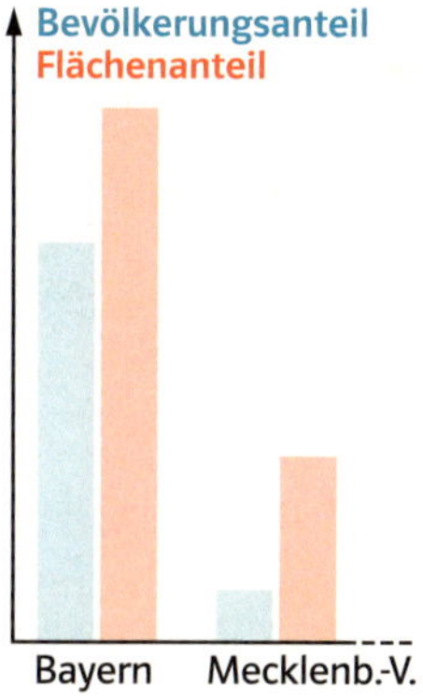

Fig. 1

a) Stelle eine Reihenfolge der sechs bevölkerungsreichsten Bundesländer auf.
b) Stelle eine Reihenfolge der sechs flächengrößten Bundesländer auf.
c) Erstelle für die Bevölkerungs- und die Flächenanteile ein Säulendiagramm wie in Fig 1.

4 Zum Forschen

a) Welcher Anteil an der Fläche des großen Dreiecks ist jeweils gefärbt? Gib den Anteil mit einem vollständig gekürzten Bruch an.
b) Angenommen, bei einem großen Dreieck sind 100 kleine Dreiecke gefärbt. Welcher Anteil ist dies vermutlich?

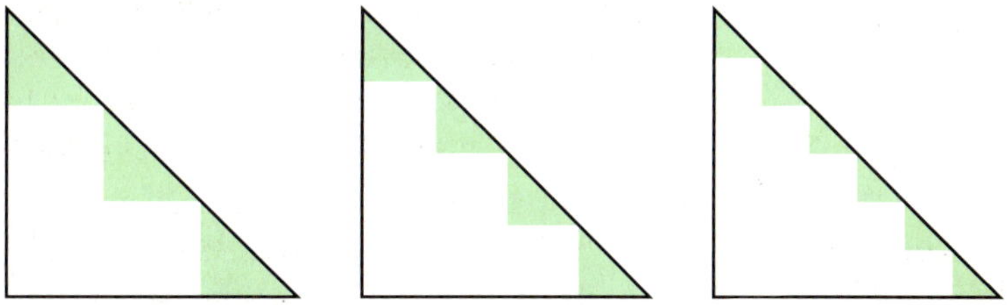

5 Kann das sein?

Kai bildet die Zahlenreihe $1 + \frac{1}{2}$; $1 + \frac{1}{2} + \frac{1}{4}$; $1 + \frac{1}{2} + \frac{1}{4} + \frac{1}{8} \ldots$ und zeichnet dazu Bilder (Fig. 2).
Erkennst du den Zusammenhang zwischen den Bildern und der Zahlenreihe? Kai sagt: „Ich glaube, dass mir das Zeichenblatt nicht ausgeht, auch wenn es 30 Summanden sind."

Fig. 2

6 Bruch oder dezimal?

a) In den folgenden Rechenausdrücken kommen sowohl Brüche als auch Dezimalbrüche vor. Bei welchem Rechenausdruck würdest du mit Brüchen rechnen, bei welchem mit Dezimalbrüchen? Kann man jeden Rechenausdruck auf beide Weisen berechnen?

(1) $1{,}7 + \frac{9}{10} - 2{,}5$ (2) $\frac{7}{9} + 0{,}3 - \frac{5}{6}$ (3) $2{,}25 + \frac{3}{20} - \frac{7}{5}$ (4) $1{,}5 + 2{,}2 - 0{,}4 - \frac{1}{8}$

b) Notiere einen Rechenausdruck, der besser mit Brüchen zu lösen ist und einen, der besser mit Dezimalbrüchen zu berechnen ist.

Auch in der Zeitung werden die Bruchschreibweise und die Dezimalbruchschreibweise nebeneinander verwendet.

7 Beim alpinen Weltcup-Slalom in Flachau am 4.1.04 siegte der Finne Kale Palander in 1:42,24 Minuten mit einem Vorsprung von 0,54 s vor dem Österreicher Manfred Pranger. Dieser verwies Giogio Rocca aus Italien mit nur 2 Hundertstel Sekunden Vorsprung auf Rang 3. Gib die Zeiten von Manfred Pranger und Giorgio Rocca an.

8 **Mathematische Fachsprache in der Umgangssprache**

Sucht selbst entsprechende Artikel. Gibt es mathematische Begriffe, die sehr häufig verwendet werden?

Viel versprochen, wenig gehalten
Das gemeinsame Steuerkonzept von CDU und CSU ist ein Kompromiss auf kleinstem gemeinsamem Nenner. Anstatt aus zwei Reformentwürfen ein Konzept aus einem Guss zu machen, drücken sich die Schwesterparteien vor den eigentlichen Hausaufgaben …

Plötzliches Aus fürs Kinderturnen
„Völlig überraschend musste ich die Arbeit beim Turnverein aufgeben", teilte Frau Maier mit. Für den hohen Zeitaufwand wollte sie besser bezahlt werden. „Wir sind aber auf keinen gemeinsamen Nenner gekommen", sagt sie. Die Sportlehrerin ist enttäuscht, dass sich der Verein nicht weiter um eine Lösung bemüht hat …

Lego entlässt seinen Chef
Die Konkurrenz von Computerspielen hat dem dänischen Spielwarenkonzern Lego einen Verlust von 1,4 Milliarden Kronen beschert. Auch das schwache Weihnachtsgeschäft hat sich negativ ausgewirkt.

In jedem dieser Zeitungsartikel wird die mathematische Fachsprache dazu verwendet, um einen nicht-mathematischen Sachverhalt zu beschreiben.
Bildet mehrere Gruppen und wählt jeweils einen Artikel aus. Worum geht es in dem Artikel? Beschreibt, wie man den Begriff in der Mathematik verwendet. Warum kann man ihn so in der Umgangssprache verwenden? Stellt eure Ergebnisse der Klasse vor.

9 **Mixgetränke**
Mirko mischt $1\frac{1}{2}$ l Zitronenlimo mit $1\frac{3}{4}$ l Mineralwasser und $2\frac{1}{4}$ l Orangensaft.
a) Wie viel l Mixgetränk erhält er?
b) Gib verschiedene Möglichkeiten an, $2\frac{1}{8} + 5\frac{3}{4}$ zu berechnen.
c) Wie kann man bei der Subtraktion $8\frac{5}{6} - 4\frac{1}{12}$ vorgehen?

10 **Schlangenrekord**
Im indonesischen Dorf Curugsewu auf der Insel Java ist seit kurzem eine Rekordschlange zu bestaunen. Der Python misst nach Behördenangaben 14,85 Meter und wiegt 447 Kilogramm. Damit ist das Tier die größte jemals gefangene Schlange, denn der Guinnessrekord liegt bei 9,75 Metern. Sie frisst einer Zeitung zufolge drei bis vier Hunde pro Monat. Stelle Informationen über andere Schlangen zusammen und vergleiche mit den Angaben aus dem Artikel.

11 Ordne die Längen, Zeitdauern und Gewichte nach der Größe.

2000 m; 1,3 km; 4,81 m; 0,8 kg; $\frac{3}{4}$ h; 4,09 m; $\frac{3}{4}$ kg; 0,5 h; 1,09 km; 0,790 kg; $\frac{1}{3}$ h; 50,01 dm; 0,001 t; 40 min; 3,90 m; 1,02 km

12 Aus der Ziffernfolge 00032180 soll durch Setzen eines Kommas eine Zahl gebildet werden, die kleiner als 100, aber größer als $\frac{1}{100}$ ist. Schreibe alle Möglichkeiten auf.

Wo steckt jeweils der Fehler?

$\frac{2}{3} + \frac{2}{5} = \frac{2}{8} = \frac{1}{4}$

42,503 – 2,23 = 42,28

13 Bei den Dezimalbrüchen sind einige Ziffern nicht lesbar. Ordne sie trotzdem nach der Größe. Beginne mit der kleinsten Zahl.
0,7▢59; 0,698▢; 0,6▢79; 0,79▢6

14 a) Schreibe die hier veranschaulichte Rechenaufgabe auf.
b) Man könnte als Zwischenschritt noch zwei weitere Rechtecke einfügen. Zeichne sie und erkläre, was sie veranschaulichen.
c) Veranschauliche in ähnlicher Weise $\frac{4}{5} - \frac{2}{3}$.

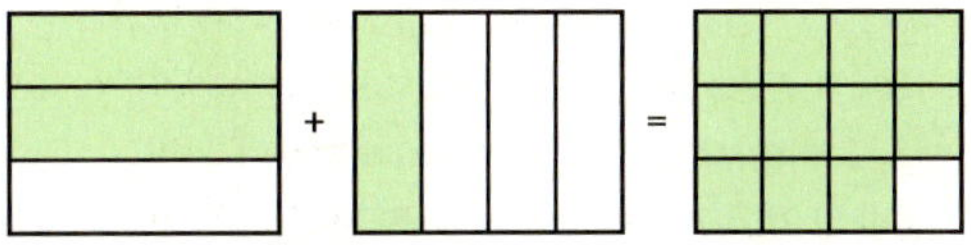

15

Kakaobohnenernte in Millionen Tonnen	2000	1999
Elfenbeinküste	1,300	1,153
Ghana	0,410	0,409
Indonesien	0,348	0,350
Nigeria	0,225	0,225
Brasilien	0,209	0,205
Kamerun	0,150	0,150
Malaysia	0,098	0,100

a) Vergleiche für das Jahr 2000 durch einen Überschlag die Ernte der Elfenbeinküste mit der Ernte der anderen Länder zusammen. Berechne anschließend genau.
b) Um wie viele Tonnen war die Ernte der Elfenbeinküste im Jahr 1999 geringer als im Jahr 2000? Haben die restlichen Länder zusammen auch so viel weniger geerntet?

16 a) Welcher Anteil des Quadrates ist weiß?
b) Wie viel m^2 beträgt der Flächeninhalt der weißen Flächen zusammen?
Gib das Ergebnis in Dezimalbruchschreibweise an.

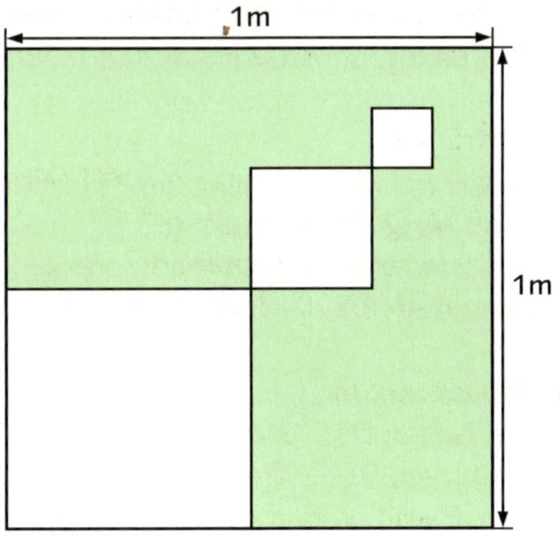

17 Wie verändert sich der Wert eines Bruches, wenn man
a) den Zähler verdreifacht,
b) den Nenner verdoppelt?
Erläutere dein Ergebnis mithilfe einer Zeichnung.

18 Louis und Anna gehen gemeinsam einkaufen. An der Kasse legen sie den gesamten Inhalt ihres Einkaufswagens auf das Band: ein Paket Waschmittel zu 5,99 €, zwei Packungen Eis zu je 1,99 €, Bananen zum Preis von 1,64 € und drei Becher Joghurt zu je 0,79 €.
Statt des reduzierten Preises gibt die Kassiererin zunächst versehentlich den alten Preis von 8,99 € für das Waschmittel ein, korrigiert aber vor dem Ausdruck des Kassenzettels die Eingabe. Erstelle einen Kassenbon und berechne, wie viel Rückgeld Louis und Anna bekommen, wenn sie mit einem 20-€-Schein bezahlen.
Mache zunächst einen Überschlag.

19 Das nebenstehend dargestellte Grundstück soll eingezäunt werden.
Berechne die Länge des dafür erforderlichen Zaunes auf zwei Arten.

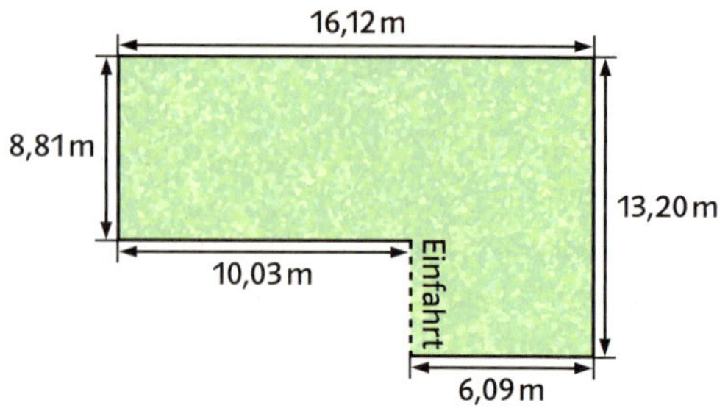

20 Geheimnisvolle Summanden
Rundet man drei Summanden auf die erste Stelle nach dem Komma und addiert sie dann, so erhält man 12,6. Addiert man jedoch die nicht gerundeten Werte, so liegt der Wert der Summe nicht zwischen 12,6 und 12,7. Finde drei solche Zahlen.

21 Prozentangaben kritisch verwenden

Bei einem Fernsehkanal wurde an sieben aufeinanderfolgenden Tagen die Zeitdauer (nicht die Anzahl der Sendungen) verschiedener Sparten aufgeschrieben. Die Tabelle zeigt das Ergebnis. Welche Aussagen sind durch die Tabelle belegt?

Sparte	Anteil an der Sendezeit
Information	12 %
Unterhaltung (ohne Musik)	53 %
Natursendungen	8 %
Musiksendungen	5 %
Sport	14 %
Sonstiges	8 %

a) Mehr als die Hälfte der Sendezeit ist Unterhaltung.
b) Etwa jede zweite Sendung ist eine Unterhaltungssendung.
c) Pro Stunde Sendezeit sind im Schnitt drei Minuten Musiksendungen.
d) Von 100 Sendungen waren 14 Sportsendungen.
e) Unterhaltung (ohne Musik) und Sport machen etwa 3 von 4 Sendungen aus.

22 Lisa beklagt sich über die verregneten Sommerferien: „In vier Wochen hat es an 15 Tagen geregnet!" Philipp sagt daraufhin: „Bei uns war es noch viel schlimmer; von 17 Tagen hatten wir nur 8 Tage ohne Regen."
Überprüfe, ob Philipps Sommerferien wirklich verregneter waren als Lisas.

23 Gib zu den folgenden Brüchen jeweils die nächst größere und die nächst kleinere natürliche Zahl an.

a) $\frac{19}{7}$ b) $\frac{11}{3}$ c) $\frac{27}{4}$ d) $\frac{93}{5}$ e) $\frac{85}{6}$ f) $\frac{127}{99}$
g) $\frac{835}{23}$ h) $\frac{217}{31}$ i) $\frac{51}{19}$ k) $\frac{97}{13}$ l) $\frac{83}{17}$ m) $\frac{243}{23}$

24 Am Monatsende kontrolliert Frau Neumann die Buchungen auf ihrem Girokonto. Im vergangenen Monat erhielt sie 2458,45 € Gehalt, überwies 36,00 € an das Energieversorgungsunternehmen und zahlte 636,91 € für das Darlehen ihres Hauses ab. 52,36 € und 18,43 € wurden für zwei Bausparverträge abgebucht. Für die Krankenversicherung zahlte sie 367,12 €, die Lebensversicherung buchte 62,12 € ab. Für Lebensmittel, Benzin und Kleidung hob Frau Neumann 950 € von ihrem Girokonto ab.
Zu Beginn des Monats wies ihr Konto ein Guthaben von 154,77 € auf.
Welchen Stand hat das Girokonto am Ende des Monats?

Unendlich endlich: Hausnummer 0

Felicitas Hoppe

In Träumen, sagt man, ist alles möglich. Man schwimmt wie ein Fisch und ist frei wie ein Vogel. Man muss auch nicht erst ein Flugzeug besteigen, um endlich an anderen Orten zu sein. Mühelos kann man die Erde verlassen. Die Sterne sind zählbar und leicht zu haben. Man kann zu Fuß bis zur Sonne gehen und verbrennt sich dabei keinen Finger. Man kann die schwierigsten Aufgaben lösen, jede Rechnung geht auf. Problemlos erreicht man das Ende der Welt, obwohl niemand weiß, wo das wirklich ist. Denn was uns bei Tag kompliziert erscheint, wird im Traum plötzlich leicht.

Doch letzte Nacht war es umgekehrt. Ich träumte, ich sei längst erwachsen geworden. Ich trug eine Briefträgeruniform, ging schwitzend im Traum durch die Straßen der Stadt und warf den Leuten die Post in die Kästen. Nur ein Brief blieb übrig, der Brief mit der seltsamen Hausnummer 0. An Haus Nummer 1 war ich längst vorbei, doch die Straße schien trotzdem kein Ende zu nehmen, stattdessen schien sie nur länger zu werden. Häuser zur linken und rechten Seite, mit Nummern, die gar nicht zu Häusern passen. Halbe, viertel und sechzehntel Häuser, die sich niemand mehr vorstellen kann. Das nächste, dachte ich, das muss es sein, das nächste ist endlich das Haus Nummer 0. Doch so weit ich auch ging und so lange ich suchte, das Haus Nummer 0 war nirgends zu finden.

Langsam begann ich unruhig zu werden, die Häuser kamen mir unheimlich vor. „Wo bitte ist das Haus Nummer 0?“, fragte ich eine Frau, die vor ihrem Haus die Straße fegte. „Einfach zu finden“, sagte sie lachend, „geradeaus, gleich am Ende der Straße“, dann fegte sie weiter. Ich ging weiter und weiter und immer schneller, nur das Haus Nummer 0 war nicht zu finden. „Wo bitte ist das Haus Nummer 0?“, fragte ich einen Mann mit Hund. „Am Ende der Straße, nur geradeaus“, sagte er lachend, „man kann es doch fast schon von weitem sehen!“ Doch so weit ich auch ging und so lange ich suchte, das Haus Nummer 0 war nicht zu finden.

Die Sonne stand schon hoch am Himmel, mir war sehr heiß in der Uniform. Trotzdem ging ich schneller und schneller, und schließlich begann ich zu laufen, denn in Haus Nummer 0 wartet jemand auf Post! Und links und rechts fliegen Häuser vorüber, hundertstel, tausendstel, endlose Häuser, ich laufe und laufe und zähle und zähle, ich zähle endlose Zahlenreihen, ich zähle, bis mir schwindelig wird. Nur das Haus Nummer 0 ist nirgends zu finden.

Und so bleibe ich schließlich am Straßenrand sitzen. Erschöpft reiße ich mir die Mütze vom Kopf und schreie ein letztes Mal laut und verzweifelt: „Wo bist du, verfluchtes Haus Nummer 0?“ Und da spüre ich auf meinem Kopf eine Hand und höre die Stimme meiner Mutter, die neben mir auf der Bettkante sitzt und lachend sagt: „Das Haus Nummer 0 ist das Ende der Welt und nichts als Erfindung, nichts als ein Traum. Und heute ist Sonntag, da kommt keine Post, und niemand muss warten. Und Aufgaben musst du heut auch nicht lösen, denn sonntags haben die Menschen frei, hier und am Ende der Welt!“

Horizonte

Exkursion

Musik und Bruchrechnung

Mehr über Takte kannst du von deinem Musiklehrer erfahren. Frage ihn danach.

Aus dem Musikunterricht kennst du die **Notenwerte**:

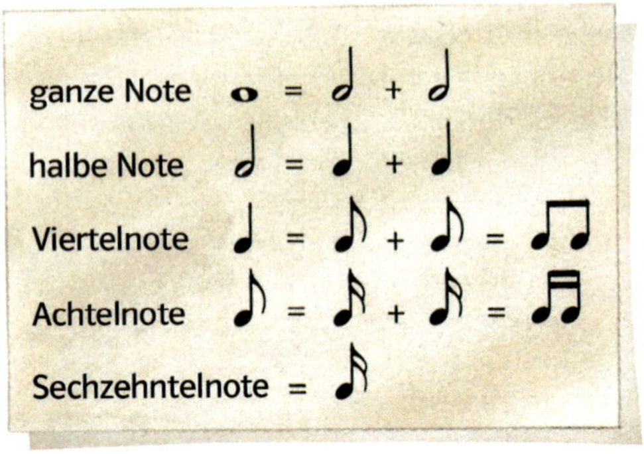

Addiert man die Notenwerte, so erhält man einen Hinweis auf den jeweiligen **Takt**:

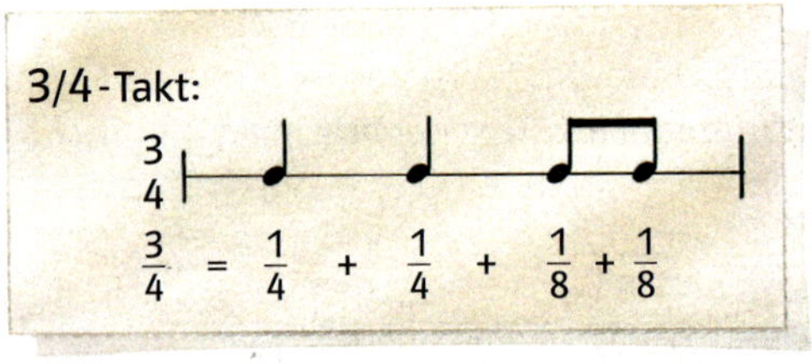

Gib die Notenwerte an und stelle fest, ob es sich um einen 2/4-, 4/4- oder 3/4-Takt handelt.

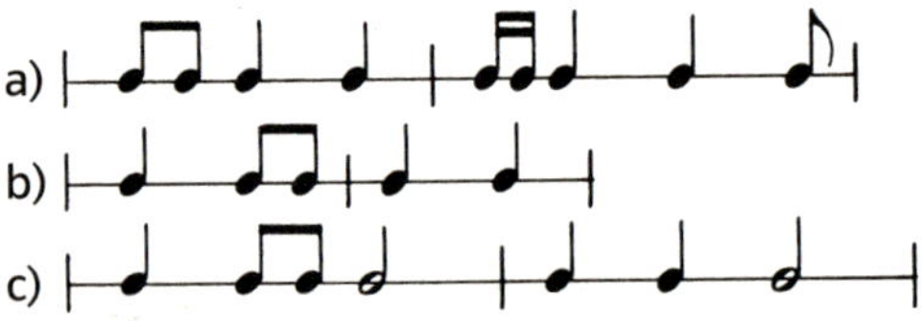

Schreibe die Brüche als Noten und gib an, ob es sich um einen 2/4-, 4/4- oder einen 3/4-Takt handelt.

a) $\frac{1}{4}+\frac{1}{4}$ b) $\frac{1}{8}+\frac{1}{8}+\frac{1}{8}+\frac{1}{8}$

c) $\frac{1}{4}+\frac{1}{4}+\frac{1}{4}$ d) $\frac{1}{8}+\frac{1}{2}+\frac{1}{8}$

e) $\frac{1}{4}+\frac{1}{4}+\frac{1}{2}$ f) $\frac{1}{4}+\frac{1}{8}+\frac{1}{8}+\frac{1}{2}$

a) Welchen Wert müsste die Note ◊ besitzen?

b) Die Note ◊ gibt es nicht. Man schreibt für ◊ ◊ ◊ diese Triole 

Welchen Wert hat diese Triole 

?

Dies ist der Bolero-Rhythmus:

Welchen Wert hat die hier vorkommende Triole 

?

Ein Punkt hinter einer Note verlängert den Notenwert um seine Hälfte. Man spricht von **Punktierung**:

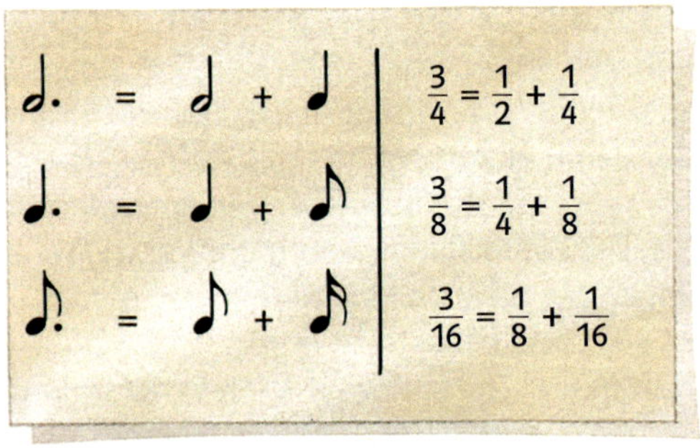

Gib die Notenwerte an und berechne den jeweiligen Takt:

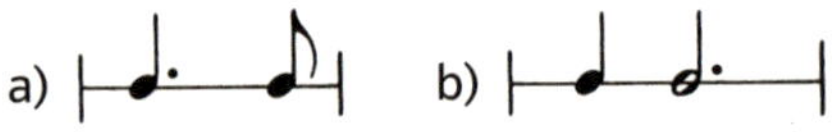

Schreibe einen $\frac{2}{4}$-Takt mit zwei punktierten Noten und einer nicht punktierten Note.

Musik und Bruchrechnung

Die Summe der Notenwerte gibt einen Hinweis auf den Takt. Es ist 3/4 = 6/8, aber in der Musik wird zwischen einem 3/4-Takt und einem 6/8-Takt unterschieden. Ein Unterschied liegt in der Anzahl der Grundschläge. Taktarten mit einer geraden Anzahl von Grundschlägen nennt man **gerade Taktarten**, solche mit einer ungeraden Anzahl von Grundschlägen **ungerade Taktarten**.
Der 3/4-Takt ist ein ungerader Takt, der 6/8-Takt ist ein gerader Takt.
Beispiel für einen 3/4-Takt:

Beispiel für einen 6/8-Takt:

Beim Notenlesen hilft zur Unterscheidung von 3/4-Takt und 6/8-Takt auch folgender Tipp: Sind in dem Takt Noten mit einem Balken verbunden und ist der Wert dieser Notengruppe $\frac{3}{8}$, so handelt es sich meistens um einen 6/8-Takt.

Bestimme den Takt:

a) 

b) 

Die auf dem unteren Teil dieser Seite abgedruckten Noten sind ein Auszug aus
CARILLON
(L'Arlésienne Suite No. I)
von GEORGES BIZET
Vergleiche die Takte der Flöten und Hörner. Wo findet ein Taktwechsel statt?

Wie man im Alltag häufig Brüche vermeidet

Im Jahre 1475 hatte ein Nürnberger Kaufmann in Venedig 32 Pfund Pfeffer für 14 Gulden gekauft. Daheim brauchte er für ein Geschäft den Einkaufspreis für 12 Nürnberger Pfund Pfeffer.
5 Pfund in Venedig wogen so viel wie 3 Pfund in Nürnberg. Ein Gulden hatte 21 Groschen, ein Groschen hatte 12 Pfennig. In solchen alltäglichen Situationen brauchte man vor 500 Jahren einen Rechenmeister.

Die Humanisten und die Reformatoren wie Martin Luther und Philipp Melanchthon wollten diesen Zustand mit einer groß angelegten Bildungsinitiative ändern. Melanchthon ermunterte 1537 seine Zeitgenossen:

> „Ich weiß, dass die Heranwachsenden von der Arithmetik durch die Meinung abgeschreckt werden, sie sei schwierig. Das ist ein gewaltiger Irrtum, vielmehr sind die Anfangsregeln in so hohem Maße augenscheinlich, dass sie schon Knaben zugänglich sind, weil ja der ganze Gegenstand seinen Ursprung in der Natur des menschlichen Geistes hat.
> Freilich verlangt er, wie alle Künste, Übung und Anwendung."

Die Initiative hatte Erfolg. Überall entstanden Rechenschulen, an denen Rechenmeister das praktische Rechnen lehrten. Der Buchdruck ermöglichte die Herausgabe von Rechenbüchern. Am bekanntesten sind die von Adam Ries, dem großen Rechenmeister aus Staffelstein. Im Vorwort zu einem seiner Bücher schrieb er: „ … habe ein gemeyn leycht büchlein zusamen gelesen für junge anhebende schüler."
Es geht in diesen Büchern um die Einübung der vier Grundrechenarten und die so genannte „Regel de Tri", den Dreisatz, mit dem man alle kaufmännischen Aufgaben lösen konnte.

Adam Ries (ca. 1492–1559)

Der Dreisatz heißt deshalb so, weil aus 3 gegebenen (gesetzten) Zahlen eine vierte berechnet wird.

In uns besser verständlicher Ausdrucksweise lautet die Anweisung für den Ansatz und das Rechenschema aus dem ersten Buch von Adam Ries:
Die Regel de Tri ist eine Regel von drei Dingen. Setz hinten, was du wissen willst, das am Namen gleich setz vorn und das andere Ding in die Mitte. Danach multipliziere das Hintere mit dem in der Mitte und teile das Ergebnis durch das Vordere […].
Beispiel:
Einer kauft 32 Ellen Tuch für 28 Florentiner (Gulden). Wie viel kommen 6 Ellen? […]
Setz also: 32 28 6
Rechne 6 mal 28 geteilt durch 32.

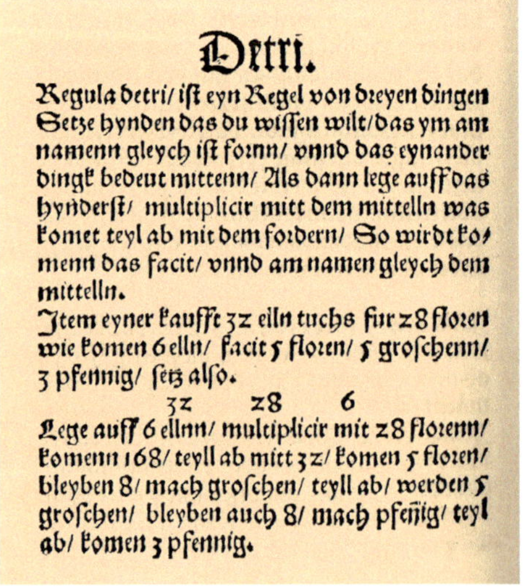

Detri.

Regula detri/ ist eyn Regel von dreyen dingen Setze hynden das du wissen wilt/ das ym am namenn gleych ist fornn/ vnnd das eynander dingk bedeut mittenn/ Als dann lege auff das hynderst/ multiplicir mitt dem mitteln was komet teyl ab mit dem fordern/ So wirdt komenn das facit/ vnnd am namen gleych dem mitteln.
Item eyner kaufft 32 eiln tuchs fur 28 floren wie komen 6 elln/ facit 5 floren/ 5 groschenn/ 3 pfennig/ setz also.
32 28 6
Lege auff 6 ellnn/ multiplicir mit 28 florenn/ komenn 168/ teyll ab mitt 32/ komen 5 floren/ bleyben 8/ mach groschen/ teyll ab/ werden 5 groschen/ bleyben auch 8/ mach pfēnig/ teyl ab/ komen 3 pfennig.

Wie man im Alltag häufig Brüche vermeidet

Wie würden wir das von Adam Ries geschilderte Problem lösen? Vielleicht so:
Die 6 Ellen Stoff haben an den 32 Ellen Stoff folgenden Anteil: $\frac{6}{32}$.
Der Preis für 6 Ellen muss eben diesen Anteil am Preis für 32 Ellen haben: $\frac{6}{32} \cdot 28$ Gulden.
Hier müsste man also mit Brüchen rechnen, was man aber früher vermeiden wollte.

Adam Ries wusste nun, dass $(6 : 32) \cdot 28$ gleichwertig ist mit der Rechnung $(6 \cdot 28) : 32$; d.h. Division und Multiplikation wurden in ihrer Reihenfolge vertauscht.
Wenn man die große Zahl $6 \cdot 28 = 168$ nun erst durch 32 teilt, besteht eher die Chance, dass keine Brüche auftreten.
Leider hat Adam Ries hier Pech:
$168 : 32 = 5$ Rest $8 = 5\frac{8}{32}$.
Aber auch hier wusste sich Adam Ries zu helfen: Er wandelte die 8 Gulden um in $8 \cdot 21$ Groschen (denn 21 Groschen ergaben einen Gulden).
Diese $8 \cdot 21 = 168$ Groschen teilte er wiederum durch 32 und es ergab sich ebenso $168 : 32 = 5\frac{8}{32}$.
Die übrigen 8 Groschen wandelte Ries nun in Pfennige um (12 Pfennige ergaben einen Groschen).
Diese $8 \cdot 12 = 96$ Pfennige teilte er nun durch 32 und endlich ging die Rechnung auf: $96 : 32 = 3$

Lege auff 6 ellnn/ multiplicir mit 28 florenn/

komenn 168/ teyll ab mitt 32/

komen 5 floren/ bleyben 8/

mach groschen/

teyll ab/ werden 5 groschen/ bleyben auch 8/

mach pfeñig/

teyl ab/ komen 3 pfennig.

1. Trick:
Zuerst multiplizieren, dann erst dividieren.

2. Trick:
Wandle die Größe in kleinere Maßeinheiten um.

Auch heute, 500 Jahre später, verwendet man häufig den Dreisatz – in etwas veränderter Form –, um das Rechnen mit Brüchen zu umgehen:
Will man z.B. wissen wie viel 14 Quorkse kosten, wenn 8 Quorkse 12 Euro kosten, so kann man so vorgehen:

8 Quorkse kosten 12 Euro

2 Quorkse kosten 3 Euro

14 Quorkse kosten 21 Euro

Anzahl der Quorkse	Preis
8	12 Euro
:4 → 2	3 Euro (:4)
·7 → 14	21 Euro (·7)

Hier wird nicht der Preis für 1 Quorks berechnet (was einen Bruch ergäbe), sondern der Preis für 2 Quorkse. Dies genügt, um auf 14 Quorkse schließen zu können.

3. Trick:
Als Zwischenschritt wird nicht der Wert für eine Einheit bestimmt, sondern der für mehrere.

Die obige Rechnung lässt sich auch so verstehen: Das Verhältnis der Quorkse zu ihrem Preis ist unabhängig von der betrachteten Stückzahl. Schreibt man dieses Verhältnis als Bruch, so erkennt man:

$$\frac{\text{Anzahl der Quorkse}}{\text{Preis dieser Quorkse}} = \frac{8}{12} = \frac{14}{?}$$

Das in der Tabelle vorgestellte Verfahren bedeutet also, den Bruch $\frac{8}{12}$ durch Kürzen und Erweitern auf die Form $\frac{14}{?}$ zu bringen:

$$\frac{8}{12} = \frac{8:4}{12:4} = \frac{2}{3} = \frac{2 \cdot 7}{3 \cdot 7} = \frac{14}{21}.$$

Rückblick

Anteile als Prozent, Bruch, Dezimalbruch
Anteile gibt man oft in Prozent an. 1% bedeutet den Anteil $\frac{1}{100}$ oder 0,01.
Statt 1% sagt man auch: „1 von 100" oder „jeder Hundertste".

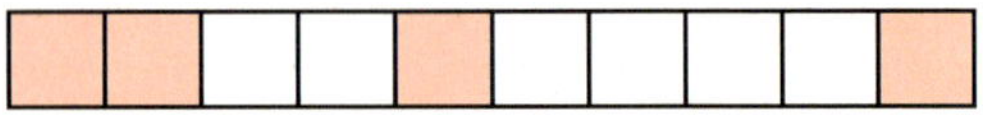

4 von 10 Karos sind gefärbt. Das ist ein Anteil von $\frac{4}{10}$ oder $\frac{40}{100}$ oder 40 % oder 0,4.

Brüche
Bei einem Bruch heißt die obere Zahl Zähler und die untere Zahl Nenner des Bruches.

Bei dem Bruch $\frac{8}{12}$ ist 8 der Zähler und 12 der Nenner.

Ein Bruch wird erweitert, indem man den Zähler und den Nenner mit derselben Zahl multipliziert. Dabei wird die Einteilung des Ganzen verfeinert.

$\frac{8}{12}$ mit 3 erweitert ergibt $\frac{24}{36}$.

Ein Bruch wird gekürzt, indem man den Zähler und den Nenner durch dieselbe Zahl dividiert. Dabei wird die Einteilung des Ganzen vergröbert.

$\frac{8}{12}$ mit 4 gekürzt ergibt $\frac{2}{3}$. $\frac{8}{12} = \frac{2}{3}$

Gekürzte und erweiterte Brüche bezeichnen auf dem Zahlenstrahl denselben Bruch.

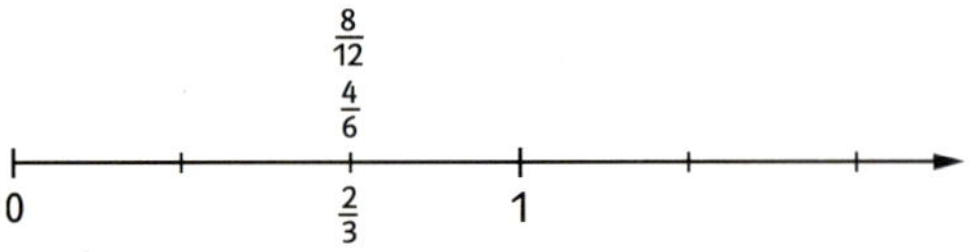

Dezimalbrüche
Dezimalbrüche mit einer, zwei, drei ... Stellen nach dem Komma sind eine andere Schreibweise für Brüche mit dem Nenner 10, 100, 1000 ...

$0{,}3 = \frac{3}{10}$; $1{,}06 = \frac{106}{100}$; $0{,}391 = \frac{391}{1000}$
$\frac{3}{4} = \frac{75}{100} = 0{,}75$; $\frac{7}{200} = \frac{35}{1000} = 0{,}035$

Brüche und Dezimalbrüche vergleichen
Dezimalbrüche vergleicht man, indem man die Ziffern stellenweise miteinander vergleicht.
Brüche vergleicht man, indem man sie mit gleichem Nenner schreibt und die Zähler miteinander vergleicht.

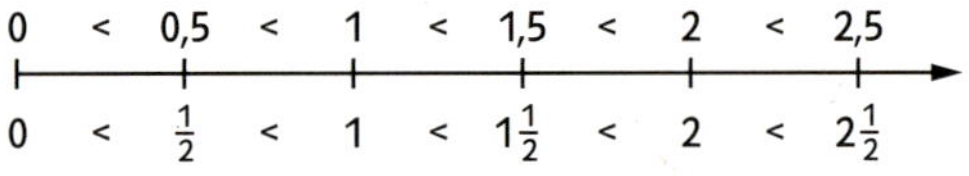

Addieren und Subtrahieren von Brüchen
- Bringe auf einen gemeinsamen Nenner
- Addiere bzw. subtrahiere die Zähler, behalte den Nenner bei
- Kürze, falls möglich
- Wandle ggf. das Ergebnis in die gemischte Schreibweise um

$\frac{1}{3} + \frac{3}{4} = \frac{4}{12} + \frac{9}{12} = \frac{13}{12} = 1\frac{1}{12}$
$\frac{5}{8} - \frac{1}{4} = \frac{5}{8} - \frac{2}{8} = \frac{3}{8}$

Addieren und Subtrahieren von Dezimalbrüchen
Schreibe die Dezimalbrüche so untereinander, dass Komma unter Komma steht, und addiere bzw. subtrahiere sie stellenweise. Fehlende Stellen kannst du mit Nullen auffüllen.

23,126	6,00
+ 0,075	− 0,07
1 1	1 1
23,202	5,93

Runden und Überschlagen bei Dezimalbrüchen
Steht rechts von der Rundungsstelle eine 0, 1, 2, 3, 4, so wird abgerundet, steht dort eine 5, 6, 7, 8, 9, so wird aufgerundet.

$5{,}79 \approx 5{,}8$
$5{,}74 \approx 5{,}7$

Bei umfangreichen Rechnungen kann man mit einer Überschlagsrechnung im Kopf prüfen, ob das bei der genauen schriftlichen Rechnung ermittelte Ergebnis ungefähr stimmt.

$13{,}79 - 3{,}1 - 4{,}9 - 1{,}8$
$\approx 14 - 3 - 5 - 2$
$= 4$

Training

Runde 1

1 Schreibe als Bruch, als Dezimalbruch und als Hundertstelbruch.
a) 4 %   b) 60 %   c) 0,2   d) $\frac{7}{10}$ e) $\frac{4}{5}$ f) $\frac{230}{1000}$

2 Welcher Anteil in Fig. 1 ist jeweils gefärbt? Schreibe mit einem vollständig gekürzten Bruch und in Prozent.

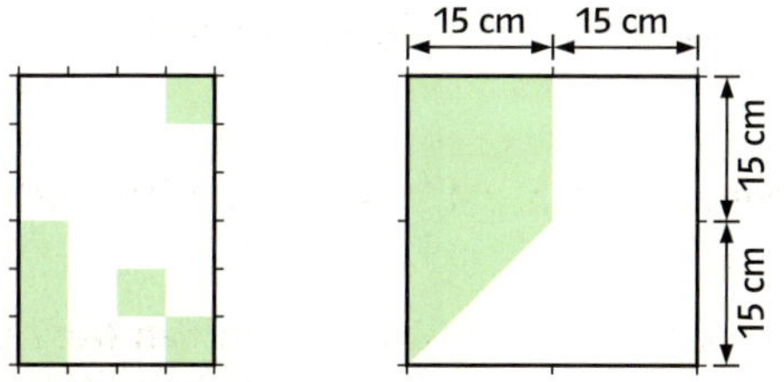

Fig. 1

3 Schreibe in der angegebenen Einheit.
a) 280 m (in km)   b) 3,45 m^3 (in dm^3)
c) 20 % von 1,5 t (in t)   d) $\frac{3}{100}$ von 3 a (in a)

4 Setze im Heft passend < oder > ein.
a) 2,786 ▢ 2,699   b) $\frac{7}{9}$ ▢ $\frac{8}{12}$ c) 0,34 ▢ $\frac{9}{25}$

5 Mit einem Wurfpfeil wird auf die schnell rotierenden Scheiben in Fig. 2 geschossen. Rot zählt als Treffer. Sind die Zielscheiben bei einem Wettkampf gleichwertig?

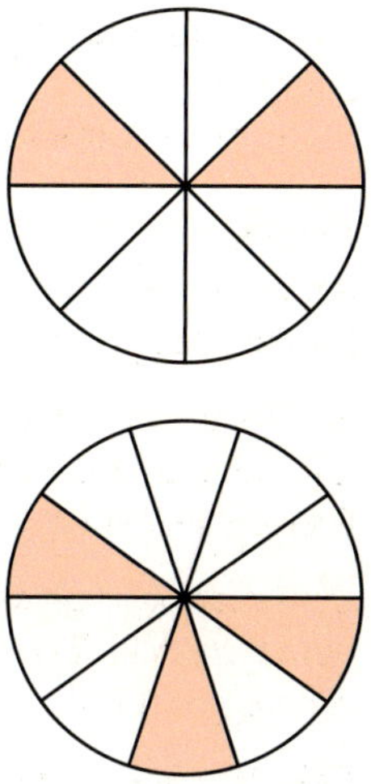
Fig. 2

6 Welche Zahl musst du für x einsetzen?
a) $x + \frac{4}{9} = \frac{16}{15}$ b) $\frac{2}{15} - x = \frac{1}{25}$ c) x + 2,8 = 14,7   d) x − 0,6 = 4,9

Runde 2

1 a) Schreibe $\frac{12}{18}$ und $\frac{4}{6}$ mit dem Nenner 30.   b) Kürze $\frac{24}{32}$ vollständig.

2 Zwischen welchen natürlichen Zahlen liegt
a) $\frac{7}{2}$ b) 6,66   c) $\frac{17}{5}$ d) 9,99?

3 Berechne geschickt.
a) 23,9 + 7,1 − 5 − 22,9   b) 14,3 − 0,7 + 5,2 + 2,5 − 3,3   c) $0{,}3 + 12{,}5 - \frac{3}{4} - 0{,}25$

4 Der Läufer Filmon Ghirmai erzielte beim Hindernislauf im Jahr 2003 mit 8:20,50 Minuten seine Bestzeit. Obwohl er bester Deutscher über diese Strecke war, musste er die Hoffnung auf eine Olympiateilnahme in Athen 2004 begraben, da er in Braunschweig mit 8:38,91 Minuten deutlich über der Olympianorm (8:21,00 Minuten) geblieben ist.
a) Um wie viel hätte er seine Zeit für eine Olympia-Qualifikation steigern müssen?
b) Wie groß ist der Unterschied zwischen seinen Läufen von 2003 und 2004?

3000-m-Hindernisläufer Filmon Ghirmai holte sich den Titel bei den deutschen Meisterschaften.

5 Runde
a) auf m: 31,57 m; 125,6 dm; 0,511 m;   b) auf l: 26,81 l; 15,46 dm^3; 0,8432 m^3.

6 Führe zunächst eine Überschlagsrechnung durch und berechne anschließend genau.
a) (100,75 − 15,9) − (13,83 + 5,2)   b) 200,9 − 63,5 − 123,6   c) (33,5 − 3,9) − (18,9 − 13,2)

7 Familie Flüssig hatte im vergangenen Jahr folgenden Wasserverbrauch (vgl. Fig. 3).
a) Berechne den Jahresverbrauch.
b) Wie groß ist der Unterschied zwischen dem geringsten und dem höchsten Verbrauch?
c) Nenne mögliche Gründe, warum der Wasserverbrauch der Familie im Sommer so stark schwankte.

Januar	15,8 m^3
Februar	16,2 m^3
März	15,9 m^3
April	16,5 m^3
Mai	16,7 m^3
Juni	24,6 m^3
Juli	26,5 m^3
August	1,6 m^3
September	16,8 m^3
Oktober	16,5 m^3
November	15,9 m^3
Dezember	16,0 m^3

Fig. 3

Lösungen auf Seite 227.

Das kannst du schon

- Achsensymmetrie erkennen
- Figuren und ihre Eigenschaften beschreiben
- Winkel messen und zeichnen

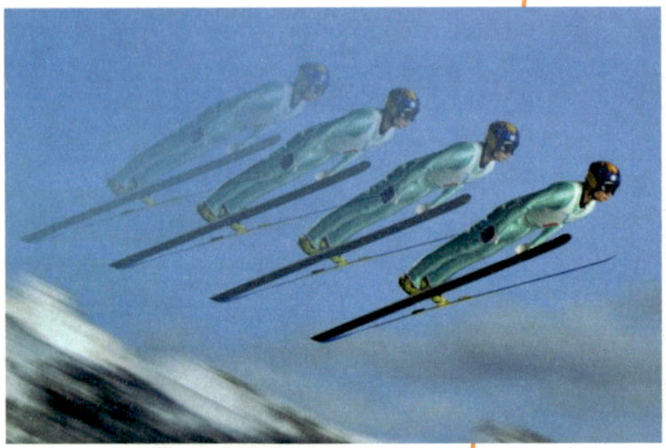

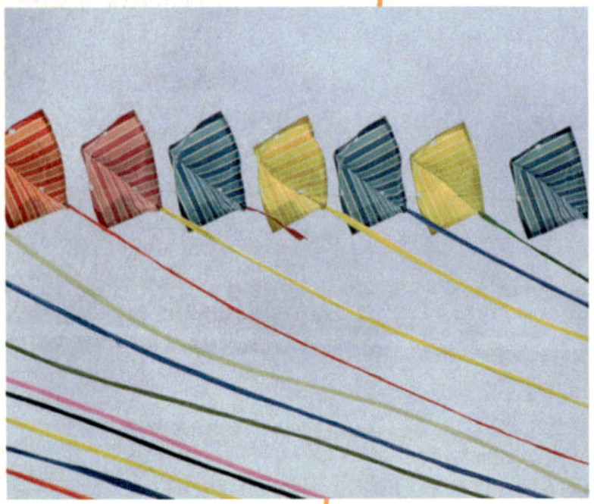

Zahl

Messen

Raum und Form

Funktionaler Zusammenhang

Daten und Zufall

II Symmetrien und Muster

Die Welt der Symmetrie

Die Welt der Symmetrie

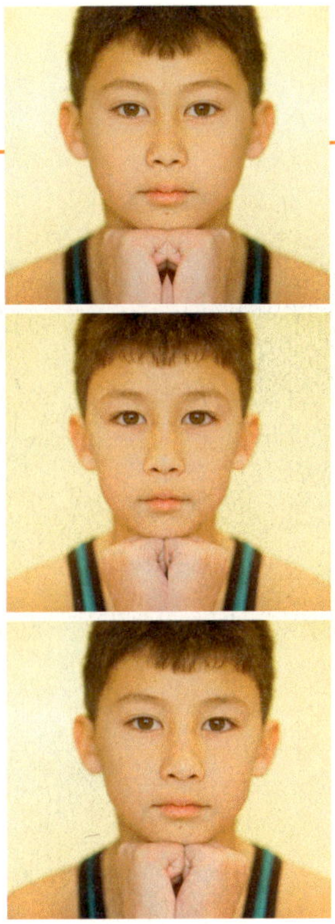

lichtung
manche meinen
lechts und rinks
kann man nicht velwechsern
werch ein illtum

Ernst Jandl

Das kannst du bald

- Verschiedene Symmetriearten unterscheiden
- Figuren verschieben, spiegeln und drehen
- Kongruente Figuren erkennen

1 Achsenspiegelung und Achsensymmetrie

Lea und Robin machen mit ihren Großeltern einen Ausflug zur Schauenburger Märchenwache. Beide wetteifern darum, wer zuerst den Text auf der Tafel am Eingang entziffert hat. Plötzlich schmunzelt Lea und meint: „Was machen eigentlich die Besucher, die im Winter hierher kommen?“

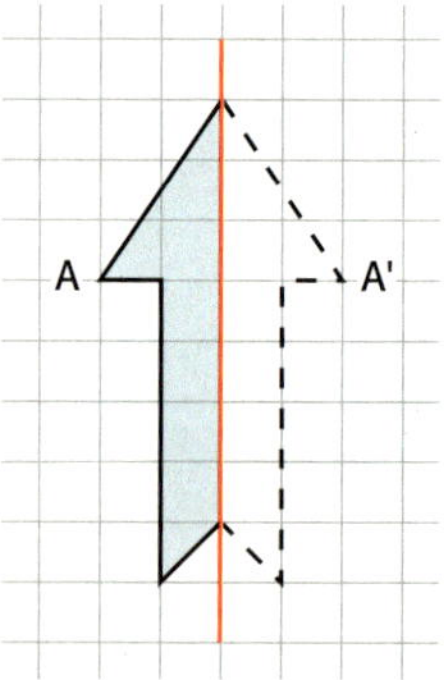

Figuren oder Muster sind häufig regelmäßig. Kann man eine Figur so falten, dass die beiden Hälften zur Deckung gebracht werden, nennt man diese Figur achsensymmetrisch. Achsensymmetrische Figuren kann man durch Zeichnen herstellen. Diesen Vorgang nennt man **Spiegeln** an einer **Spiegelachse**.
Dazu legt man zunächst die Spiegelachse fest. Anschließend zeichnet man durch einen Punkt A der Figur eine Hilfslinie, die senkrecht zur Spiegelachse verläuft. Man legt den Bildpunkt A' so auf der Hilfslinie fest, dass der Punkt A und der **Bildpunkt** A' den gleichen Abstand von der Spiegelachse haben. Zum Schluss verbindet man die Bildpunkte in der richtigen Reihenfolge. Die Spiegelachse ist gleichzeitig die Symmetrieachse der Figur.

Achsensymmetrische Figuren kann man durch eine **Achsenspiegelung** erzeugen.
Bei einer Achsenspiegelung wird jedem Punkt P ein Bildpunkt P' zugeordnet. P und P' liegen auf einer Hilfslinie, die zur Spiegelachse senkrecht verläuft; beide Punkte haben den gleichen Abstand zur Spiegelachse.

Für eine Achsenspiegelung muss die Spiegelachse nicht an die Figur anschließen.

Beispiel
Das Dreieck PQR soll an der Achse a gespiegelt werden.
Lösung:
- Zeichne die Senkrechten zu a durch die Punkte P, Q und R.
- Trage auf den Senkrechten für jeden Punkt noch einmal den Abstand des Punktes von der Achse a ab.
- Zeichne das Bilddreieck P'Q'R'.

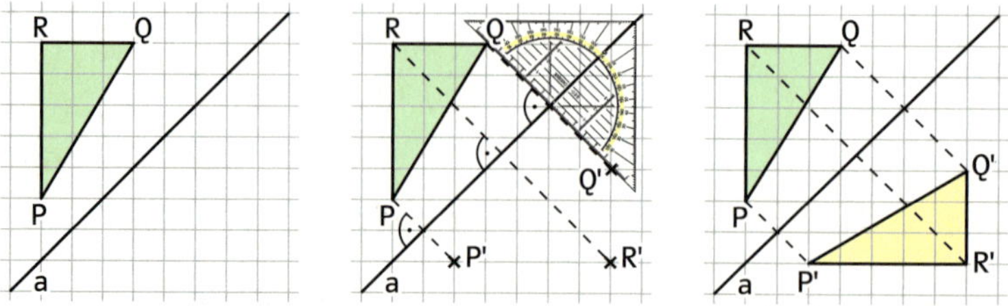

Aufgaben

1 Übertrage die Figuren mit Spiegelachse in dein Heft. Zeichne die Bildfiguren bei Spiegelung an der Achse a.

Punkte, die auf der Spiegelachse liegen, werden bei der Achsenspiegelung auf sich selbst abgebildet. Solche Punkte heißen ***Fixpunkte****.*

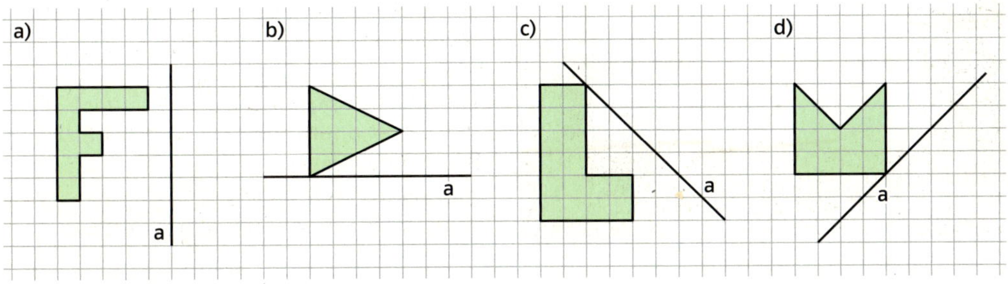

Fig. 1

2 Zeichne die Dreiecke mit den folgenden Eckpunkten jeweils in ein eigenes Koordinatensystem. Spiegle sie an der Geraden durch die Punkte P(0|1) und Q(7|8) und bestimme die Koordinaten der Bildpunkte.

a) A(2|4), B(4|8), C(2|8) b) A(4|2), B(8|2), C(5|5) c) A(3|8), B(4|3), C(6|10)

3 Bei einer Achsenspiegelung hat A(2|3) den Bildpunkt A'(5|6).
Bestimme die Spiegelachse und die Koordinaten der Bildpunkte von B(1|1), C(8|3) und D(2|6).

4 Der Buchstabe F ist zweimal hintereinander gespiegelt worden. Zeichne das Bild aus Fig. 2 ab und trage die zwei Spiegelachsen ein.
Ergänze auch das fehlende F.

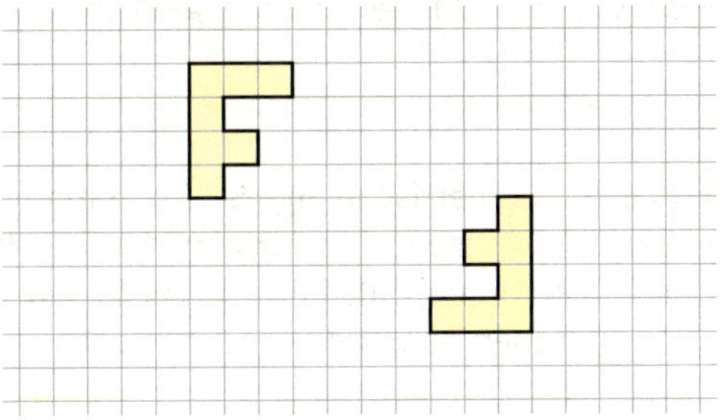

Fig. 2

5 Übertrage die Abbildungen aus Fig. 3 in dein Heft. Ergänze die Figuren so, dass eine Figur mit den Symmetrieachsen g und h entsteht.

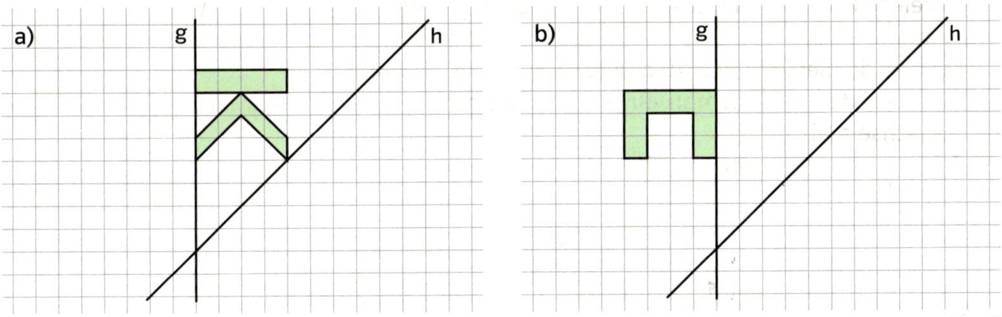

Fig. 3

6 Zeichne ein beliebiges Dreieck (Viereck) sowie eine Spiegelachse auf ein Blatt Papier ohne Kästchen.
Tausche das Blatt mit deinem Nachbarn aus und führe die Spiegelung durch.

2 Punktspiegelung und Punktsymmetrie

Original
oder Fälschung?

Obwohl die Windmühlenflügel regelmäßig angeordnet sind, ist keine Symmetrieachse zu finden. Verbindet man je zwei gegenüberliegende Punkte, so schneiden sich die Verbindungslinien alle in einem Punkt. Eine solche Figur ist **punktsymmetrisch**. Der Schnittpunkt ist das **Symmetriezentrum**.
Auch punktsymmetrische Figuren kann man durch Zeichnen herstellen. Diesen Vorgang nennt man Punktspiegelung.

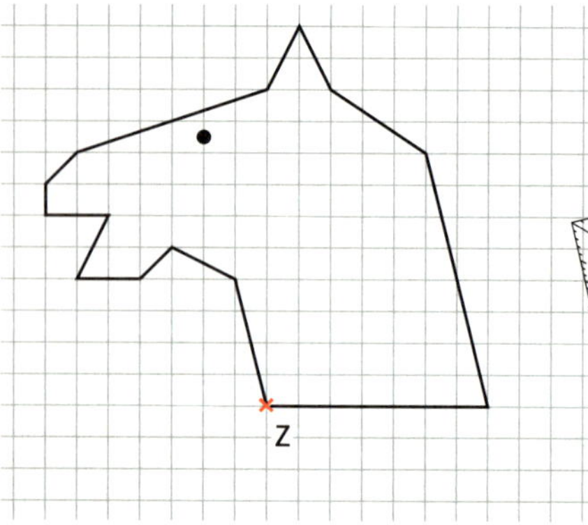

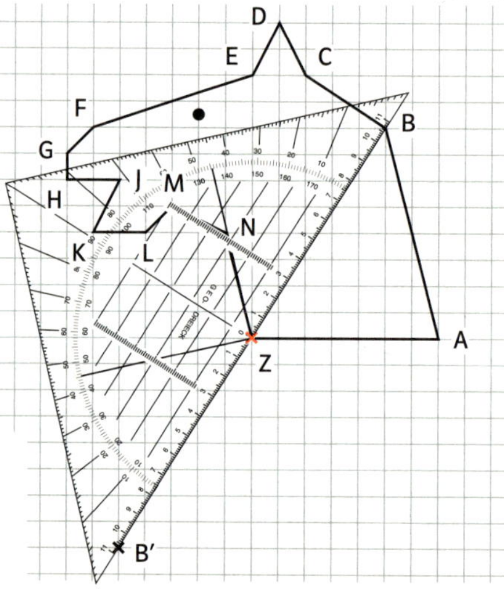

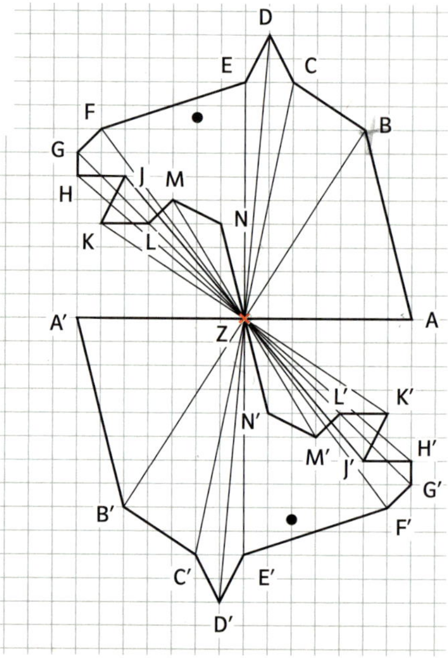

Dabei geht man so vor:
1. Man legt ein Spiegelzentrum Z fest.
2. Man verbindet einen Punkt der Figur (z. B. B) mit dem Spiegelzentrum Z und verlängert die Strecke über den Punkt Z hinaus.
3. Dann trägt man die Länge der Strecke BZ nochmals an Z an. Der Endpunkt der Strecke ist der Spiegelpunkt B′.
4. Man wiederholt die Schritte 2 und 3 mit allen Eckpunkten der Figur.
5. Zum Schluss verbindet man die Punkte in der richtigen Reihenfolge.

Punktsymmetrische Figuren kann man durch eine **Punktspiegelung** erzeugen.
Bei einer Punktspiegelung wird jedem Punkt P ein Bildpunkt P′ zugeordnet. P und P′ liegen auf einer Hilfslinie, die durch das **Symmetriezentrum** Z verläuft. Beide Punkte haben den gleichen Abstand von Z.

Beispiel 1
Firmenlogos enthalten oft Symmetrien. Welches der abgebildeten Logos ist punkt- bzw. achsensymmetrisch?

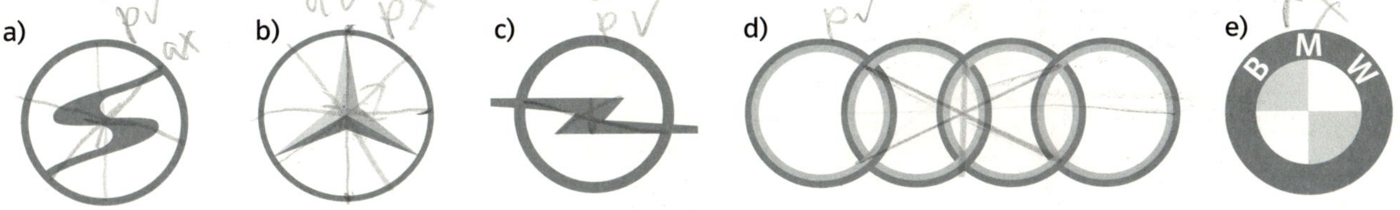

Fig. 1

Lösung:
a) punktsymmetrisch b) achsensymmetrisch (drei Symmetrieachsen)
c) punktsymmetrisch d) punkt- und achsensymmetrisch
e) punkt- und achsensymmetrisch (ohne Schrift)

Beispiel 2
Das Dreieck PQR soll durch eine Punktspiegelung an Z abgebildet werden.
Lösung:
- Zeichne die Halbgerade von P durch Z.
- Trage auf dieser Halbgeraden den Abstand von P und Z noch einmal ab.
- Markiere hier den Punkt P′. P und P′ haben denselben Abstand von Z.
- Verfahre ebenso, um die Lage der Punkte Q′ und R′ zu ermitteln.
- Zeichne das Bilddreieck P′Q′R′.

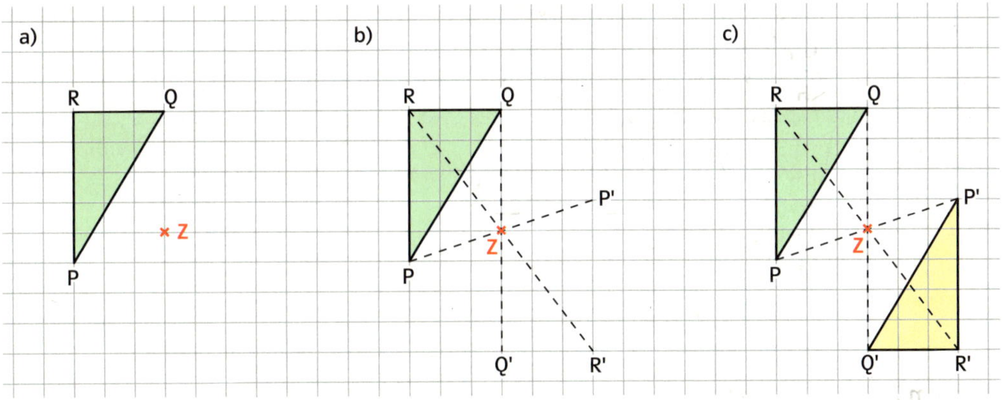

Fig. 2

Aufgaben

1 Welche Bilder in Fig. 3 sind punktsymmetrisch?

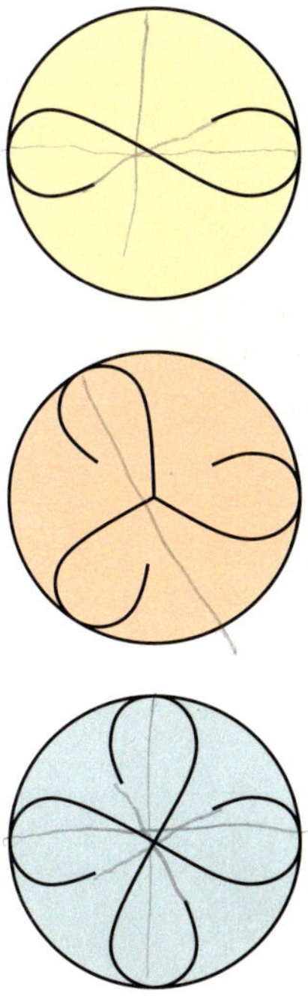
Fig. 3

2 Übertrage das Fünfeck ABCDE und den Punkt Z ins Heft.
a) Spiegle das Fünfeck am Punkt Z.
b) Spiegle das Fünfeck am Punkt B.

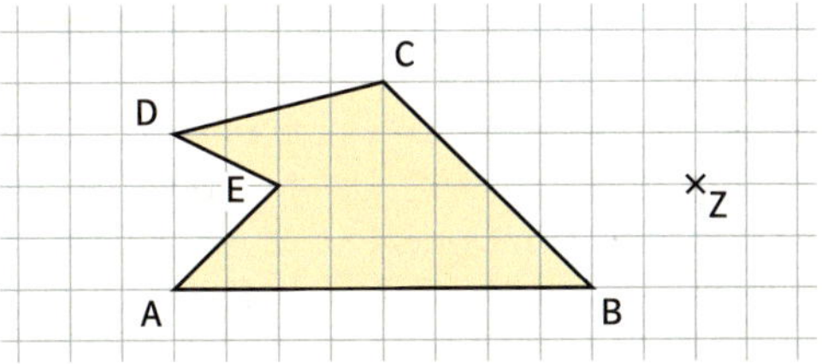

Fig. 4

3 Zeichne die Figur ABCDE mit den Punkten A(5|3), B(5|4), C(4|4), D(3|5), E(1|3) und den Punkt Z(3|3) ins Heft.
Spiegle die Figur am Punkt Z (am Punkt A) und gib die Koordinaten der Bildpunkte an.

4 Gegeben ist das Viereck ABCD mit A(5|8), B(1|5), C(0|2) und D(4|0). Bei einer Punktspiegelung wird der Punkt A auf den Punkt A'(7|4) gespiegelt. Zeichne das Viereck ABCD und das entsprechende Viereck A'B'C'D'.

5 Der Form nach sind die folgenden Figuren punkt- und achsensymmetrisch. Welche sind auch noch symmetrisch, wenn die Färbung berücksichtigt wird?

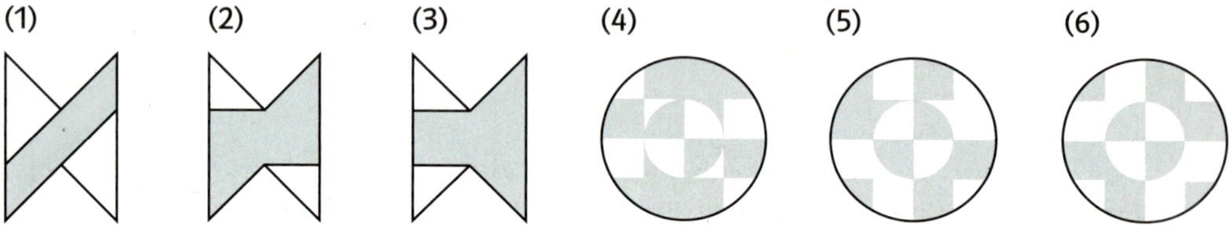

Fig. 1

6 Zeichne Figur 2 in dein Heft. Färbe die Karos so, dass eine Figur entsteht, die
a) punkt-, aber nicht achsensymmetrisch,
b) achsen-, aber nicht punktsymmetrisch,
c) weder punkt- noch achsensymmetrisch,
d) punkt- und achsensymmetrisch ist.

7 Zeichne ein Viereck, dass punktsymmetrisch, aber nicht achsensymmetrisch ist.

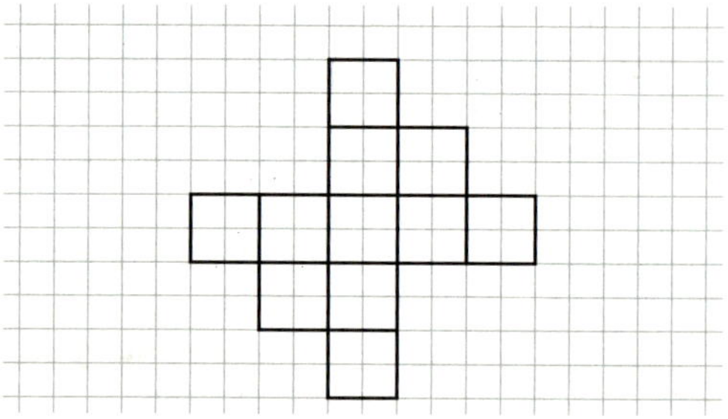
Fig. 2

Kannst du das noch?

8 Kürze die folgenden Brüche so weit wie möglich: $\frac{15}{25}$, $\frac{18}{42}$, $\frac{40}{60}$, $\frac{45}{126}$

9 Berechne.
a) $\frac{3}{8} + \frac{1}{12}$ b) $\frac{7}{15} - \frac{2}{5}$ c) $\frac{4}{7} + \frac{1}{3}$ d) $\frac{1}{10} - \frac{1}{16}$

10 Übertrage Figur 3 in dein Heft und führe eine Achsenspiegelung an der Geraden g aus. Spiegle die erhaltene Figur noch einmal an der Achse h.
a) Vergleiche die Ausgangsfigur mit der zuletzt gezeichneten Figur. Was fällt dir beim Betrachten der Figuren auf?
b) Gilt die Beobachtung von a) auch für andere Figuren?
c) Untersuche die Erkenntnis für andere Lagen der Spiegelachsen.

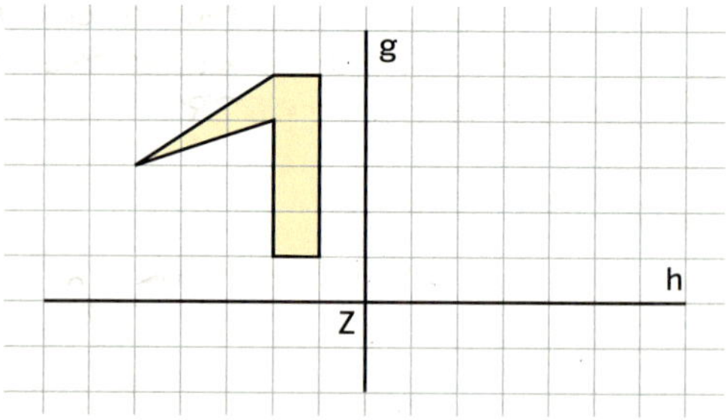

Fig. 3

11 Zeichne ein Dreieck ABC. Spiegle das Dreieck am Mittelpunkt der Seite $\overline{BC}$. Betrachte das Viereck ABA'C. Welche Form hat es unabhängig von der speziellen Wahl des Dreiecks ABC?

3 Verschiebung und Verschiebungssymmetrie

Die Klasse 6c macht eine Skifreizeit. Max überlegt, ob man wohl eine ganze Runde mit dem Sessellift fahren kann. Nils: „Wenn man nur ab und zu kurz hinschaut, denkt man, dass der Lift überhaupt nicht vorwärts kommt." Carina: „Wenn ich im Lift sitze, kommt mir das auch manchmal so vor."

Regelmäßige Muster lassen sich dadurch erzeugen, dass man eine Grundfigur längs einer Geraden immer gleich weit verschiebt. Man nennt das eine **Parallelverschiebung**.
Die Information, wie weit und in welche Richtung eine Figur verschoben werden soll, wird durch einen **Verschiebungspfeil** beschrieben.
Das so entstandene Muster ist dann **verschiebungssymmetrisch**.
Nicht immer liegen die Verschiebungspfeile auf den Kästchenlinien im Heft. Eine Figur kann z. B. auch 5 Kästchen nach rechts und 3 Kästchen nach unten verschoben werden.

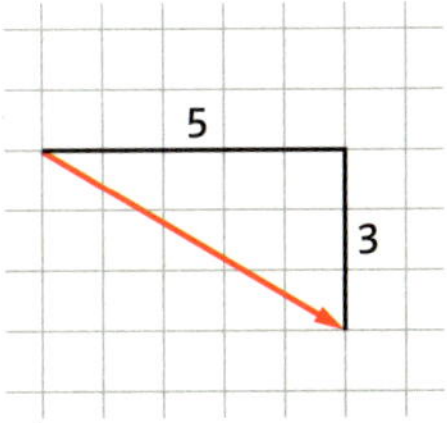

Fig. 1

Figuren, die durch eine **Verschiebung** auf sich selbst abgebildet werden können, nennt man **verschiebungssymmetrisch**.
Bei einer Verschiebung wird jedem Punkt P ein Bildpunkt P′ zugeordnet. Dabei sind alle Pfeile von einem Punkt zu seinem jeweiligen Bildpunkt parallel. Die **Verschiebungspfeile** haben die gleiche Richtung und die gleiche Länge.
Die Verschiebung wird mit $\overrightarrow{PP'}$ bezeichnet.

Beispiel 1
Das Dreieck PQR soll so verschoben werden, wie es der Verschiebungspfeil angibt.
Lösung:
- Zeichne die Parallelen zu dem Verschiebungspfeil durch die übrigen Ecken. Trage auf den Parallelen die Länge des Verschiebungspfeils ab.
- Zeichne das Bilddreieck P′Q′R′.

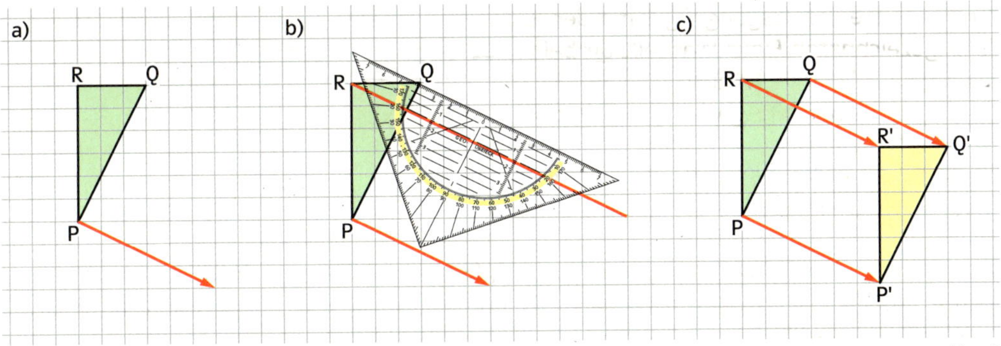

Fig. 2

Beispiel 2
Der Punkt P soll in Richtung des Pfeils $\overrightarrow{AB}$ verschoben werden.
Lösung:
- Konstruiere die Parallele zu $\overrightarrow{AB}$ durch P.
- Zeichne einen Kreis mit dem Mittelpunkt P und dem Radius $\overline{AB}$.
- Der Schnittpunkt des Kreises mit der Parallelen ist der gesuchte Punkt P'.

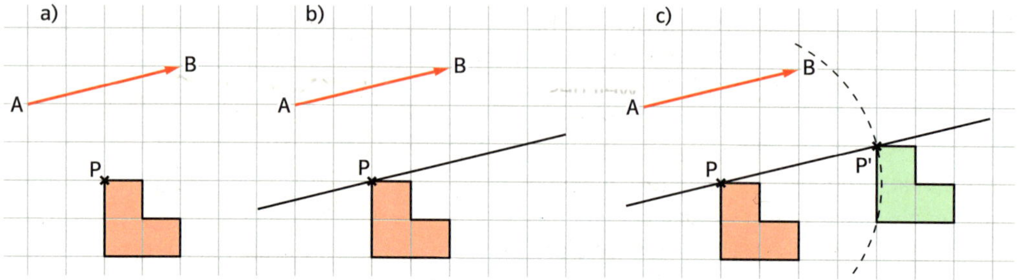

Fig. 1

Aufgaben

1 Übertrage die Figuren mit dem Verschiebungspfeil in dein Heft. Zeichne die Bildfiguren zu der Verschiebung, wie sie der Pfeil angibt.

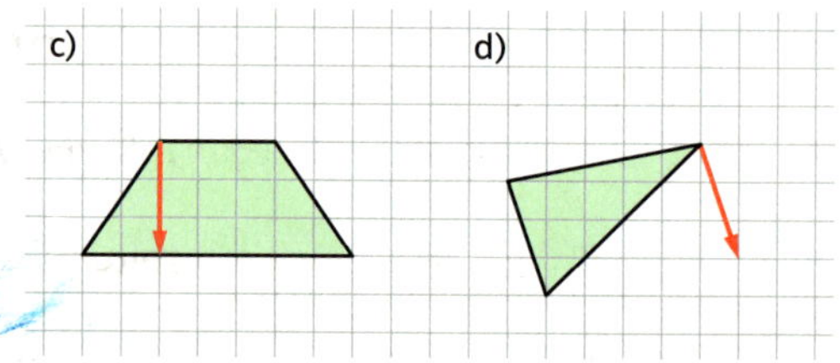

Fig. 3

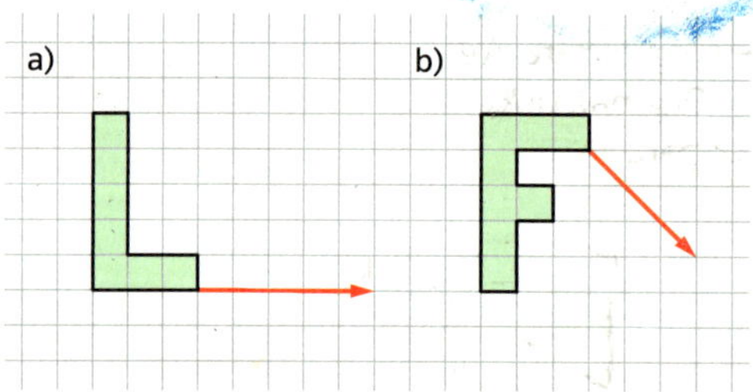

Fig. 2

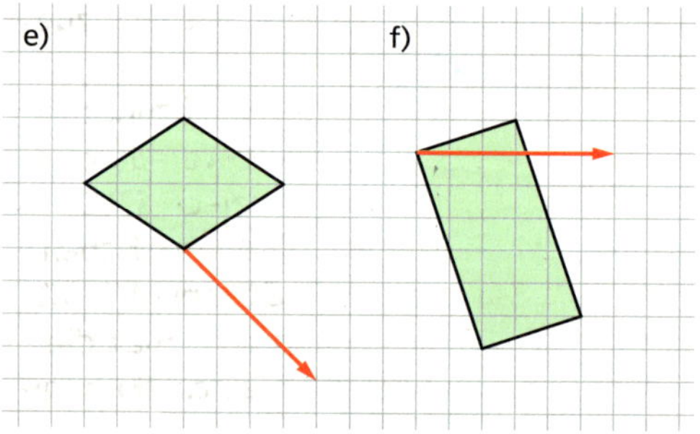

Fig. 4

Solche Bandornamente nennt man auch Mäander. Sie wurden nach dem krümmungsreichen kleinasiatischen Fluss Maiandros benannt.

2 Zeichne das Viereck PQRS mit P(2|3), Q(6|3), R(5|5) und S(5|6). Verschiebe es so, dass
a) P'(2|0) b) Q'(5|5) c) S'(3|8)
der entsprechende Bildpunkt ist. Gib auch die Koordinaten der anderen Bildpunkte an.

3 Zeichne das Dreieck ABC mit A(6|5), B(12|7) und C(6|10). Zeichne das Bilddreieck bei einer Verschiebung, die
a) A in B b) B in A c) C in die Mitte von $\overline{AB}$ überführt.

4 Bei einer Verschiebung wird der Punkt P(1|2) auf P'(5|3) abgebildet.
a) Welche Koordinaten haben die Bildpunkte von A(1|0), B(4|3), C(5|3)? Zeichne.
b) Welche Koordinaten hat das Urbild des Bildpunktes D'(36|57)?

5 Wird eine Grundfigur längs einer Geraden immer gleich weit verschoben, so erhält man ein **Bandornament**. Übertrage den Anfang der Bandornamente aus Figur 1 in dein Heft und setze sie fort.

6 Zeichne zwei parallele Geraden im Abstand von drei Kästchen in dein Heft. Färbe die Kästchen zwischen den Geraden so, dass ein Bandornament entsteht, welches
a) verschiebungssymmetrisch, punktsymmetrisch und achsensymmetrisch ist.
b) verschiebungs- und punktsymmetrisch, aber nicht achsensymmetrisch ist.
c) verschiebungssymmetrisch, aber weder punkt- noch achsensymmetrisch ist.

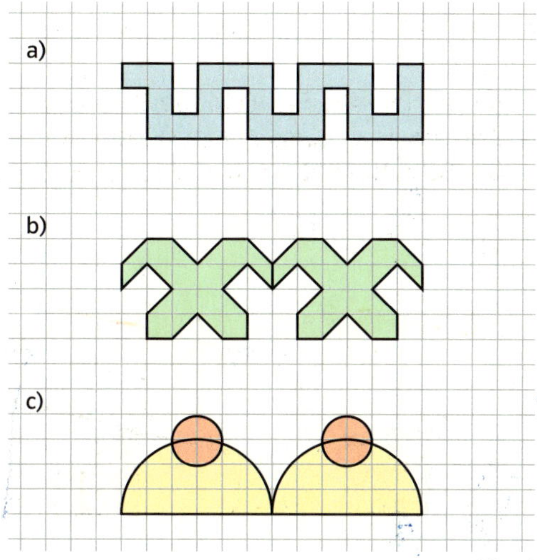

Fig. 1

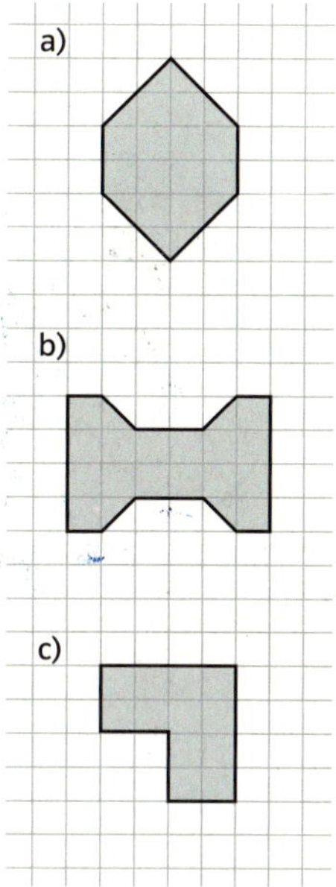

Fig. 2

Bearbeite Aufgabe 8 auf einem Blatt ohne Kästchen!

7 Zeichne zu den „Betonsteinen" (siehe Fig. 2) geeignete Pflasterungen. Gib ihre Symmetrien an. Trage dazu Verschiebungspfeile und ggf. Spiegelachsen ein.

8 Zeichne ein beliebiges Viereck ABCD und einen beliebigen Verschiebungspfeil $\overrightarrow{PQ}$. Verschiebe das Viereck ABCD um $\overrightarrow{PQ}$.
a) Welche Lage haben die Strecken $\overline{A'B'}$ und $\overline{AB}$, $\overline{B'C'}$ und $\overline{BC}$, $\overline{C'D'}$ und $\overline{CD}$ sowie $\overline{D'A'}$ und $\overline{DA}$ zueinander?
b) Welche der folgenden Aussagen gelten für Verschiebungen, welche gelten für Spiegelungen?
- Jede Bildstrecke hat die gleiche Länge wie die Originalstrecke.
- Jeder Bildwinkel hat die gleiche Größe wie der Originalwinkel.
- Originalgerade und Bildgerade sind zueinander parallel.

9 Das Dreieck ABC (Fig. 3) wird zunächst um den Verschiebungspfeil $\overrightarrow{PQ}$ verschoben, anschließend wird das Bilddreieck A'B'C' um den Verschiebungspfeil $\overrightarrow{RS}$ verschoben. Zeichne die Bilddreiecke A'B'C' und A"B"C". Durch welche Verschiebung kann man die beiden zuvor ausgeführten Verschiebungen ersetzen?

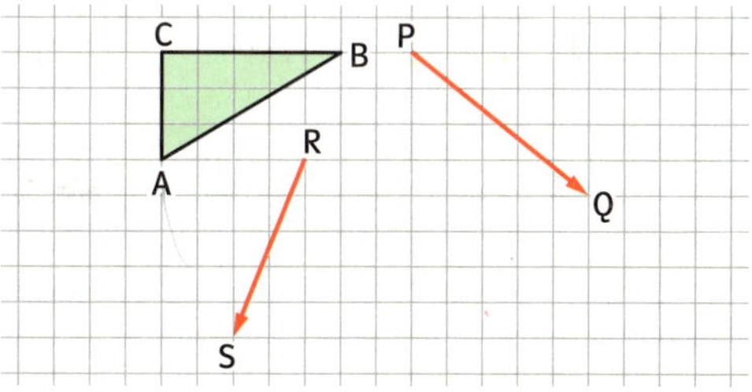

Fig. 3

10 Matthias behauptet, dass sich immer eine Verschiebung ergibt, wenn man zwei Spiegelungen nacheinander ausführt.
a) Übertrage Figur 4 in dein Heft. Spiegle zunächst das Viereck ABCD an g und dann A'B'C'D' an h. Überprüfe, ob sich A"B"C"D" durch eine Verschiebung aus ABCD ergibt.
b) Wie müssen die Symmetrieachsen verlaufen, damit die Hintereinanderausführung zweier Spiegelungen durch eine Verschiebung ersetzt werden kann?

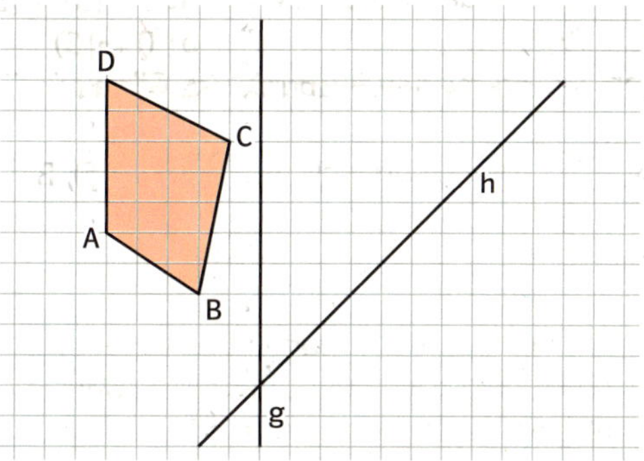

Fig. 4

4 Drehung und Drehsymmetrie

Die Klasse 6a besucht eine Windkraftanlage. Hier wird auf eine alternative Art Elektroenergie erzeugt.
Ein Ingenieur erklärt, dass für die Funktion der Anlage die Symmetrie des Rotors sehr wichtig ist.

Drehungen sind häufig zu beobachtende Bewegungen. Ein Rad dreht sich um die Nabe, die Erde dreht sich um die Sonne, ein Eiskunstläufer um seine Körperachse und eine CD dreht sich um ihren Mittelpunkt.

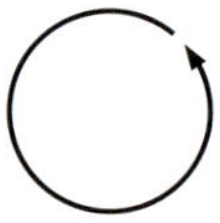

mathematisch positiv

Will man z. B. die Drehung eines Dreiecks (Fig. 1) beschreiben, muss man das **Drehzentrum Z** (den Punkt um den gedreht wird) und den **Drehwinkel α** angeben.
Um Rechtsdrehungen und Linksdrehungen zu unterscheiden, hat man sich bei der Angabe des Drehwinkels darauf geeinigt, ihn entgegen dem Uhrzeigersinn zu messen.
Drehwinkel kann man auch mithilfe dreier Punkte und dem Winkelzeichen (∢) angeben (Fig. 2).
Der Punkt in der Mitte ist der Scheitelpunkt des Winkels, der erste Punkt liegt auf dem zu drehenden Strahl und der dritte Punkt liegt auf dem gedrehten Strahl.
($\alpha = ∢\,ASB$; $\beta = ∢\,BSA$).

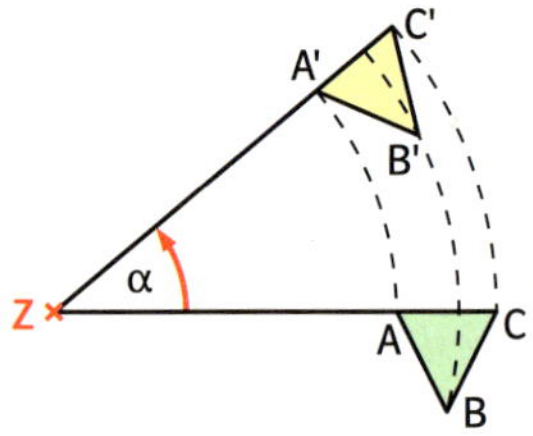

Fig. 1

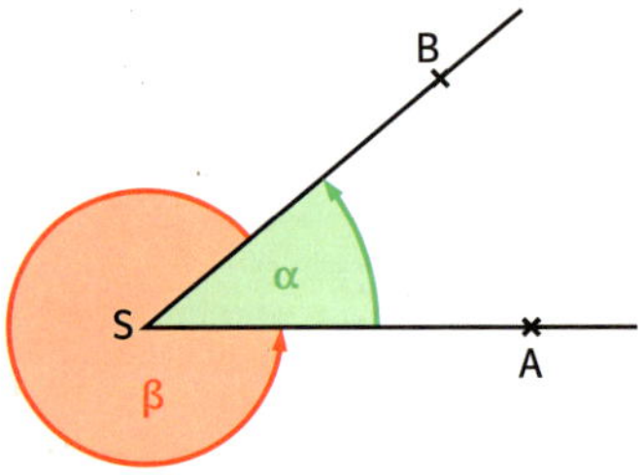

Fig. 2

Bei einer **Drehung** wird jedem Punkt P ein Bildpunkt P′ zugeordnet. Dabei gilt:
1. Ein Punkt P und sein Bildpunkt P′ liegen auf einem Kreis um das **Drehzentrum** Z.
2. Alle Punkte P und ihre Bildpunkte P′ bilden mit Z denselben **Drehwinkel** α:
∢ PZP′ = α.

Das Bild des Steuerrades muss man nicht vollständig drehen, um es auf sich selbst abzubilden (hier reicht eine Drehung um 60° um die Radachse aus). Figuren, die diese Eigenschaft haben, nennt man **drehsymmetrisch**.
Bei einer Drehung um 180° bilden Original und Bild eine punktsymmetrische Figur (Fig. 3).

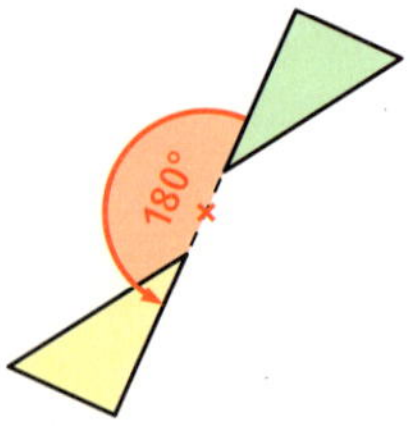

Fig. 3

Eine Figur heißt **drehsymmetrisch**, wenn sie bei einer Drehung von weniger als 360° auf sich selbst abgebildet wird. Eine halbe Drehung entspricht einer Punktspiegelung.

Beispiel 1
Konstruktion des Bildes bei der Drehung des Dreiecks PQR um Z um 90°.
Lösung:
- Zeichne das Dreieck PQR und das Drehzentrum Z.
- Verbinde Z mit P, Q und R. Trage jeweils den Drehwinkel von 90° an. Zeichne um Z einen Kreisbogen von P (bzw. Q, R) zum zweiten Schenkel des Drehwinkels.
- Zeichne das Bilddreieck P'Q'R'.

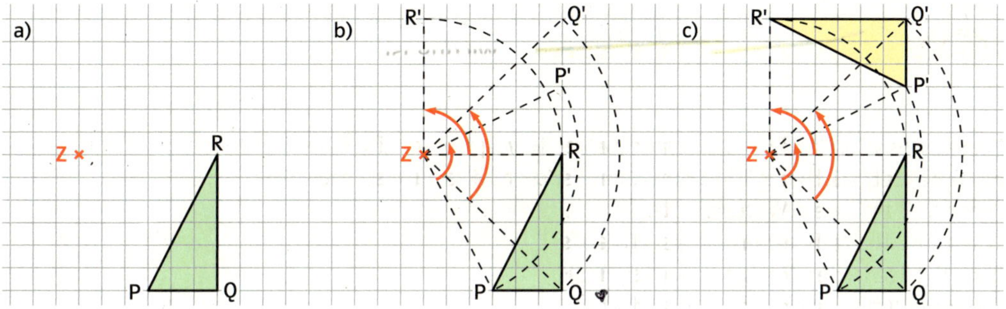

Fig. 1

Beispiel 2
Wie groß ist der Drehwinkel bei den drehsymmetrischen Figuren in Fig. 2?
Lösung:
Quadrat: 90°; Raute: 180°; Dreieck: 60°

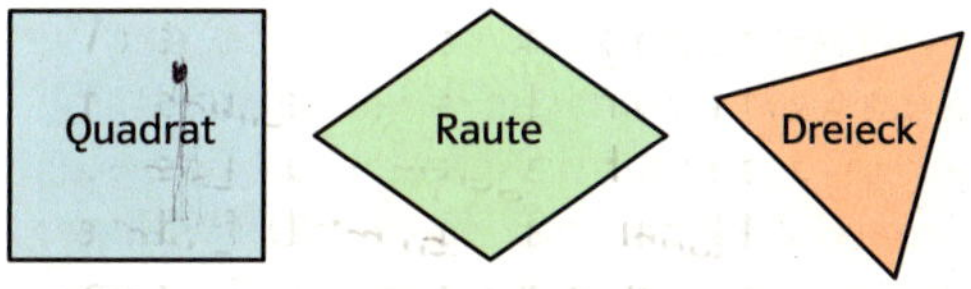

Fig. 2

Aufgaben

1 Die grüne Figur wurde jeweils durch eine Drehung auf die gelbe Figur abgebildet. Wie groß ist jeweils der Drehwinkel?

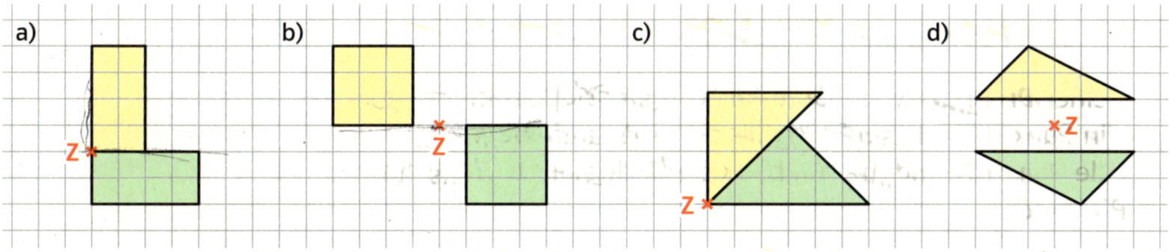

Fig. 3

2 Übertrage das Rechteck und den Punkt Z in dein Heft. Zeichne das Bildrechteck für eine Drehung um Z um 90°.

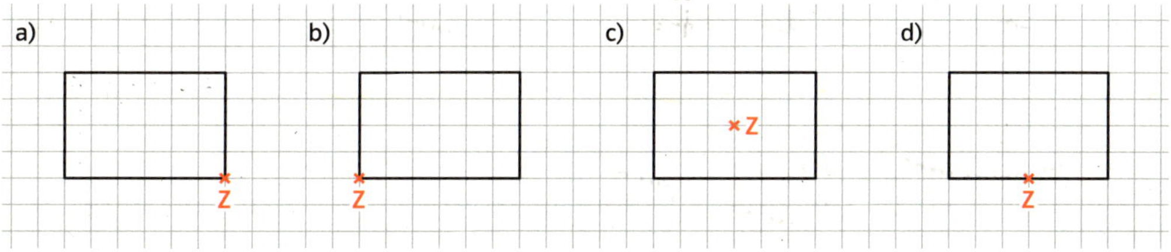

Fig. 4

3 Welche Figuren können durch eine Drehung aufeinander abgebildet werden? Gib die Lage des Drehzentrums an. Wie groß ist der Drehwinkel?

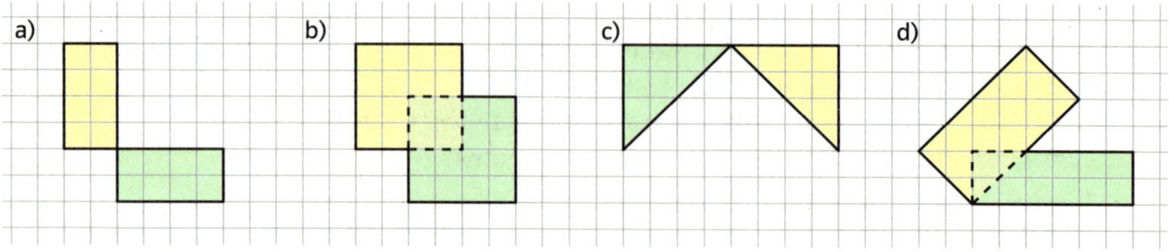

4 Zeichne drei drehsymmetrische Figuren, die durch verschiedene Drehwinkel auf sich selbst abgebildet werden können. Lass deinen Nachbarn den Drehwinkel bestimmen.

5 Nenne oder zeichne verschiedene Figuren, die durch Drehwinkel von 60°, 90°, 120° und 180° auf sich selbst abgebildet werden können.

6 Die Figuren 1, 2 und 3 sind drehsymmetrisch.
a) Bestimme für jede Figur den entsprechenden Drehwinkel.
b) Welche anderen Symmetrien liegen vor?

Fig. 1

Fig. 2

Fig. 3

7 Viele Verkehrsschilder stellen drehsymmetrische Figuren dar.
a) Welche Verkehrsschilder sind drehsymmetrisch bei einem Drehwinkel von 60°, 90° oder 180°?
b) Welche Verkehrsschilder sind drehsymmetrisch bei einem beliebigen Drehwinkel?
c) Welche Bedeutung haben die in a) und b) genannten Verkehrsschilder?

8 Bestimme den Bildpunkt P′ des Punktes P bei der Drehung um Z um α.
a) $Z(0|0)$, $\alpha = 50°$, $P(7|1)$
b) $Z(1|1)$, $\alpha = 83°$, $P(10|2)$
c) $Z(5|2)$, $\alpha = 22°$, $P(8|7)$
d) $Z(5|2)$, $\alpha = 30°$, $P(7|8)$

9 Zeichne die Bildfigur bei den angegebenen Drehungen:
a) Strecke $\overline{AB}$ mit $A(2|5)$, $B(6|3)$, Drehzentrum $Z(5|1)$, Drehwinkel 32°
b) Dreieck ABC mit $A(2|5)$, $B(3|2)$, $C(6|3)$, Drehzentum $Z(2|5)$, Drehwinkel 110°
c) Viereck ABCD mit $A(2|5)$, $B(3|2)$, $C(6|3)$, $D(5|6)$, Drehzentrum $Z(2|5)$, Drehwinkel 45°
d) Fünfeck ABCDE mit $A(2|0)$, $B(5|1)$, $C(6|3)$, $D(3|5)$, $E(1|2)$, Drehzentrum $Z(4|4)$, Drehwinkel 90°

10 Zeichne das Dreieck ABC (Fig. 4) und das Bild bei der Drehung
a) um das Zentrum A um α,
b) um das Zentrum A um γ,
c) um das Zentrum B um β,
d) um das Zentrum C um γ.

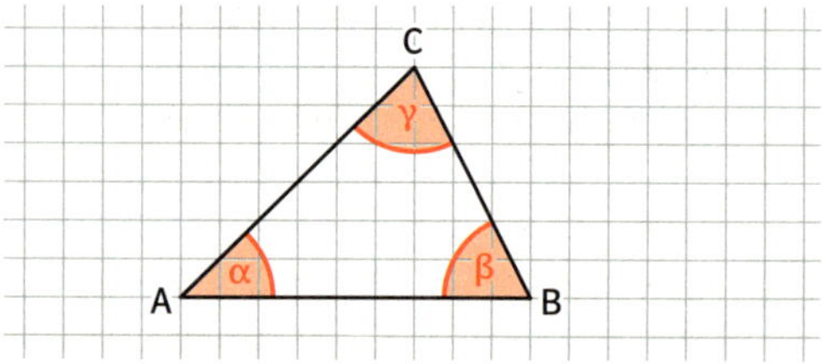

Fig. 4

11 In einem (sonst leeren) 5 m langen und 4 m breiten Zimmer liegt ein Teppich, der von allen Wänden 50 cm Abstand hat. Wie weit kann man ihn um seine Mitte drehen, bis zwei Ecken an den Längswänden anstoßen? Zeichne.

Bist du sicher?

1 Drehe das Dreieck ABC mit A(4|1); B(8|2); C(6|5) um den Punkt Z(2|2) um 40°. Bestimme näherungsweise die Koordinaten der Bildpunkte A′, B′ und C′.

2 Das Quadrat ABCD wird um den Schnittpunkt seiner Diagonalen um 90° gedreht. Die Koordinaten der Eckpunkte sind: A(1|1); B(5|1); C(5|5) und D(1|5).
a) Wird die Figur durch diese Drehung auf sich selbst abgebildet?
b) Welche Koordinaten haben die Eckpunkte des Bildes?

12 Eine Gerade g soll durch eine Drehung in eine Bildgerade g′ übergeführt werden. Gib in einer Zeichnung einen Drehwinkel so an, dass
a) g′ parallel zu g ist, b) g′ senkrecht zu g ist, c) g′ mit g zusammenfällt.

13 Die Figur ist drehsymmetrisch bei einem Drehwinkel von 90°.
Nenne zu jedem Punkt des Originals den Bildpunkt (Fig. 1).

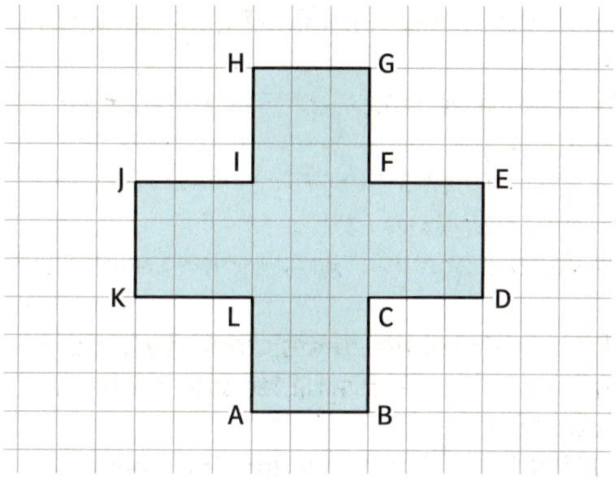

Fig. 1

14 Viele Seesterne haben um ihre Mundöffnung fünf sternförmig angeordnete Arme. Es gibt aber auch Seesterne mit weniger oder mehr Armen.
Suche Bilder von Seesternen und untersuche diese auf Drehsymmetrie.

15 Das Sternbild des großen Wagens dreht sich in 24 Stunden einmal um den Polarstern P.
Übertrage Figur 2 in dein Heft und zeichne das Bild des großen Wagens in der Lage nach 8 Stunden.

16 Ein rechteckiges Bild (59 cm breit, 30 cm hoch) war an beiden oberen Ecken aufgehängt. Als sich der linke Nagel löste, drehte sich das Bild. Die Bildmitte befand sich dann genau unter dem verbliebenen Nagel (siehe Figur 3).
Zeichne und bestimme so den Winkel der Drehung.

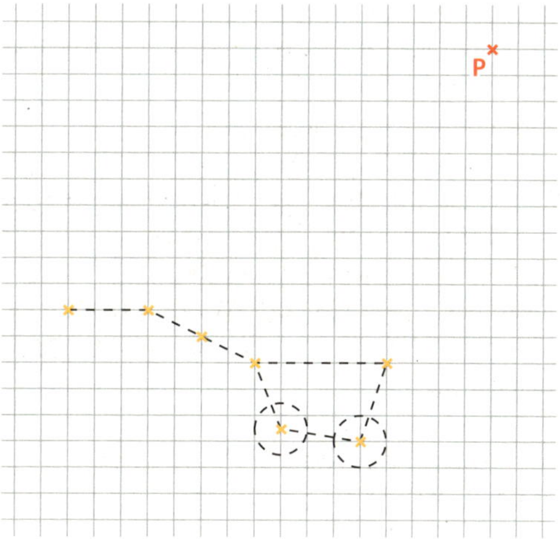

Fig. 2

Fig. 3

17 a) Welche Symbole verschiedener Automarken sind drehsymmetrisch?
b) Untersuche auch andere Markensymbole auf Drehsymmetrie.
c) Finde Symmetrien in anderen Objekten wie Buchstaben, Zahlen usw. Skizziere jeweils und gib die wichtigen Punkte, Geraden oder Winkel bei der vorhandenen Symmetrie an.
d) Suche dir ein Symbol, das nicht drehsymmetrisch ist. Verändere es so, dass es drehsymmetrisch wird.

Fig. 4

5 Kongruenz

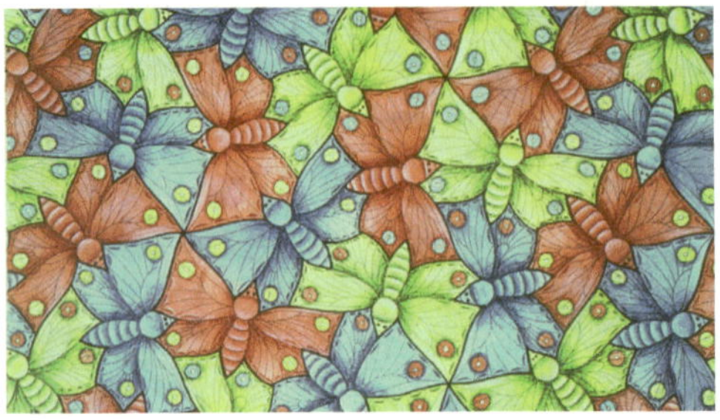

„Eine Fläche, die man sich nach allen Seiten unbegrenzt fortgesetzt vorstellen muss, kann ... bis ins Unendliche aufgefüllt werden oder aufgeteilt werden in gleichförmige mathematische Figuren, die sich an allen Seiten begrenzen, ohne dass „leere Stellen“ übrigbleiben.“
(M. C. Escher, „Regelmatige vlakverdeling“, 1958)

congruere (lat.): übereinstimmen

Kann man zwei Figuren so übereinander legen, dass nichts übersteht, sind sie **deckungsgleich**. Man sagt, sie sind **kongruent zueinander**.

M. C. Escher „fish and boats“

Verschiebt man eine Figur, spiegelt oder dreht man sie, dann entsteht von ihr ein Bild. Das Bild und das Original sind kongruent zueinander. Deshalb nennt man solche Abbildungen auch **Kongruenzabbildungen**. Zu den Kongruenzabbildungen zählen auch solche, bei denen man Verschiebungen, Drehungen und Spiegelungen nacheinander ausführt.

Kongruenzabbildungen verändern die Maße einer Figur nicht. In Fig. 1 wird das gelbe Dreieck durch eine Drehung um Z und eine Verschiebung auf das blaue Dreieck abgebildet. Das gelbe und das blaue Dreieck sind deshalb kongruent zueinander.

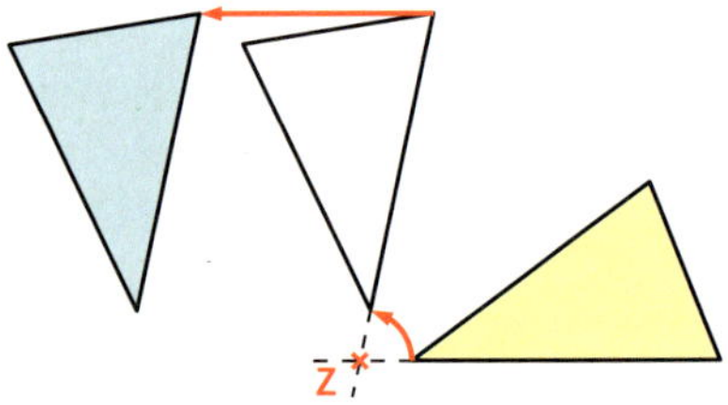

Fig. 1

Zwei Figuren heißen **kongruent** zueinander, wenn man sie mit einer oder mehreren **Kongruenzabbildungen** (Achsenspiegelungen, Punktspiegelungen, Verschiebungen oder Drehungen) aufeinander abbilden kann.

Man kann die Kongruenz zweier geradlinig begrenzter Figuren überprüfen, indem man alle entsprechenden Stücke (Winkel und Strecken) misst und vergleicht.
In Fig. 2 entsprechen einander:

a	b	c	α	β	γ
e	f	g	ε	φ	δ

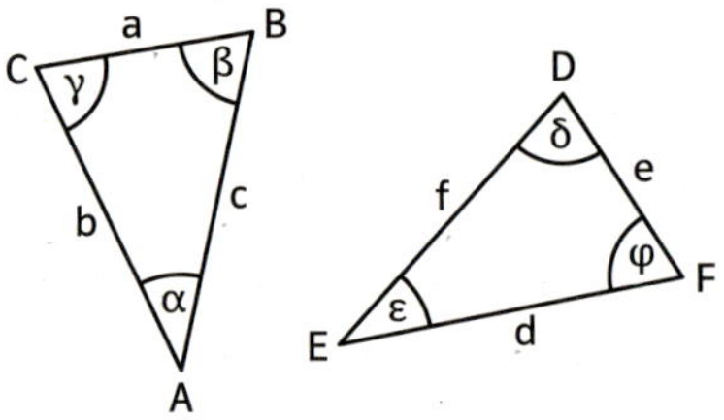

Fig. 2

Wenn zwei geradlinig begrenzte Figuren kongruent zueinander sind, dann stimmen sie in allen entsprechenden Winkeln und Strecken überein.

Beispiel
Begründe, dass die Diagonale e das Rechteck ABCD in zwei kongruente Dreiecke teilt.
Lösung:
Halbiert man die Strecke e, dann erhält man den Punkt M. Das Dreieck ABC wird durch die Punktspiegelung an M auf das Dreieck ACD abgebildet. Dabei ist D das Bild von B, A das Bild von C und C das Bild von A.

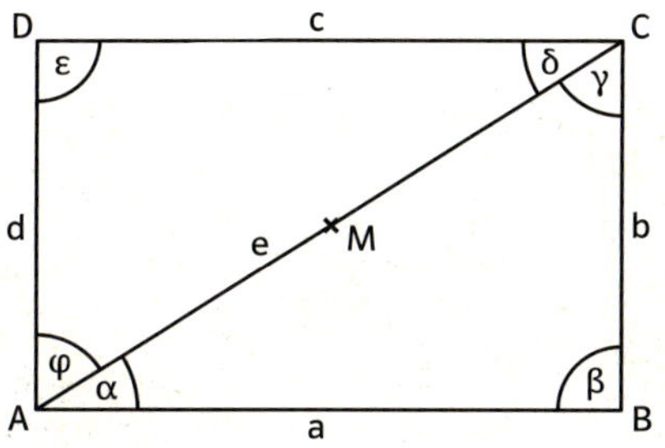

Fig. 1

entsprechende Seiten:
a und c
b und d
e und e

entsprechende Winkel:
α und δ
β und ε
γ und φ

Aufgaben

1 Zeichne die Figuren F_1 bis F_6 in dein Heft. Gleichfarbige Figuren sind kongruent zueinander.
a) Bezeichne alle Seiten. Ordne in einer Tabelle die entsprechenden Stücke einander zu.
b) Prüfe die Gleichheit der Größen entsprechender Stücke durch Messen.

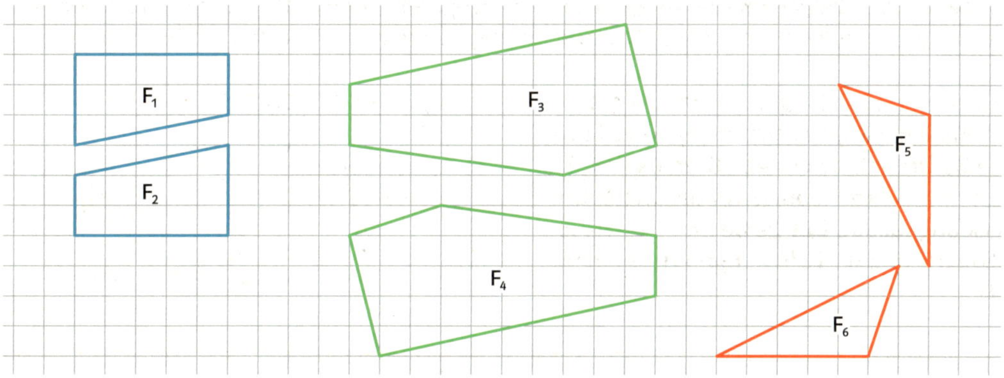

Parkett von Roger Penrose (geb. 1931, GB)

2 Zeichne die Figuren auf ein Stück Pappe und schneide sie aus. Prüfe jeweils durch Übereinanderlegen mit der entsprechenden Figur deines Partners, ob Kongruenz besteht.
a) Rechteck mit $a = 5{,}3\,cm$; $b = 4{,}1\,cm$.
b) Kreis mit $r = 3{,}0\,cm$.
c) Eine Raute mit der Seitenlänge 4,0 cm und den Winkeln 60° und 120°.
d) Weiteren Figuren nach eigenen Vorgaben.

3 Zeichne ein rechtwinkliges Dreieck ABC mit $c = 5\,cm$, $\alpha = 90°$ und $\beta = 30°$. Erzeuge ein zu ABC kongruentes Dreieck DEF durch Drehung um Punkt C um 90°.

4 Zeichne ein Quadrat mit der Seitenlänge 3 cm (Fig. 2). Führe nacheinander die folgenden Abbildungen durch.
a) Verschiebung $\overrightarrow{ST}$ ergibt Quadrat EFGH.
b) Drehung von EFGH um F um 60° ergibt Quadrat IJKL.
c) Spiegelung von IJKL an der Geraden durch E und I ergibt MNOP.
Prüfe ABCD und MNOP auf Kongruenz.

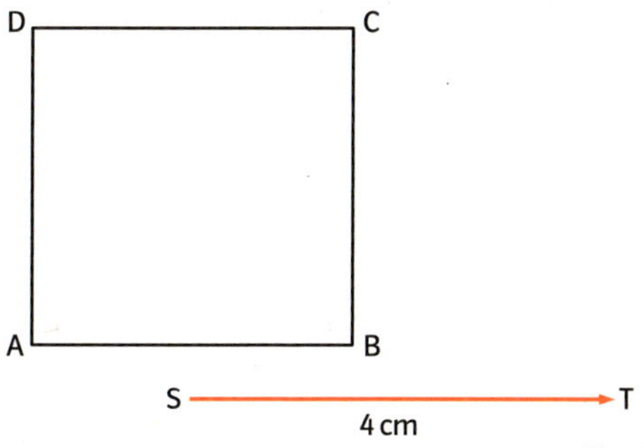

Fig. 2

Wiederholen – Vertiefen – Vernetzen

1 Übertrage die Figuren in dein Heft. Bestimme alle Symmetrien. Zeichne dazu Spiegelachsen und Drehzentren ein. Gib auch die Größe der Drehwinkel an.

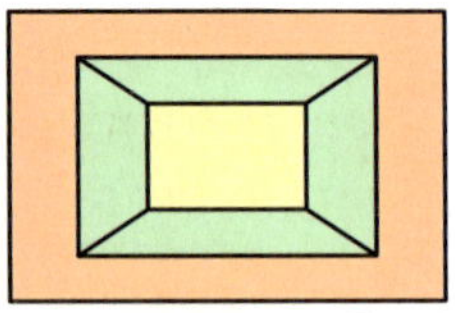
Fig. 1

Fig. 2

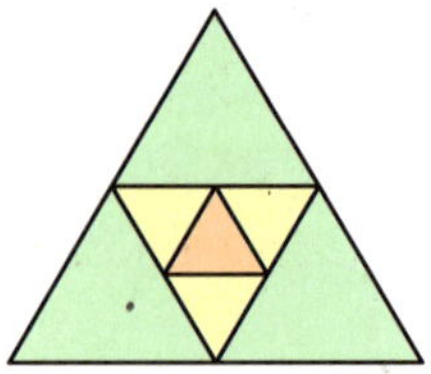
Fig. 3

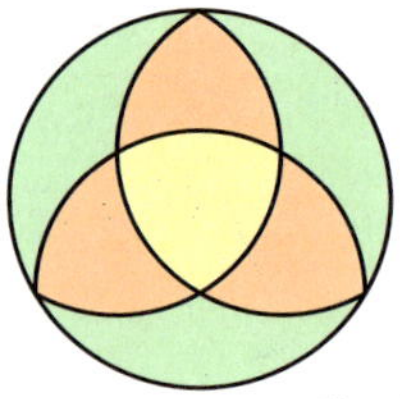
Fig. 4

2 Zeichne ein 5 cm langes und 3 cm breites Rechteck ABCD. Drehe das Rechteck so um seinen Mittelpunkt, dass dabei die Ecke B den Punkt C als Bildpunkt hat. Miss den Drehwinkel.

3 a) Zeichne ein 4 cm langes und 2 cm breites Rechteck ABCD. Zeichne das Bild des Rechtecks bei der Verschiebung, die A in C überführt.
b) Drehe das in a) erhaltene Bildrechteck um den Punkt A des ursprünglichen Rechtecks um 50°.

4 a) Durch welche Abbildungen kann das grüne Viereck auf die benachbarten Vierecke abgebildet werden?
b) Setze die Pflasterung im Heft fort.
c) Wie viele Farben benötigt man mindestens, um das Muster so zu färben, dass Vierecke mit einer gemeinsamen Seite stets verschiedene Farben haben?

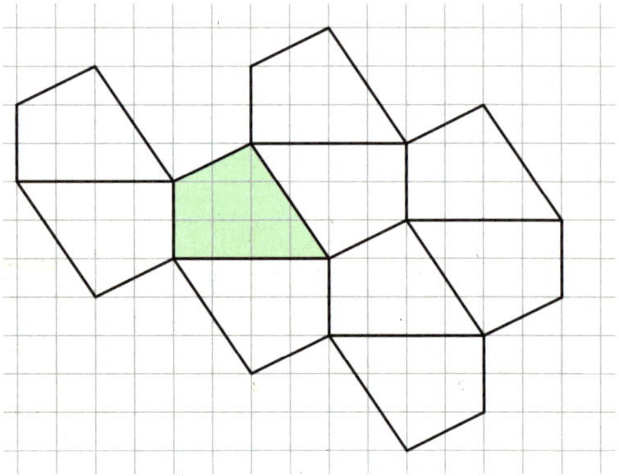
Fig. 5

5 Zeichne das Viereck ABCD mit A(1,5|2,5), B(4|2,5), C(5,5|5,5), D(2,5|5).
Zeichne das Bildviereck
a) bei einer Spiegelung an der Achse PQ mit P(0|0) und Q(8|8),
b) bei einer Verschiebung, wenn A′(5|2,5) der Bildpunkt von A ist. Lies jeweils die Koordinaten der Bildpunkte ab.

6 Zeichne die kongruenten Figuren (Fig. 6) auf kariertes Papier (die Lage der Figuren zueinander soll dabei nicht verändert werden).
a) Begründe die Kongruenz zum Viereck ABCD durch Angabe der Kongruenzabbildung, die das Viereck ABCD auf die entsprechende Figur abbildet.
b) Miss die erforderlichen Längen und zeichne die Figuren mit einem Geometrieprogramm. Bringe die Figuren paarweise zur Deckung und prüfe so nochmals deine Entscheidung aus a).

Eine Einführung in Euklid DynaGeo findest du auf den Seiten 66 – 69.

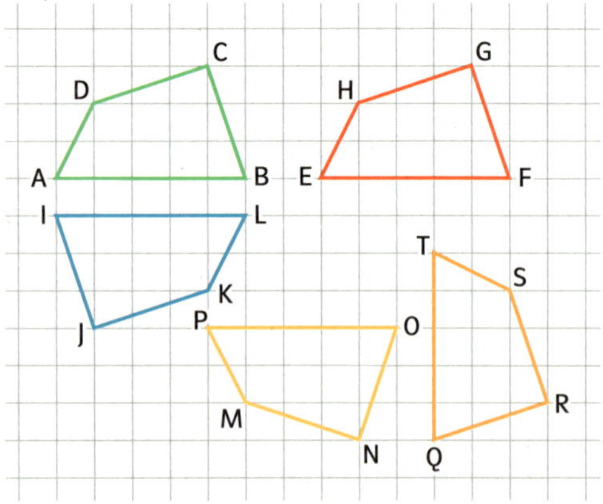

Fig. 6

7 Alfred soll die Vierecke (Fig. 1) auf Kongruenz überprüfen. Zuerst hat er die Seitenlängen verglichen und festgestellt, dass es vier Paare gleich langer Seiten gibt. Er meint: „Also sind die Vierecke kongruent zueinander". Zum Beweis hat er beide Vierecke ausgeschnitten und übereinander gelegt. Dabei stellt er jedoch fest, dass sie nicht deckungsgleich sind. Was hat er falsch gemacht?

Fig. 1

8 Zeichne möglichst viele Trapeze, die unterschiedliche Anzahlen von Symmetrieachsen haben. Gibt es ein Trapez, das nicht achsensymmetrisch ist?

9 Übertrage Figur 2 in dein Heft.
a) Das Dreieck ABC soll so verschoben werden, dass B' der Bildpunkt von B ist. Zeichne den Verschiebungspfeil und das Bilddreieck A'B'C'. Lies die Koordinaten von A' und C' ab.
b) Verschiebe das Dreieck ABC so, dass A auf A' (4|1,5) abgebildet wird. Lies die Koordinaten von B' und C' ab.

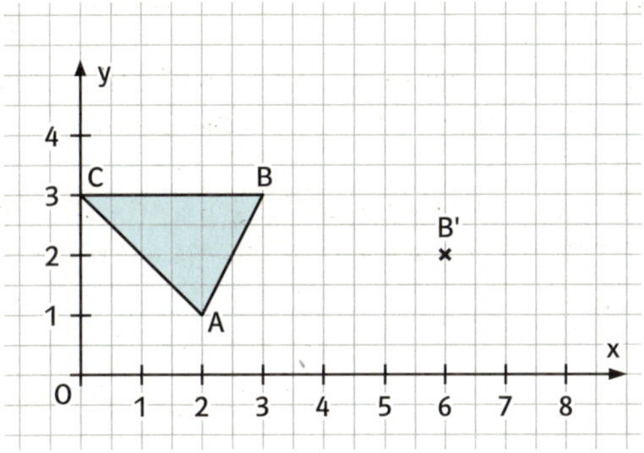

Fig. 2

10 Welche Begrenzungsflächen haben die Bauwerke auf den Fotos? Welche dieser Flächen sind kongruent zueinander?

11 Gibt es zu zwei gleich langen Strecken eine Achse g, so dass die eine Strecke das Bild der anderen bei Spiegelung an g ist? Untersuche die Fälle:
a) Die Strecken haben einen gemeinsamen Endpunkt.
b) Die Strecken schneiden sich in ihren Mittelpunkten.
c) Die Strecken liegen auf einer Geraden.
d) Die Strecken liegen „beliebig".

12 a) Zeichne das Viereck ABCD mit A(0|0), B(6|0), C(5|3), D(3|4). Spiegle es an der Diagonalen $\overline{AC}$ und danach das Bildviereck an der Diagonalen $\overline{BD}$.
b) Bestimme Drehzentrum und Drehwinkel der Drehung, die das Viereck ABCD auf das zuletzt erhaltene Viereck abbildet.

13 Ergänze die Punkte A(3|1), B(2|3) und C(4|3) um einen Punkt D so, dass das Viereck ABCD drehsymmetrisch ist. Gibt es mehrere Möglichkeiten?
Weisen die entstandenen Figuren noch andere Symmetrien auf?

DGS – Geometrie mit dem Computer

Um Veränderungen in geometrischen Figuren leicht vornehmen zu können, benötigt man ein Geometrieprogramm.
EUKLID DynaGeo ist ein solches Programm. Natürlich gibt es auch noch andere Geometrieprogramme wie GeoNext, die man unter dem Begriff „Dynamische Geometrie Software“ im Internet findet.

Konstruieren

Wählt man in EUKLID den Begriff „Konstruieren“, dann erscheinen oberhalb der Arbeitsfläche Icons (kleine Bildchen), die zum Ausführen der Arbeitsschritte dienen.
Diese Schaltflächen werden erklärt, sobald man den Mauszeiger über das entsprechende Icon zieht.
Einige dieser Schaltflächen sind am Rand zusammengestellt.

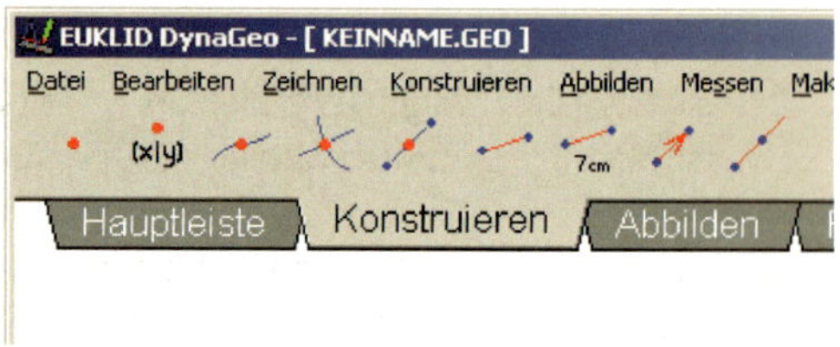

Einen Punkt zeichnen

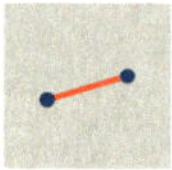

Zwei Punkte durch eine Strecke verbinden

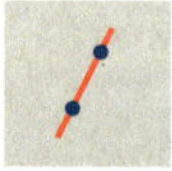

Eine Gerade durch zwei Punkte zeichnen

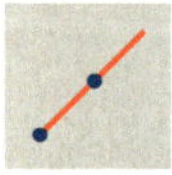

Eine Halbgerade zeichnen

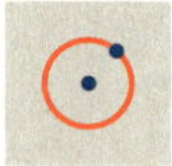

Einen Kreis zeichnen

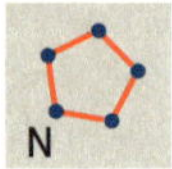

Ein Vieleck zeichnen

Nach dem Erzeugen einer Zeichenfläche kann man mit wenigen Schritten eine kleine Zeichnung erstellen. Durch das Anklicken eines Icons wählt man die gewünschte Zeichenfunktion aus.
Die blau gekennzeichneten Elemente sind auf der Zeichenfläche mit dem Mauszeiger festzulegen. Die rot gekennzeichneten Elemente erzeugt der Computer.

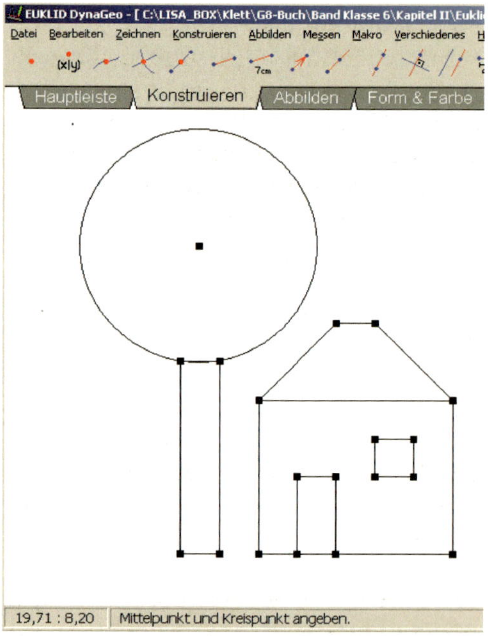

In der grauen Leiste unterhalb der Zeichenfläche wird zusätzlich darauf hingewiesen, welche Elemente der Benutzer bei dem Erstellen eines Objektes angeben muss.
Bei einigen Elementen kann man auch die gewünschten Maße, z. B. die Länge einer Strecke angeben.

Ist ein Punkt nicht wie gewünscht auf dem Zeichenfeld positioniert, so kann er an eine andere Stelle verschoben werden.
Dazu bewegt man den Mauszeiger auf diesen Punkt. Mit der jetzt angezeigten „Zange“ kann der Punkt mit gedrückter linker Maustaste angefasst und verschoben werden.

Punkte, die nur für das Erstellen eines Objekts, z. B. einer Geraden, benötigt werden, kann man später durch Anklicken mit der rechten Maustaste verbergen. Auf die gleiche Weise können erzeugte Objekte beschriftet werden.

DGS – Geometrie mit dem Computer

Form und Farbe

In EUKLID gibt es die Möglichkeit, verschiedene Farben für Objekte zu verwenden, bzw. Flächen mit unterschiedlichen Farben und Füllmustern zu gestalten.

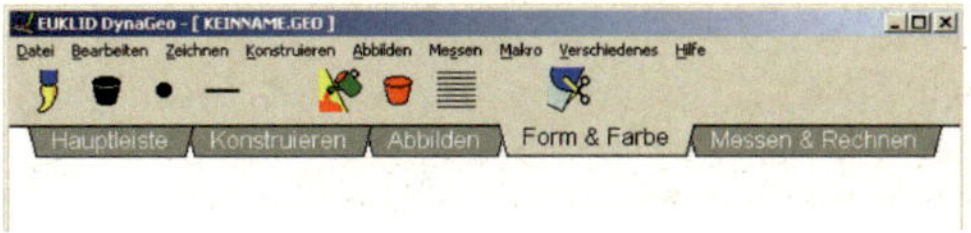

Dazu wählt man den Abschnitt „Form und Farbe". Die einzelnen Funktionen sind oberhalb der Zeichenfläche durch Icons dargestellt. Einige dieser Funktionen sind am Rand erklärt. Zeichnet man mit EUKLID ein Dreieck oder ein Vieleck, wird dieses automatisch mit einer Füllfarbe und einem Füllmuster versehen.

Aktuelle Punkt- und Linienfarbe

Aktuelle Füllfarbe

Aktuelles Füllmuster

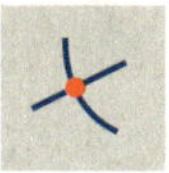

Schnitt zweier Linien

Zeichne eine Figur (Person, Auto, Haus, Baum, ...) nach deiner Wahl. Probiere dabei die verschiedenen Funktionen von EUKLID aus.

Zeichne mehrere Geraden, die sich schneiden. Markiere die Schnittpunkte mithilfe des Icons „Schnitt zweier Linien" und färbe die entstehenden Vielecke mit unterschiedlichen Farben und Mustern.

Messen und Rechnen

EUKLID bietet die Möglichkeit, bestimmte Größen in Objekten zu messen. Im Abschnitt „Messen und Rechnen" gibt es beispielsweise die Möglichkeit, den Abstand zwischen zwei Objekten zu bestimmen und die Größe eines Winkels auszumessen.

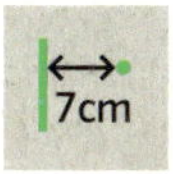

Abstand messen

Winkel messen

Soll beispielsweise die Länge einer Strecke bestimmt werden, so kann dies durch die Bestimmung des Abstands des Anfangs- und des Endpunktes der Strecke geschehen. Beim Messen eines Winkels müssen drei Punkte angegeben werden, durch die der Winkel festgelegt wird. Dabei muss die Reihenfolge der Punkte beachtet werden.

Zeichne ein Dreieck und bestimme die Längen seiner Seiten sowie die Größen der drei Innenwinkel. Verändere die Lage der Punkte so, dass ein rechtwinkliges Dreieck entsteht.

Zeichne eine beliebige Gerade. Zeichne eine zweite Gerade, die parallel zur ersten Geraden verläuft und von dieser einen Abstand von 3 cm hat.

Zeichne zwei Geraden, die sich schneiden. Überlege, was du über die vier Winkel sagen kannst. Miss nun alle Schnittwinkel und überprüfe deine Aussagen. Was stellst du fest, wenn du nun eine der Geraden bewegst und damit die Winkel veränderst?

Zeichne ein beliebiges Viereck und bestimme seine Innenwinkel und Seitenlängen. Nun soll deine Partnerin bzw. dein Partner dieses Viereck nachbauen. Anschließend wechseln die Rollen. Wer ist schneller?

DGS – Geometrie mit dem Computer

Zeichne das abgebildete Trapez, indem du die Lage der vier Eckpunkte so lange veränderst, bis die Maße deiner Zeichnung genau mit der Abbildung übereinstimmen. Miss dann die Länge der Diagonalen.

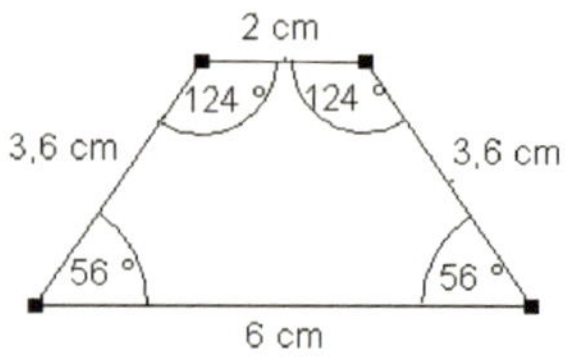

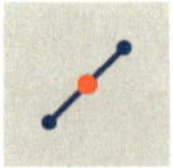
Mittelpunkt einer Strecke

Zeichne ein beliebiges Viereck ABCD. Bestimme den Mittelpunkt jeder Seite des Vierecks und verbinde diese Mittelpunkte zu einem neuen Viereck EFGH.
a) Welches besondere Viereck entsteht?
b) Überprüfe deine Vermutung durch Messen der einzelnen Größen.
c) Verändere die Ausgangsfigur durch Verschieben eines Punktes. Was stellst du fest?

Abbilden

EUKLID bietet die Möglichkeit, die verschiedenen Kongruenzabbildungen
- Achsenspiegelung
- Punktspiegelung
- Verschiebung
- Drehung

mithilfe des Computers durchzuführen.

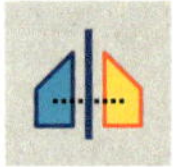
Achsenspiegelung

Soll z. B. das rote Dreieck an der Geraden gespiegelt werden, wählt man unter der Rubrik „Abbilden" das Icon „Achsenspiegelung aus.

Punktspiegelung

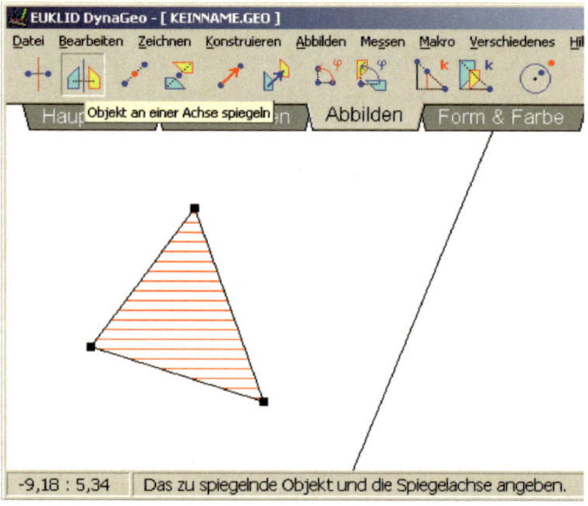

Auch hier werden die jeweils erforderlichen Angaben in der grauen Leiste unterhalb der Zeichenfläche angezeigt. Für eine Achsenspiegelung muss man das zu spiegelnde Objekt und die Spiegelachse durch Anklicken angeben.
Die Achsenspiegelung wird dann automatisch durchgeführt.

Verschiebung

Drehung

Ist die Lage der Spiegelachse nicht vorgegeben, besteht auch die Möglichkeit, einen Punkt und seinen Bildpunkt anzugeben und so die Lage der Spiegelachse festzulegen. Die Spiegelachse wird dann nach diesen Vorgaben erzeugt.

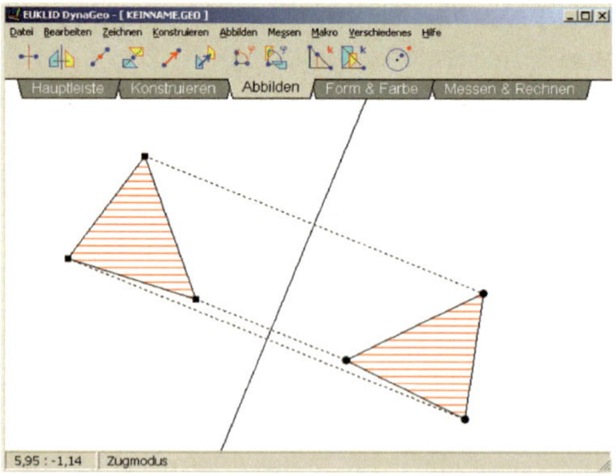

In ähnlicher Weise geht man bei der Punktspiegelung und bei der Verschiebung vor.
Für die Durchführung einer Verschiebung muss zuvor ein Verschiebungspfeil (Verschiebungsvektor) konstruiert werden.

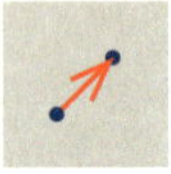
Verbindungsvektor zweier Punkte

DGS – Geometrie mit dem Computer

Um eine Drehung durchführen zu können, sind die Angabe eines Drehzentrums sowie die Angabe des Drehwinkels notwendig. Dabei ist es hilfreich, zunächst einen Punkt und seinen Bildpunkt anzugeben und so die Drehung zu definieren. Soll um einen bestimmten Winkel gedreht werden, so kann später dieser erste Bildpunkt nachträglich verschoben werden, bis die gewünschte Winkelgröße erreicht ist.

Lege für die folgenden Teilaufgaben jeweils eine neue Datei an:
a) Zeichne ein beliebiges Dreieck und eine Gerade. Führe eine Achsenspiegelung durch.
b) Zeichne ein beliebiges Dreieck und führe eine Punktspiegelung durch.
c) Zeichne ein beliebiges Dreieck und einen Verschiebungspfeil. Verschiebe das Dreieck. Verändere Länge und Richtung des Pfeils und beobachte das Dreieck und sein Bilddreieck.

a) Zeichne ein beliebiges Dreieck und einen Punkt, der außerhalb des Dreiecks liegt.
b) Verwende diesen Punkt als Drehzentrum und definiere die Drehung, indem du den Bildpunkt einer Ecke des Dreiecks festlegst.
c) Führe die Drehung des Dreiecks um das Drehzentrum durch.
d) Miss den Drehwinkel und verändere ihn so, bis eine Drehung um 70° vorliegt.

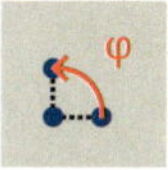

Drehung definieren

Koordinatensystem
EUKLID bietet die Möglichkeit, ein Koordinatensystem zu verwenden. Wenn das Koordinatensystem nicht bereits angezeigt wird, kann man unter „Messen und Rechnen" das Symbol „Koordinatensystem" anklicken und hier das Koordinatensystem sichtbar machen.
In das Koordinatensystem werden Punkte eingezeichnet, indem man ihre x- und ihre y-Koordinate angibt. Punkte können durch Anklicken mit der rechten Maustaste benannt werden.

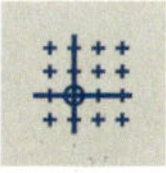
Koordinatensystem

a) Zeichne das Dreieck mit den Eckpunkten A(0|1), B(3|2) und C(2|5) in ein Koordinatensystem und spiegle es an der Geraden durch die Punkte P(5|0) und Q(5|7). Benenne die Bildpunkte mit A′, B′ und C′ und bestimme ihre Koordinaten.
b) Lege eine neue Datei an und zeichne das Dreieck ABC aus Aufgabenteil a) ein. Bei einer Achsenspiegelung wird der Punkt C auf den Punkt C′(6|9) abgebildet. Bestimme die Lage der Spiegelachse sowie die Koordinaten der übrigen Bildpunkte.

Punktkoordinaten angeben

Der Ursprung des Koordinatensystems kann ebenso wie jeder andere Punkt mit der Zange verschoben werden.

Zeichne das Dreieck ABC mit A(5|5), B(1|9), C(0|5) und die Punkte A′(11|3,5) und A″(7|9).
a) Verschiebe das Dreieck ABC so, dass A auf A′ abgebildet wird. Verschiebe dann das Bilddreieck so, dass A′ auf A″ abgebildet wird. Beschreibe das Ergebnis dieser Verkettung von zwei Verschiebungen.
b) Drehe das Dreieck ABC um A um 90°, dann das Bilddreieck um A um 180°. Beschreibe das Verkettungsergebnis möglichst genau.

a) Übertrage die Figur in eine Datei. Verschiebe das Viereck so, dass A auf B abgebildet wird. Verschiebe dann das Bild so, dass B auf C abgebildet wird. Beschreibe das Verkettungsergebnis.
b) Übertrage die Figur und den Punkt B in eine Datei. Drehe das Viereck um B um 60° und anschließend das Bild um B um 180°. Beschreibe das Verkettungsergebnis.

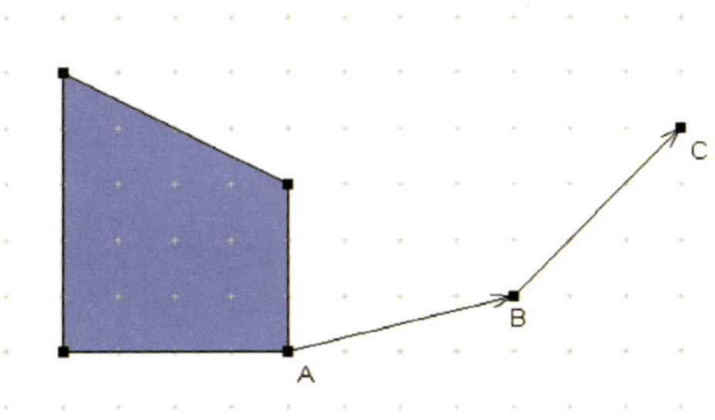

Symmetrie und Abbildungen von Körpern

Schon 500 vor Christus wurde in Griechenland ein Begriff geprägt, der ausdrückt, was uns überall in der Natur begegnet: das griechische „συμμετρια“ (Summetria), was Gleichmaß bedeutet. Dieses Gleichmaß ist auch am bekanntesten griechischen Tempel, dem Parthenontempel, auf der Akropolis in Athen zu sehen, der etwa 440 vor Christus erbaut wurde.

Nicht nur ebene Figuren können symmetrisch sein. Symmetrien kann man auch auf räumliche Figuren, also Körper, übertragen. Dabei gibt es statt einer Symmetrieachse eine Symmetrieebene und statt einem Drehzentrum eine Rotationsachse.
Einen Körper nennt man ebenensymmetrisch, wenn er durch eine Spiegelung an einer Ebene auf sich selbst abgebildet werden kann. Rotationssymmetrisch heißt der Körper, wenn er durch eine Drehung um weniger als 360° auf sich selbst abgebildet werden kann. Beispiele für solche Symmetrien sind leicht zu finden, denn unsere Welt ist voll davon. Z. B. ist ein Bügeleisen ebenen- und viele Vasen sind rotationssymmetrisch.

Suche Gegenstände des Haushaltes, die Symmetrien aufweisen, also mindestens eine Symmetrieebene oder eine Rotationsachse besitzen. Ordne sie nach ebenensymmetrischen- und rotationssymmetrischen Körpern. Haben manche der Körper beide Eigenschaften?

Der menschliche Körper, wie auch die meisten Tierkörper, ist ebenensymmetrisch. Die Ursache liegt in der Beziehung von Körperform zur Bewegung: Vögel, Fische, Insekten und Säugetiere bewegen sich normalerweise vorwärts – egal ob sie dabei laufen, fliegen oder schwimmen. Diese bevorzugte Bewegungsrichtung drückt sich auch in der Körperform aus.

Finde Tiere, deren Körper überhaupt nicht symmetrisch ist und Tiere, deren Körper symmetrisch, aber nicht ebenensymmetrisch ist.

Untersuche an geeigneten Fotos von dir oder von Tieren, wo sich die Symmetrieebene befindet. Prüfe dabei durch Messung, ob vollkommene Ebenensymmetrie vorliegt.

Zeichne die Schrägbilder der Körper in dein Heft. Ergänze sie zu ebenensymmetrischen Körpern.

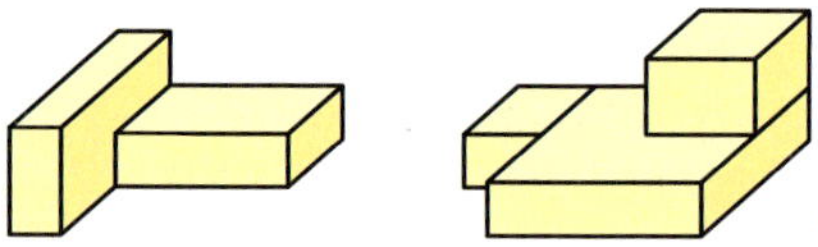

Fig. 1

a) Die beiden Körper sollen an der Tischfläche gespiegelt werden. Beschreibe die Bilder.
b) Kann man die Körper so im Raum bewegen, dass sie in die Lage des Spiegelbildes kommen?

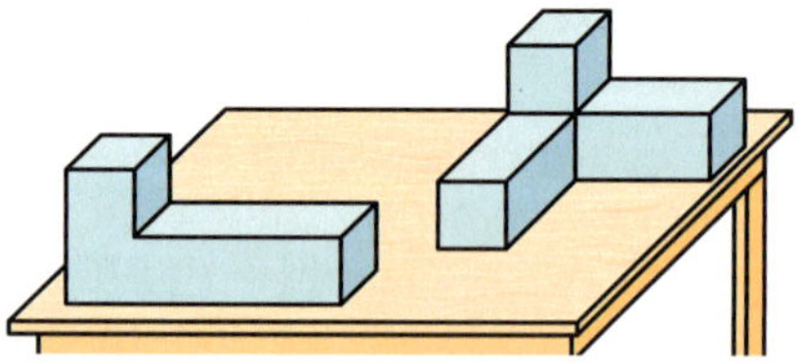

Fig. 2

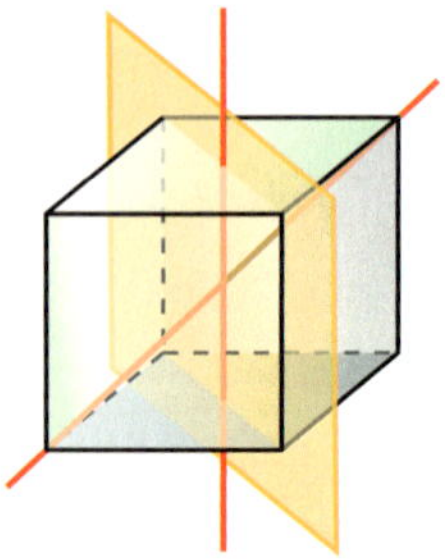

Der Würfel ist ein vielfach symmetrischer Körper. Er ist sowohl ebenensymmetrisch als auch rotationssymmetrisch. Forme kleine Würfel aus Knete oder schneide sie aus Styropor aus (etwa 2 cm Kantenlänge). Erstelle daraus Modelle, die die möglichen Symmetrieebenen und die Rotationsachsen zeigen.

Symmetrie und Abbildungen von Körpern

Nicht nur ein Huhn, sondern auch sein Produkt, das Ei, ist symmetrisch. Während aber das Huhn nur ebenensymmetrisch ist, kann man beim Ei auch Rotationssymmetrie feststellen.

Wie muss man ein Ei durchschneiden, um genau entlang einer Symmetrieebene zu schneiden? Wie viele solcher Symmetrieebenen hat ein Ei?

Wie muss man ein Ei durchstechen, damit der Stich genau entlang der Rotationsachse geführt wird? Gibt es für das Ei mehr als eine Symmetrieachse für die Rotationssymmetrie?

Bei Bauwerken ist die Ebenensymmetrie sowohl aus praktischen als auch aus ästhetischen Gründen häufig anzutreffen. Rotationssymmetrische Bauwerke sind zwar im Wohnungsbau recht selten, bei Industriebauten aber oft anzutreffen. Ein Beispiel dafür ist ein Schornstein in einer Fabrik. Auch in Industrie und Technik sind rotationssymmetrische Körper nicht wegzudenken.

Überlege, aus welchen Gründen die Körper (Bilder oben) in dieser rotationssymmetrischen Form hergestellt wurden. Finde weitere Beispiele für rotationssymmetrische Körper in Industrie und Technik, sammle dazu Bilder und fertige ein Plakat oder eine Collage an.

Blüten und Blätter von Pflanzen weisen oft Symmetrien auf. Sammle verschiedene Blüten und Pflanzenblätter. Fertige Skizzen der gesammelten Objekte an und untersuche sie auf Symmetrien.

Bei Papierfliegern entscheidet die Symmetrie über die Flugeigenschaften und die Bewegungsrichtung. Informiere dich in Büchern oder dem Internet über Falt- oder andere Baupläne von Papierfliegern. Stelle verschiedene Modelle her und prüfe ihre Flugfähigkeit. Wie ändert sich das Flugverhalten, wenn du leichte Änderungen am Flieger vornimmst, um gezielt die Symmetrie zu verletzen (z.B. eine Flügelecke leicht aufstellen)?

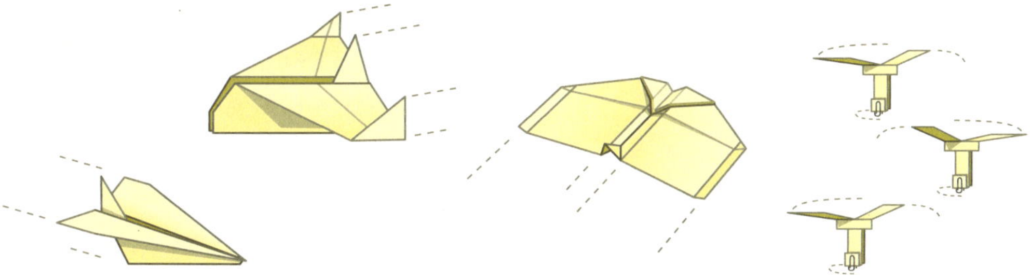

Bilder von M. C. Escher

Der niederländische Künstler Maurits Cornelis Escher lebte von 1898 bis 1972.

Zueinander kongruente Figuren und Parkettierungen

Die hier gezeigten Bilder 1 und 2 von M. C. Escher sind lückenlose Überdeckungen der Zeichenebene mit zueinander kongruenten Figuren. Solche Überdeckungen nennt man auch Parkettierungen (der Ebene).

Im Bild 1 kann man u.a. folgende Kongruenzabbildungen entdecken:
Zwei Eidechsen der gleichen Farbe können durch eine Verschiebung aufeinander abgebildet werden.
Zwei Eidechsen, die sich am Kopf berühren, kann man mithilfe einer Drehung um 120° (240°) aufeinander abbilden. Der Drehpunkt ist dabei ein „Kopfecke“.
Zwei Eidechsen, die sich mit den Hinterbeinen berühren, kann man mithilfe einer Drehung um 120° (240°) aufeinander abbilden. Der Drehpunkt ist dabei ein „Knie“.

Bei Bild 2 kannst du eine Kongruenzabbildung, die aus der Hintereinanderausführung einer Achsenspiegelung und einer Verschiebung besteht, nachvollziehen:
1. Lege eine Folie oder Transparentpapier auf das Bild.
2. Zeichne die Flügelumrisse von einem unteren Engel, die Gerade g und den Punkt P nach.
3. Drehe die Folie um und lege sie so auf das Bild, dass die Gerade wieder auf g und der Punkt auf P liegt. Du hast jetzt die Flügel mit einer Spiegelung an g abgebildet.
4. Durch Verschieben kannst du nun die Flügelumrisse mit zwei anderen Engelflügeln zur Deckung bringen.

Es lassen sich in Bild 2 auch besondere Symmetrien entdecken:
Das Muster der gesamten Ebene ist punktsymmetrisch zu jedem Punkt, in dem sich vier Flügelspitzen treffen.
Jede Gerade, die durch die Symmetrieachsen von Engeln oder Teufeln geht, ist Symmetrieachse für das Muster der gesamten Ebene.

Bild 1

Bild 2

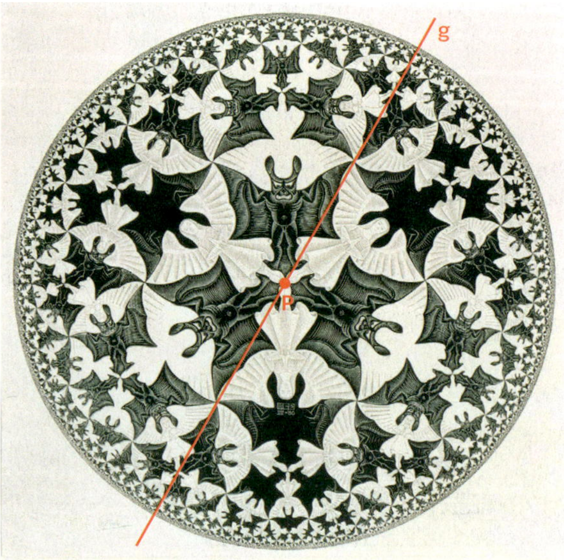

Bilder von M. C. Escher

Eines der bekanntesten Werke Eschers ist der Holzschnitt Tag und Nacht. Je zwei weiße bzw. schwarze Vögel sind zueinander kongruent. Man kann jeden weißen Vogel auf einen anderen weißen Vogel und jeden schwarzen Vogel auf jeden anderen schwarzen Vogel verschieben. Ein weißer und ein schwarzer Vogel sind jedoch nicht zueinander kongruent. Dies ist gut in der Studie zu Tag und Nacht zu erkennen.

Tag und Nacht

Die kleinen Männchen in dem Bild Kreislauf steigen eine Treppe herab und verwandeln sich in geometrische Figuren. Diese Figuren bilden eine regelmäßige Flächenaufteilung. Die Punkte, bei denen drei Köpfe, drei Knie oder drei Füße zusammentreffen, sind besondere Punkte. Dreht man ein Männchen mit 120° um einen solchen Punkt, dann wird es auf ein anderes Männchen abgebildet (nur die Farbe ändert sich!).

Kreislauf

Flächenaufteilung aus Kreislauf

Rückblick

Achsenspiegelung
Der Originalpunkt P wird auf den Bildpunkt P′ folgendermaßen abgebildet:
1. PP′ ist senkrecht zur **Spiegelachse** a (PP′ $\perp$ a).
2. P und P′ haben denselben Abstand von a.

Achsensymmetrie
Die Figur hat eine **Symmetrieachse** a.
Ein Punkt und sein Bildpunkt liegen auf einer senkrechten Geraden zu a. Punkt und Bildpunkt haben den gleichen Abstand zu a.

Achsenspiegelung

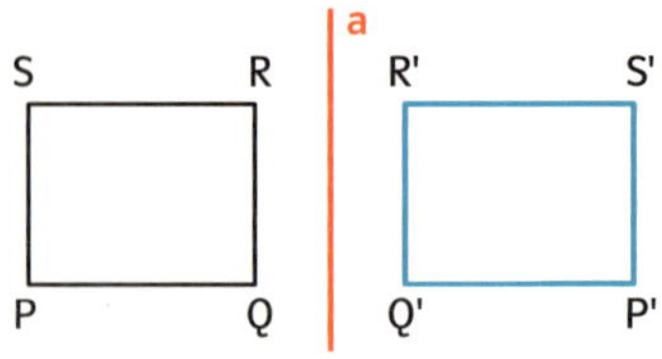

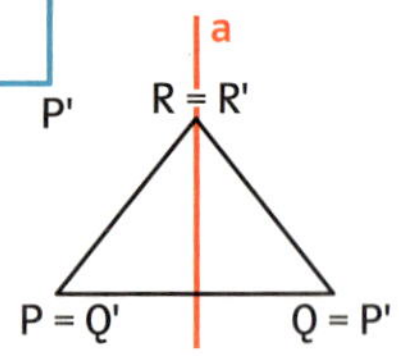

Achsensymmetrie

Punktspiegelung
Eine Punktspiegelung ist eine Drehung um 180° (**Halbdrehung**).
Der Originalpunkt P wird auf den Bildpunkt P′ folgendermaßen abgebildet:
1. P und P′ liegen auf einer Geraden durch Z.
2. P und P′ haben denselben Abstand von Z.

Punktsymmetrie
Die Figur hat ein Symmetriezentrum Z. Ein Punkt und sein Bildpunkt liegen auf einer Geraden durch Z und haben den gleichen Abstand zu Z.

Punktspiegelung

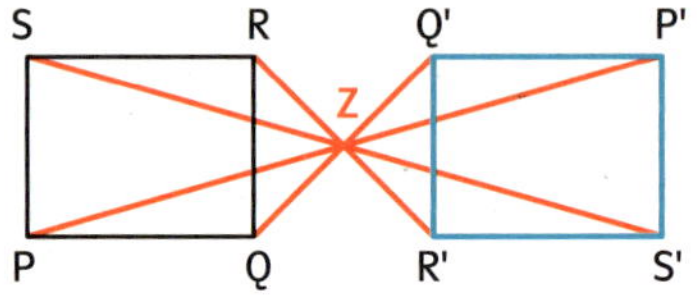

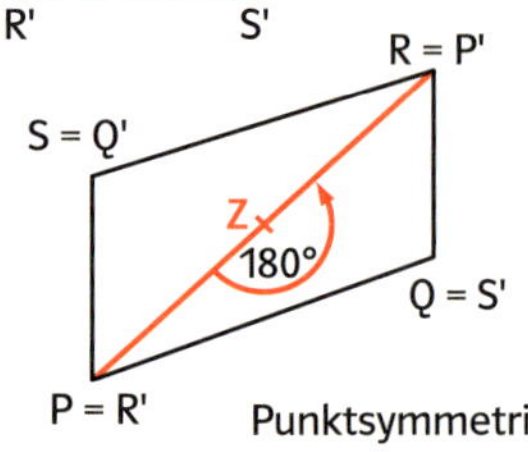

Punktsymmetrie

Verschiebung
Eine Verschiebung ist durch den **Verschiebungspfeil** $\overrightarrow{PP'}$ bestimmt. Alle Pfeile sind zueinander parallel (gleiche Richtung) und haben dieselbe Länge.

Verschiebungssymmetrie
Die Figur wird durch eine Verschiebung auf sich selbst abgebildet.

Verschiebung

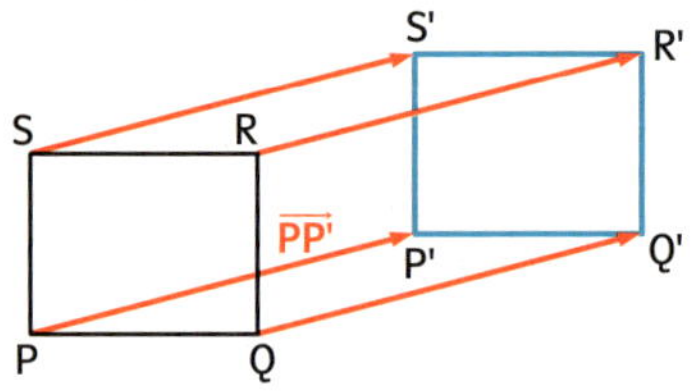

Drehung
Der Originalpunkt P wird auf den Bildpunkt P′ folgendermaßen abgebildet:
1. P und P′ liegen auf einem Kreis um das **Drehzentrum** Z.
2. Der **Drehwinkel** α = $\sphericalangle$ PZP′ ist für alle Punkte gleich groß.

Drehsymmetrie
Die Figur hat ein **Symmetriezentrum** Z.
Es gibt einen Drehwinkel α so, dass bei der Drehung um α die Figur auf sich selbst abgebildet wird.

Kongruenz
Zwei Figuren sind kongruent zueinander (**deckungsgleich**), wenn man sie mit einer **Kongruenzabbildung** (Verschiebung, Drehung, Achsenspiegelung, Punktspiegelung) oder einer Hintereinanderausführung von Kongruenzabbildungen aufeinander abbilden kann.

Drehung

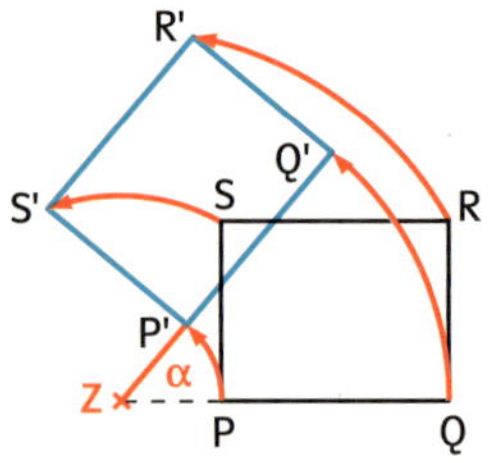

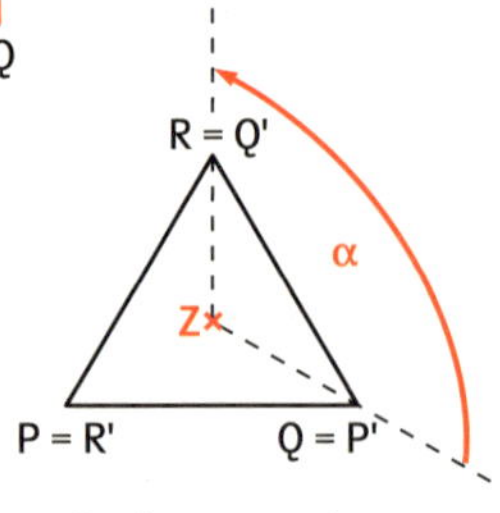

Drehsymmetrie

Training

Runde 1

1 Zeichne ein Parallelogramm ABCD mit $\alpha = 60°$, $a = 5\,cm$ und $b = 4\,cm$.
a) Spiegle die Figur an ihrer kürzeren Seite.
b) Drehe die Figur um ihren Eckpunkt A um einen Winkel von 30°.
c) Untersuche das Parallelogramm auf seine Symmetrieeigenschaften.

2 In Fig. 1 wird das Dreieck ABC zuerst gedreht (Bild ist A'B'C') und dann parallel verschoben.
a) Bestimme das Drehzentrum und den Drehwinkel.
b) Wie weit wurde A'B'C' verschoben?
c) Übernimm Dreieck ABC in dein Heft und führe die Drehung und Verschiebung aus.

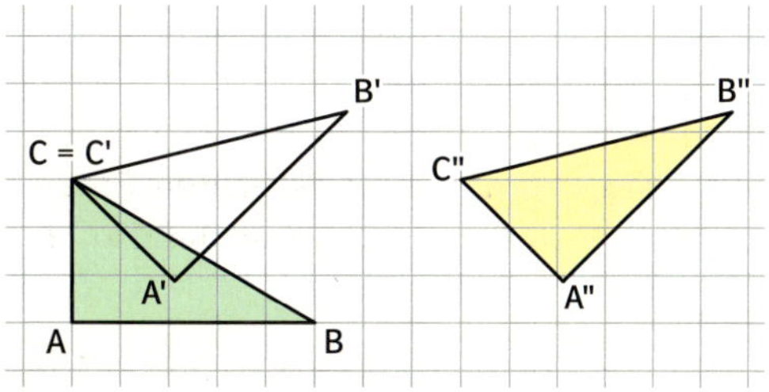

Fig. 1

3 Zeichne in ein Koordinatensystem die Gerade durch A(1|0) und B(9,5|3). Konstruiere das Bild der Geraden bei der Punktspiegelung an Z(3,5|2) und bestimme die Koordinaten des Punktes, in dem die Bildgerade die y-Achse schneidet.

4 Aus einem Karton ist die Ziffer 1 ausgeschnitten. Wie sieht man die Ziffer, wenn man von hinten auf den Karton schaut oder wenn man den Karton auf den Kopf stellt? Vergleiche die Ziffer 1 mit ihren Bildern. Welche Abbildung führt jeweils von der 1 zu ihrem Bild?

5 „Jede Figur ist drehsymmetrisch. Man dreht sie einfach um 180°." Ist diese Aussage wahr?

Runde 2

1 Die Fünfecke in Fig. 2 sind kongruent zueinander. Beschreibe eine Abbildung, die die rote Figur
a) auf die grüne Figur abbildet.
b) auf die blaue Figur abbildet.
c) auf die gelbe Figur abbildet.

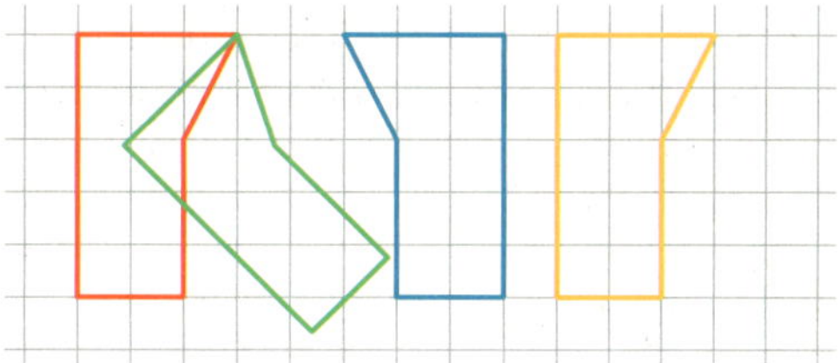
Fig. 2

2 Erstelle in einer Tabelle eine Übersicht über die Symmetrieeigenschaften der folgenden Vierecke: Quadrat, Rechteck, Parallelogramm, gleichschenkliges Trapez. Die Tabelle soll eine Skizze, Symmetriearten, die Anzahl der Symmetrieachsen und den Drehwinkel enthalten.

3 Zeichne das Rechteck ABCD mit $a = 7\,cm$ und $b = 3\,cm$. Markiere auf der Seite a den Punkt S_1, der vom Punkt A 2 cm entfernt ist und auf der Seite c den Punkt S_2, der 2 cm von C entfernt ist. Spiegle dann das Rechteck ABCD an der Geraden durch S_1 und S_2.

4 Zeichne das Dreieck ABC mit $c = 3{,}5\,cm$ und den Winkeln $\alpha = 60°$ und $\beta = 60°$. Spiegle das Dreieck zuerst an seinem Eckpunkt B und danach das Bild A'B'C' an der Geraden durch A' und B'. Wie hätte man das Bild A"B"C" durch eine einzige Abbildung aus dem Dreieck ABC erhalten können?

5 Eine Raute ist durch ihre Diagonalen $e = \overline{AC} = 6\,cm$ und $f = \overline{BD} = 4\,cm$ gegeben. Zeichne die Raute und konstruiere ihr Bild bei der Drehung um Punkt C um 50°.

Lösungen auf den Seiten 228/229.

Das kannst du schon

- Brüche und Dezimalbrüche addieren und subtrahieren
- Natürliche Zahlen multiplizieren und dividieren
- Situationen mit Brüchen und Dezimalbrüchen beschreiben
- Brüche kürzen und erweitern

Aus einem Bauantrag

Grundstücksfläche
ca. $0{,}5 \cdot (12{,}5 + 3{,}0) \cdot 30{,}5 = 236{,}38$

Bebaubare Fläche (GRZ)

$$\frac{82{,}37}{236{,}38} = 0{,}35$$

Verbrauchszeitraum vom 06.01.2004 bis 01.02.2004

Identifikations-nummer	Zählerstand alt	Zählerstand neu	Differenz	Multi-plikator	Verbrauch	Tage
4.534.232.31	81.645.000	82.112.000	467.000	1	467 kWh	26

Arbeitspreisberechnung	11.210 ct/kWh	x	467.00	kWh	52.35 EUR
Grundpreisberechnung	93.100 EUR/jährlich		für 26	Tage	6.63 EUR
				Nettobetrag	58.98 EUR
				MWSt. 16 %	9.44 EUR
				Bruttobetrag	68.42 EUR

Stromsteuer: 2.050 ct/kWh im Arbeitspreis auf 467.000 kWh = 9.57 EUR

Zahl

Messen

Raum und Form

Funktionaler Zusammenhang

Daten und Zufall

Jetzt musst du mit allem rechnen!

Nach einer Verkehrskontrolle in Frankfurt gab die Polizei bekannt: „Ein Drittel aller Autofahrer fuhr mit defektem Licht. Die Hälfte davon wusste es nicht."
In der Zeitung stand: „Im Mittel ist bei 16 von 100 Autos die Beleuchtung defekt."

Das kannst du bald

- Brüche und Dezimalbrüche multiplizieren und dividieren
- Rechenvorteile bei Brüchen und Dezimalbrüchen nutzen
- Einen Mittelwert bestimmen
- Mit besonderen Dezimalbrüchen umgehen

1 Vervielfachen und Teilen von Brüchen

Ein Erwachsener hat eine durchschnittliche Schrittlänge von circa $\frac{4}{5}$ m. Um quer über das Grundstück zu gehen, benötigt Maximilian 16 Schritte. Sein Vater hingegen benötigt nur 12 Schritte.

Legt man fünf Rechtecke zusammen, die jeweils $\frac{3}{4}\,m^2$ groß sind, so ergibt sich die Größe der Gesamtfläche aus:
$\frac{3}{4}\,m^2 + \frac{3}{4}\,m^2 + \frac{3}{4}\,m^2 + \frac{3}{4}\,m^2 + \frac{3}{4}\,m^2$. Verkürzt kann man dafür schreiben: $5 \cdot \frac{3}{4}\,m^2$
Das Produkt aus einem Bruch und einer natürlichen Zahl bedeutet, dass man den Bruch mehrfach addiert, man sagt vervielfacht.

$$5 \cdot \frac{3}{4} = \frac{3}{4} + \frac{3}{4} + \frac{3}{4} + \frac{3}{4} + \frac{3}{4} = \frac{5 \cdot 3}{4} = \frac{15}{4}$$

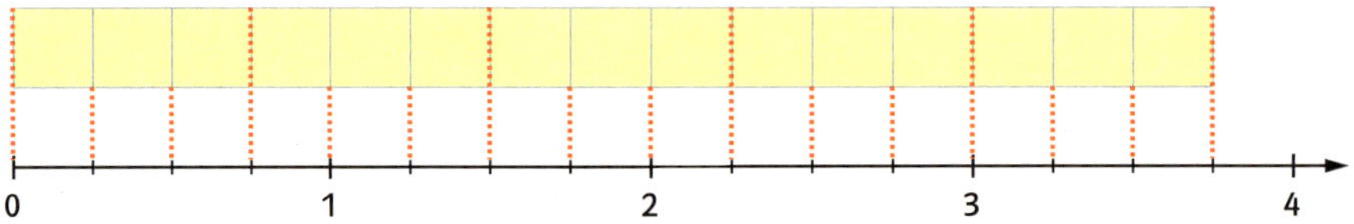

Fig. 1

Man rechnet:
$5 \cdot \frac{3}{4} = 5 \cdot 3$ Viertel $= 15$ Viertel $= \frac{15}{4} = 3\frac{3}{4}$

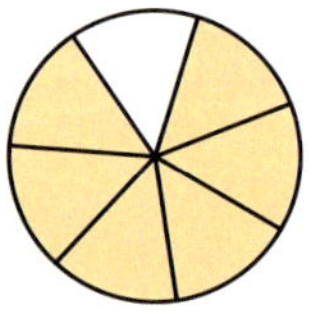

Multiplizieren eines Bruches mit einer natürlichen Zahl
Multipliziert man einen Bruch mit einer natürlichen Zahl, so wird der Zähler mit dieser Zahl multipliziert und der Nenner wird beibehalten.
$3 \cdot \frac{2}{7} = \frac{3 \cdot 2}{7} = \frac{6}{7}$

Umgekehrt kann ein Bruch durch jede natürliche Zahl außer Null dividiert werden. Die Abbildung zeigt, wie ein Bruch durch eine Zahl geteilt wird, die Teiler des Zählers ist.

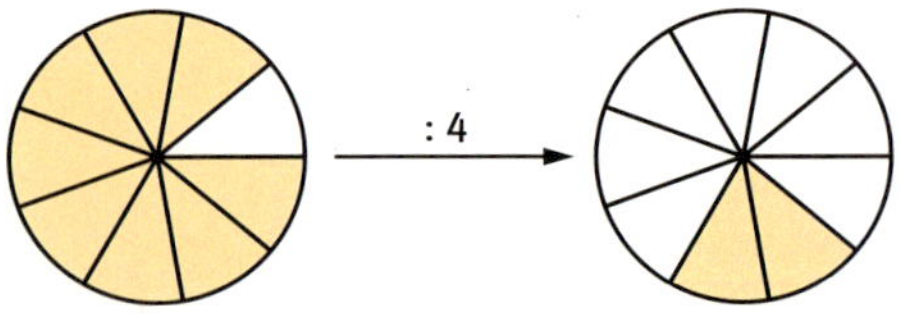

$\frac{8}{9}$: 4 $= \frac{2}{9}$

Oft ist der Zähler jedoch nicht durch die Zahl teilbar. Um beispielsweise $\frac{3}{5}$ durch 2 dividieren zu können, muss der Bruch zunächst erweitert werden, da 2 kein Teiler von 3 ist.

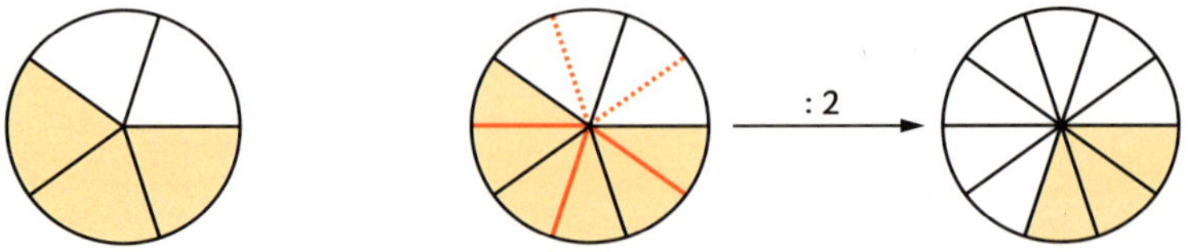

$\frac{3}{5}$ $\quad = \frac{3 \cdot 2}{5 \cdot 2} = \frac{6}{10}$ $\quad \frac{6}{10} : 2 = \frac{3}{10} = \frac{3}{5 \cdot 2}$

Dividieren eines Bruches durch eine natürliche Zahl
Dividiert man einen Bruch durch eine natürliche Zahl, so wird der Nenner mit dieser Zahl multipliziert und der Zähler wird beibehalten.
$\frac{4}{11} : 3 = \frac{4}{11 \cdot 3} = \frac{4}{33}$

Erweitern ist nicht Multiplizieren!

Erweitern:

$\frac{2}{6}$ = $\frac{4}{12}$

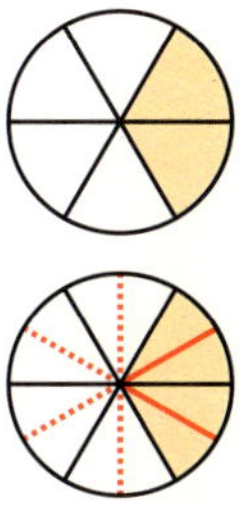

Multiplizieren:

$\frac{2}{6} \cdot 2 = \frac{4}{6}$

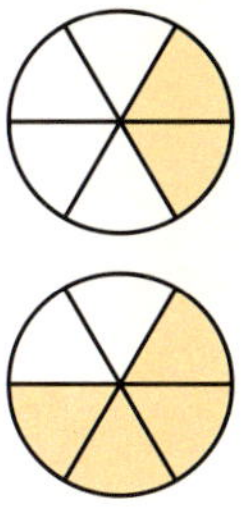

Bevor man im Zähler oder Nenner des Bruches multipliziert, ist es sinnvoll zu überprüfen, ob man kürzen kann.
$3 \cdot \frac{4}{9} = \frac{3 \cdot 4}{9} = \frac{3 \cdot 4}{3 \cdot 3} = \frac{4}{3}$

Beispiel Multiplikation und Division
Berechne a) $\frac{8}{27} \cdot 18$, b) $\frac{3}{7} : 5$ c) $\frac{8}{11} : 4$.
Lösung:
a) $\frac{8}{27} \cdot 18 = \frac{8 \cdot 18}{27} = \frac{8 \cdot 2}{3} = \frac{16}{3}$ *Es wurde mit 9 gekürzt.*
b) $\frac{3}{7} : 5 = \frac{3}{7 \cdot 5} = \frac{3}{35}$ c) $\frac{8}{11} : 4 = \frac{8}{11 \cdot 4} = \frac{2 \cdot 4}{11 \cdot 4} = \frac{2}{11}$

Aufgaben

1 Rechne im Kopf. Die Ergebnisse findest du auf dem Rand.
a) $4 \cdot \frac{1}{9}$ b) $7 \cdot \frac{1}{12}$ c) $\frac{2}{11} \cdot 5$ d) $32 \cdot \frac{1}{8}$ e) $28 \cdot \frac{2}{7}$
$\frac{1}{5} : 2$ $\frac{1}{2} : 3$ $\frac{9}{5} : 3$ $\frac{6}{11} : 2$ $\frac{15}{7} : 5$

Zu Aufgabe 1:

$\frac{10}{11}$ 8 $\frac{4}{9}$ $\frac{3}{11}$ $\frac{7}{12}$ $\frac{3}{7}$ $\frac{1}{10}$ $\frac{1}{6}$ $\frac{3}{5}$ 4

2 Achte auf das Kürzen. Die Ergebnisse ergeben ein Lösungswort.
a) $4 \cdot \frac{1}{2}$ b) $15 \cdot \frac{1}{30}$ c) $64 \cdot \frac{3}{4}$ d) $320 \cdot \frac{1}{660}$ e) $108 \cdot \frac{7}{48}$
$\frac{4}{31} : 4$ $\frac{25}{27} : 5$ $\frac{56}{59} : 7$ $\frac{68}{11} : 102$ $\frac{23}{24} : 92$

Zu Aufgabe 2:

$\frac{16}{33}$ L $\frac{63}{4}$ O 2 L $\frac{8}{59}$ A $\frac{5}{27}$ T $\frac{1}{96}$ N $\frac{2}{33}$ L $\frac{1}{31}$ U $\frac{1}{2}$ F 48 B

3 Setze die Zahlen 2; 5 und 12 in die Kästchen so ein, dass
a) eine ganze Zahl, b) eine Zahl kleiner als 1,
c) eine Zahl größer als 1 entsteht.

$\square \cdot \frac{\square}{\square} =$

4 Setze die passenden Zahlen ein.
a) $5 \cdot \frac{\square}{7} = \frac{10}{7}$ b) $\frac{\square}{20} \cdot 7 = \frac{49}{20}$ c) $\frac{2}{3} : \square = \frac{2}{9}$ d) $\square : 9 = \frac{2}{117}$ e) $16 \cdot \frac{\square}{35} = 1\frac{13}{35}$

5 Ergänze. Es gibt mehrere Möglichkeiten.
a) $7 \cdot \frac{\square}{\square} = \frac{56}{11}$ b) $11 \cdot \frac{\square}{12} = \frac{77}{\square}$ c) $\frac{6}{\square} \cdot 8 = \frac{\square}{7}$ d) $\square \cdot \frac{13}{15} = \frac{78}{\square}$ e) $\frac{\square}{14} \cdot 20 = \frac{90}{\square}$

6 Nach dem Training stürzen sich alle auf den Kasten mit dem Sprudel.
a) Wie viel Liter Sprudel enthält der Kasten insgesamt?
b) Peter und seine Freunde trinken nach dem Sport 5 Flaschen. Wie viel Liter haben sie zusammen getrunken?

7 Karin trainiert in der Woche dreimal eineinhalb Stunden Tennis, Dennis fünfmal eine Dreiviertelstunde Tischtennis und Susanne viermal eineinviertel Stunden Badminton. Berechne die Trainingszeit in Stunden und Minuten. Vergleiche sie.

8 Petra betrachtet unter einem Mikroskop winzige Pflanzenzellen; zunächst mit 20facher, dann mit 25facher und schließlich mit 75facher Vergrößerung. Wie groß erscheinen die Zellen unter dem Mikroskop, wenn sie in Wirklichkeit $\frac{1}{5}$ mm, $\frac{1}{10}$ mm und $\frac{1}{15}$ mm groß sind?

9 In der Metzgerei werden aus $1\frac{3}{4}$ kg Schweinefleisch 14 etwa gleich große Schnitzel geschnitten.
a) Wie viel wiegt ein Schnitzel im Durchschnitt?
b) Peters Vater kauft sechs dieser Schnitzel. Wie viel wiegen sie zusammen?
c) 1 kg Schnitzelfleisch kostet 10,80 €. Wie viel hat Peters Vater ungefähr zu zahlen?

10 Sebastian und Thomas vergleichen ihre Laufleistungen.
Sebastian läuft $3\frac{1}{2}$ km in 15 Minuten, Thomas $5\frac{1}{4}$ km in 21 Minuten. Wer läuft schneller?

Bist du sicher?

1 Berechne.
a) $4 \cdot \frac{2}{11}$ b) $\frac{5}{46} \cdot 23$ c) $\frac{15}{23} : 5$ d) $\frac{3}{4} : 51$ e) $\frac{2}{21} \cdot 7$

2 In einem Kasten sind 6 Flaschen mit Apfelsaft. Jede Flasche enthält $\frac{3}{4}$ l Saft. Wie viel Liter Apfelsaft sind dies insgesamt?

3 Anika möchte das Kaffee-Eis mit ihrer Freundin Janine ausprobieren. Welche Menge benötigt sie, wenn das Rezept für vier Personen ist?

Kaffee-Eis

35 g Pulverkaffee	$2\frac{1}{2}$ Esslöffel Zucker
$\frac{1}{5}$ l süße Sahne	$\frac{1}{4}$ Stange Vanille
$\frac{3}{8}$ l Milch (3 Tassen)	2 Eigelb

11 Setze die Zahlen 3; 5 und 15 in die Kästchen so ein, dass
a) das größtmögliche Ergebnis entsteht,
b) das kleinstmögliche Ergebnis entsteht.

$\square : \frac{\square}{\square} =$

12 a) Teile durch 5 und kürze mit 5. Vergleiche.
$\frac{5}{45}$; $\frac{25}{90}$; $\frac{100}{135}$; $\frac{185}{10}$
b) Erläutere den Unterschied zwischen Kürzen mit 4 und Dividieren durch 4.

13 Finde drei verschiedene mögliche Rechnungen.
a) $\frac{\square}{\square} \cdot \square = \frac{2}{5}$ b) $\square \cdot \frac{\square}{\square} = \frac{7}{9}$ c) $\frac{\square}{\square} : \square = 4$ d) $\frac{\square}{\square} : \square = \frac{1}{12}$

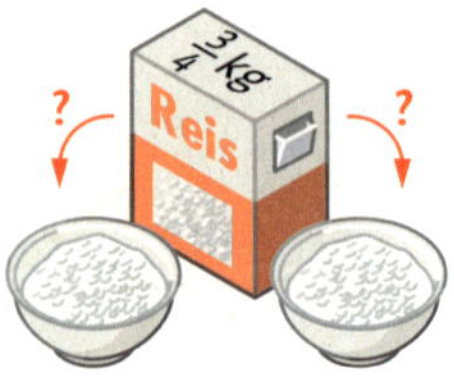

14 Rechne mit Größen. Gib das Ergebnis in der nächstkleineren Einheit an.
a) Wie viel ist die Hälfte von $\frac{3}{4}$ kg?
b) Wie viel ist ein Viertel von einer halben Stunde?
c) Wie viel ist ein Zehntel von einem halben Kilometer?
d) Wie viel ist der achte Teil von $\frac{1}{5}$ Liter?

2 Multiplizieren von Brüchen

Der Schulgarten wird neu angelegt. Von der Gesamtfläche soll $\frac{3}{4}$ bepflanzt werden. Die Klasse 6a soll $\frac{2}{3}$ der Beete pflegen, der andere Teil wird von der Klasse 6b versorgt. Die Klasse 6a möchte auf der Hälfte ihrer Fläche Radieschen und Bohnen und auf der restlichen Fläche Erdbeeren pflanzen. Die Klasse 6b plant, auf $\frac{3}{4}$ ihrer Beete Erdbeeren und auf dem Rest Zucchini anzupflanzen.

Florian zeichnet ein Rechteck in sein Heft. $\frac{3}{4}$ davon malt er gelb aus. Malt er von der gelben Fläche zwei Fünftel blau an, so entsteht eine grüne Färbung. Diese grüne Fläche macht dann $\frac{2}{5}$ von $\frac{3}{4}$ der Gesamtfläche aus.

Um den Anteil der grünen Fläche an der Gesamtfläche zu bestimmen, rechnet man:

$\frac{3}{4} : 5 = \frac{3}{4 \cdot 5} = \frac{3}{20}$

$\frac{3}{20} \cdot 2 = \frac{6}{20} = \frac{3}{10}$

$\frac{2}{5}$ von $\frac{3}{4}$ bedeutet $\left(\frac{3}{4 \cdot 5}\right) \cdot 2$, also

$\frac{2 \cdot 3}{5 \cdot 4} = \frac{6}{20} = \frac{3}{10}$

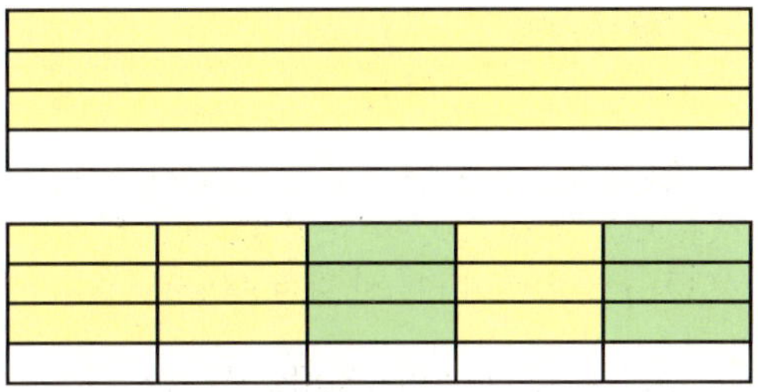

Berechnet man **Anteile von Anteilen**, so wird Zähler mit Zähler multipliziert und Nenner mit Nenner multipliziert. Man sagt, die beiden Brüche werden miteinander multipliziert.

Multiplizieren von Brüchen
Berechnet man Anteile von Anteilen, so werden Brüche miteinander multipliziert. Dabei multipliziert man die Zähler miteinander und multipliziert die Nenner miteinander.
$\frac{1}{3}$ von $\frac{4}{5}$ bedeutet $\frac{1}{3} \cdot \frac{4}{5} = \frac{1 \cdot 4}{3 \cdot 5} = \frac{4}{15}$

Bei vielen Rechnungen lässt sich der Rechenaufwand verringern, indem man so früh wie möglich kürzt. Um $\frac{2}{5}$ von $\frac{15}{16}$ zu berechnen, ergibt sich: $\frac{2}{5} \cdot \frac{15}{16} = \frac{2 \cdot 15}{5 \cdot 16} = \frac{2 \cdot 3 \cdot 5}{5 \cdot 2 \cdot 8} = \frac{3}{8}$.
Tritt bei einem Produkt mehrfach derselbe Faktor auf, so lässt sich dies kürzer schreiben:
$\frac{3}{4} \cdot \frac{3}{4} \cdot \frac{3}{4} = \left(\frac{3}{4}\right)^3$.

$\left(\frac{1}{2}\right)^2 = \frac{1}{2} \cdot \frac{1}{2}$

$\left(\frac{1}{2}\right)^3 = \frac{1}{2} \cdot \frac{1}{2} \cdot \frac{1}{2}$

$\left(\frac{1}{2}\right)^4 = \frac{1}{2} \cdot \frac{1}{2} \cdot \frac{1}{2} \cdot \frac{1}{2}$

Beispiel 1 Multiplikation von Brüchen
Berechne: a) $\frac{5}{12} \cdot \frac{8}{25}$ b) $2\frac{3}{4} \cdot \frac{2}{3}$
Lösung:
a) $\frac{5}{12} \cdot \frac{8}{25} = \frac{5 \cdot 8}{12 \cdot 25} = \frac{1 \cdot 2}{3 \cdot 5} = \frac{2}{15}$
b) $2\frac{3}{4} \cdot \frac{2}{3} = \frac{11}{4} \cdot \frac{2}{3} = \frac{11}{6}$

Beispiel 2 Anteile von Größen
Berechne: $\frac{2}{5}$ von $\frac{3}{4}$ kg.
Lösung:
$\frac{2}{5}$ von $\frac{3}{4}$ kg $= \left(\frac{2}{5} \cdot \frac{3}{4}\right)$ kg $= \frac{2 \cdot 3}{5 \cdot 4}$ kg $= \frac{3}{10}$ kg.

Ist ein Faktor eine natürliche Zahl, so kann man auch diese als Bruch schreiben und dann multiplizieren:
$\frac{3}{8} \cdot 4 = \frac{3}{8} \cdot \frac{4}{1} = \frac{3 \cdot 1}{2 \cdot 1} = \frac{3}{2}$.

In welcher Stadt liegt diese Brücke?

Ordne dazu die Ergebnisse von Aufgabe 5.

$\frac{5}{3}$ X | $\frac{8}{3}$ D | $\frac{11}{10}$ B | $\frac{7}{3}$ O | $\frac{4}{5}$ E | $\frac{5}{6}$ A | $\frac{6}{17}$ R | $\frac{45}{68}$ U

Die Lösungsstadt von Aufgabe 5 liegt im Lösungsland von Aufgabe 4.

$\frac{5}{12}$ N | $\frac{2}{3}$ C | $\frac{1}{6}$ F | $\frac{5}{48}$ K | $\frac{12}{35}$ A | $\frac{4}{15}$ H | $\frac{6}{35}$ R | $\frac{27}{56}$ R | $\frac{20}{21}$ I | $\frac{4}{35}$ E

Aufgaben

1 Welche Multiplikation ist dargestellt?

a) b)

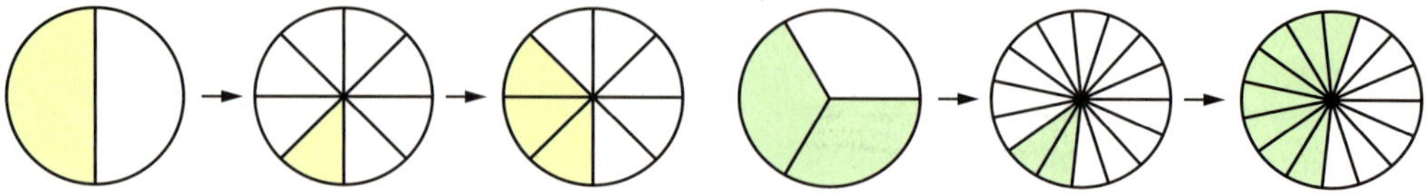

2 Veranschauliche mit einem Kreisbild wie in Aufgabe 1.

a) $\frac{3}{4}$ von $\frac{4}{9}$ b) $\frac{1}{6}$ von $\frac{2}{3}$ c) $\frac{5}{4}$ von $\frac{2}{5}$

3 Berechne.

a) $\frac{1}{2}$ von $\frac{1}{4}$h b) $\frac{2}{5}$ von $\frac{5}{3}$kg c) $\frac{1}{4}$ von $\frac{2}{3}$km d) $\frac{3}{4}$ von $2\frac{1}{2}$l

4 Rechne im Kopf.

a) $\frac{1}{3} \cdot \frac{1}{2}$ b) $\frac{4}{5} \cdot \frac{3}{7}$ c) $\frac{5}{8} \cdot \frac{1}{6}$ d) $\frac{3}{7} \cdot \frac{2}{5}$ e) $\frac{3}{4} \cdot \frac{8}{9}$

$\frac{2}{5} \cdot \frac{3}{7}$ $\frac{1}{2} \cdot \frac{5}{6}$ $\frac{3}{7} \cdot \frac{9}{8}$ $\frac{4}{7} \cdot \frac{5}{3}$ $\frac{4}{5} \cdot \frac{1}{3}$

5 Berechne. Kürze, wenn möglich.

a) $\frac{5}{8} \cdot \frac{44}{25}$ b) $\frac{3}{8} \cdot \frac{48}{51}$ c) $\frac{13}{14} \cdot \frac{56}{65}$ d) $\frac{48}{51} \cdot \frac{45}{64}$

$3\frac{1}{3} \cdot \frac{7}{10}$ $5 \cdot \frac{8}{15}$ $2\frac{1}{2} \cdot \frac{1}{3}$ $4\frac{1}{6} \cdot \frac{2}{5}$

6 a) Wie viel sind zwei Drittel von einem halben Liter?
b) Wie viel sind drei Viertel von einem halben Liter?
c) Wie viel sind vier Fünftel von drei viertel Kilometer?
d) Wie viel sind zwei Drittel von einer Dreiviertelstunde?

Bist du sicher?

1 Berechne die Anteile.

a) $\frac{2}{3}$ von $\frac{1}{2}$kg b) $\frac{2}{5}$ von $\frac{7}{8}$t c) $\frac{3}{2}$ von $\frac{3}{4}$km d) $\frac{5}{6}$ von $9\,m^3$

Achtung: Beachte den Unterschied zwischen $3\frac{1}{3}$ und $3 \cdot \frac{1}{3}$!

2 Berechne.

a) $\frac{4}{3} \cdot \frac{2}{3}$ b) $\frac{6}{3} \cdot \frac{10}{3}$ c) $\frac{98}{68} \cdot \frac{51}{21}$ d) $\frac{15}{2} \cdot \frac{2}{5}$ e) $\frac{7}{9} \cdot 2\frac{7}{8}$

3 Die Ernte eines Bauernhofes besteht zu drei Fünfteln aus Getreide, davon sind zwei Drittel Weizen. Welchen Anteil macht der Weizen an der gesamten Ernte aus?

7 Ergänze die Rechenpyramiden. Über zwei Zahlen steht immer deren Produkt.

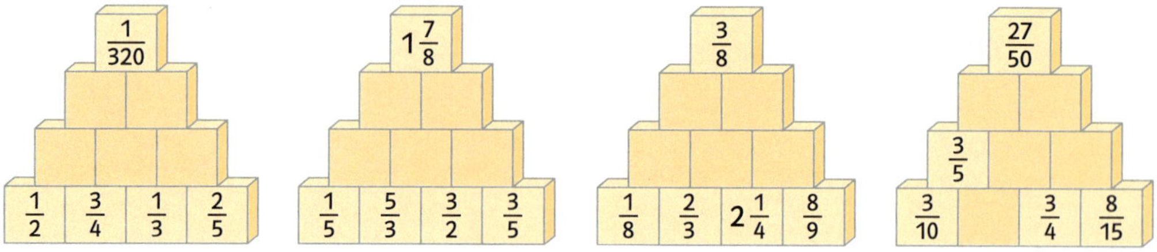

8 a) In einer Klasse ist ein Drittel der Schülerinnen und Schüler erkrankt, die Hälfte davon an einer Grippe. Wie hoch ist der Anteil der an Grippe Erkrankten in der Klasse?
b) Wie viele Kinder sind der Anteil aus a), wenn in der Klasse 30 Kinder sind?

9 In Michaels Heft steht:
Zeige durch eine Überschlagsrechnung, dass er nicht richtig gerechnet hat. Beschreibe, welchen Fehler er gemacht hat und bestimme das richtige Ergebnis.

$$1\frac{17}{19} \cdot 3\frac{19}{27} = 3\frac{17}{27}$$

10 Den Goldanteil von Schmuck und Besteck erkennt man an einer eingestempelten Zahl. Ist der Stempeldruck z. B. 585, so besteht der Gegenstand zu $\frac{585}{1000}$ aus reinem Gold. Wie viel Gold enthält
a) ein Ring: $2\frac{1}{4}$ g; Stempel 750.
b) eine Kette: $28\frac{1}{5}$ g; Stempel 585?

11 **Rechenspiel mit vier Würfeln**
Würfle und bilde aus den vier Augenzahlen zwei Brüche und multipliziere sie.
a) Wer hat ein Ergebnis, das am nächsten an der Zahl 1 liegt?
b) Wer hat das größte, wer das kleinste Ergebnis?

Beispiel:
$\frac{5}{2} \cdot \frac{4}{6} = \frac{20}{12}$

12 a) Die Erdoberfläche ist zu etwa $\frac{7}{10}$ mit Meeren bedeckt. $\frac{3}{10}$ der Meeresflächen entfallen auf den Atlantischen Ozean, $\frac{1}{5}$ auf den Indischen Ozean und der Rest auf den Pazifischen Ozean. Welchen Anteil der Erdoberfläche nehmen die drei Meere jeweils ein?
b) Der Rest der Erdoberfläche ist Festland, das sich wie folgt auf die Kontinente verteilt: $\frac{1}{5}$ Afrika, $\frac{4}{25}$ Nord-, $\frac{3}{25}$ Südamerika, $\frac{7}{75}$ Antarktis, $\frac{3}{10}$ Asien, $\frac{3}{50}$ Ozeanien und $\frac{1}{15}$ Europa. Welchen Anteil der Erdoberfläche nehmen die Kontinente jeweils ein?
c) Der afrikanische Kontinent ist zu $\frac{3}{5}$ mit Wüsten oder Halbwüsten bedeckt. Die Wüste Sahara nimmt $\frac{5}{12}$ davon ein. Welcher Teil des Kontinents entfällt auf die Sahara?

Die beiden Gläser sind je zu $\frac{2}{3}$ gefüllt. Man gießt aus dem linken die Hälfte in das rechte Glas, dann die Hälfte aus dem rechten in das linke Glas, nun wieder die Hälfte aus dem linken ins rechte Glas usw. Wann läuft welches Glas beim Umfüllen über?

13 Max, Bettina und Kim teilen sich eine Schale Reis so, dass jeder gleich viel erhält. Als Bernd hinzukommt, geben ihm Max und Bettina jeweils ein Drittel ab. Kim gibt ihm von ihrem Reis ein Viertel. Welchen Anteil an der ursprünglichen Menge Reis hat jetzt jedes der Kinder? Wer hat die größte, wer hat die kleinste Portion?

14 **Zum Knobeln**
Zwei Kerzen sind verschieden lang und dick. Die kürzere Kerze ist nach zwölf Stunden heruntergebrannt, die andere schon nach sechs Stunden. Nach drei Stunden sind beide gleich lang. Wie viel kürzer war die eine Kerze zu Beginn?

15 **Endlich fehlerfrei?**
Uta erzählt Johanna, dass sie im letzten Diktat nur noch die Hälfte der Fehler gemacht habe. Sie will im nächsten Diktat die Fehlerzahl nochmals halbieren. Johanna staunt und antwortet: „Toll, dann wirst du im nächsten Diktat ja gar keine Fehler mehr machen."
Nimm Stellung dazu.

3 Dividieren von Brüchen

Nach den Ferien unterhalten sich die Schülerinnen und Schüler über die Autofahrt zum Urlaubsort und wer schneller gefahren ist.
„Mein Vater hat für die Strecke von 400 km $3\frac{1}{2}$ Stunden benötigt", sagt Peter. „Meine Mutter ist in $4\frac{1}{4}$ Stunden die Strecke von 550 km gefahren", erwidert Petra.

Fig. 1

Verteilt man 12 l Wasser gleichmäßig auf mehrere Gefäße, so hängt die Anzahl der Gefäße von deren Fassungsvermögen ab. In der Tabelle sind verschiedene Möglichkeiten notiert.

Inhalt eines Gefäßes in l	2	1	$\frac{1}{2}$	$\frac{1}{4}$	$\frac{3}{4}$
Anzahl der Gefäße	6	12	24	48	?

Die Anzahl der benötigten Gefäße lässt sich berechnen, indem man die Gesamtmenge des Wassers durch das Fassungsvermögen eines Gefäßes dividiert.
$12\,l : 2\,l = 6$, $12\,l : 1\,l = 12$, $12\,l : \frac{1}{2}\,l = 24$ und $12\,l : \frac{1}{4}\,l = 48$.
Man erkennt, dass die Division durch $\frac{1}{4}$ dasselbe bedeutet wie die Multiplikation mit 4.
Nimmt man nun das Gefäß mit $\frac{3}{4}$ l Inhalt, so passt in dieses Gefäß die dreifache Menge, also benötigt man nur noch ein Drittel der Gefäße. Das sind 48 Gefäße $\cdot \frac{1}{3}$ = 16 Gefäße.
Verteilt man 12 l auf $\frac{3}{4}$ l-Gefäße, so kann man $12 : \frac{3}{4} = (12 \cdot 4) \cdot \frac{1}{3} = 12 \cdot \frac{4}{3} = 16$ Gefäße füllen.
Zähler und Nenner des zweiten Bruches wurden vertauscht, dies nennt man den **Kehrwert** des Bruches. Bei der Division wird also mit dem Kehrwert multipliziert.

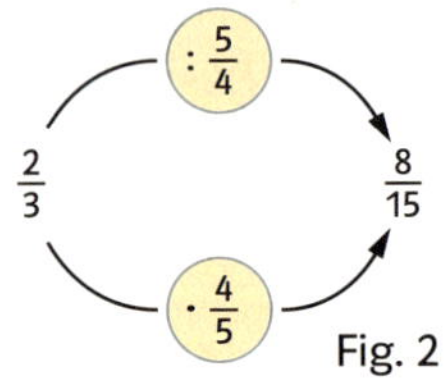

Fig. 2

$: \frac{5}{4}$ und $\cdot \frac{4}{5}$ liefern dasselbe Ergebnis.

Dividieren durch einen Bruch
Man **dividiert** durch einen Bruch, indem man mit seinem **Kehrwert** multipliziert.

Beispiel
Berechne: a) $\frac{3}{5} : \frac{7}{8}$ b) $\frac{6}{5} : \frac{9}{20}$ c) $2 : \frac{3}{8}$
Lösung:
a) $\frac{3}{5} : \frac{7}{8} = \frac{3}{5} \cdot \frac{8}{7} = \frac{3 \cdot 8}{5 \cdot 7} = \frac{24}{35}$ b) $\frac{6}{5} : \frac{9}{20} = \frac{6}{5} \cdot \frac{20}{9} = \frac{6 \cdot 20}{5 \cdot 9} = \frac{2 \cdot 4}{1 \cdot 3} = \frac{8}{3}$ c) $2 : \frac{3}{8} = 2 \cdot \frac{8}{3} = \frac{2 \cdot 8}{3} = \frac{16}{3}$

Bruch	*Kehrwert*
$\frac{4}{3}$	$\frac{3}{4}$
$\frac{2}{3}$	$\frac{3}{2}$

Aufgaben

Achte auf die Reihenfolge!

1 Rechne im Kopf.
a) $\frac{1}{2} : \frac{1}{8}$ b) $\frac{1}{2} : \frac{1}{3}$ c) $\frac{1}{5} : \frac{1}{2}$ d) $\frac{4}{5} : \frac{1}{10}$ e) $\frac{4}{9} : \frac{1}{6}$
$\frac{2}{3} : \frac{1}{4}$ $\frac{3}{5} : \frac{6}{10}$ $\frac{5}{7} : \frac{7}{15}$ $\frac{15}{21} : \frac{5}{7}$ $\frac{14}{25} : \frac{7}{5}$

Als Produkt schreiben
↓
Kürzen
↓
Multiplizieren

2 Berechne und kürze, wenn möglich vor dem Multiplizieren.
a) $\frac{5}{12} : \frac{15}{8}$ b) $\frac{10}{21} : \frac{15}{14}$ c) $\frac{22}{21} : \frac{11}{28}$ d) $\frac{21}{12} : \frac{49}{16}$ e) $\frac{24}{49} : \frac{36}{56}$
$\frac{95}{24} : \frac{25}{36}$ $\frac{36}{45} : \frac{24}{27}$ $\frac{33}{84} : \frac{11}{48}$ $\frac{25}{49} : \frac{81}{35}$ $\frac{18}{17} : \frac{90}{34}$

3 Welcher Bruch steht für ▢?

a) $\frac{7}{5} : ▢ = \frac{14}{25}$ b) $\frac{8}{9} : ▢ = \frac{4}{9}$ c) $▢ : \frac{1}{4} = \frac{1}{2}$ d) $▢ : \frac{7}{2} = \frac{2}{21}$ e) $▢ : 2\frac{7}{8} = \frac{8}{23}$

4 a) $2\frac{2}{5} : \frac{2}{5}$ b) $10 : \frac{4}{5}$ c) $4 : \frac{3}{8}$ d) $\frac{\frac{2}{5}}{\frac{3}{4}}$ e) $\frac{\frac{2}{3}}{\frac{3}{8}}$ $\frac{\frac{1}{4}}{\frac{2}{3}}$ *bedeutet* $\frac{1}{4} : \frac{2}{3}$

$\frac{3}{4} : \frac{6}{15}$ $\frac{2}{3} : \frac{4}{9}$ $\frac{1}{3} : \frac{1}{6}$

5 Übertrage ins Heft und fülle aus.

a) b) c) d)

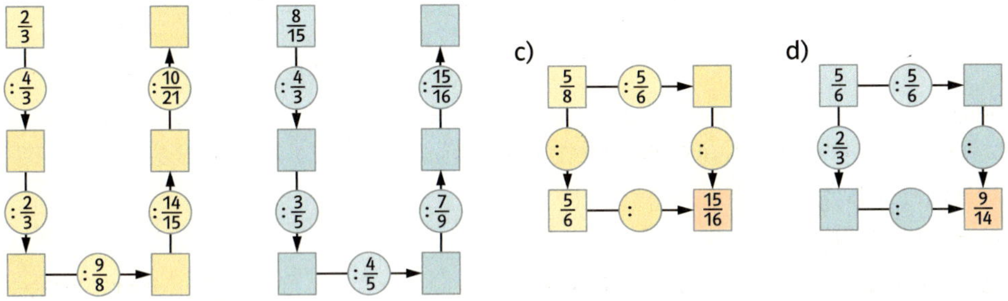

Bist du sicher?

1 Berechne.

a) $\frac{3}{4} : \frac{6}{5}$ b) $\frac{21}{16} : \frac{7}{24}$ c) $\frac{35}{36} : \frac{25}{54}$ d) $\frac{64}{75} : \frac{32}{95}$

2 Berechne.

a) $\frac{5}{7} : 2\frac{2}{5}$ b) $4 : \frac{1}{2}$ c) $\frac{4}{9} : \frac{3}{4}$ d) $9\frac{1}{2} : 2\frac{1}{9}$

3 Ein Imker füllt seine Ernte von $77\frac{1}{2}$ kg Honig in Dosen zu $2\frac{1}{2}$ kg ab. Wie viele Dosen Honig erhält er?

4 Kann man 5 so durch eine andere Zahl dividieren, dass das Ergebnis größer ist als 5? Schreibe deine Überlegung auf.

6 Ein rechteckiges Grundstück hat den Flächeninhalt 730 m² und eine Seite mit der Länge $18\frac{1}{4}$ m. Berechne die Länge der anderen Seite.

7 Die Kästchen sollen in die Felder eingefügt werden. Gibt es mehrere Möglichkeiten?

a) b) c)

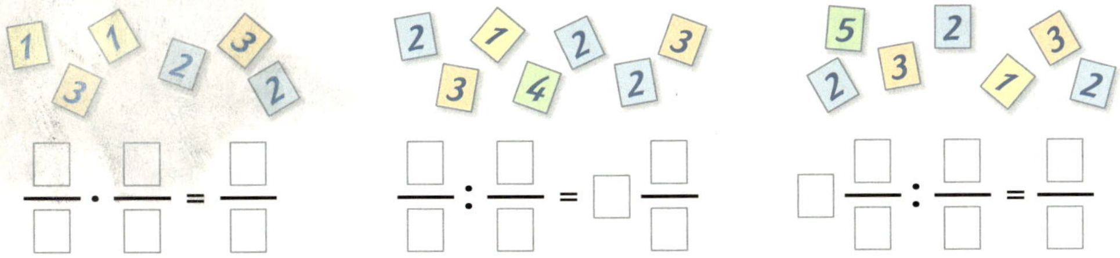

8 Die rechteckige Bodenfläche eines Schwimmbeckens von 800 m² soll mit quadratischen Fliesen der Seitenlänge $\frac{1}{4}$ m ausgelegt werden. Berechne die Materialkosten, wenn eine Fliese 12,50 € kostet.

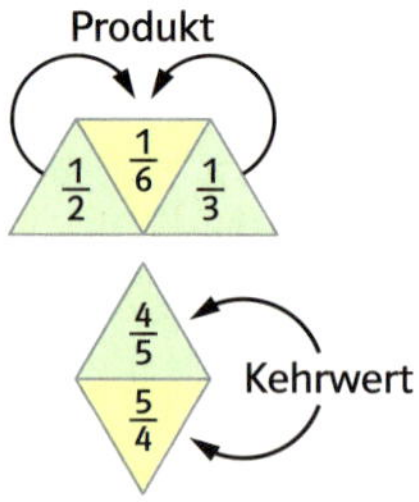

9 In jedem gelben Dreieck steht das Produkt der Zahlen in den daneben stehenden grünen Dreiecken. In übereinander liegenden grünen und gelben Dreiecken stehen die Kehrwerte. Übertrage die Dreiecke in dein Heft und ergänze sie.

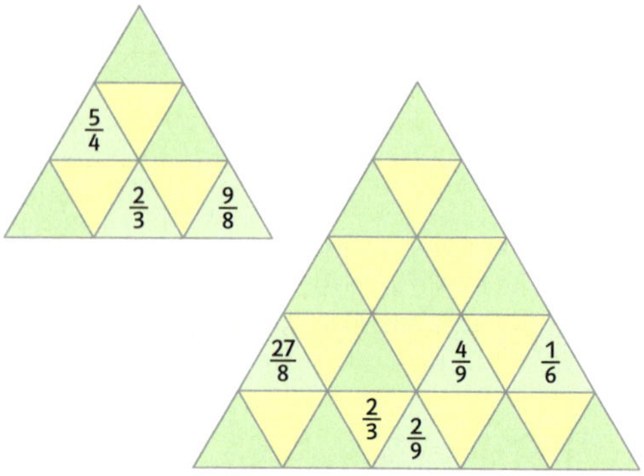

10 Anika erhält $2\frac{1}{4}$-mal soviel Taschengeld wie ihr jüngerer Bruder Sebastian. Anika bekommt monatlich 9 Euro. Wie viel Taschengeld erhält Sebastian?

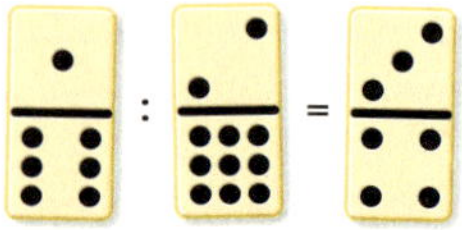

11 Ein Dominospiel besteht aus verschiedenen Steinen, auf denen je zwei Zahlen zwischen 0 und 9 dargestellt sind. Entfernt alle Steine, welche die Zahl 0 oder zweimal die gleiche Zahl zeigen. Dreht dann alle verbleibenden Steine so, dass oben die kleinere Zahl steht. Gebt alle Divisionsaufgaben an, die ihr mit den verbleibenden Steinen legen könnt.

Beispiel:
$\frac{2}{6} : \frac{3}{5} = \frac{5}{9}$

12 Rechenspiel mit vier Würfeln

Würfle und bilde aus den vier Augenzahlen zwei Brüche und dividiere sie.

a) Wer hat ein Ergebnis, das am nächsten an der Zahl 1 liegt?

b) Wer hat das größte, wer das kleinste Ergebnis?

13 Nach Auskunft eines Autohändlers verliert ein fabrikneues Auto im ersten Jahr $\frac{1}{4}$, im zweiten Jahr $\frac{1}{6}$ und im dritten Jahr $\frac{1}{8}$ seines Neupreises an Wert.

a) Welchen Wert hat ein Auto nach drei Jahren, wenn der Neupreis 14 400 Euro beträgt?

b) Welchem Anteil vom Neupreis entspricht der Restwert nach drei Jahren?

c) Was kostet ein Auto fabrikneu, das nach drei Jahren noch 8800 Euro wert ist?

d) Welchen Bruchteil seines Wertes zu Beginn des zweiten Jahres verliert das Auto im zweiten Jahr?

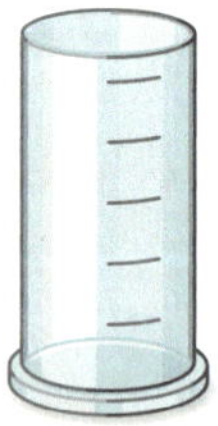

14 In einem Wanderführer ist für eine Strecke von $6\frac{1}{2}$ km eine Gehzeit von $1\frac{1}{2}$ Stunden angegeben. Von welcher Geschwindigkeit (zurückgelegter Weg pro Stunde) wird hier ausgegangen?

15 An einem Becherglas sind fünf Markierungen in gleichen Abständen angebracht. Gießt man $\frac{3}{5}$ l Wasser in das Glas, so ist es genau bis zum zweiten Strich gefüllt. Mit welcher Zahl muss der oberste Strich beschriftet werden?

16 Zum Knobeln

Kann man mit zwei Gefäßen, die $\frac{3}{4}$ Liter und $\frac{2}{3}$ Liter fassen, eine Flüssigkeitsmenge von fünf Litern abmessen? Begründe Deine Antwort.

Kannst du das noch?

17 Multipliziere und schreibe in der nächst größeren Einheit.

a) 10 cm · 1000   b) 25 g · 10 000   c) 25 mm · 1 000 000   d) 12 kg · 1000

18 Schreibe in der nächst kleineren Einheit und dividiere dann.

a) 20 km : 1000   b) 12 t : 100   c) 2 m : 1000   d) 5 km : 10 000

4 Zehnerpotenzen multiplizieren und dividieren

Die Schüler der Klasse 6b in Schwäbisch Gmünd planen einen Tagesausflug mit Inlinern. Zur Planung benutzen sie die abgebildete Fahrradwanderkarte. Da nicht alle geübte Inline-Fahrer sind, soll jede der vier Etappen nicht länger als 5 km werden.

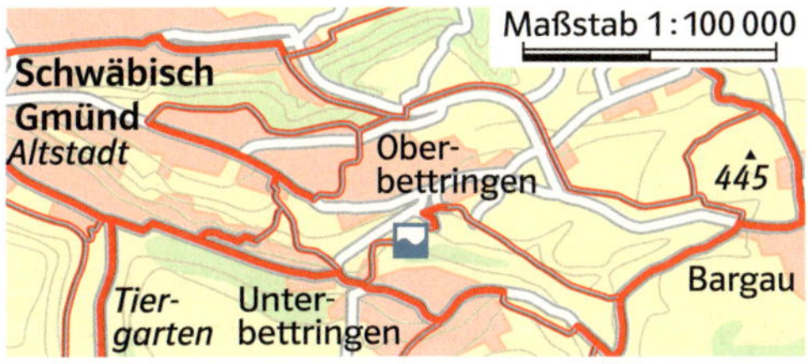

Den Dezimalbruch 0,32 kann man auch $\frac{32}{100}$ schreiben. Multipliziert man diese Zahl mit 10, so erhält man: $\frac{32}{100} \cdot 10 = \frac{32}{10} = 3{,}2$.
Das **Multiplizieren eines Dezimalbruchs** mit 10 entspricht also einer Verschiebung des Kommas um eine Stelle nach rechts.
Bei der **Division** durch 100 wird das Komma um zwei Stellen nach links verschoben, denn es gilt: $792{,}4 : 100 = \frac{7924}{10} : \frac{100}{1} = \frac{7924}{10} \cdot \frac{1}{100} = \frac{7924}{1000} = 7{,}924$.

Die Zahlen 10; 100; 1000 heißen Zehnerpotenzen, weil
$10 = 10^1$
$100 = 10 \cdot 10 = 10^2$
$1000 = 10 \cdot 10 \cdot 10 = 10^3$
usw.

Beim **Multiplizieren** eines Dezimalbruchs mit 10; 100; 1000 ... verschiebt sich das Komma des Dezimalbruchs um 1; 2; 3 ... Stellen **nach rechts**.
Beim **Dividieren** eines Dezimalbruchs durch 10; 100; 1000 ... verschiebt sich das Komma des Dezimalbruchs um 1; 2; 3 ... Stellen **nach links**.
Die Zahlen 10; 100; 1000 ... heißen **Zehnerpotenzen**.

Bei der Division einer ganzen Zahl durch 100 muss die Zahl zuerst mit Komma geschrieben werden: $23 : 100 = 23{,}0 : 100 = 0{,}23$.
Wenn die Anzahl der Ziffern zum Verschieben des Kommas nicht reicht, werden Nullen vorangesetzt oder angehängt.

Beispiel 1 Rechnen mit Kommaverschiebung
Berechne: a) $5{,}23 \cdot 10^3$ b) $834 : 1000$ c) $2{,}74 : 10^4$
Lösung:
a) $5{,}23 \cdot 10^3 = 5{,}23 \cdot 1000 = 5230$ — *Um das Komma um 3 Stellen nach rechts verschieben zu können, muss eine zusätzliche Null angehängt werden.*
b) $834 : 1000 = 834{,}0 : 1000 = 0{,}834$ — *Zuerst wird die Zahl mit Komma geschrieben.*
c) $2{,}74 : 10^4 = 2{,}74 : 10\,000 = 0{,}000\,274$ — *Um das Komma 4 Stellen nach links verschieben zu können, müssen drei zusätzliche Nullen vorangesetzt werden.*

Beispiel 2 Bedeutung der Kommaverschiebung
Welche Rechnung wurde durchgeführt?
a) 0,0247 $\xrightarrow{\square}$ 24,7 b) 25,26 $\xrightarrow{\square}$ 0,002 526
Lösung:
a) Kommaverschiebung um 3 Stellen nach rechts; es wurde mit $10^3 = 1000$ multipliziert.
b) Kommaverschiebung um 4 Stellen nach links; es wurde durch $10^4 = 10\,000$ dividiert.

Aufgaben

1 Berechne im Kopf.

a)	b)	c)	d)	e)
$65{,}42 \cdot 100$	$0{,}245 \cdot 10^2$	$100 \cdot 15$	$0{,}0004 \cdot 10^3$	$10000 \cdot 0{,}0041$
$272{,}6 : 10$	$0{,}6 : 100$	$21 : 10^3$	$4{,}321 : 100$	$3{,}07 : 10^3$
$0{,}0047 : 10$	$10^5 \cdot 0{,}0034$	$30{,}03 : 10$	$10^2 \cdot 21$	$700 : 10^4$

2 Welche Rechnung wurde durchgeführt?

a)	b)	c)	d)
$0{,}2 \xrightarrow{\square} 20$	$3{,}6 \xrightarrow{\square} 360$	$0{,}0001 \xrightarrow{\square} 1$	$0{,}0026 \xrightarrow{\square} 2600$
$1{,}3 \xrightarrow{\square} 0{,}13$	$75{,}2 \xrightarrow{\square} 0{,}752$	$1 \xrightarrow{\square} 0{,}00001$	$0{,}05 \xrightarrow{\square} 0{,}0005$

3 Gib die kleinste Zehnerpotenz an, mit der man multiplizieren muss, damit man eine natürliche Zahl erhält.

a)	b)	c)	d)
0,04	1,007	0,0251	1,414123
2,102	310,310	3,1413	0,600

4 Welche Angabe macht der Drehzahlmesser im nebenstehenden Foto?

5 Das Mikroskop vergrößert auf das Tausendfache.

a) Ein Faden eines Spinnennetzes erscheint unter dem Mikroskop 5 mm dick. Wie dick ist er in Wirklichkeit?

b) Ein Bazillus ist 0,004 mm lang. Wie lang erscheint er unter dem Mikroskop?

6 a) Ein Kilogramm Schinken kostet 18,50 €. Wie viel kosten 100 g?

b) 10 g eines Gewürzes kosten 0,45 €. Wie viel kostet ein Kilogramm?

c) 0,1 l Parfüm kostet 74,75 €. Was würde ein Liter kosten?

Bist du sicher?

1 Berechne.

a) $0{,}045 \cdot 100$ b) $10^5 \cdot 0{,}000\,31$ c) $0{,}07 : 10^2$ d) $5{,}07 : 10^3$ e) $230 : 10\,000$

2 Welche Rechnung wurde durchgeführt?

a) $1{,}441 \xrightarrow{\square} 1441$ b) $0{,}387 \xrightarrow{\square} 0{,}003\,87$ c) $0{,}07 \xrightarrow{\square} 7$ d) $111{,}1 \xrightarrow{\square} 0{,}1111$

3 Eine 1-Euro-Münze ist 2,125 mm dick und 7,5 g schwer. Wie hoch und wie schwer ist ein Stapel aus 10; 100; 1000 Münzen?

7 Findest du die Ergebnisse der Rechnungen ohne die Zwischenergebnisse aufzuschreiben?

a)	b)	c)
$(53{,}2 \cdot 100) : 10$	$(0{,}08 \cdot 1000) : 100$	$1000 \cdot (4 : 100)$
$0{,}31 \cdot 100 \cdot 10 \cdot 10$	$((1736{,}2 : 10) : 100) : 100$	$((22{,}83 : 100) \cdot 1000) : 10$

8 Lege 100 Blätter Zeitungspapier übereinander und bestimme die Höhe und das Gewicht des Stapels.

a) Wie dick ist ein einzelnes Blatt? Gib die Dicke in cm und in mm an.

b) Wie schwer ist ein einzelnes Blatt? Gib das Gewicht in kg und g an.

5 Multiplizieren von Dezimalbrüchen

Rebecca, Max und Bettina schauen sich die nebenstehende Aufstellung an. Plötzlich fängt Rebecca an zu lachen. Als die anderen verwundert schauen, sagt sie: „Ich stelle mir gerade vor, aus wie vielen Flaschen Wasser, Eiern und Paketen Butter ich bestehe."

Aus der Medizin
„1 kg Mensch" besteht aus ca.
0,65 kg Wasser
0,1 kg Fett
0,15 kg Eiweiß
0,05 kg Mineralien
0,05 kg Kohlenhydrate

Um die Dezimalbrüche 2,3 und 1,34 miteinander zu multiplizieren, kann man sie als Brüche schreiben: $2{,}3 \cdot 1{,}34 = \frac{23}{10} \cdot \frac{134}{100} = \frac{23 \cdot 134}{10 \cdot 100} = \frac{3082}{1000} = 3{,}082$.
Der Zähler 3082 des Bruches $\frac{3082}{1000}$ ist das Produkt der Dezimalbrüche, wenn man das Komma nicht berücksichtigt.
Der Nenner 1000 zeigt an, dass das Ergebnis drei Stellen nach dem Komma haben muss.
Das Ergebnis hat also so viele Nachkommastellen wie die beiden Faktoren zusammen.

Multiplizieren von Dezimalbrüchen
Multipliziere zuerst ohne auf das Komma zu achten.
Setze das Komma dann so, dass das Ergebnis genau so viele Stellen nach dem Komma hat wie beide Faktoren zusammen.

Die beiden Multiplikationen $0{,}15 \cdot 13{,}2$ und $1{,}5 \cdot 1{,}32$ haben das gleiche Ergebnis, da jeweils die Ziffernfolge und die Anzahl der Nachkommastellen gleich sind.
Verschiebt man also das Komma bei beiden Zahlen um gleich viele Stellen in entgegengesetzte Richtungen, so ändert sich das Ergebnis nicht.

Komma um eine Stelle nach links – durch 10

Komma um eine Stelle nach rechts – mal 10

Beispiel 1
Multipliziere.
a) $0{,}436 \cdot 0{,}35$ b) $4{,}36 \cdot 0{,}035$ c) $0{,}0436 \cdot 3{,}5$
Lösung:
a) ***3 Dezimalen 2 Dezimalen***

0,436 · 0,35	
1308	
2180	*Hier muss im Ergebnis die vordere Null ergänzt werden.*
0,15260	*Die hintere Null kann man nach dem Setzen des Kommas weglassen.*
5 Dezimalen	$0{,}436 \cdot 0{,}35 = 0{,}1526$

b) $4{,}36 \cdot 0{,}035 = 0{,}1526$ c) $0{,}0436 \cdot 3{,}5 = 0{,}1526$

Beispiel 2 Kommaverschiebung bei beiden Faktoren
a) Berechne.
$0{,}02 \cdot 800$
b) Überschlage.
$135{,}5 \cdot 0{,}0046$
Lösung:
a) $0{,}02 \cdot 800$
$= 2 \cdot 8 = 16$
b) $135{,}5 \cdot 0{,}0046$
$= 1{,}355 \cdot 0{,}46 \approx 1 \cdot 0{,}5 = 0{,}5$

Aufgaben

1 Ordne die Karten einander zu, die dasselbe Ergebnis haben. Wie heißt das Lösungswort?

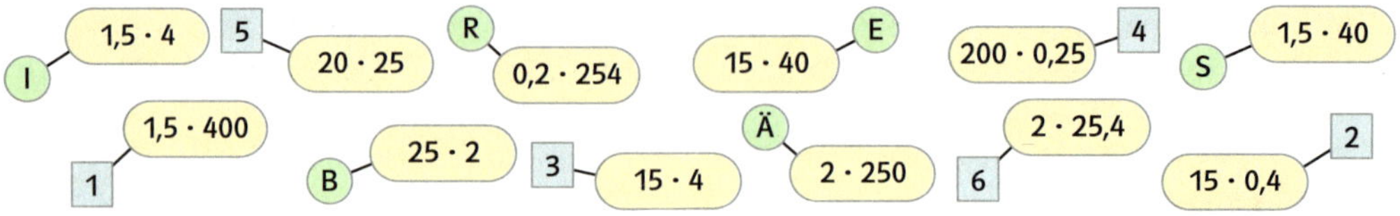

2 Wo musst du beim zweiten Faktor das Komma setzen, damit das Ergebnis stimmt?

	1. Faktor		2. Faktor	Ergebnis
a)	8,3	·	25	20,75
b)	70,4	·	56	39,424
c)	0,23	·	79	0,01817
d)	0,076	·	48	0,3648
e)	120,3	·	62	7,4586
f)	12,25	·	35	4,2875

3 Multipliziere im Kopf.

a) 0,2 · 4; 0,02 · 4; 0,002 · 4
b) 0,3 · 6; 0,03 · 6; 6 · 0,003
c) 1,2 · 3; 3 · 0,12; 0,012 · 3
d) 7 · 1,3; 0,13 · 7; 7 · 0,013
e) 2,1 · 8; 8 · 0,21; 0,021 · 8

4 a) 0,01 · 7; 7 · 0,01; 0,7 · 0,1
b) 0,03 · 5; 3 · 0,05; 0,3 · 0,5
c) 8 · 0,04; 0,08 · 4; 0,8 · 0,4
d) 0,2 · 0,3; 0,02 · 3; 0,03 · 0,2
e) 0,12 · 0,4; 0,04 · 1,2; 0,012 · 0,04

Die Lösung von Aufgabe 5 liegt im Mittelmeer.

13,65 Z	*0,33 I*
9,375 L	*48,6 S*
0,7296 I	*107,1 N*
12,6 E	*0,0012 I*

5 Berechne schriftlich.

a) 10,8 · 4,5; 1,32 · 0,25
b) 3,25 · 4,2; 1,52 · 0,48
c) 0,75 · 12,5; 0,02 · 0,06
d) 5,6 · 2,25; 25,2 · 4,25

6 Führe zunächst eine Überschlagsrechnung durch und berechne dann.

a) 27,86 · 7 b) 7,843 · 192 c) 71,48 · 0,942 d) 64,3 · 0,06 e) 0,063 · 0,085

7 Hier wurde einige Male falsch gerechnet. Suche die Fehler und schreibe die Rechnung richtig in dein Heft.

80 · 0,3 = 2,4 0,7 · 0,05 = 0,0063
12 · 0,4 = 10,8 0,05 · 1,11 = 5,555
4 · 0,06 = 4,06 0,33 · 0,33 = 0,1089

8 Gib drei Aufgaben an, die das Ergebnis a) 32,6 b) 96,4 c) 16,4 haben.

9 Berechne den Flächeninhalt und den Umfang der Rechtecke.

	a)	b)	c)	d)
Länge	3,2 m	4,6 dm	17,9 cm	1,1 m
Breite	0,5 m	4,2 dm	17,9 cm	7,2 dm

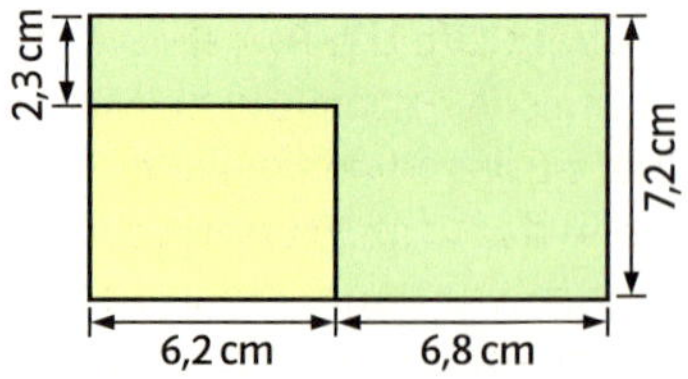

Fig. 1

10 Berechne den Flächeninhalt und den Umfang der grün gefärbten Figur (Fig. 1).

11 Ein Liter Luft wiegt 1,29 g. Wie viel wiegt die Luft in einem Zimmer, das 8,75 m lang, 6,84 m breit und 2,5 m hoch ist? Runde das Ergebnis geeignet.

12 Zwei Dezimalbrüche werden multipliziert. Wie ändert sich das Ergebnis, wenn man
a) bei einem Dezimalbruch das Komma um eine Stelle nach links verschiebt,
b) bei beiden Dezimalbrüchen das Komma um eine Stelle nach rechts verschiebt?

Bist du sicher?

1 Berechne.
a) $0{,}03 \cdot 5$ b) $0{,}12 \cdot 4$ c) $0{,}02 \cdot 0{,}06$ d) $0{,}8 \cdot 0{,}8$ e) $1{,}2 \cdot 0{,}005$

2 Führe zuerst eine Überschlagsrechnung durch und vergleiche mit dem genauen Ergebnis.
a) $82{,}5 \cdot 0{,}29$ b) $832 \cdot 3{,}03$ c) $0{,}045 \cdot 485$ d) $0{,}049 \cdot 65{,}4$ e) $14{,}8 \cdot 19{,}3$

3 Ein rechteckiges Grundstück ist 15,5 m lang und 9,80 m breit. Die Erschließungskosten für einen Quadratmeter betragen 49,20 €. Wie viel Euro muss der Besitzer bezahlen?

13 In manchen Bereichen wird noch immer das Längenmaß Zoll verwendet, das mit " abgekürzt wird. 1 Zoll (1") entspricht etwa 2,54 cm.
a) Welche Länge hat die Diagonale des Monitors (die Breite der Diskette) in cm?
b) Suche weitere Gegenstände, bei denen Abmessungen in Zoll angegeben werden. Schreibe sie auf und rechne jeweils um.

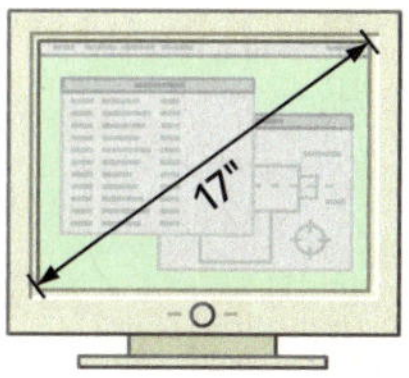

14 Der Aufzug in einem Hochhaus steigt durchschnittlich 2,6 m in einer Sekunde.
a) Wie viel m steigt er in einer Minute?
b) Wie lange dauert die Fahrt von der 12. in die 25. Etage, wenn die Stockwerkshöhe 4,2 m beträgt?

15 Klaus hat ausgerechnet, dass alle Einwohner Deutschlands auf dem Chiemsee platz hätten, wenn eine Person $0{,}2\,m^2$ Standfläche benötigt.
a) Schätze ab, ob er Recht haben könnte. Bestimme dazu anhand der Karte einen ungefähren Wert für die Fläche des Chiemsees.
b) Überprüfe die Behauptung, indem du einen genaueren Wert für die Fläche ermittelst und damit rechnest.

16 Überprüfe die Angaben auf den beiden Preisetiketten, die beim Wiegen von Obst ausgedruckt wurden.
Vergleiche dazu die Preise pro Kilogramm, das Nettogewicht und die in beiden Währungen angegebenen Preise. Was stellst du fest? Begründe deine Antwort.
Formuliere selbst weitere Aufgaben.

6 Dividieren eines Dezimalbruches durch eine natürliche Zahl

Die Klasse 6c plant für das nächste Schulfest einen Saftstand. Petra und Felix sollen dafür die Preisschilder malen.
Die Klasse hat sich darauf verständigt, dass pro 0,1-l-Glas ein Gewinn von 5 Cent für die Klassenkasse erzielt werden soll.

Die Zahl 71 ist nicht ohne Rest durch 4 teilbar. 71 ist eine natürliche Zahl, kann aber als Dezimalbruch mit Nullen hinter dem Komma geschrieben werden. Dadurch wird es möglich, die Division über die Einer hinaus fortzusetzen und so den Rest auch noch zu teilen.

H: Hunderter
Z: Zehner
E: Einer
z: Zehntel
h: Hundertstel
t: Tausendstel

```
  Z E , z h          Z E , z h
  7 1 , 0 0  :  4  = 1 7 , 7 5
- 4
  3 1
- 2 8
    3 0
  -   8
      2 0
    - 2 0
        0
```

Das Anhängen der Null an den Rest 3 bedeutet die Umwandlung von 3 Einern in 30 Zehntel.
Beim Dividieren der 30 Zehntel entstehen im Ergebnis ebenfalls Zehntel. Deshalb muss im Ergebnis ein Komma gesetzt werden.

Mit diesem Verfahren lassen sich auch Divisionen von Dezimalbrüchen durch natürliche Zahlen durchführen.

Die Rechnung so lange weiterführen, bis der Rest 0 wird.

```
  Z E , z h          E , z h
  1 5 , 7 6  :  4  = 3 , 9 4
- 1 2
    3 7
  - 3 6
      1 6
    - 1 6
        0
```

Der Rest 3 Einer wird in 30 Zehntel umgewandelt. Zusammen mit den 7 Zehnteln aus 15,76 müssen also 37 Zehntel durch 4 geteilt werden.
Vor dem Teilen wird im Ergebnis ein Komma gesetzt.

Durch Null darf man nicht dividieren!

Die **Division** eines Dezimalbruches durch eine natürliche Zahl wird genau so durchgeführt wie die Division zweier natürlicher Zahlen.
Beim Überschreiten des Kommas wird im Ergebnis ein Komma gesetzt.

Bei der Division eines Dezimalbruches durch eine natürliche Zahl kann es sehr lange dauern, bis der Rest 0 erscheint. Dann sollte man die Rechnung abbrechen und sinnvoll runden.

$$25{,}5\,\text{m} : 13 = 1{,}961\ldots\ldots\,\text{m} \approx 1{,}96\,\text{m} \approx 2\,\text{m}$$

Beispiel 1 Schriftliches Dividieren mit Komma

Berechne. a) 3 : 4 b) 9,2 : 48 c) 0,24 : 6

Lösung:

a)
```
 3 : 4 = 0,75
-0        ↑
 30 → Komma
-28   setzen
 20
-20
  0
```

b)
```
 9,2 : 8 = 1,15
-8          ↑
 12 → Komma
-8    setzen
 40
-40
  0
```

c)
```
 0,24 : 6 = 0,04
-0           ↑
 02 → Komma
-0    setzen
 24
-24
  0
```

Beispiel 2

a) Rechne schriftlich: 42,7 : 7

b) Finde das Ergebnis von 427 : 7 und 4,27 : 7 ohne erneute Division. Begründe.

Lösung:

a)
```
 42,7 : 7 = 6,1
-42
  07
  -7
   0
```

b) 427 : 7 = 61, denn 427 = 42,7 · 10
also ist 427 : 7 = 6,1 · 10

4,27 : 7 = 0,61, denn 4,27 = 42,7 : 10
also ist 4,27 : 7 = 6,1 : 10.

Aufgaben

1 Das Ergebnis von 245 : 7 ist 35. Damit kannst du die folgenden Divisionen leicht berechnen.

a) 24,5 : 7; 2,45 : 7; 0,245 : 7; 0,0245 : 7

b) 245 : 70; 24,5 : 70; 2,45 : 70; 0,245 : 70

2 Hier wurde einige Male falsch gerechnet. Suche und verbessere die Fehler.

0,5 : 5 = 0,01	0,21 : 7 = 0,3
6,06 : 6 = 1,1	5,6 : 8 = 7
0,99 : 9 = 0,9	0,144 : 12 = 1,2

Fig. 1

3 Berechne im Kopf.

a)	b)	c)	d)	e)
0,9 : 3	0,08 : 4	9,0 : 3	12,6 : 6	3,6 : 9
0,12 : 6	0,025 : 5	0,77 : 7	25,5 : 5	0,36 : 9
8,24 : 4	6,18 : 3	18,27 : 9	0,039 : 13	0,084 : 12

4 Berechne schriftlich.

a)	b)	c)	d)	e)
40,3 : 8	127,5 : 4	4,32 : 16	1016,6 : 13	40,5 : 110
6,05 : 5	322,8 : 5	54,3 : 12	623,9 : 17	325,6 : 120
34,2 : 9	337,8 : 6	100,5 : 15	1698,6 : 19	11,04 : 90

5 Schreibe mit Komma.

a) $\frac{1}{5}$ b) $\frac{3}{8}$ c) $\frac{7}{40}$ d) $\frac{51}{12}$

6 Dividiere bis auf zwei Stellen nach dem Komma. Runde dann auf Zehntel.

a) 7,5 : 8 b) 6,36 : 24 c) 0,98 : 14

d) 15,2 : 16 e) 28,3 : 3 f) 3,815 : 7

g) 22,5 : 12 h) 16,07 : 15 i) 128,5 : 9

Bist du sicher?

1 Berechne.

a) 0,25 : 5 b) 9,6 : 12 c) 0,301 : 7 d) 19 : 5 e) 0,55 : 4

2 Schreibe mit Komma.

a) $\frac{1}{8}$ b) $\frac{9}{20}$ c) $\frac{7}{16}$

7 Rechne jeweils nur einmal schriftlich. Finde die anderen Ergebnisse ohne erneute Division.

a) 63,2 : 8
632 : 8
632 : 80

b) 3,546 : 9
354,6 : 90
35,46 : 900

c) 51,6 : 12
5,16 : 12
516 : 120

d) 1,32 : 11
132 : 1100
0,132 : 1,1

8 a) Dividiere die Summe der Zahlen 6,4 und 27,2 durch 3.
b) Dividiere das Produkt der Zahlen 20,2 und 3,6 durch 30.
c) Dividiere den Quotienten aus 470,4 und 7 durch 24.

9 a) Welche Zahl muss man mit 3 multiplizieren, um 24,96 zu erhalten?
b) Welche Zahl muss man durch 24 dividieren, um 0,36 zu erhalten

10 Achmed vergleicht die Angebote für Hundefutter. Ein 8-kg-Beutel kostet 7,54 €, ein 5-kg-Paket 4,49 €. Welche Packungsgröße sollte er kaufen?

11 Im 19. Jahrhundert wurden in Deutschland 10-Mark- und 20-Mark-Münzen aus Gold geprägt. Dabei hatten 500 g Gold den Wert von 1395 Mark.
a) Wie viel g Gold entsprach 1 Mark? Runde auf Hundertstel Gramm.
b) Wie viel Gramm reines Gold enthielten das 10-Mark- und das 20-Mark-Stück?
c) 1 g Gold hatte 1999 einen Wert von ungefähr 20 DM. Berechne den Materialwert der beiden Goldmünzen.

12 a) Dana will wissen, wie schwer ein 1-Cent-Stück ist. Dazu wiegt sie 14 Münzen. Sie wiegen zusammen genau 32,2 g. Wie viel g wiegt ein 1-Cent-Stück?
b) Dana misst auch noch die Höhe des Stapels ihrer vierzehn 1-Cent-Münzen. Er ist 19,04 mm hoch. Wie dick ist eine Münze?
c) Finde auf ähnliche Weise heraus, wie hoch ein Stapel aus lauter 10-Cent-Münzen wird, wenn du Münzen im Wert von 10 € aufstapelst.

13 Marion will ihr Zimmer streichen. Sie vergleicht die Preise für Wandfarbe. Ein 12-Liter-Eimer kostet 23,40 €, ein 5-Liter-Eimer 8,95 €. Wie groß ist der Preisunterschied pro Liter?

14 Das Wolfgang-Ernst-Gymnasium erhält zur Ausstattung der neuen Sporthalle die nebenstehende Lieferung von Bällen.
a) Für welche der genannten Sportarten verwendet man die leichtesten Bälle?
b) Bei welcher Sportart sind die Bälle am schwersten?
c) Welche Ballsorten haben das gleiche Gewicht?

Ballsorte	Menge	Gesamtgewicht
Fußball	25	10,500 kg
Handball	12	4,200 kg
Volleyball	15	4,050 kg
Basketball	16	9,792 kg
Gymnastikball	30	5,400 kg
Tischtennisball	144	0,144 kg
Badminton	72	0,252 kg
American Football	4	1,680 kg

7 Dividieren von Dezimalbrüchen

„Jetzt müssten wir ohne zu tanken nach Hause kommen. Immerhin habe ich 124,34 € ausgegeben."
„Klar, mit dem vollen Tank schaffen wir die 400 km bis nach Hause locker.
Zeigst du mir jetzt, was du noch eingekauft hast?"

Der Quotient zweier natürlicher Zahlen ändert sich nicht, wenn man beide mit 10, 100, 1000, … multipliziert oder durch 10, 100, 1000, … dividiert.

$123 : 17 = \frac{123}{17} = \frac{12300}{1700} = 12300 : 1700.$ $\qquad$ $130 : 120 = \frac{130}{120} = \frac{13}{12} = 13 : 12$

Bei Dezimalbrüchen bedeutet die Multiplikation mit 10, 100, 1000, … eine Kommaverschiebung um 1, 2, 3, … Stellen nach rechts. Die Division bewirkt eine Kommaverschiebung nach links.
Die Rechnung zeigt, dass sich der Quotient zweier Dezimalbrüche nicht ändert, wenn man das Komma bei beiden Zahlen um gleich viele Stellen nach rechts verschiebt.

$0{,}641 : 3{,}21 = \frac{641}{1000} : \frac{321}{100} = \frac{641}{1000} \cdot \frac{100}{321} = \frac{641 \cdot 100}{1000 \cdot 321} = \frac{641 \cdot 1}{10 \cdot 321} = 641 : 3210.$

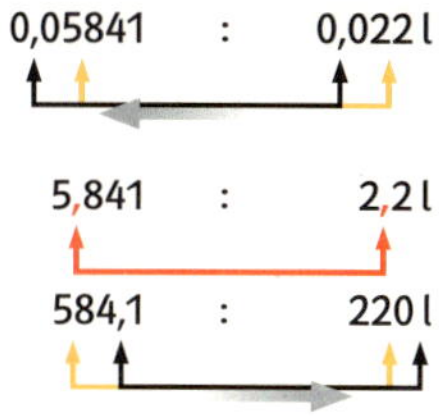

Eine Verschiebung des Kommas um gleich viele Stellen nach links ändert den Wert des Quotienten ebenfalls nicht.
Auf diese Weise kann man immer erreichen, dass bei der Division die Zahl, durch die geteilt wird, eine natürliche Zahl ist.

Division durch Dezimalbrüche
Man verschiebt das Komma der beiden Zahlen um gleich viele Stellen so weit nach rechts, dass die Zahl, durch die geteilt wird, kein Komma mehr hat.
Dann führt man die Division durch.

Bei natürlichen Zahlen bedeutet die Verschiebung des Kommas um 1, 2, 3, … Stellen nach rechts, dass 1, 2, 3, … Nullen angehängt werden müssen.
34 : 8,81 = 34,000 : 8,81 = 3400,0 : 881 = 3400 : 881

Komma verschieben oder Nullen anhängen

Vor der Division von Dezimalbrüchen sollte man einen Überschlag machen. Dabei ist es geschickt, wenn man so vorgeht:
1. Schritt: Verschiebe bei beiden Zahlen das Komma um gleich viele Stellen soweit nach rechts oder nach links, bis die Zahl, durch die geteilt wird, vor dem Komma nur eine von Null verschiedene Ziffer hat.
2. Schritt: Runde zuerst die Zahl, durch die geteilt wird, auf Einer. Runde dann die zu teilende Zahl möglichst so, dass du die Division im Kopf durchführen kannst. Dabei muss man sich nicht immer exakt an die Vorschriften der Regeln für das Runden halten.

4,42 : 0,73	Hier verschiebt man das Komma um eine Stelle nach rechts.
= 44,2 : 7,3	7,3 ≈ 7 und 44,2 ≈ 42. 42 ist die Zahl, die möglichst nahe an
≈ 42 : 7 = 6	44,2 liegt und im Kopf durch 7 teilbar ist.

Beispiel

Berechne: a) 5,865 : 0,17 b) 1500 : 12,5

Lösung:

a) Überschlag: 5,865 : 0,17 = 58,65 : 1,7 ≈ 60 : 2 = 30

Rechnung: 5,865 : 0,17
= 586,5 : 17 = 34,5
− 51
76
− 68
85
− 85
0

b) Überschlag: 1500 : 12,5 = 150 : 1,2 ≈ 150 : 1 = 150

Rechnung: 1500 : 12,5
= 15 000 : 125 = 120
− 125
250
− 250
0
− 0
0

Diese Brücke verbindet die Insel aus Aufgabe 1 mit dem Land aus Aufgabe 2.

zu Aufgabe 1

3 O | 200 L | 15 E | 4 N | 50 P | 300 O | 3500 S | 40 N | 60 P | 70 E

zu Aufgabe 2

86,3 C | 1,96 L | 56,5 A | 5,3 I | 2,56 E | 45,3 H | 2,7 G | 3,47 N | 45,2 N | 2,8 R | 0,56 D | 34,6 E

Aufgaben

1 Berechne im Kopf.

a) 10 : 0,2; 28 : 0,4
b) 20 : 0,1; 60 : 0,2
c) 36 : 0,6; 0,9 : 0,3
d) 0,8 : 0,2; 1,6 : 0,04
e) 0,75 : 0,05; 35 : 0,01

2 Berechne schriftlich.

a) 3,24 : 1,2; 3,08 : 1,1; 6,89 : 1,3
b) 13,84 : 0,4; 25,89 : 0,3; 31,71 : 0,7
c) 9,216 : 3,6; 29,148 : 8,4; 19,012 : 9,7
d) 1,695 : 0,03; 13,6956 : 0,303; 16,968 : 30,3

3 Zwei Dezimalbrüche werden dividiert. Wie ändert sich das Ergebnis, wenn man
a) bei beiden Dezimalbrüchen das Komma um eine Stelle nach rechts verschiebt,
b) bei dem zu teilenden Dezimalbruch das Komma um eine Stelle nach rechts verschiebt und bei dem anderen um eine Stelle nach links,
c) bei beiden Dezimalbrüchen das Komma um eine Stelle nach links verschiebt?

4 Rechne geschickt, indem du nur eine Rechnung schriftlich durchführst.

a) 1,792 : 0,7; 1,792 : 0,07; 179,2 : 0,7; 17,92 : 0,07
b) 15,12 : 3,6; 151,2 : 36; 1,512 : 3,6; 1,512 : 0,36
c) 30,858 : 111; 30,858 : 11,1; 308,58 : 0,111; 3,0858 : 0,0111
d) 540,1 : 49,1; 54,01 : 49,1; 5,401 : 0,491; 0,5401 : 4,91

5 Klaus hat einige Male falsch gerechnet. Suche und verbessere die Fehler.

0,48 : 0,06 = 0,8   1,44 : 1,2 = 1,2
3 : 0,6 = 0,2   12,4 : 0,02 = 620

Fig. 1

6 Ein Obstbauer hat 100 Liter Apfelsaft gepresst und will ihn in 0,7-Liter-Flaschen abfüllen. Wie viele Flaschen kann er damit abfüllen? Wie viele Liter Apfelsaft bleiben übrig?

7 Frischhaltefolien für die Küche sind etwa 0,05 mm dick. Bestimme die Anzahl der Lagen auf einer Rolle, die 8 mm dick gewickelt ist.

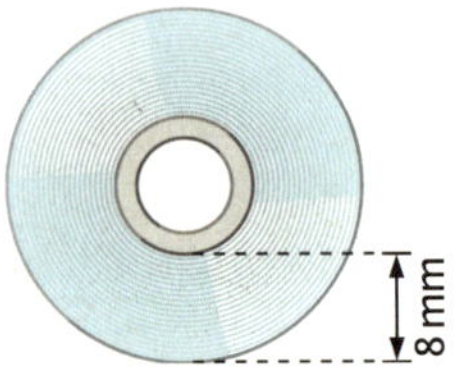

Fig. 2

Bist du sicher?

1 Berechne im Kopf.
a) 5 : 0,2 b) 4,5 : 0,5 c) 9,9 : 3,3 d) 0,14 : 0,07 e) 9 : 0,003

2 Überschlage zuerst und berechne dann schriftlich.
a) 156,96 : 0,24 b) 27,318 : 0,087 c) 0,1743 : 0,7 d) 3,95 : 0,32

8 Daniela fährt in den Ferien nach Tunesien. Ein tunesischer Dinar (tD) kostet 0,95 €.
a) Wie viele Dinar erhält sie für 180 €? Runde sinnvoll.
b) Nach dem Urlaub hat sie noch 17,5 tD übrig. Wieviel Euro sind das?

Info

Bei vielen Sachaufgaben ist es sinnvoll, einen Taschenrechner einzusetzen. Das spart Zeit beim Rechnen. So kannst du dich besser auf das konzentrieren, was bei Sachaufgaben auch wichtig ist: Die Aufgabe verstehen – festlegen, in welcher Reihenfolge du rechnen willst – die gestellten Fragen beantworten. Die Rechnung übernimmt der Taschenrechner. Ob das Ergebnis sinnvoll ist, musst du entscheiden. Eine Möglichkeit dazu ist der Überschlag. Durch dieses Vorgehen kannst du Eingabe- und Denkfehler leicht entdecken.
Beispiel: Herr Lind tankt 35,1 l Benzin für 44,54 €. Seit dem letzten Volltanken ist Herr Lind 450 km gefahren. Wie hoch sind seine durchschnittlichen Benzinkosten pro 100 km?
Lösung: Die Kosten pro 100 km sind etwa 45 € : 4,5 = 10 €. Der Taschenrechner errechnet die Zahl 9,9022222. Das kann stimmen, denn es ist nahe bei 10. Für die Antwort musst du aber sinnvoll runden: Seine Benzinkosten pro 100 km betragen etwa 9,90 €.

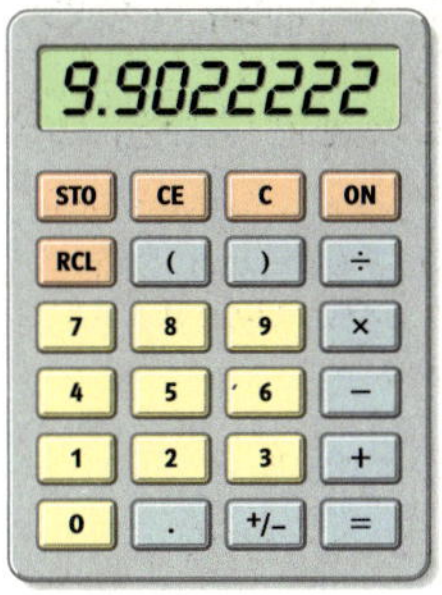

9 Marens Aquarium ist 1,8 m lang und 0,7 m breit. Wie hoch steht das Wasser im Aquarium, wenn 900 Liter eingefüllt sind? Runde sinnvoll.

10 Ein 4,5 cm langer, 3,4 cm breiter und 2,8 cm hoher Goldbarren wird zu einer rechteckigen Folie ausgewalzt. Die Folie ist 1,2 m lang und 75 cm breit. Wie dick ist die Folie?

11 Ein Zimmer von 3,2 m Breite und 6,3 m Länge wird mit 0,5 cm dicken Korkplatten ausgelegt. Folgende Kosten entstehen: 20,16 kg Kork für Fußboden: 573,50 €.
a) Wie viel kostet 1 m^2 des Bodenbelages?
b) Wie viel wiegt 1 m^2 des Bodenbelages?

12 Zum Forschen
a) Bestimme das Gewicht einer Spaghettinudel. Wie viele Nudeln sind ungefähr in dem Nudelpaket?
b) Bestimme mit einem geeigneten Verfahren näherungsweise das Gewicht eines Reiskorns. Wie viele Körner sind etwa in der Packung Reis?
c) Wie viele Reiskörner wiegen etwa genauso viel wie 300 Spaghettinudeln?

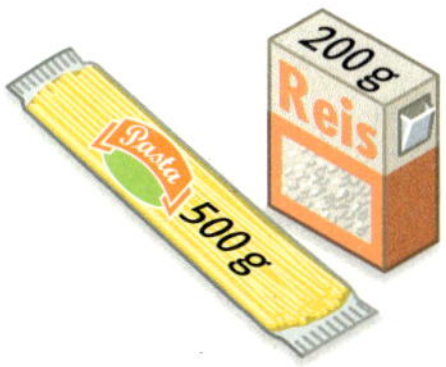

Fig. 1

8 Mittelwert

„Ich bleibe lieber hier. Das ist mir zu tief."
„Geh' nur weiter, der Fluss ist durchschnittlich nur 50 cm tief.

Kaffee wird in Paketen zu je 500g abgepackt. Um festzustellen, wie genau die Maschine arbeitet, wurde ein Prüfprotokoll erstellt. Dazu wurden mehrere Pakete herausgenommen und nachgewogen.

Probe	1	2	3	4	5	6	7	8
Gewicht in g	505	495	510	498	488	506	504	497

Der Tabelle entnimmt man, dass die Gewichte der einzelnen Packungen nicht exakt gleich waren. Will der Händler feststellen, ob die Maschine wirklich durchschnittlich etwa 500 g abfüllt, so muss er alle einzelnen Gewichte addieren und dann durch die Anzahl der Proben teilen.
505 + 495 + 510 + 498 + 488 + 506 + 504 + 497 = 4003
4003 : 8 = 500,375
Die Maschine arbeitet also im Durchschnitt recht genau.
Die so berechnete Zahl 500,375 heißt **Mittelwert** der Größe.

Statt Mittelwert sagt man auch Durchschnittswert oder arithmetisches Mittel.

Für den Durchschnitt wird oft das Zeichen ∅ verwendet.

Mittelwert berechnen
Den Mittelwert von Zahlen oder Größen erhält man, indem man alle diese Zahlen oder Größen addiert und dann durch deren Anzahl dividiert.

Bestimmt man den Mittelwert von Größen, so müssen alle Größen in dieselbe Maßeinheit umgewandelt werden. Der Mittelwert braucht nicht unter den einzelnen Werten vorkommen.

Beispiel 1 Mittelwert von Größen
Peter notiert eine Woche lang, wie viel Zeit er für den Schulweg benötigt. Berechne den Durchschnitt und runde auf Minuten.

Tag	Zeit in min
Mo	13
Di	11
Mi	15
Do	12
Fr	13

Lösung:
13 + 11 + 15 + 12 + 13 = 64; 64 : 5 =12,8 Er benötigt durchschnittlich knapp 13 Minuten.

Beispiel 2 Mittelwert von Zahlen mit Taschenrechner
Bei einem Geschicklichkeitsrennen werden Punkte vergeben: 27; 28; 24; 33; 29; 27; 30; 28; 20; 17; 19; 23; 16. Berechne den Durchschnitt.
Lösung:
27 + 28 + 24 + 33 + 29 + 27 + 30 + 28 + 20 + 17 + 19 + 23 + 16 = 321; 321:13 = 24,69230769
Gerundet: 25

Aufgaben

1 Berechne den Mittelwert. Runde sinnvoll.
a) 2,50 m; 2,10 m; 1,80 m b) 1,90 m; 75 cm; 2,10 m c) 12,4 kg; 750 g; 14,4 kg

2 Das Gewicht eines Briefes wurde wiederholt auf einer elektronischen Waage in Gramm bestimmt. Berechne den Mittelwert.
22,94; 22,90; 22,92; 22,76; 22,80; 22,85; 22,84; 22,86; 22,83; 22,87; 22,88; 22,86; 22,93

3 a) Berechnet die Durchschnittsgröße aller Schülerinnen und Schüler in eurer Klasse auf cm genau. Welche Durchschnittswerte erhaltet ihr, wenn ihr Mädchen und Jungen getrennt berechnet?
b) Welche Durchschnittslänge hat euer Schulweg?
c) Welchen Durchschnitt haben eure Hausnummern?
d) Findet weitere Beispiele, bei denen der Durchschnitt sinnvoll bzw. nicht sinnvoll ist.

4 Bettina hat eine Woche lang die Mittagstemperaturen in ein Diagramm eingetragen.
a) Lies die Werte aus dem Diagramm ab.
b) Berechne den Mittelwert.
c) An wie vielen Tagen liegt die Temperatur über, an wie vielen unter dem Mittelwert?

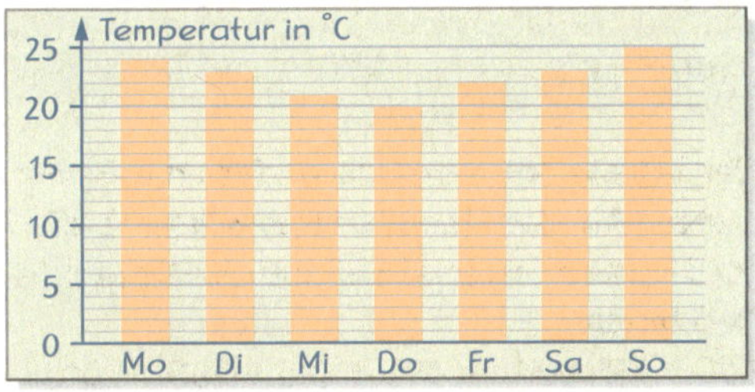

Fig. 1

Im Mittel hat man an den Füßen eine angenehme Temperatur, wenn man einen Fuß in den Tiefkühlschrank und den anderen in kochendes Wasser hält.

5 In Cherrapunji (Vorderindien) betrug die durchschnittliche Niederschlagsmenge im Monat Dezember 13 mm, im Juni waren es 2695 mm. Warum ist der Durchschnittswert von beiden Monaten zusammen für diese Region nicht aussagekräftig?

6 Würfelt mit zwei Würfeln gleichzeitig und notiert die Augensumme. Bestimmt den Mittelwert der Augensumme für a) 10 Würfe, b) 20 Würfe, c) 100 Würfe.

7 Die Durchschnittstemperatur der letzten drei Tage beträgt 17 °C. Welchen Wert könnte die Temperatur an den drei Tagen gehabt haben? Vergleiche mit deinem Nachbarn.

Bist du sicher?

1 Berechne den Mittelwert der Größen. a) 156 m; 248 m; 304 m; 317 m
b) 29,42 €; 35,68 €; 27 €; 19,06 €; 13,84 € c) 12,3 km; 580 m; 5,85 km; 10,04 km

8 Was bedeuten folgende Angaben?
a) Durchschnittlich kamen 26 000 Zuschauer zu den Heimspielen.
b) Eine deutsche Durchschnittsfamilie hat 1,7 Kinder.
c) Durchschnittlich wurden im Diktat 6 Fehler gemacht.
d) Der Notendurchschnitt lag bei 3,1.

9 **Mittelwert bei Brüchen**
Peter sagt: Der Mittelwert von 5 und 9 ist 7, also ist der Mittelwert von $\frac{1}{5}$ und $\frac{1}{9}$ gleich $\frac{1}{7}$.
Überprüfe diese Aussage und berechne die Mittelwerte von
a) $\frac{1}{10}$ und $\frac{5}{10}$, b) $\frac{3}{8}$ und $\frac{3}{4}$, c) $\frac{1}{11}$ und $\frac{6}{11}$, d) $\frac{2}{5}$ und $\frac{3}{5}$, e) $\frac{1}{9}$ und $\frac{1}{10}$.

9 Periodische und abbrechende Dezimalbrüche

Eileen, Mara und Hendryk probieren ein neues Brettspiel aus. Hendryk führt und hat fast gewonnen. Er würfelt eine 2. Daraufhin steht er auf und verlässt wortlos den Raum.

Brüche wie $\frac{5}{9}$ kann man nicht durch Erweitern in Brüche mit dem Nenner 10, 100, 1000, … umwandeln, weil die Quersumme von 10, 100, 1000, … nicht durch 9 teilbar ist. Auch 99 ist kein Teiler von 10, 100, 1000, … Brüche mit dem Nenner 99 kann man deshalb nur in Dezimalbrüche verwandeln, wenn man ihren Zähler durch ihren Nenner dividiert.

$\frac{123}{99} = 123 : 99 = 1{,}242424\ldots = 1{,}\overline{24}$

$-\,99$

240 ⟵ Rest 24

$-\,198$

420 ⟵ Rest 42

$-\,396$

240 ⟵ Der Rest 24 wiederholt sich.

$-\,198$

42

Der Strich über 2 und 4 bedeutet: Die Ziffernfolge darunter wiederholt sich bei Fortsetzung des Divisionsverfahrens ständig.

Die Rechnung zeigt, dass der Rest 0 niemals auftritt. Die Rechnung hört nie auf.
Bei der Division durch eine natürliche Zahl können nur Reste vorkommen, die kleiner sind als diese Zahl. Zum Beispiel können beim Dividieren durch 22 nur die Reste 0, …, 21 auftreten. Tritt der Rest 0 auf, so bricht das Verfahren ab. Andernfalls tritt spätestens nach 21 Schritten ein Rest auf, der schon einmal da war. Von nun an wiederholen sich die Rechenschritte und damit auch die zugehörigen Ziffern hinter dem Komma.

periodos (griech.): Umlauf, Wiederholung

Wandelt man Brüche mit dem Divisionsverfahren in Dezimalbrüche um, so erhält man entweder **abbrechende Dezimalbrüche** oder **periodische Dezimalbrüche**.
Beispiele:

$\frac{13}{40} = 0{,}325$

$\frac{1}{3} = 0{,}\overline{3}$ (sprich: null-Komma-Periode-drei)

$\frac{29}{110} = 0{,}2\overline{63}$ (sprich: null-Komma-zwei-Periode-sechs-drei)

Ein Zehnerbruch ist ein Bruch, dessen Nenner eine Zehnerpotenz ist.

Jeden abbrechenden Dezimalbruch kann man als Zehnerbruch schreiben.
Einen gekürzten Bruch kann man aber nur dann in einen Zehnerbruch verwandeln, wenn die Primfaktorzerlegung des Nenners nur aus den Primzahlen 2 und 5 besteht. In allen anderen Fällen erhält man periodische Dezimalbrüche.

Beispiel 1 Umwandeln
Schreibe als Dezimalbruch.
Lösung:

$725 : 198 = 3{,}6\overline{61}$
$-\ 594$
1310
$-\ 1188$
1220
$-\ 1188$
320
$-\ 198$
122

Der Rest 122 wiederholt sich.

Beispiel 2 Runden
Runde $0{,}\overline{637}$ auf Zehntausendstel.
Lösung:
$0{,}\overline{637} = 0{,}637637\ldots \approx 0{,}6374$

Beispiel 3 Berechnungen
Berechne: a) $\frac{3}{5} + 0{,}22$ b) $1{,}5 - \frac{2}{3}$
Lösung:
a) $\frac{3}{5} + 0{,}22 = 0{,}6 + 0{,}22 = 0{,}82$
b) *Rechne mit Brüchen, da $\frac{2}{3}$ als Dezimalbruch periodisch wird.*
$1{,}5 - \frac{2}{3} = \frac{3}{2} - \frac{2}{3} = \frac{9}{6} - \frac{4}{6} = \frac{5}{6}$

$0{,}\overline{4}$; $0{,}\overline{26}$ und $0{,}\overline{375}$ heißen ***rein periodische*** *Dezimalbrüche. Die Periode beginnt sofort hinter dem Komma.*

$0{,}7\overline{2}$ und $1{,}27\overline{45}$ heißen ***gemischt periodische*** *Dezimalbrüche. Zwischen Komma und Periode stehen eine oder mehrere Ziffern, die nicht zur Periode gehören.*

Aufgaben

1 Schreibe als Dezimalbruch und runde auf Hundertstel.
a) $\frac{2}{3}$ b) $\frac{5}{24}$ c) $\frac{4}{33}$ d) $\frac{15}{24}$

2 Welche Zahl ist größer?
a) $3{,}\overline{82}$ oder $3{,}\overline{828}$ b) $3{,}\overline{28}$ oder $3{,}\overline{282}$ c) $4{,}\overline{959}$ oder $4{,}\overline{95}$ d) $5{,}\overline{17}$ oder $5{,}1\overline{7}$

3 Ordne. Beginne mit der kleinsten Zahl.
a) $0{,}\overline{3}$; $0{,}3$; $0{,}3\overline{2}$; $0{,}\overline{31}$; $0{,}\overline{32}$; $0{,}3\overline{1}$
b) $0{,}2\overline{6}$; $0{,}\overline{26}$; $0{,}\overline{260}$; $0{,}2\overline{61}$; $0{,}26\overline{1}$

4 Bestimme zwei Dezimalbrüche mit der Differenz 0,01 so, dass $0{,}\overline{4}$ zwischen beiden liegt.

5 Prüfe ohne zu dividieren, ob beim Umschreiben der Brüche in Dezimalbrüche eine Periode entsteht oder nicht.
a) $\frac{13}{125}$ b) $\frac{17}{26}$ c) $\frac{15}{35}$ d) $\frac{54}{144}$

6 Berechne.
a) $1{,}9 + \frac{2}{3}$ b) $3{,}2 \cdot \frac{4}{15}$ c) $\frac{1}{3} \cdot 0{,}6 + 2{,}5 \cdot \frac{1}{5}$ d) $4{,}2 \cdot \frac{1}{8} + 5{,}1 : \frac{5}{6}$

7 Schreibe als Dezimalbruch. Benutze den Taschenrechner. Überprüfe dein Taschenrechnerergebnis durch schriftliche Division. Wie genau arbeitet dein Taschenrechner?
a) $\frac{3}{16}$ b) $\frac{7}{22}$ c) $\frac{9}{33}$ d) $\frac{2}{700}$

8 Führe zuerst einen Überschlag durch. Rechne dann mit dem Taschenrechner und überprüfe danach, ob er dir das genaue Ergebnis gezeigt hat. Kannst du es korrigieren?
a) 0,054 : 0,45 b) 71,57 : 1,5 c) 25,2 : 14 d) 7 : 88,8

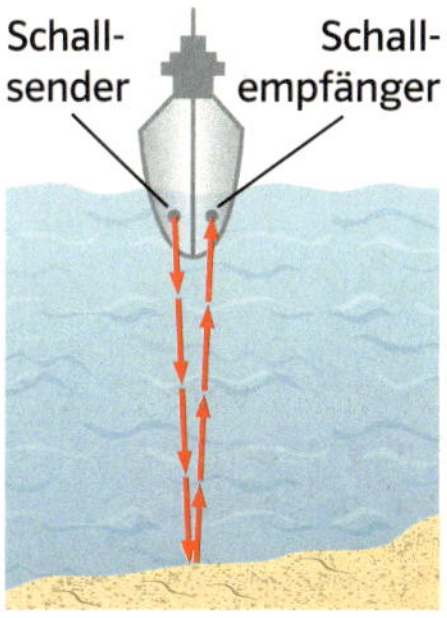

9 Um die Meerestiefe zu bestimmen, verwendet man ein Echolot mit Ultraschall. Im Wasser legt der Schall pro Sekunde 1,5 Kilometer zurück.
a) Wie tief ist das Wasser, wenn der Schall nach 5 s wieder zurückkommt?
b) Wie lange braucht der Schall, wenn das Wasser 5300 m tief ist? Runde sinnvoll.
c) Im Verlauf einer Minute werden folgende Laufzeiten gemessen: 0,165 s; 0,158 s; 0,162 s; 0,02 s; 0,159 s. Wie tief ist das Meer hier etwa?

10 Vorteilhaftes Rechnen

„Ich bin schneller als dein Taschenrechner."
„Bei solchen Aufgaben benötige ich noch nicht mal einen Stift."
„Das werden wir ja gleich sehen!"

Bei Produkten von natürlichen Zahlen darf man Faktoren vertauschen und in Produkten mit mehr als drei Faktoren beliebig Klammern setzen oder weglassen. Dadurch können Rechenvorteile entstehen. Die folgende Rechnung zeigt, dass das auch bei Brüchen erlaubt ist.

$\frac{3}{5} \cdot \frac{2}{7} = \frac{3 \cdot 2}{5 \cdot 7} = \frac{2 \cdot 3}{7 \cdot 5} = \frac{2}{7} \cdot \frac{3}{5}$

$\frac{2}{3} \cdot \left(\frac{5}{7} \cdot \frac{11}{13}\right) = \frac{2}{3} \cdot \left(\frac{5 \cdot 11}{7 \cdot 13}\right) = \frac{2 \cdot (5 \cdot 11)}{3 \cdot (7 \cdot 13)} = \frac{(2 \cdot 5) \cdot 11}{(3 \cdot 7) \cdot 13} = \left(\frac{2 \cdot 5}{3 \cdot 7}\right) \cdot \frac{11}{13} = \left(\frac{2}{5} \cdot \frac{5}{7}\right) \cdot \frac{11}{13}$

Auch das Distributivgesetz darf man bei Brüchen und Dezimalbrüchen anwenden.

$\left(\frac{5}{13} + \frac{3}{13}\right) \cdot \frac{7}{11} = \frac{5+3}{13} \cdot \frac{7}{11} = \frac{(5+3) \cdot 7}{13 \cdot 11} = \frac{5 \cdot 7 + 3 \cdot 7}{13 \cdot 11} = \frac{5 \cdot 7}{13 \cdot 11} + \frac{3 \cdot 7}{13 \cdot 11} = \frac{5}{13} \cdot \frac{7}{11} + \frac{3}{13} \cdot \frac{7}{11}$

Beim Multiplizieren von Brüchen und Dezimalbrüchen darf man die Faktoren beliebig vertauschen **(Kommutativgesetz)**:

$\frac{3}{7} \cdot \frac{5}{9} = \frac{5}{9} \cdot \frac{3}{7}$.

Wenn mehr als zwei Brüche oder Dezimalbrüche multipliziert werden sollen, darf man beliebig Klammern setzen oder weglassen **(Assoziativgesetz)**:

$0{,}31 \cdot (3{,}2 \cdot 4{,}8) = (0{,}31 \cdot 3{,}2) \cdot 4{,}8 = 0{,}31 \cdot 3{,}2 \cdot 4{,}8$.

Bei Brüchen und Dezimalbrüchen darf man Klammern ausmultiplizieren **(Distributivgesetz)**:

$\frac{3}{7} \cdot \left(\frac{5}{9} + \frac{1}{3}\right) = \frac{3}{7} \cdot \frac{5}{9} + \frac{3}{7} \cdot \frac{1}{3}$, $\quad \frac{3}{7} \cdot \left(\frac{5}{9} - \frac{1}{3}\right) = \frac{3}{7} \cdot \frac{5}{9} - \frac{3}{7} \cdot \frac{1}{3}$.

Kommutativgesetz und Assoziativgesetz gelten nicht für die Division.

Es ist $\left(\frac{1}{2} : \frac{1}{3}\right) : \frac{1}{4} = \frac{3}{2} : \frac{1}{4} = \frac{12}{2} = 6$, aber $\frac{1}{2} : \left(\frac{1}{3} : \frac{1}{4}\right) = \frac{1}{2} : \frac{4}{3} = \frac{3}{8}$.

Es ist $\frac{1}{2} : \frac{1}{3} = \frac{3}{2}$, aber $\frac{1}{3} : \frac{1}{2} = \frac{2}{3}$.

Das Distributivgesetz ist mit der Division anstatt der Multiplikation nicht anwendbar.

Es ist $\frac{1}{2} : \left(\frac{1}{3} + \frac{1}{4}\right) = \frac{1}{2} : \left(\frac{4}{12} + \frac{3}{12}\right) = \frac{1}{2} : \frac{7}{12} = \frac{1}{2} \cdot \frac{12}{7} = \frac{6}{7}$,

aber $\frac{1}{2} : \frac{1}{3} + \frac{1}{2} : \frac{1}{4} = \frac{1}{2} \cdot \frac{3}{1} + \frac{1}{2} \cdot \frac{4}{1} = \frac{3}{2} + \frac{4}{2} = \frac{7}{2}$.

Beim Teilen einer Summe durch einen Bruch oder Dezimalbruch darf man aber jeden Summanden durch den Bruch oder Dezimalbruch teilen und dann die Ergebnisse addieren.

Es ist $(12{,}45 + 8{,}3) : 4{,}15 = 20{,}75 : 4{,}15 = 5$

und $12{,}45 : 4{,}15 + 8{,}3 : 4{,}15 = 3 + 2 = 5$.

Beispiel 1
Vertausche die Faktoren geschickt.
$\frac{3}{2} \cdot \frac{5}{6} \cdot \frac{2}{3} \cdot \frac{6}{5}$
Lösung
$\frac{3}{2} \cdot \frac{5}{6} \cdot \frac{2}{3} \cdot \frac{6}{5} = \frac{3}{2} \cdot \frac{2}{3} \cdot \frac{5}{6} \cdot \frac{6}{5}$
$= \left(\frac{3}{2} \cdot \frac{2}{3}\right) \cdot \left(\frac{5}{6} \cdot \frac{6}{5}\right) = 1 \cdot 1 = 1$

Beispiel 2
Wende das Distributivgesetz an.
a) $3{,}7 : 2{,}2 + 2{,}9 : 2{,}2$ b) $(4{,}2 + 2{,}4) \cdot 2$
Lösung:
a) $3{,}7 : 2{,}2 + 2{,}9 : 2{,}2$
$= (3{,}7 + 2{,}9) : 2{,}2 = 6{,}6 : 2{,}2 = 3$
b) $(4{,}2 + 2{,}4) \cdot 2 = 4{,}2 \cdot 2 + 2{,}4 \cdot 2$
$= 8{,}4 + 4{,}8 = 13{,}2$

Beispiel 3
Rechne auf zwei Arten. Welche ist vorteilhafter?
$\frac{13}{19} \cdot \frac{5}{12} + \frac{13}{19} \cdot \frac{7}{12}$
Lösung:
1. Art
$\frac{13}{19} \cdot \frac{5}{12} + \frac{13}{19} \cdot \frac{7}{12} = \frac{13 \cdot 5}{19 \cdot 12} + \frac{13 \cdot 7}{19 \cdot 12}$
$= \frac{65}{228} + \frac{91}{228} = \frac{156}{228} = \frac{13}{19}$

2. Art
$\frac{13}{19} \cdot \frac{5}{12} + \frac{13}{19} \cdot \frac{7}{12} = \frac{13}{19} \cdot \left(\frac{5}{12} + \frac{7}{12}\right) = \frac{13}{19} \cdot 1 = \frac{13}{19}$
Die zweite Art ist vorteilhafter.

Aufgaben

1 Vertausche die Faktoren geschickt. Bilde Teilprodukte.
a) $\frac{3}{7} \cdot \frac{12}{5} \cdot \frac{14}{21} \cdot \frac{5}{6}$ b) $\frac{8}{9} \cdot \frac{5}{7} \cdot \frac{2}{5} \cdot \frac{3}{4}$ c) $9\frac{1}{2} \cdot \frac{7}{8} \cdot 2 \cdot \frac{6}{19}$ d) $7\frac{1}{3} \cdot \frac{3}{5} \cdot \frac{10}{11} \cdot \frac{2}{9}$

2 Teste, ob die Anwendung des Distributivgesetzes Vorteile bringt oder nicht. Berechne.
a) $6 \cdot \left(\frac{1}{2} + \frac{2}{3} - \frac{1}{4}\right)$ b) $\frac{1}{4}(24 + 72 - 60)$ c) $\left(\frac{1}{12} + \frac{7}{3} - \frac{7}{8}\right) \cdot 24$
d) $5{,}2 \cdot 10 - 10 \cdot 4{,}7$ e) $4{,}7 \cdot 5{,}5 + 5{,}3 \cdot 5{,}5$ f) $4{,}3 \cdot 4 + 4 \cdot 6{,}5 - 3{,}8 \cdot 4$
g) $18 \cdot \frac{4}{5} - \frac{4}{5} \cdot 18$ h) $\frac{3}{5} \cdot \frac{7}{4} + \frac{3}{4} \cdot \frac{1}{5}$ i) $\frac{4}{9} \cdot \frac{2}{3} + \frac{4}{3} \cdot \frac{2}{3}$

3 In den folgenden Rechnungen wurde ein Rechengesetz oder die Reihenfolge der Rechenschritte nicht beachtet. Finde den Fehler und berichtige
a) $\frac{5}{4} + \frac{3}{8} \cdot \frac{3}{13} = \frac{10}{8} + \frac{3}{8} \cdot \frac{3}{13} = \frac{13}{8} \cdot \frac{3}{13} = \frac{3}{8}$
b) $\frac{5}{6} : \left(\frac{4}{3} + \frac{7}{8}\right) = \frac{5}{6} : \frac{4}{3} + \frac{5}{6} : \frac{7}{8} = \frac{10}{9} + \frac{35}{48}$
c) $\frac{5}{6} \cdot \left(\frac{3}{4} + \frac{7}{8}\right) = \frac{5}{6} \cdot \frac{3}{4} + \frac{7}{8} = \frac{5}{8} + \frac{7}{8} = \frac{12}{8} = \frac{3}{2}$
d) $\frac{5}{6} \cdot \left(\frac{3}{4} - \frac{7}{8}\right) = \frac{5}{6} \cdot \frac{7}{8} - \frac{3}{4} \cdot \frac{5}{6} = \frac{35}{48} + \frac{15}{24} = \frac{65}{48}$

4 Prüfe, ob die folgenden Gleichungen richtig sind. Rechne dazu den Wert der Terme nicht aus. Begründe deine Antwort.
a) $\left(\frac{231}{4} \cdot \frac{7}{339}\right) \cdot \frac{2}{3} \cdot \frac{31}{49} = \frac{231}{4} \cdot \frac{7}{339} \cdot \left(\frac{2}{3} \cdot \frac{31}{49}\right)$
b) $\frac{21}{554} \cdot \left(\frac{7}{69} \cdot \frac{52}{3}\right) = \left(\frac{52}{3} \cdot \frac{7}{69}\right) \cdot \frac{21}{554}$
c) $\frac{21}{554} : \left(\frac{7}{69} \cdot \frac{52}{3}\right) = \frac{21}{554} \cdot \frac{7}{69} \cdot \frac{52}{3}$
d) $\left(\frac{5421}{765} : \frac{71}{9}\right) : \frac{52}{3} = \frac{5421}{765} \cdot \left(\frac{9}{71} \cdot \frac{3}{52}\right)$

5 Rechne geschickt.
a) $\frac{11}{47} \cdot \frac{3}{8} \cdot \frac{94}{11} \cdot \frac{8}{6}$ b) $\frac{169}{109} \cdot \frac{15}{17} \cdot \frac{109}{13} \cdot \frac{17}{225}$ c) $\frac{63}{144} - \frac{7}{36} \cdot \frac{12}{21}$
d) $\frac{1}{7} \cdot \frac{2}{3} + \frac{6}{7} \cdot \frac{2}{3}$ e) $\frac{27}{39} \cdot 18 + \frac{51}{39} \cdot 18$ f) $2\frac{1}{3} \cdot 3\frac{2}{5} \cdot 3 \cdot 5$

6 Rechne im Kopf.
a) $10{,}631 + 1{,}528 - (5{,}631 + 0{,}528) - 5$
b) $\left(\frac{1}{4} + \frac{1}{2}\right) \cdot \left(\frac{3}{4} - \frac{1}{2}\right) + \left(\frac{1}{2} + \frac{1}{4}\right) \cdot \left(\frac{1}{4} + \frac{1}{2}\right)$

1 Berechne.

a) $\left(3\frac{1}{2}\cdot 0{,}7 + 4{,}2\cdot\frac{3}{4}\right) : 1{,}61$

b) $4{,}5 : 0{,}03 - 4{,}5 : 0{,}9 + 1{,}5\cdot 0{,}003$

c) $\left(2\frac{1}{2} - 1\frac{1}{3}\cdot 0{,}4\right) : \left(3\frac{1}{2}\cdot 0{,}6 + 0{,}5\cdot\frac{1}{5} - 1{,}6\right)$

d) $\left[(0{,}04\cdot 10^2) : \frac{1}{5} - \frac{3}{25}\cdot 0{,}5\right] : 0{,}6$

2 Tierolympiade

Nach Protesten einiger Teilnehmer beim Weitsprungwettbewerb wurde eine neue Bewertungsmethode beschlossen. Für jeden Teilnehmer wird die Sprungweite durch die Körperlänge dividiert. Aus dem Ergebnis ergibt sich die neue Reihenfolge.

Alte Wertung:		Körperlänge
1. Harald Hirsch	11,03 m	2,45 m
2. Klara Känguru	8,98 m	1,32 m
3. Leo Löwe	4,98 m	1,92 m
4. Helga Heuschrecke	1,95 m	0,06 m
5. Willi Waldmaus	0,76 m	0,09 m
6. Fritz Floh	0,58 m	0,003 m

3 Die Gesamtzahl aller Menschen auf der Erde wird auf ungefähr 6,5 Milliarden geschätzt. Die Oberfläche der Erde beträgt rund 510 Millionen Quadratkilometer, davon sind $\frac{3}{10}$ Land. $\frac{2}{10}$ der Landfläche sind unbewohnbar.
Wie viel m^2 Nutzfläche stehen für jeden Menschen durchschnittlich zur Verfügung?

4 Bei einer Tieroperation richtet sich die Menge des Narkosemittels nach dem Körpergewicht des Tieres. Bei einer einstündigen Operation rechnet man für 1 kg Körpergewicht 0,045 g Narkosemittel.

a) Wie viel g benötigt man für eine einstündige Operation eines 74,5 kg schweren Orang-Utans und die eines 2,975 t schweren Flusspferdes?

b) Wie viel g benötigt man für dein Lieblingstier?

5 Die Betonmischung B 25 enthält $\frac{1}{5}$ Zement, $\frac{2}{5}$ Sand, $\frac{2}{7}$ Kies, der Rest ist Wasser.

a) Wie viel kg Zement, Sand und Kies benötigt man für $3\frac{1}{2}$ t Beton?

b) Wie viel l Wasser gehören in die Mischung?

6 Die Ergebnisse der Wahl zum Klassensprecher sind in dem Kreisdiagramm dargestellt.

a) Wie groß sind die Winkel der zugehörigen Kreisausschnitte?

b) Welche Winkel ergeben sich bei einer Klasse mit 30 Schülerinnen und Schülern, wenn die restlichen 6 Stimmen gleichmäßig auf die Kandidaten aufgeteilt werden?

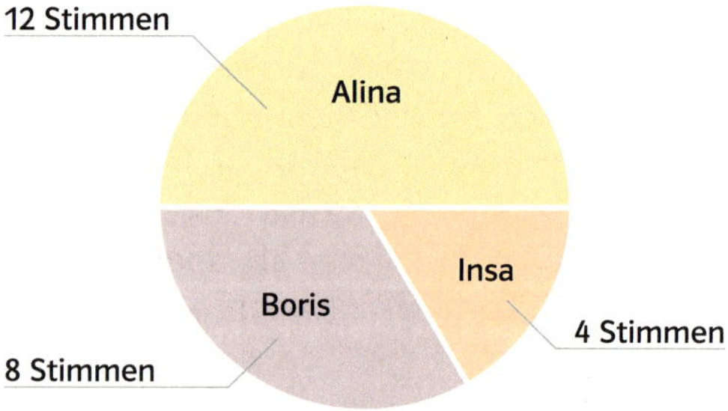

7 Der „Energieverbrauch" eines Elektrogerätes wird in Kilowattstunden (kWh) gemessen. 2004 kostete 1 kWh etwa 11,85 Cent.

a) Berechne die Stromkosten.

b) Manche elektrischen Geräte können beim Ausschalten in einen Bereitschaftsbetrieb (Stand-by) geschaltet werden. Welche Geräte sind das bei dir zu Hause? Ermittle für sie den ungefähren Verbrauch im Stand-by-Betrieb.

8 Alle Nährstoffe liefern dem Körper Energie. Der Energiegehalt von Nahrungsmitteln wird in Kilojoule (kJ) gemessen. Welche Energienmengen eine Person braucht, ist abhängig von Alter, Geschlecht, Körpergewicht und ausgeübter Tätigkeit.
Der Energiebedarf von 13- bis 15-Jährigen beträgt etwa 10 000 kJ pro Tag.
a) Wie viel g der einzelnen Nährstoffe decken ungefähr den Tagesbedarf?
b) Die Mahlzeiten sollten sich so verteilen, dass jeweils $\frac{1}{4}$ der Nahrung auf das Frühstück und das Abendessen, je $\frac{1}{10}$ auf zwei Zwischenmahlzeiten und $\frac{3}{10}$ auf das Mittagessen entfallen. Wie viele kJ sollen auf die einzelnen Mahlzeiten eines Jugendlichen entfallen?

1 g Kohlenhydrate	*17,2 kJ*
1 g Fett	*38,9 kJ*
1 g Eiweiß	*17,2 kJ*

9 Die drei Panzerknacker haben Onkel Dagoberts Tresor aufgebrochen und 1250 Goldbarren gefunden. Schnell beginnen sie ihre Beute in die Koffer zu packen.
a) Wie viele Goldbarren passen in einen Koffer? Schätze zunächst.
b) Können sie ihre voll gefüllten Koffer schleppen, wenn jeder maximal 50 kg tragen kann? 1 cm^3 Gold wiegt 19,3 g und jeder leere Koffer 750 g.
c) Wie viele Goldbarren kann jeder in einem Koffer transportieren?

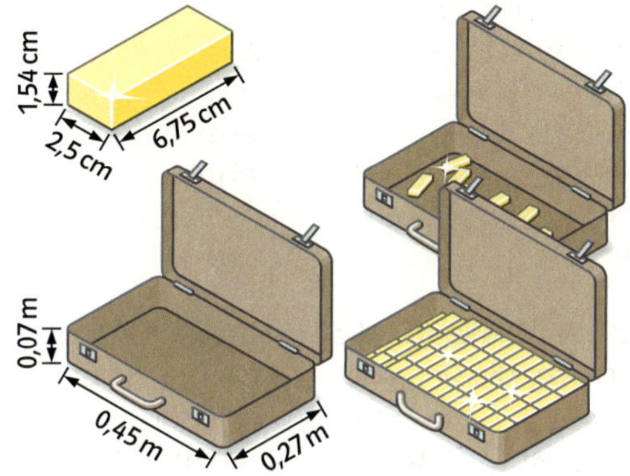

10 Familie Posselt plant, den Dachboden ihres Hauses als Wohnung auszubauen. In Gruppenarbeit könnt ihr helfen, die notwendigen Rechnungen auszuführen.
Gruppe 1 Im Grundriss fehlen die m^2-Angaben der einzelnen Zimmer.
Übertragt den Plan im Maßstab 1:100 in euer Heft. Berechnet die Größen der Flächen. Bestimmt die Gesamtfläche der Dachgeschosswohnung. Beachtet, dass Flächen unter Dachschrägen nur mit 50 % auf die Wohnfläche angerechnet werden.
Gruppe 2 Im Schnittbild kann man die Raumhöhen ablesen. Kniestöcke bis 100 cm gelten als nicht bewohnbar. Wie viel Dachbodenfläche geht durch den Kniestock verloren?
Roland Posselt ist 15 Jahre alt, aber schon 185 cm groß. Er möchte wissen, auf welchem Bruchteil der Fläche seines Zimmers er aufrecht stehen kann.

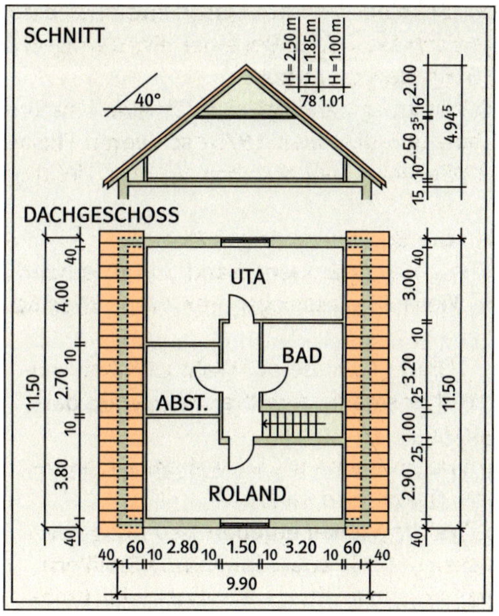

Gruppe 3 Die Wände der Kinderzimmer sollen tapeziert werden. Dazu genügt eine überschlägige Berechnung der Flächen: Wände mit schräg verlaufender Oberkante werden mit einer mittleren Höhe von 170 cm gerechnet und die Flächen für Fenster und Türen werden nicht abgezogen.
Gruppe 4
Die Wände und der Fußboden im Badezimmer werden gefliest. Wie viel Quadratmeter Fliesen werden benötigt?

11 Der Durchmesser von Fahrradreifen wird in Zoll angegeben. Ein Zoll, man schreibt dafür 1″, entspricht etwa 2,5 cm.
Um wie viel unterscheidet sich der Reifendurchmesser eines 24″-Fahrrades von dem eines 28″-Fahrrades?

12 Die Cafeteria der Heinrich-Heine-Schule erzielt in den ersten fünf Monaten des Jahres die in der Tabelle angegebenen Einnahmen:

Januar	Februar	März	April	Mai
2701,25 €	5210,12 €	3989,55 €	2913,21 €	4222,10 €

Der Mittelwert der monatlichen Einnahmen in der ersten Hälfte eines Kalenderjahres beträgt normalerweise circa 4000 €.
Wie hoch müssten die Einnahmen im Juni sein, damit auch in diesem Jahr wieder der Mittelwert des ersten Halbjahrs des Vorjahres erreicht wird? Beurteile das rechnerische Ergebnis. Begründe, warum die Einnahmen in den einzelnen Monaten so stark schwanken.

13 Mathias und Maria lesen die Werbebeilagen in der Zeitung. Sie möchten sich eine Biertisch-Garnitur kaufen und vergleichen verschiedene Angebote.
Sie finden die zwei folgenden Angebote:

Angebot 1

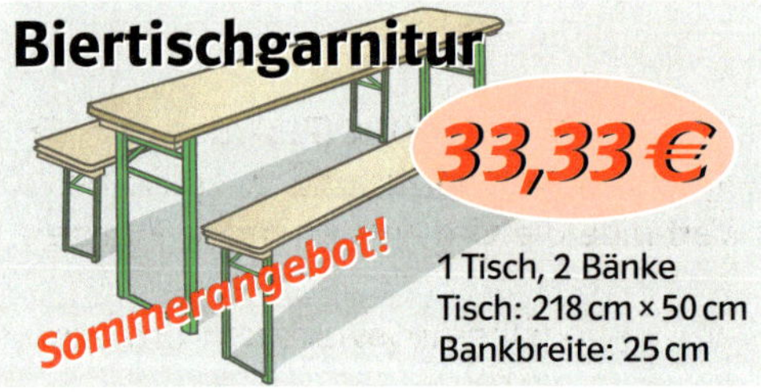

Angebot 2

Maria und Mathias überlegen nun, für welche Garnitur sie sich entscheiden sollen. Dazu vergleichen sie die Preise. Stelle Argumente auf, die Grundlage einer Kaufentscheidung sein können und berücksichtige auch die Preise.

14 Familie Klei will für ihre Tochter den abgebildeten Holzspielkasten kaufen.
Wie viel müssen sie einschließlich des Sandes bezahlen, wenn der Holzspielkasten etwa zur Hälfte mit Sand gefüllt werden soll? Ein Paket Spielsand mit 25 kg Inhalt kostet 3,99 €.

Holzsandkasten mit Deckel 22,95 €
Maße außen ca. 120 × 120 cm

15 Familie Otto will einen Nudelsalat machen, dessen Rezept sie von Freunden bekommen hat. Da sie heute nur zu dritt sind, müssen sie die Zutaten reduzieren.
Welche Mengen sollten sie für die einzelnen Zutaten nehmen? Erkläre, wie du rechnest und runde deine Ergebnisse geeignet.

Nudelsalat mit Artischockenherzen und Thunfischsoße
Für 4 Personen,
Pro Portion 410 kcal,
1,5 g Fett, 3,3 % Fettkalorien,
Zubereitungszeit:
ca. 30 Minuten

Zutaten: 400 g Penne Rigate, 150 g Staudensellerie, 150 g Cocktailtomaten, 1 Glas Artischockenherzen, 1 Becher (150 g) Joghurt, 1 EL Balsamico bianco, 80 g Thunfisch, naturell (Dose), Kräutersalz, Pfeffer aus der Mühle, 5 EL Mineralwasser, 1 EL Kapern, 2 EL Schnittlauchröllchen

Zubereitung:
Nudeln nach Anweisung auf der Packung zubereiten, abschrecken und abtropfen lassen. Staudensellerie putzen, waschen und in dünne Scheiben schneiden. Cocktailtomaten waschen und halbieren. Artischockenherzen abtropfen lassen und in Viertel schneiden. Alles unter die Nudeln mischen. Joghurt mit Balsamico, Thunfisch und Mineralwasser pürieren, mit Kräutersalz und Pfeffer abschmecken. Kapern zugeben und die Salatsoße mit den Salatzutaten mischen. Mit Schnittlauch bestreut servieren.

16 Nimm ein Doppelblatt einer Zeitungsseite und schneide ein möglichst großes Quadrat aus. Stelle dir nun die beiden Symmetrieachsen durch die Seitenmitten des Quadrats vor. Falte das Quadrat entlang dieser beiden Symmetrieachsen zusammen.
a) Welches Viereck entsteht auf diese Weise?
b) Wie groß ist der Anteil des Flächeninhalts und des Umfangs dieses Vierecks am ursprünglichen Quadrat? Begründe deine Antwort.
c) Falte das entstandene Viereck erneut wie oben beschrieben. Welchen Anteil am ursprünglichen Quadrat nehmen Flächeninhalt und Umfang des entstehenden Vierecks nun ein?
d) Wie oft müsste man diese Faltungen ausführen, bis der Anteil des Flächeninhalts des entstehenden Vierecks weniger als 1 % des Flächeninhalts des ursprünglichen Quadrats beträgt?

17 Ab der dritten Zahl ist jede Zahl $\frac{3}{5}$ der Summe aller vorausgehenden Zahlen. Welche Zahl des Bandes ist nicht lesbar?

18 Ein Rechteck hat die Seitenlängen $\frac{2}{3}$m und $\frac{1}{6}$m. Aus diesem Rechteck wird ein Quadrat der Seitenlänge $\frac{1}{8}$m herausgeschnitten.
a) Berechne die Größe der Restfläche einmal mit den gegebenen Brüchen und einmal unter Verwendung von Dezimalbrüchen. Was stellst du fest? Erkläre deine Beobachtungen.
b) Wie groß ist der Anteil des Flächeninhalts des Quadrats am Flächeninhalt des Rechtecks?

Pfennigfuchser

Das Verwaltungsgericht Frankfurt hat den Umtausch einer wertlosen Banknote aus der Inflationszeit abgelehnt. Der Richter gab der Bundesbank Recht, die auf die vor 80 Jahren abgelaufene Umtauschfrist verwiesen hatte. Ein Amerikaner hatte von der Bank verlangt, ihm die deutsche 100 000-Mark-Note von 1923 in Euro umzutauschen. Ungeachtet der Tauschfrist wäre der Schein gerade noch 0,000 000 05 Cent wert. Der Kläger, der selbst nicht erschienen war, hatte keine gewünschte Erstattungssumme genannt.

19 Zeichne das Quadrat ABCD mit den Eckpunkten A(3|5), B(5|3), C(7|5) und D(5|7) in ein Koordinatensystem. Konstruiere den Mittelpunkt des Quadrats und spiegele ihn anschließend an allen vier Seiten des Quadrats. Verbinde die vier entstehenden Punkte miteinander.
Wiederhole diesen Vorgang mit dem neuen Viereck und bestimme jeweils den Umfang der drei Vierecke.
Vergleiche die Ergebnisse und gib an, wie groß der Umfang eines vierten Vierecks wäre.

20 Wie viel Mark in der Währung von 1923 hätte der Mann aus dem Zeitungsartikel auf dem Rand heute theoretisch mindestens umtauschen müssen, um einen Cent zu erhalten?

21 DIN-A4-Kopierpapier wiegt üblicherweise 80 g pro Quadratmeter.
Gruppe 1 Wie viel wiegt eine 500-Blatt-Packung?
Gruppe 2 Wie groß ist eine Fläche, die man mit den 500 Blättern auslegen könnte? Gib die Größe der Fläche in einer geeigneten Einheit an.
Gruppe 3 Wie viele DIN-A6-Blätter benötigt man für die gleiche Fläche?
Gruppe 4 Überprüfe die folgende Aussage: Egal, wie man die Blätter zu einem Rechteck anordnet, der entstehende Flächeninhalt und der entstehende Umfang bleiben immer gleich.

22 Die Frankfurter Rundschau berichtet am 23.12.2004, dass in Offenbach der Preis für 1 m^3 Wasser im Juli 2007 von aktuell 2,18 € auf 1,97 € gesenkt werden soll. Es heißt, dies führe zu einer durchschnittlichen Ersparnis von 31,50 € pro Haushalt pro Jahr.
Wie viel m^3 verbraucht ein Haushalt demnach pro Jahr?
Warum heißt es „durchschnittlich"?

Horizonte

Exkursion

Bruchrechnung ägyptisch

In Hieroglyphenschrift auf ägyptisch

𓏺 = 1

𓎆 = 10

𓍢 = 100

𓆼 = 1000

𓂭 = 10 000

𓆐 = 100 000

𓁨 = 1 000 000

Die Ägypter hatten vor 4000 Jahren Zeichen für die Zahlen 1, 10, 100, … bis 1 000 000, die sie einfach nebeneinander setzten:

123 = 𓍢 𓎆 𓎆 𓏺 𓏺 𓏺

Ein Bericht von einer Schlacht in Ägypten um 2900 v. Chr. enthält Angaben über die erbeuteten Rinder, Ziegen und Gefangenen. Es handelte sich um 400 000 Rinder, 1 422 000 Ziegen und 120 000 Gefangene. An welcher Stelle hat der Berichterstatter dies vermerkt?

Neben den natürlichen Zahlen haben die Ägypter auch Brüche verwendet, allerdings nur solche mit dem Zähler 1, also $\frac{1}{2}, \frac{1}{3}, \frac{1}{4}, \ldots$ Diese Brüche nennt man **Stammbrüche**. Durch die Hieroglyphe 𓂋 signalisierten sie, dass ein Stammbruch zu bilden ist. Eine Zahl, die darunter geschrieben ist, gibt dann den Nenner des Stammbruchs an:

𓂋𓏺𓏺𓏺 $= \frac{1}{3}$ 𓂋𓎆 $= \frac{1}{10}$ 𓂋𓍢 $= \frac{1}{100}$

Nur für besonders häufig verwendete Brüche gab es ein eigenes Zeichen, z. B.

𓐛 $= \frac{1}{2}$

Da die Ägypter nicht für jeden Bruch ein eigenes Zeichen einführen konnten, stellten sie alle Brüche als Summe von Stammbrüchen dar. Dabei durfte kein Stammbruch doppelt vorkommen.

$$\frac{2}{19} = \frac{1}{12} + \frac{1}{76} + \frac{1}{114} \qquad \frac{4}{15} = \frac{1}{5} + \frac{1}{15}$$

Wie kommt man nun auf die „ägyptische Schreibweise“ eines Bruchs?
Experimentiere zunächst mit deinem Taschenrechner und suche eine „ägyptische Schreibweise“ für $\frac{3}{11}$. Beachte dabei, dass $\frac{3}{11} = \frac{1}{11} + \frac{1}{11} + \frac{1}{11}$ bei den alten Ägyptern nicht erlaubt war.
Welche Entdeckungen kannst du dabei machen?
Findest du verschiedene Möglichkeiten, den Bruch als Summe darzustellen?

Ist es einfacher eine Darstellung zu finden, wenn ein Stammbruch mehrmals vorkommen darf?

Wäre es für dich geschickter, wenn man auch subtrahieren könnte?

Bruchrechnung ägyptisch

Wenn man nicht lange forschen will, kann man auch mit einem systematischen Vorgehen zum Ziel kommen.

Gesucht ist die ägyptische Schreibweise für $\frac{5}{9}$.
1. Schritt: Suche den größten Stammbruch, der in $\frac{5}{9}$ enthalten ist: $\frac{5}{9} = \frac{1}{2} + \ldots$
2. Schritt: Berechne die Differenz der beiden Brüche:
$\frac{5}{9} - \frac{1}{2} = \frac{10}{18} - \frac{9}{18} = \frac{1}{18}$.
Somit ist also $\frac{5}{9} = \frac{1}{2} + \frac{1}{18}$ oder wie die Ägypter schreiben würden:

Liefert der 2. Schritt keinen Stammbruch, so musst du für die Differenz die beiden Schritte wiederholen.

Findest du für $\frac{5}{9}$ auch noch eine andere Darstellung? Nimm ruhig den Taschenrechner zur Hand.

Suchst du bei diesem Vorgehen nicht gleich den größten Stammbruch im 1. Schritt, so siehst du, dass man für eine Zahl verschiedene Darstellungen erhalten kann.
So ist z. B. $\frac{5}{7} = \frac{1}{2} + \frac{1}{5} + \frac{1}{70}$ und $\frac{5}{7} = \frac{1}{4} + \frac{1}{5} + \frac{1}{7} + \frac{1}{10} + \frac{1}{70} + \frac{1}{140}$.
Du kannst das mit deinem Taschenrechner schnell überprüfen.

Du hast nun gesehen, dass es sehr aufwändig sein kann, einen Bruch „ägyptisch" darzustellen. Daher kann man gut verstehen, dass ein normaler ägyptischer Schreiber manchmal Probleme hatte, diese Summanden zu finden. Er benutzte daher eine Tabelle, in der die Quotienten 2 : 5; 2 : 7 usw. schon ausgerechnet waren.

$2:3 = \frac{1}{2} + \frac{1}{6}$	
$2:5 = \frac{1}{3} + \frac{1}{15}$	$2:7 = \frac{1}{4} + \frac{1}{28}$
$2:9 = \frac{1}{6} + \frac{1}{18}$	$2:11 = \frac{1}{6} + \frac{1}{66}$
$2:13 = \frac{1}{8} + \frac{1}{52} + \frac{1}{104}$	$2:15 = \frac{1}{10} + \frac{1}{30}$
usw. bis $2:101 = \frac{1}{101} + \frac{1}{202} + \frac{1}{303} + \frac{1}{606}$	

Lege jetzt deinen Taschenrechner beiseite und versetze dich in die Lage eines ägyptischen Schreibers.

Die Tabelle ist nicht vollständig. Notiere die fehlenden „Zweierquotienten" wie 2 : 17 usw. Wie gehst du vor, wenn du sie „ägyptisch" darstellen sollst?

Nun erhältst du als Schreiber den Auftrag, auch „Dreierquotienten" zu schreiben. Was tust du?

Damit du bei einem weiteren Auftrag keine Überraschungen erlebst, hast du beschlossen, vorsorglich zu überlegen, wie du Brüche mit dem Zähler 4 oder 5 schreiben könntest. Welche Idee ist dir dabei gekommen?

Zum Abschluss noch ein paar Fragen, die sich die Schreiber vielleicht auch schon gestellt haben.

Kann man eigentlich jeden Bruch zwischen 0 und 1 als Summe von Stammbrüchen darstellen?

Kann man jeden Stammbruch selbst wieder als Summe von Stammbrüchen schreiben?

Zu welchem Ergebnis sind sie wohl gekommen?
Experimentiere dazu ruhig mit deinem Taschenrechner – auch wenn die Schreiber vor 4000 Jahren ihn nicht zur Verfügung hatten!

Entdeckungen

Brüche, Dezimalbrüche und der Taschenrechner

Petra und Malte spielen nach der Mathematikstunde mit ihren Taschenrechnern. Sie stellen sich gegenseitig Divisionsaufgaben und wollen feststellen, ob sie erkennen können, ab wann sich die Ziffern im Ergebnis wiederholen. Sie rechnen: 3 : 8; 6 : 25; 21 : 50; 35 : 25 und 33 : 48. Jürgen hat zugeschaut und sagt: „So bekommt ihr nie periodische Dezimalbrüche. Da müsst ihr schon andere Nenner nehmen. Eure Brüche haben Nenner, bei denen die Dezimaldarstellung abbricht. Das sehe ich ohne Taschenrechner."

> Hat Jürgen Recht? Finde selbst Brüche, bei denen du ohne Division erkennen kannst, dass ihre Dezimaldarstellung abbricht.

„Na gut", meint Petra. „Dann nehmen wir andere Brüche." Sie probieren es mit $\frac{5}{6}$; $\frac{3}{22}$; $\frac{5}{13}$; $\frac{1}{7}$; $\frac{3}{17}$ und $\frac{4}{7}$.
Malte versucht, die Ergebnisse des Taschenrechners zu deuten: „$5 : 6 = 0{,}8\overline{3}$ und $3 : 22 = 0{,}1\overline{36}$. Der Taschenrechner muss doch irgendwann abbrechen. Manchmal rundet er die letzte Ziffer. Aber wenn man genau hinschaut, sieht man schon, welche Ziffern sich wiederholen." „Und wie siehst du das bei unseren anderen Rechnungen?", fragt Petra. Jürgen meint. „Gar nicht so einfach. Bei 1 : 7 würde ich auf $0{,}\overline{142857}$ tippen, 5 : 13 könnte $0{,}\overline{384615}$ sein, die 4 : 7 ist auch klar, aber bei der 3 : 17 ist die Periode wohl länger als die Anzeige des Taschenrechners. Da kann man sie nicht erkennen. Eigentlich kannst du den Taschenrechner hier vergessen."

> Prüfe durch schriftliche Division, ob Jürgen Recht hat. Finde selbst Brüche, deren Dezimalbruchdarstellung sofort hinter dem Komma periodisch wird, und solche, bei denen es zuerst Ziffern gibt, die sich nicht wiederholen. Woran liegt das?

Malte mag sich nicht mit dem Gedanken abfinden, dass er den Taschenrechner vergessen soll. Er meint: „Mir ist schon klar, dass er die letzte Stelle manchmal rundet, aber rechnen kann er trotzdem richtig." Die beiden testen ihn. Malte rechnet 4 : 7 und Petra tippt auf ihrem Rechner 1 : 7 · 4. Beide Ergebnisse stimmen überein: 0,571428571. Eigentlich hätte bei Petras Rechner 0,1428573 · 4 = 0,571428572 herauskommen müssen. Jürgen meint: „ Logisch, die Dinger rechnen genauer, als sie anzeigen. Meistens genügt es, wenn man auf zwei oder drei Stellen hinter dem Komma rundet."

> Jürgen hat Recht, aber bei ganz großen und ganz kleinen Zahlen gibt es schon Probleme. Probiere es aus. Tippe auf deinem Rechner so viele Mal die 9 wie möglich und addiere dann 10. Oder: Multipliziere 3040506 mit 20109.

Malte und Petra wollen Perioden besser verstehen. Sie schauen nochmals ihre Rechnungen an.

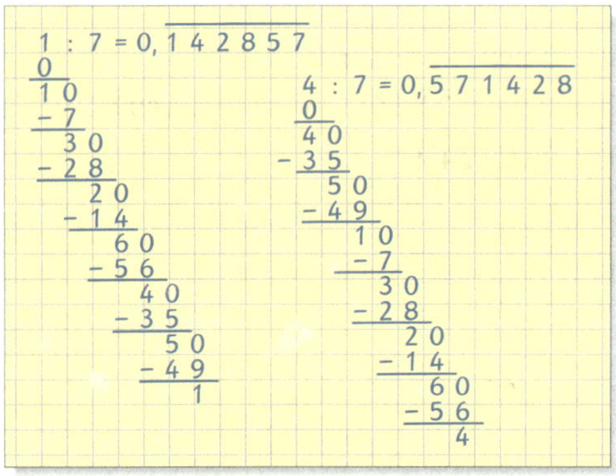

Fig. 1

Beim Vergleichen stellen sie fest, dass in beiden Divisionen dieselben Rechenschritte durchgeführt wurden. Dies können sie ausnutzen, um $\frac{3}{7}$ umzuwandeln.

$$\begin{array}{l} \;\;3 : 7 = 0{,}4\ldots \\ -\,0 \\ \;\;30 \\ -\,28 \\ \;\;\ldots \end{array}$$

Dann ist $\frac{3}{7} = 0{,}\overline{428571}$.

> Bestimme den Dezimalbruch von $\frac{5}{7}$, $\frac{2}{7}$ und $\frac{6}{7}$.
> Schreibe $\frac{1}{17}$ als Dezimalbruch.
> Ermittle hiermit die Dezimalbrüche von $\frac{3}{17}$, $\frac{4}{17}$, $\frac{11}{17}$ und $\frac{16}{17}$ ohne weitere Rechnungen. Warum klappt dieses Verfahren nicht, um $\frac{8}{13}$ zu bestimmen?

Brüche, Dezimalbrüche und der Taschenrechner

In verschiedenen Mathebüchern finden Petra und Malte weitere interessante Dinge über periodische Dezimalbrüche.

Besondere Perioden

Beim Teilen durch 17 wiederholt sich der Rest erst nach 16 Stellen. Die Ziffernfolge ist aber ganz unregelmäßig. Anders ist das bei folgenden Brüchen:

$\frac{1}{81} = 0,\overline{0123456789}$

$\frac{1}{891} = 0,\overline{0011223344556667789}$

$\frac{1}{8991} = 0,\overline{0001112223334445556667777889}$

$\frac{1}{89991} = ?$

Wie sehen die Perioden jeweils aus?

a) $\frac{1}{9}, \frac{1}{99}, \frac{1}{999}, \ldots$ b) $\frac{1}{9}, \frac{1}{90}, \frac{1}{900}, \ldots$

c) $\frac{1}{9}, \frac{1}{90}, \frac{1}{990}, \ldots$ d) $\frac{11}{90}, \frac{101}{900}, \frac{1001}{9000}, \ldots$

Finde selbst weitere Reihen.

Besonders lange Perioden

$\frac{1}{61} = 0,\overline{016393442622950819672131147540983606557377}$
$\overline{049180327868852459}$

Bei welchem der Brüche wiederholen sich in der Dezimalbruchdarstellung die meisten Ziffern, bei welchem die wenigsten? Wie viele gibt es höchstens? $\frac{1}{13}; \frac{1}{17}; \frac{5}{37}; \frac{3}{22}; \frac{65}{26}; \frac{5}{24}$

Bei welchem Bruch würdest du die Dezimalbruchdarstellung den Taschenrechner ausrechnen lassen, bei welchem lieber nicht?
$\frac{1}{13}; \frac{1}{17}; \frac{5}{37}; \frac{3}{22}; \frac{65}{26}; \frac{5}{24}$
Begründe deine Antwort und prüfe dann mit dem Taschenrechner nach.

Unendlich lang, aber nicht periodisch

Jürgen hat alle Rechnereien von Petra und Malte angeschaut und kommt zu der Überzeugung: „Alle Dezimalbrüche, die nicht abbrechen, sind periodisch, weil auch bei noch so großem Nenner sich die Reste irgendwann wiederholen." Da widerspricht Petra energisch: " Das stimmt gar nicht!" Sie schreibt folgende Zahlenreihe auf:
0,1 → 0,10 → 0,10100 → 0,101001000 → …

„Stimmt, solche Kommazahlen sind nicht periodisch und können immer weiter fortgesetzt werden", gibt Jürgen zu. „Das heißt aber dann, dass solche Zahlen sich nicht in einen Bruch verwandeln lassen. Es gibt also außer den Dezimalbrüchen noch eine andere Sorte von Kommazahlen."

Gib die nächsten Ziffern von Petras Zahl an. Finde selbst weitere Beispiele für Kommazahlen, die nicht abbrechen, aber auch nicht periodisch sind. Frage deinen Nachbarn, wie die nächsten Ziffern deiner Zahl lauten.

Umwandeln periodischer Dezimalbrüche in Brüche

„Und die periodischen kann man in Brüche umwandeln. Nur habe ich keine Ahnung, wie das geht." sagt Petra. Jürgen weiß es auch nicht. Sie gehen in die Bibliothek und finden dort die folgenden Beispiele:

$$0,\overline{14}$$
$$100 \cdot 0,\overline{14} = 14,141414\ldots$$
$$1 \cdot 0,\overline{14} = 0,141414\ldots$$
$$(100-1) \cdot 0,\overline{14} = 14$$
$$99 \cdot 0,\overline{14} = 14$$
$$0,\overline{14} = \frac{14}{99}$$

$$3,3\overline{56}$$
$$1000 \cdot 3,3\overline{56} = 3356,5656\ldots$$
$$10 \cdot 3,3\overline{56} = 33,5656\ldots$$
$$(1000-10) \cdot 3,3\overline{56} = 3323$$
$$990 \cdot 3,3\overline{56} = 3323$$
$$3,3\overline{56} = \frac{3323}{990}$$

Petra schaut sich die beiden Rechnungen genau an und strahlt: „ Schön, da gibt es einen Trick. Wenn du den erkannt hast, ist die Umwandlung eines periodischen Dezimalbruches in einen Bruch ganz einfach. Du musst dann nicht mehr die ganze Rechnung durchführen und es klappt trotzdem." Zuerst schaut Jürgen ganz verdutzt, dann fängt er an zu probieren.

Hast du auch eine Idee, wie Petras Trick aussehen könnte? Probiere zunächst noch ein paar Beispiele. Am besten tust du dich mit deinem Nachbarn zusammen und ihr forscht gemeinsam…

Rückblick

Rechnen mit Brüchen

Multiplizieren von Brüchen
Zwei Brüche werden multipliziert, indem man Zähler mit Zähler und Nenner mit Nenner multipliziert.
Rechtzeitiges Kürzen vereinfacht oft die Rechnung.

$$\frac{5}{24} \cdot \frac{16}{17} = \frac{5 \cdot 16}{24 \cdot 17} = \frac{5 \cdot 2}{3 \cdot 17} = \frac{10}{51}$$

$$\frac{2}{3} \cdot 5 = \frac{2}{3} \cdot \frac{5}{1} = \frac{2 \cdot 5}{3} = \frac{10}{3}$$

$$4 \cdot \frac{3}{7} = \frac{4}{1} \cdot \frac{3}{7} = \frac{4 \cdot 3}{7} = \frac{12}{7}$$

Dividieren durch einen Bruch
Man dividiert durch einen Bruch, indem man mit seinem Kehrwert multipliziert.

$$\frac{7}{9} : \frac{5}{18} = \frac{7}{9} \cdot \frac{18}{5} = \frac{7 \cdot 18}{9 \cdot 5} = \frac{7 \cdot 2}{1 \cdot 5} = \frac{14}{5}$$

$$\frac{5}{3} : 7 = \frac{5}{3} : \frac{7}{1} = \frac{5}{3} \cdot \frac{1}{7} = \frac{5 \cdot 1}{3 \cdot 7} = \frac{5}{21}$$

$$\frac{3}{4} : 5 = \frac{3}{4} : \frac{5}{1} = \frac{3}{4} \cdot \frac{1}{5} = \frac{3}{4 \cdot 5} = \frac{3}{20}$$

Rechnen mit Dezimalbrüchen

Multiplizieren mit (Dividieren durch) Zehnerpotenzen
Multiplizieren mit 10; 100; 1000 ... bedeutet eine Kommaverschiebung um 1; 2; 3 ... Stellen nach rechts.
Dividieren durch 10; 100; 1000 ... bedeutet eine Kommaverschiebung um 1; 2; 3 ... Stellen nach links.

$$3{,}2145 \cdot 10^3 = 3{,}2145 \cdot 1000 = 3214{,}5$$

$$25 : 10^4 = 25{,}0 : 10\,000 = 0{,}0025$$

Multiplizieren von Dezimalbrüchen
Man multipliziert zunächst, ohne die Kommas zu beachten.
Dann setzt man das Komma so, dass das Ergebnis genau so viele Stellen nach dem Komma hat wie beide Faktoren zusammen.

```
2,1 · 6,34          0,23 · 0,4
 126                        92
   63                    0,092
    84
13,314
```

Dividieren von Dezimalbrüchen
Man verschiebt das Komma der beiden Zahlen so weit nach rechts, bis die Zahl, durch die geteilt wird, eine natürliche Zahl ist.
Dann dividiert man und setzt beim Überschreiten des Kommas auch im Ergebnis ein Komma.

```
3,78 : 1,4 = 37,8 : 14 = 2,7
            −28
              98
             −98
               0
```

Mittelwert
Den Mittelwert von Größen bzw. Zahlen berechnet man, indem man alle Größen bzw. Zahlen addiert und dann die Summe durch die Anzahl der Größen bzw. Zahlen dividiert.

Der Mittelwert der Zahlen 12; 17; 9; 84; 23 ist: $\frac{12 + 17 + 9 + 84 + 23}{5} = \frac{145}{5} = 29$

Umwandeln eines Bruches in einen Dezimalbruch
Wandelt man einen Bruch in einen Dezimalbruch um, so entsteht entweder ein abbrechender oder ein periodischer Dezimalbruch.

$$\frac{11}{8} = 1{,}375$$

$$\frac{7}{22} = 0{,}3\overline{18}$$

Rechengesetze und Rechenvorteile
Die von den natürlichen Zahlen bekannten Rechengesetze gelten auch für Brüche und Dezimalbrüche. Dazu gehören das Assoziativ- und das Kommutativgesetz bei der Addition und der Multiplikation. Auch das Distributivgesetz ist weiter gültig.

Durch die Anwendung der Gesetze können Rechenvorteile entstehen.

Kommutativgesetz

$$2{,}3 + 4{,}1 = 4{,}1 + 2{,}3$$

$$2{,}3 \cdot 4{,}1 = 4{,}1 \cdot 2{,}3$$

Assoziativgesetz

$$\frac{3}{7} + \left(\frac{5}{9} + \frac{1}{3}\right) = \left(\frac{3}{7} + \frac{5}{9}\right) + \frac{1}{3}$$

$$\frac{3}{7} \cdot \left(\frac{5}{9}\,\frac{1}{3}\right) = \left(\frac{3}{7}\,\frac{5}{9}\right) \cdot \frac{1}{3}$$

Distributivgesetz

$$\frac{3}{7} \cdot \left(\frac{5}{9} + \frac{1}{3}\right) = \frac{3}{7} \cdot \frac{5}{9} + \frac{3}{7} \cdot \frac{1}{3}$$

$$\left(\frac{5}{9} - \frac{1}{3}\right) : \frac{2}{7} = \frac{5}{9} : \frac{2}{7} - \frac{1}{3} : \frac{2}{7}$$

Training

Runde 1

1 Berechne.
a) $3 \cdot \frac{5}{7}$ b) $\frac{5}{9} \cdot \frac{18}{25}$ c) $2\frac{1}{3} \cdot 3$ d) $\frac{69}{60} \cdot \frac{48}{23}$

2 Berechne.
a) $\frac{4}{5} : \frac{2}{3}$ b) $\frac{35}{26} : \frac{25}{39}$ c) $\frac{2}{3} : \frac{4}{9}$ d) $6 : \frac{3}{10}$

3 Berechne ohne Taschenrechner.
a) 0,45 · 0,002 b) 2,9 · 2,1 c) 27,86 · 7 d) 0,5 · 0,12 e) 15,6 : 6 f) 10 : 0,2

4 Eine Tischtennisplatte ist 2,74 m lang und 1,53 m breit, ein Billardtisch ist 2,84 m lang und 1,42 m breit. Welcher Flächeninhalt ist größer? Runde die Ergebnisse auf Hundertstel.

5 Zwei Dezimalbrüche werden multipliziert. Wie ändert sich das Ergebnis, wenn man
a) bei einem Dezimalbruch das Komma um eine Stelle nach rechts verschiebt,
b) bei einem Dezimalbruch das Komma um eine Stelle nach rechts verschiebt und bei dem anderen um eine Stelle nach links?

6 Die Leistung bei Autos wurde früher in PS (Pferdestärken) angegeben. Heute verwendet man die Maßeinheit kW (Kilowatt).
1 kW = 1,36 PS 1 PS = 0,736 kW
Wie viel PS entsprechen 70 kW und wie viel kW entsprechen 75 PS?

Fig. 1

7 a) Wie teuer ist eine Einzelfahrt bei einer Mehrfachfahrkarte?
b) Claudia ist mit ihrer Wochenkarte in der letzten Woche 11-mal gefahren. Wie teuer war für sie eine einzelne Fahrt?
c) Ab wie vielen Fahrten lohnt sich eine Wochenkarte oder eine Monatskarte?

Runde 2

1 Berechne.
a) $5 \cdot \frac{3}{4}$ b) $\frac{4}{7} \cdot \frac{35}{12}$ c) $\frac{36}{25} : \frac{9}{24}$ d) $3\frac{1}{2} \cdot 5\frac{2}{7}$ e) $\frac{36}{75} \cdot \frac{45}{24}$ f) $\frac{3}{5} : \frac{4}{7}$

2 Berechne.
a) $0{,}032 \cdot 10^3$ b) $15{,}23 : 10^2$ c) 125 : 10 000 d) 1000 · (5 : 100)

3 Berechne schriftlich.
a) 30,54 · 5 b) 3,5 · 4,2 c) 0,03 · 0,25 d) 0,05 · 0,18 e) 25,6 : 8 f) 25,5 : 0,5

4 Eine Einheit beim Telefonieren kostet bei einem bestimmten Anbieter zurzeit 4,5 Cent. Wie viele Einheiten kann man für 5,04 € (9,18 €; 44,91 €) telefonieren?

5 Klaus zählt die Streichhölzer von 7 Schachteln und erhält 39, 37, 38, 40, 42, 35 und 41.
a) Bestimme die durchschnittliche Anzahl von Hölzern pro Schachtel.
b) Wie ändert sich der Mittelwert, wenn in jeder Schachtel ein Holz mehr (weniger) ist?

6 Eine Ölmühle liefert 18 900 kg Öl.
Wie viele Fässer kann man damit füllen, wenn jedes Fass 175 l fasst? (1 l Öl wiegt 0,9 kg.)

Fig. 2

7 Welches Angebot (Fig. 2) ist günstiger? Begründe deine Antwort.

Das kannst du schon

- Kreise, Dreiecke und Vierecke zeichnen
- Mit Größen rechnen
- Quadrate und Rechtecke berechnen

Zahl

Messen

Raum und Form

Funktionaler Zusammenhang

Daten und Zufall

Mit drei Ecken alles im Griff

Wenn man einen aufgeklappten Meterstab zufällig an zwei Stellen knickt, kann man ihn manchmal zu einem Dreieck legen. Dabei gibt es aber immer nur besondere Dreiecke.

Das kannst du bald

- Besondere Linien im Dreieck konstruieren
- Winkelsummen in Vielecken bestimmen
- Parallelogramme, Dreiecke und Trapeze berechnen

1 Besondere Dreiecke

Billard ist eine spannende Sportart für kühle Rechner, die für den Zuschauer sehr beeindruckend ist.
Beim Aufbau müssen sich die Kugeln berühren. Dafür wird ein Dreieck benutzt. Diese Anordnung der Kugeln ist schön anzusehen, hat aber nicht nur ästhetische Gründe.

Für das Schönheitsempfinden bei Gegenständen des Alltags und bei Bau- und Kunstwerken spielt die Symmetrie eine große Rolle. Oft sieht man Formen mit symmetrischen Dreiecken (z. B. bei Verkehrsschildern).

Ein Dreieck ABC mit einer Symmetrieachse (Fig. 1) heißt **gleichschenkliges Dreieck**.
Die beiden gleich langen Seiten $\overline{AC}$ und $\overline{BC}$ nennt man **Schenkel** und die dritte Seite $\overline{AB}$ heißt **Basis** des Dreiecks.
Die Winkel α und β, deren einer Schenkel auf der Basis liegt, heißen **Basiswinkel**.
Den Winkel γ nennt man den Winkel an der Spitze. Die Symmetrieachse teilt das Dreieck in zwei kongruente Dreiecke, in denen die Basiswinkel einander entsprechen. Deshalb sind die Basiswinkel gleich groß.

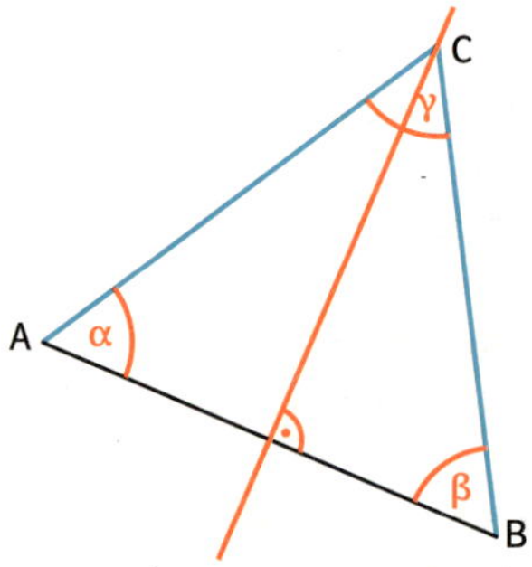

Fig. 1

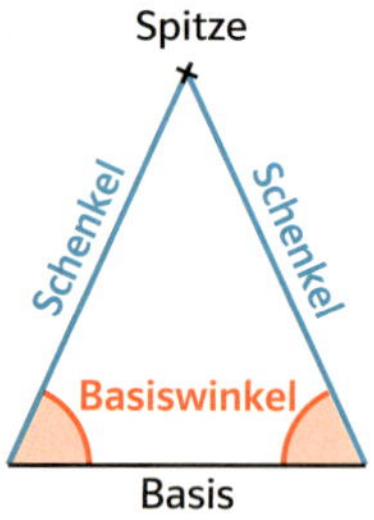

Fig. 2

Basiswinkelsatz
Wenn ein Dreieck **gleichschenklig** ist, dann sind die **Basiswinkel** gleich groß.

Umgekehrt gilt auch: Wenn in einem Dreieck zwei Winkel gleich groß sind, dann ist das Dreieck gleichschenklig.

Sind bei einem Dreieck ABC (Fig. 3) alle Seiten gleich lang, dann nennt man das Dreieck **gleichseitiges Dreieck**. Ein gleichseitiges Dreieck besitzt drei Symmetrieachsen. Die drei Winkel α, β und γ sind daher gleich groß. Umgekehrt gilt: Wenn in einem Dreieck alle drei Winkel gleich groß sind, dann ist das Dreieck gleichseitig.
Das Dreieck ist auch drehsymmetrisch, denn z. B. eine Drehung um 120° bildet das Dreieck auf sich selbst ab.

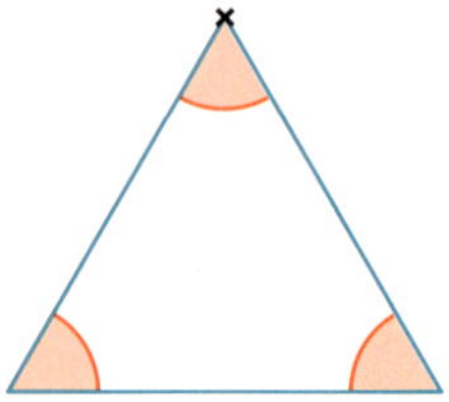

Fig. 4

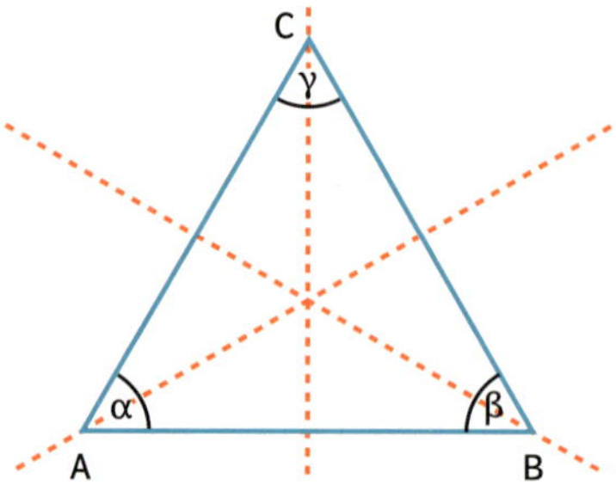

Fig. 3

Beispiel Zeichnen eines gleichschenkligen Dreiecks
Zeichne ein gleichschenkliges Dreieck mit der Basis 4 cm und dem Basiswinkel 35°.
Lösung:
1. Zeichne die Basis $\overline{AB} = 4\,\text{cm}$.
2. Zeichne den Winkel $\alpha = 35°$.
3. Zeichne den Winkel $\beta = 35°$.
4. Bezeichne den Schnittpunkt von α und β mit C.

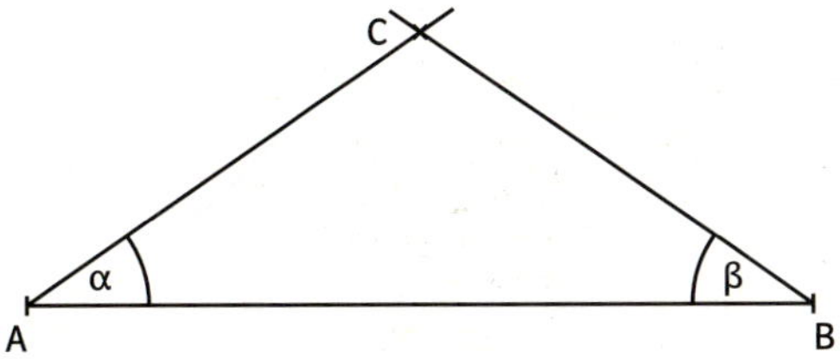

Fig. 2

Planfigur:

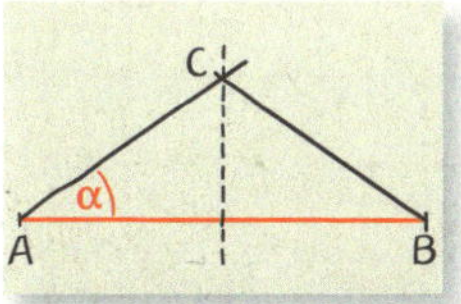

Fig. 1

Wenn man die Symmetrieachse des Dreiecks benutzt, erhält man einen anderen Lösungsweg.

Aufgaben

1 Zeichne das gleichschenklige Dreieck ABC. Gib die übrigen Größen an.
a) Die Grundseite $\overline{AC}$ ist 6,5 cm lang, ein Schenkel misst 5,2 cm.
b) Der Basiswinkel α misst 35°, die Basis ist 10 cm lang.
c) Ein Schenkel ist 12 cm groß, der Winkel an der Spitze misst 51°.

2 Zeichne zwei verschiedene gleichschenklige Dreiecke mit der gegebenen Eigenschaft.
a) Die Basis ist 7 cm lang.
b) Ein Basiswinkel misst 55°.
c) Ein Winkel ist 30° groß.
d) Zwei Winkel sind gleich groß.

3 Zeichne ein gleichschenkliges Dreieck ABC nach den Angaben. Bestimme die übrigen Größen durch Messen oder Überlegen. Gibt es verschiedene Lösungen?
a) $\overline{AB} = 5\,\text{cm}$; $\alpha = 65°$
b) $\overline{AC} = 4\,\text{cm}$; $\gamma = 100°$
c) $\overline{AB} = 6\,\text{cm}$; $\overline{BC} = 5\,\text{cm}$
d) $\overline{AB} = 7\,\text{cm}$; es gilt $\alpha = \beta = \gamma$.

4 Zeichne ein gleichschenkliges Dreieck mit der Basis 3 cm und dem Basiswinkel 70°. Beschreibe die Konstruktion. Bestimme diejenigen Punkte auf den Dreieckseiten, die von der Spitze den Abstand 2,5 cm haben, und diejenigen Punkte, die 1 cm von der Basis entfernt sind.

5 Zeichne, wenn möglich, ein Dreieck mit der geforderten Eigenschaft.
a) Das Dreieck hat zwei gleich lange Seiten mit 3 cm und eine Seite der Länge 8 cm.
b) Das Dreieck hat zwei Winkel der Größe 40° und zwei gleich lange Seiten.
c) Das Dreieck hat zwei gleich lange Seiten und einen rechten Winkel.

6 Die vordere Seite eines Firstzeltes (Fig. 3) hat eine Breite von 2 m und eine Höhe von 1,5 m. Zeichne in einem geeigneten Maßstab die Vorderfront. Bestimme alle Winkel und die Längen der Seiten.

Fig. 3

7 **Wer hat Recht?**
Marion sagt: „Ich habe ein achsensymmetrisches Dreieck mit drei verschieden großen Winkeln gezeichnet."
Jörg behauptet: „Jedes Dreieck, das zwei Symmetrieachsen hat, ist ein gleichseitiges Dreieck."
Paul meint: „Ich habe ein gleichschenkliges Dreieck gezeichnet, in dem der Winkel zwischen den Schenkeln so groß wie ein Basiswinkel ist."

2 Winkel an Geradenkreuzungen

Fachwerkhäuser mit schrägen Balken und Andreaskreuzen sind Schmuckstücke in Altstadtvierteln. Der Bau dieser Häuser erfordert handwerkliche und auch mathematische Kenntnisse. Für die vielen schrägen Schnitte (Gehrungsschnitte) werden oft nur eine oder zwei verschiedene Schablonen benötigt.

Erinnerung:

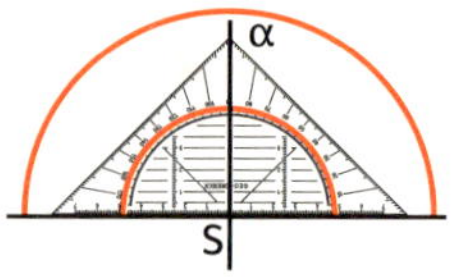

Gestreckter Winkel
$\alpha = 180°$

Schneiden sich zwei Geraden, dann entstehen vier Winkel mit dem Geradenschnittpunkt als gemeinsamem Scheitelpunkt. Je zwei gegenüberliegende Winkel nennt man **Scheitelwinkel**. Je zwei nebeneinander liegende Winkel heißen **Nebenwinkel**.
Zwei sich schneidende Geraden bilden eine punktsymmetrische Figur (Fig. 1). Deshalb sind die Scheitelwinkel gleich groß. Die Summe zweier Nebenwinkel beträgt 180°, denn die beiden Schenkel, die sie nicht gemeinsam haben, liegen auf einer der Geraden (Fig. 2). Die Nebenwinkel bilden einen gestreckten Winkel.

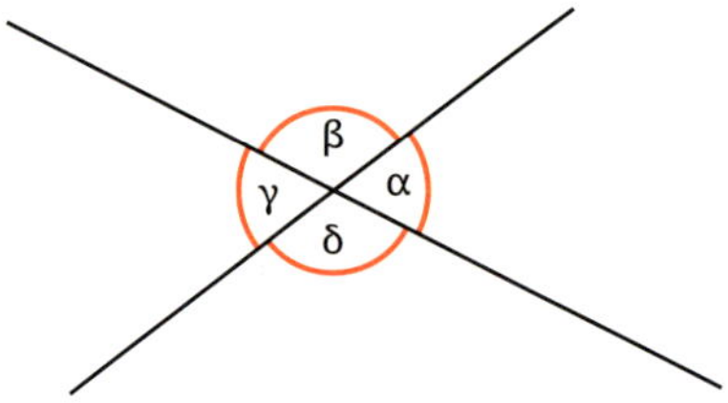

Fig. 1

α und γ; β und δ sind Scheitelwinkelpaare.

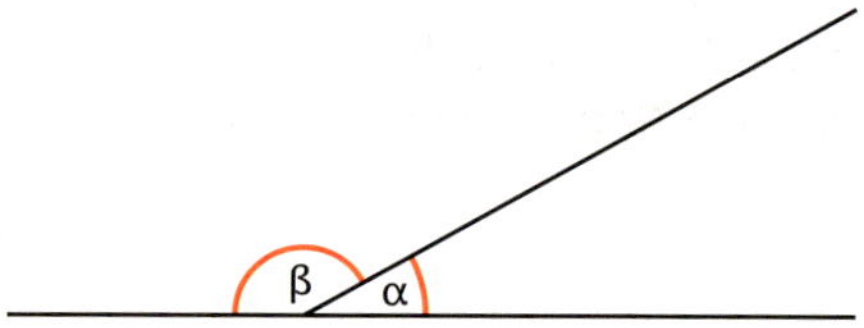

Fig. 2

α und β sind ein Nebenwinkelpaar.

Scheitelwinkel sind gleich groß. **Nebenwinkel** sind zusammen 180° groß.

Werden (wie in Fig. 3) zwei Geraden g und h von einer dritten Geraden s geschnitten, so bezeichnet man Winkel, die wie α_1 und α_2 (β_1 und β_2 usw.) zueinander liegen, als **Stufenwinkel** und Winkel, die wie α_1 und γ_2 (β_1 und δ_2 usw.) zueinander liegen, als **Wechselwinkel**. Wechselwinkel „wechseln" die Seite der Schnittgeraden und die Seiten der geschnittenen Geraden.

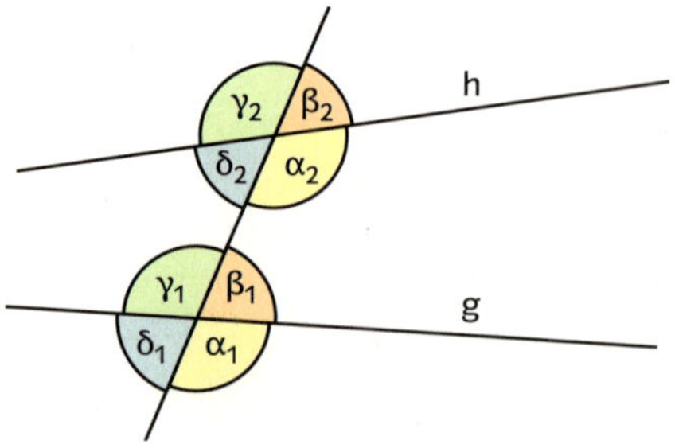

Fig. 3

Sind die Geraden g und h parallel zueinander und werden von einer dritten Geraden k geschnitten, dann gibt es besondere Beziehungen zwischen den Stufenwinkelpaaren und den Wechselwinkelpaaren.

Die drei Geraden g, h und k in Fig. 1 bilden eine punktsymmetrische Figur mit dem Zentrum M. Deshalb gilt: Wechselwinkel sind gleich groß. Außerdem sind auch Stufenwinkel gleich groß.

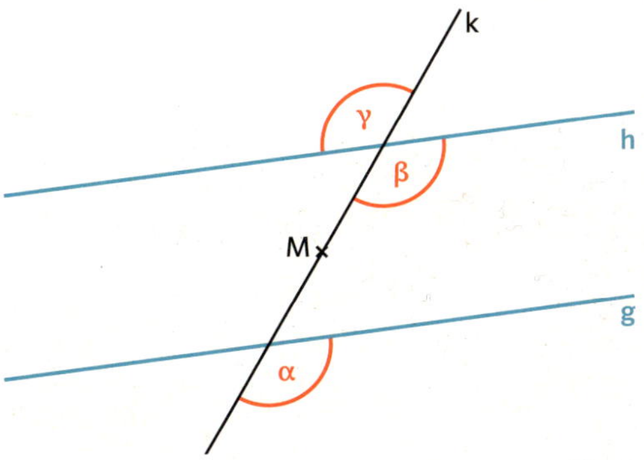

Fig. 1

An parallelen Geraden sind **Wechselwinkel** und **Stufenwinkel** jeweils gleich groß.

Umgekehrt gilt auch: Wenn bei den Schnittpunkten der Geraden g und h mit der Geraden k zwei sich entsprechende Stufen- oder Wechselwinkel gleich groß sind, dann sind die Geraden g und h parallel.

Beispiel 1 Erkennen von Scheitel- und Nebenwinkeln
In Fig. 2 schneiden sich zwei Geraden. Außerdem gibt es noch einen Strahl, der den Schnittpunkt der Geraden als Anfangspunkt hat.
Gib alle Paare von Scheitelwinkeln und alle Paare von Nebenwinkeln in Fig. 2 an.
Lösung:
Scheitelwinkel: α und δ
Nebenwinkel: α und ε; δ und ε
Beachte: α und β sind keine Nebenwinkel; ebenso sind β und ε keine Scheitelwinkel.

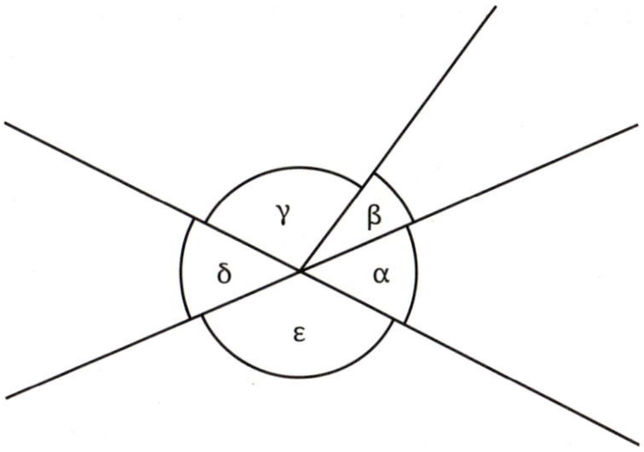

Fig. 2

Beispiel 2 Erkennen von Stufen- und Wechselwinkeln
In Fig. 3 werden zwei zueinander parallele Geraden von einer dritten Geraden geschnitten.
Schreibe alle vorkommenden Paare von Stufen- und Wechselwinkeln mit ihrer Größe auf.
Lösung:
Stufenwinkel: $\alpha_1 = \beta_2 = 70°$; $\alpha_2 = \beta_3 = 110°$; $\alpha_3 = \beta_4 = 70°$ und $\alpha_4 = \beta_1 = 110°$.
Wechselwinkel: $\alpha_1 = \beta_4 = 70°$; $\alpha_2 = \beta_1 = 110°$; $\alpha_3 = \beta_2 = 70°$ und $\alpha_4 = \beta_3 = 110°$.

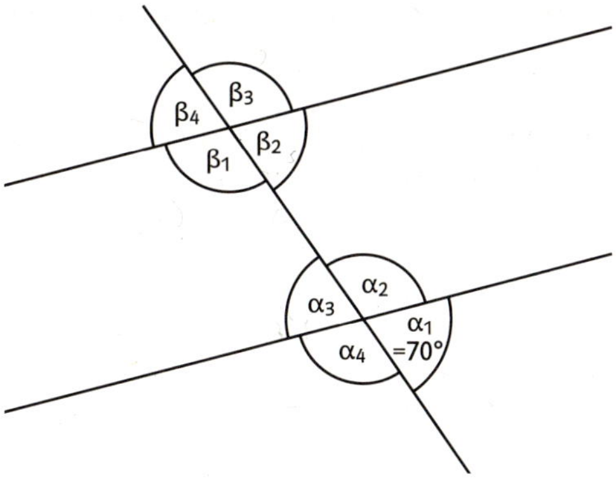

Fig. 3

Aufgaben

1 Zeichne drei sich in einem Punkt schneidende Geraden und gib den Winkeln Namen. Schreibe alle Paare von Scheitelwinkeln auf.

2 Gib für Fig. 1 alle Paare von Stufenwinkeln und Wechselwinkeln an den Geraden a und b sowie den Geraden g und h an.

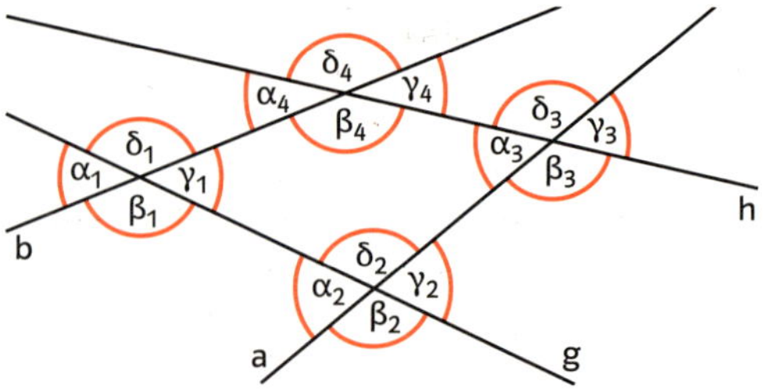

Fig. 1

3 Übertrage die Abbildungen ins Heft. Gib die Winkelgrößen aller Winkel an.

a)

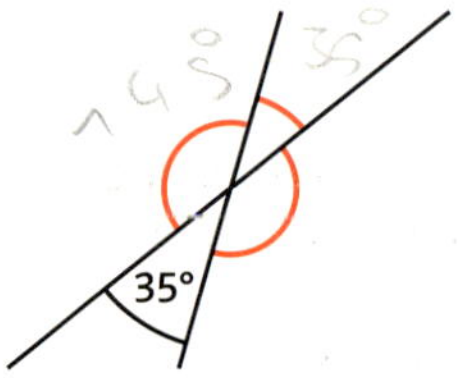

b)

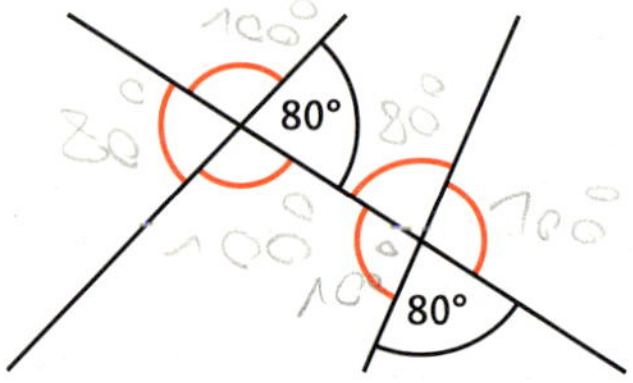

c)

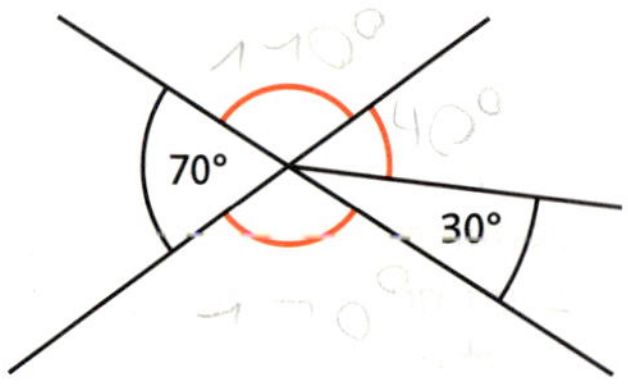

4 In den Figuren ist $g \parallel h$. Bestimme alle fehlenden Winkelgrößen.

a)

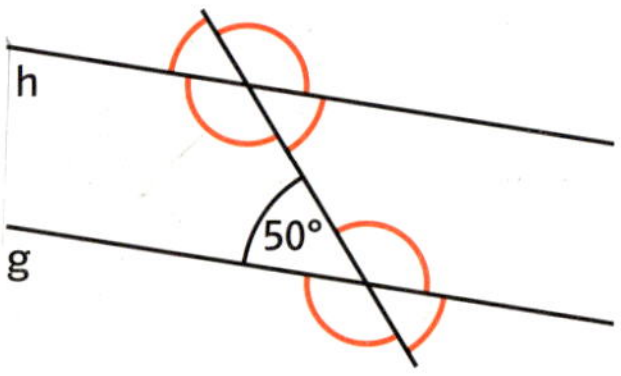

b)

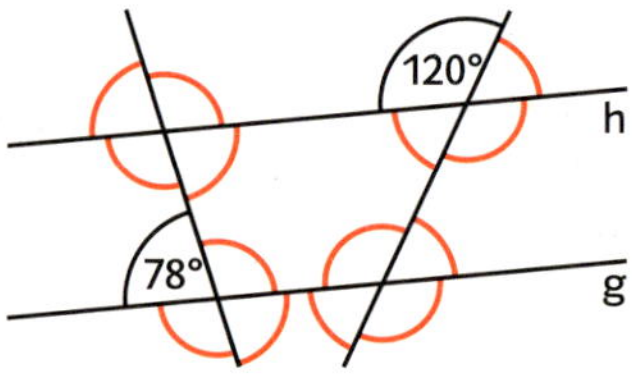

c)

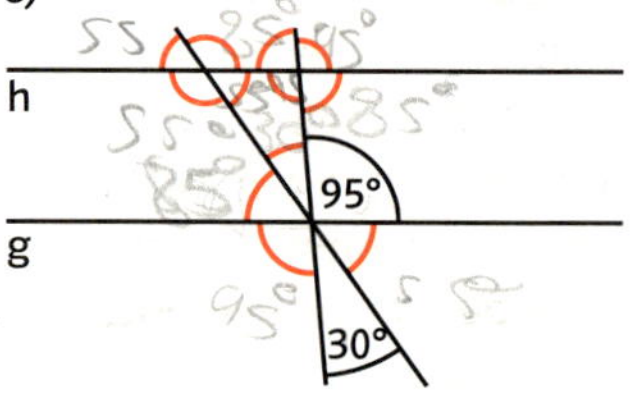

5 Wie groß sind die beiden Winkel? Zeichne zur Kontrolle.

a) Zwei sich schneidende Geraden haben gleich große Scheitel- und Nebenwinkel.

b) Ein Winkel ist um 15° größer als sein Nebenwinkel.

c) Der Nebenwinkel eines Winkels α misst den vierten Teil von α.

d) Der Scheitelwinkel eines Winkels misst ein Drittel eines zugehörigen Nebenwinkels.

6 Übertrage den Buchstaben Z in dein Heft. Benenne alle Winkel und berechne ihre Größen, wenn

a) $\alpha = 32°$, b) $\beta = 117°$.

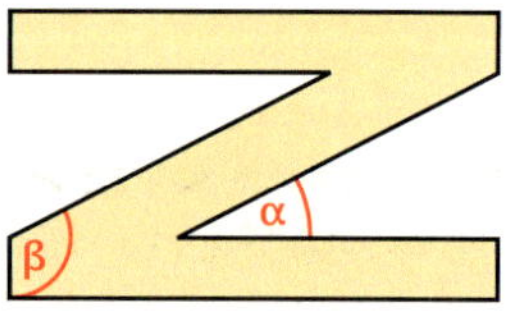

Fig. 2

7 Zeichne die Figuren 3 und 4.

a) Entscheide, ob die Geraden g und h in Fig. 3 parallel sind.
Was lässt sich über die Lage der beiden anderen Geraden sagen?

b) Entscheide, ob die Geraden g und h in Fig. 4 parallel sind.

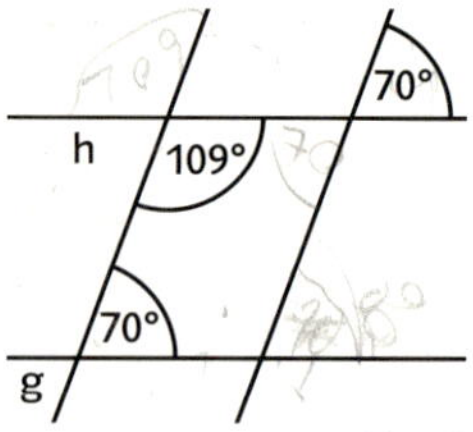

Fig. 3

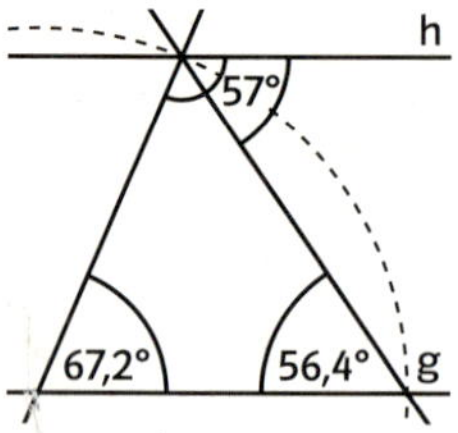

Fig. 4

8 Zeichne und beschrifte Figuren wie in Aufgabe 7a) und b) und stelle dazu Fragen. Du kannst auch Fig. 3 und Fig. 4 kombinieren.

9 Zeichne ein Rechteck und eine seiner Diagonalen. Zeichne gleich große Winkel in der gleichen Farbe ein. Begründe, warum die Winkel gleich groß sind.

10 Wenn du zwei Paare paralleler Geraden zeichnest, die sich schneiden, entsteht ein Parallelogramm.
a) Zeichne auf diese Weise ein Parallelogramm, miss einen der Innenwinkel und bestimme ohne zu messen die Größen der anderen drei Innenwinkel.
b) Aus deinen Überlegungen entstehen wahre Aussagen über Winkel im Parallelogramm. Formuliere diese mit eigenen Worten.

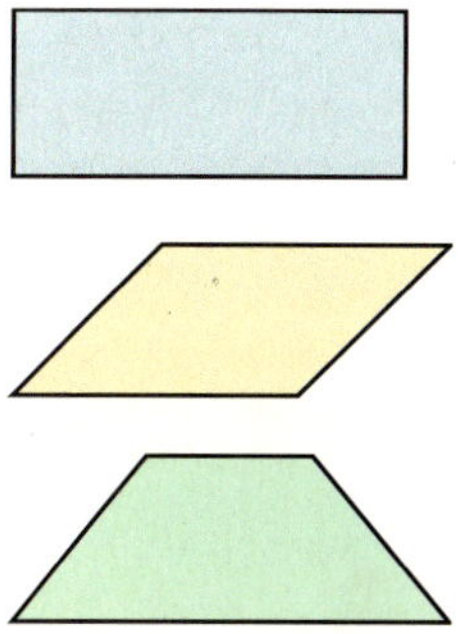
Fig. 1

11 Zeichne ein beliebiges Trapez ABCD ($\overline{AB} \parallel \overline{CD}$), bezeichne die Innenwinkel mit α, β, γ und δ. Miss die Größen der Winkel α und β. Berechne die Größen der beiden anderen Winkel.

Bist du sicher?

1 In Fig. 2 ist g parallel zu h. Übertrage die Figur in dein Heft. Die vorkommenden Beziehungen zwischen den Winkeln können mit Gleichungen beschrieben werden.
a) Begründe z. B. die Gleichungen $\alpha = \beta$ und $\alpha = 180° - \gamma$.
b) Beschrifte die übrigen Winkel, stelle weitere Gleichungen auf und begründe diese.
c) Kann man die Größen aller Winkel bestimmen?

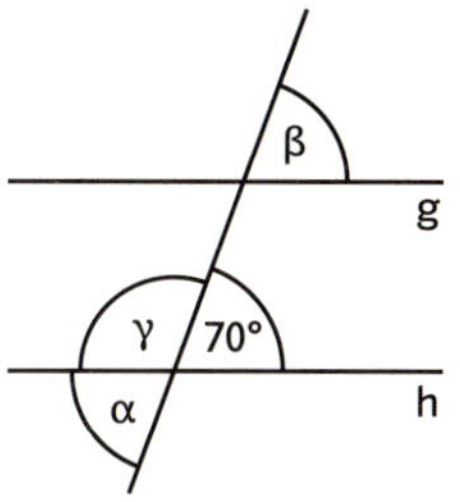

Fig. 2

2 Übertrage Fig. 3 ins Heft. Fritz behauptet, dass er zu jedem vorkommenden Winkel die Größe eintragen kann und die Begründung allein mit den Sätzen über Scheitel-, Neben-, Stufen- und Wechselwinkel geben kann. Hat Fritz Recht?

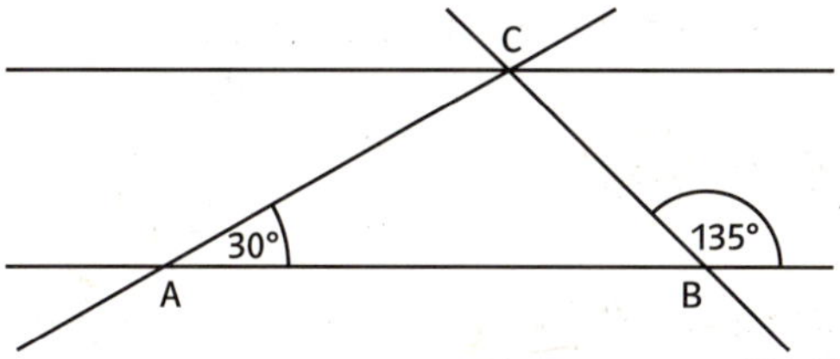

Fig. 3

12 Hier muss man genau lesen
Zeichne zwei sich schneidende Geraden und bezeichne einen Winkel mit α. Welche der folgenden Aussagen ist richtig, welche falsch? Begründe deine Antwort.
a) Die Winkelhalbierende von α halbiert den Scheitelwinkel von α.
b) Die Winkelhalbierenden der beiden Nebenwinkel von α bilden einen Winkel von 90°.
c) Die Winkelhalbierende eines Nebenwinkels zu α bildet mit der Winkelhalbierenden von α einen rechten Winkel.

13 Mathematische Aussagen werden oft in der Form: „Wenn… (Voraussetzung), dann… (Behauptung)." geschrieben. Z. B.: „Wenn Wechselwinkel an geschnittenen Parallelen liegen, dann sind sie gleich groß." Vertauscht man die Voraussetzung (oder einen Teil von ihr) mit der Behauptung, dann entsteht eine neue Aussage. Diese nennt man die **Umkehrung der Aussage**.
a) Nenne die Voraussetzungen und die Behauptung des Wechselwinkelsatzes.
b) Bilde eine Umkehrung des Wechselwinkelsatzes in der „Wenn- dann- Form". Ist sie wahr?
c) Schreibe den Satz über Stufenwinkel in der „Wenn- dann- Form", bilde eine Umkehrung und prüfe, ob diese wahr ist.

Wenn es Nacht ist, dann ist es dunkel.

Wenn es dunkel ist, dann ist es Nacht.

14 Formuliere eigene Aussagen in der „Wenn- dann- Form" und prüfe, ob sie wahr sind. Bilde danach die Umkehrung der Aussage und untersuche auch diese auf ihren Wahrheitsgehalt.

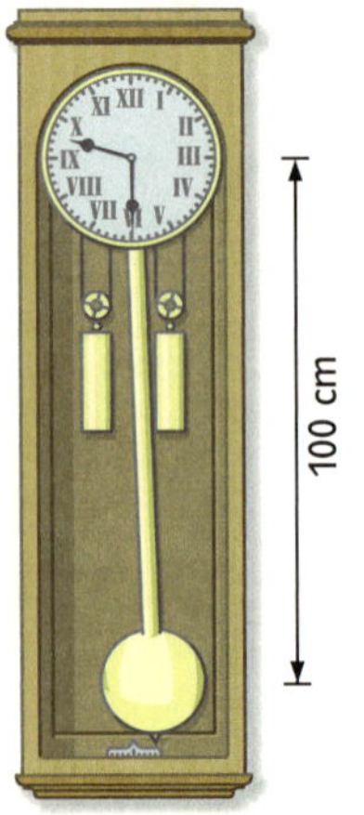

Fig. 1

15 Das Pendel einer Standuhr ist bis zum Mittelpunkt der Gewichtsscheibe 100 cm lang. Die Gewichtsscheibe hat einen Radius von 5 cm.
a) Wie breit muss der Pendelkasten mindestens sein, damit das Pendel am Aufhängepunkt bis zu 5° ausschlagen kann?
b) Der Pendelkasten ist 30 cm breit. Wie groß kann der Ausschlagwinkel am Aufhängepunkt maximal sein?

16 Ein Gartenbauingenieur soll eine gerade verlaufende Straße zu einer Allee umgestalten. Er muss dabei Folgendes berücksichtigen: Die Straße ist 8 m breit und 150 m lang. Die Bäume sollen 50 cm vom Straßenrand entfernt gepflanzt werden. Jeder Baum beansprucht eine kreisförmige Ausbreitungsfläche mit 5 m Radius. Der Abstand zweier Ausbreitungsflächen soll 1 m betragen. Ein Baum wird 80 € kosten. Die Bäume sollen dicht stehen.
a) Erstelle zu den Bedingungen eine maßstabsgetreue Zeichnung für einen geeignet gewählten Abschnitt der Straße. Konstruiere die Pflanzpunkte für einige Bäume mit den Ausbreitungsflächen.
b) Wie viele Bäume werden für die Allee etwa benötigt? Wie hoch sind die voraussichtlichen Kosten, wenn die Arbeitszeit für das Pflanzen eines Baumes mit 60 € veranschlagt wird?

17 Ein Angler fischt an einer Kaimauer. Er hält seine Angel im Winkel von 30° zum Weg. Als er einen Biss vermutet, zieht er die Angel um weitere 20° an. Bestimme die Größe des Winkels β vor und nach der Angelbewegung
a) mithilfe einer geeigneten Konstruktion und einer Winkelmessung
b) mithilfe von Gleichungen für die beiden Winkel α und β und zugehörigen Überlegungen.
Tipp: Verwende die Gerade h parallel zur Wasserlinie durch A (bzw. h′ durch A′).

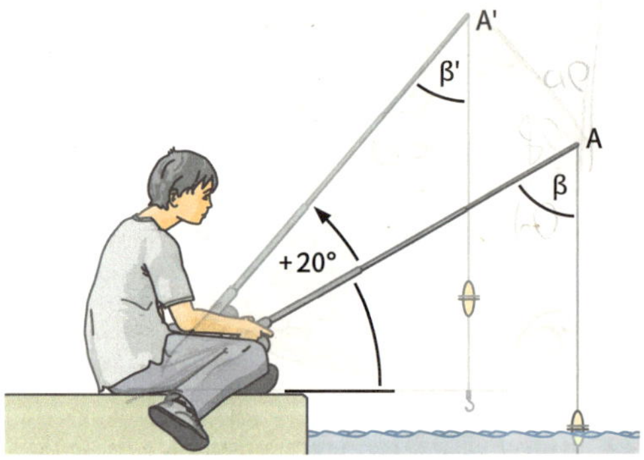

Fig. 2

Kannst du das noch?

18 Welche der beiden Summen ist größer?
a) $\frac{1}{2} + \frac{1}{3}$; $\frac{1}{4} + \frac{3}{5}$ b) $\frac{3}{10} + \frac{2}{5}$; $\frac{5}{8} + \frac{1}{10}$ c) $\frac{3}{5} + \frac{1}{2}$; $\frac{1}{3} + \frac{3}{4}$ d) $\frac{7}{3} + \frac{6}{5}$; $\frac{4}{5} + \frac{26}{9}$

19 Schreibe erst einen Term (Rechenausdruck) und berechne dann seinen Wert.
a) Subtrahiere das Produkt aus 46,3 und 27,4 von der Summe aus 1199,2 und 2100,9.
b) Um wie viel ist die Differenz der Zahlen 228,7 und 219,2 kleiner als die Summe von 33,5 und 79,8?
c) Multipliziere die Summe aus 99,9 und 111,1 mit der Differenz aus 22,78 und 13,18.

20 Das Gewicht des Blutes eines Menschen macht etwa $\frac{7}{100}$ seines Körpergewichtes aus. $\frac{1}{1000}$ g Blut enthält etwa 5 Millionen rote Blutkörperchen.
a) Tanja wiegt 41 kg. Wie viel kg Blut besitzt sie?
b) Wie viele rote Blutkörperchen sind in ihrem Blut enthalten?
c) Jedes rote Blutkörperchen hat einen Durchmesser von $\frac{7}{1000}$ mm. Wie viel m wäre die Kette lang, wenn man Tanjas rote Blutkörperchen aneinanderreihen würde?

3 Winkelsummen

Bei der Vermessung von Baugrundstücken wird das Land in Dreiecke eingeteilt. Jede Ecke wird durch eine runde Messingplatte markiert.
An diesen Punkten werden die Stangen und Messgeräte (Theodolite) für die Winkelmessung aufgestellt.

Durch Winkelmessungen bei Dreiecken kann man vermuten, dass die Summe der drei Winkel 180° ergibt. Diese Eigenschaft soll nun für alle Dreiecke begründet werden.

In Fig. 1 ist ein Dreieck ABC durch eine zur Strecke $\overline{AB}$ parallele Gerade ergänzt.
Die Winkel α und ε sind Wechselwinkel an parallelen Geraden, also gilt $\alpha = \varepsilon$.
Die Winkel β und δ sind ebenfalls Wechselwinkel, also gilt $\beta = \delta$.
Da δ, γ und ε zusammen einen gestreckten Winkel bilden, gilt $\varepsilon + \gamma + \delta = 180°$.
Somit gilt auch $\alpha + \beta + \gamma = 180°$.

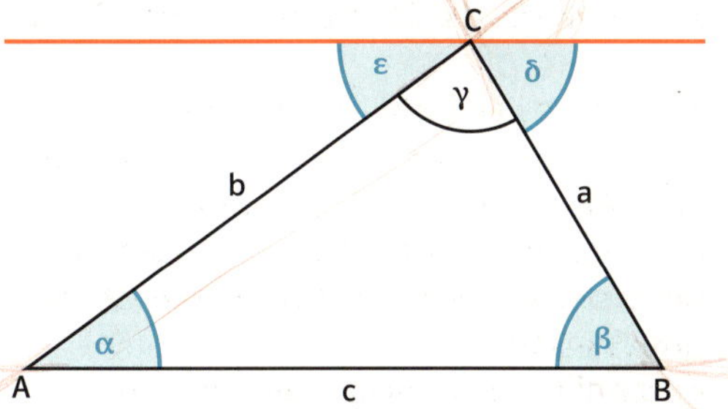

Fig. 1

In Fig. 1 ist die parallele Gerade zur Strecke c durch den Punkt C wichtig für die Begründung der Winkelsummeneigenschaft im Dreieck.

Winkelsumme im Dreieck
In jedem Dreieck beträgt die Summe der Winkelgrößen 180°.
Speziell gilt: Im gleichseitigen Dreieck misst jeder Winkel 60°.

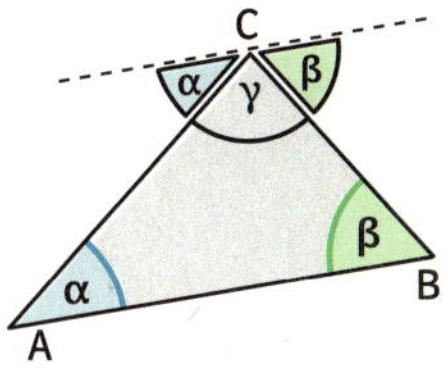

Vgl. dazu Aufgabe 4, Seite 124

Beispiel 1
Bestimme die fehlenden Winkelgrößen zu den Dreiecken in Fig. 2 und Fig. 3 ($\overline{DF} = \overline{EF}$).
Lösung:
Fig. 2: Nach dem Winkelsummensatz gilt $\alpha + \beta + \gamma = 180°$.
Mit $\alpha = 87°$ und
$\beta = 28°$: $87° + 28° + \gamma = 180°$.
Also gilt: $\gamma = 180° - 115° = 65°$.
Fig. 3: Das Dreieck ist gleichschenklig ($\delta = \varepsilon$). Der Winkel an der Spitze ist $\varphi = 76°$.
Deshalb gilt: $\delta + \varepsilon + 76° = 180°$.
Somit ist $\delta = \varepsilon = (180° - 76°) : 2 = 57°$.

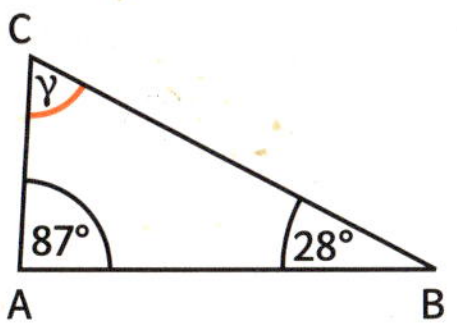

Fig. 2

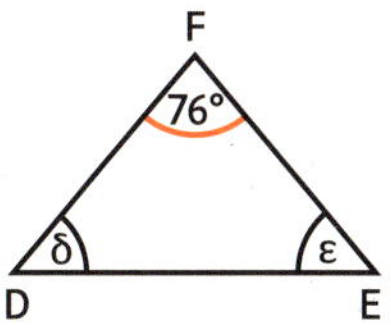

Fig. 3

Beispiel 2
Warum kann in einem Dreieck höchstens ein Winkel größer als 90° sein?
Lösung:
Wenn in einem Dreieck zwei Winkel größer als 90° wären, dann wäre die Summe dieser beiden Winkel größer als 180°. Dies kann nach dem Winkelsummensatz nicht sein.

Aufgaben

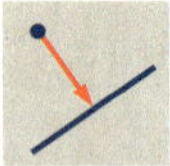

Punkt an Linie binden

1 Experimente zur Winkelsumme im Dreieck
Zeichne einen Kreis mit dem Radius 5 cm und ein Dreieck ABC, dessen Eckpunkte auf dem Kreis liegen. Führe die folgenden Aufträge aus.
a) Bestimme für verschiedene Dreiecke die Längen der Seiten und die Größe der Winkel und bilde ihre jeweilige Summe. Erfasse die Beispiele und Ergebnisse in einer Tabelle.
b) Gehe vor wie in a). Verändere die Lage des Dreiecks auf dem Kreis so, dass spezielle Dreiecke entstehen, z. B. ein gleichschenkliges, gleichseitiges oder rechtwinkliges Dreieck.

2 Berechne den fehlenden Winkel. Zeichne ein zugehöriges Dreieck ABC.
a) $\alpha = 54°$; $\beta = 37°$
b) $\beta = 76°$; $\gamma = 24°$
c) $\alpha = 11°$; $\gamma = 22°$
d) $\alpha = 55°$; $\beta = 35°$

3 Ein Dreieck mit den gegebenen Größen soll gleichschenklig sein. Berechne aus den Angaben die fehlenden Winkel und zeichne ein passendes Dreieck.
a) $\alpha = 46°$; $\beta = \gamma$
b) $\alpha = 90°$
c) $\alpha = 35°$; $\beta = 35°$
d) $\alpha = 70°$; $\gamma = 40°$

4 Begründe, dass in jedem gleichseitigen Dreieck ABC die Winkel α, β und γ gleich groß sind. Wie groß ist dann ein Winkel?

5 Durch die Angaben ist ein spezielles Dreieck festgelegt. Gib eine Konstruktionsbeschreibung an, zeichne das Dreieck und berechne die fehlenden Winkel.
a) $\alpha = 90°$; $\beta = 45°$; $c = 6\,cm$
b) $a = 5\,cm$; $b = 5\,cm$; $\gamma = 50°$
c) $\alpha = \beta = \gamma$; $a = 5\,cm$
d) $\alpha = 80°$; $c = 6\,cm$; $b = 6\,cm$

6 Gibt es ein Dreieck ABC mit den verlangten Eigenschaften? Wenn ja, bestimme die Größe der fehlenden Winkel. Nenne gegebenenfalls Besonderheiten des Dreiecks.
a) $\alpha = 38°$; $\beta = 71°$
b) $\beta = 57°$; $\gamma = 33°$
c) $\alpha = 112°$; $\gamma = 58°$
d) $\beta = 125°$; $\gamma = 80°$
e) $\alpha = 30°$; $\beta = 30°$
f) $\gamma = 90°$; $\alpha = \beta$
g) $\alpha = 56°$; $\alpha = \beta = \gamma$
h) $\gamma = 89°$; $\alpha = 91°$

7 Bestimme die Größe der Winkel α, β und γ.

a)
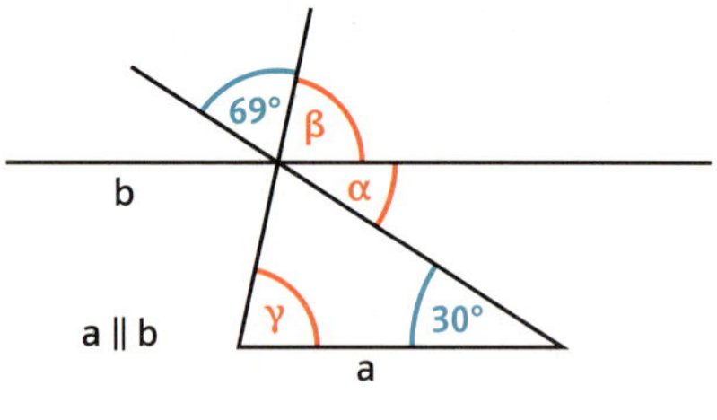

b)
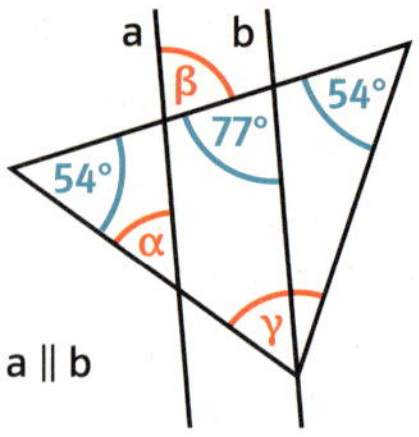

c)
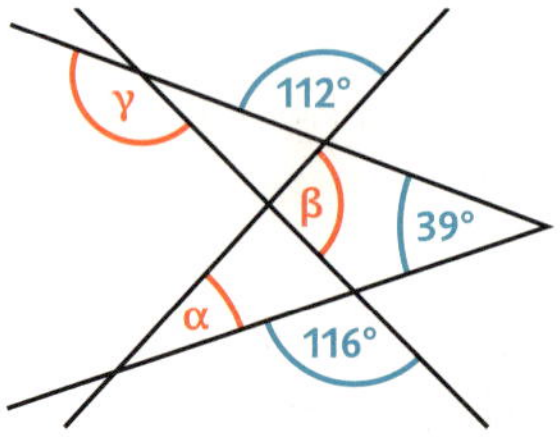

Bist du sicher?

1 a) Berechne den fehlenden Winkel eines Dreiecks mit $\alpha = 54°$ und $\beta = 32°$.
b) Ein gleichschenkliges Dreieck ABC hat die Basiswinkel α und β. Konstruiere das Dreieck mit $c = 4\,cm$ und $\gamma = 76°$.

2 Wahr oder falsch? Begründe.
a) Es gibt ein Dreieck mit einem rechten und zwei gleichen Winkeln.
b) Es gibt ein Dreieck mit zwei stumpfen Winkeln.
c) Es gibt ein gleichschenkliges Dreieck mit einem Winkel über 70° und einem Winkel über 60°.

8 Erstelle eine Skizze für das gesuchte Dreieck ABC. Bestimme ohne Konstruktion die Größe aller Winkel. Gibt es weitere Seitenlängen, die man durch Überlegen bestimmen kann?
a) $c = 8\,cm;\ \alpha = 60°;\ \beta = 30°$
b) $c = 5\,cm;\ b = 5\,cm;\ \alpha = 40°$
c) $a = 6\,cm;\ c = 6\,cm;\ \beta = 50°$
d) $\alpha = \beta$ und $c = b = 5\,cm$

9 Was muss man beachten, wenn man ein Dreieck durch die Angabe von drei Winkeln bestimmt? Warum reicht diese Angabe noch nicht aus, um genau ein Dreieck festzulegen?

10 In Fig. 1 ist der Punkt M die Mitte der Strecke $\overline{AB}$. Die Strecke $\overline{MC}$ ist genau halb so lang wie die Strecke $\overline{AB}$. Bestimme die fehlenden Winkel des Dreiecks ABC. Zeichne eine Figur mit den gegebenen Größen im Heft.

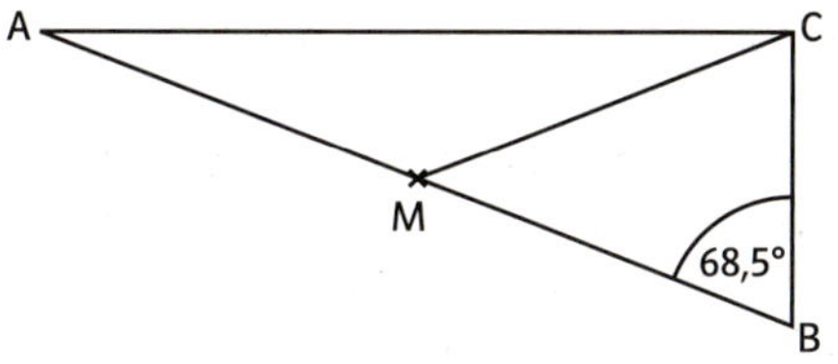

Fig. 1

Winkel in Vielecken

11 Regelmäßige Vielecke
Das Fünfeck in Fig. 2 ist regelmäßig, weil es gleich lange Seiten besitzt. Es ist aus fünf gleichen Dreiecken zusammengesetzt.
a) Wie groß ist der **Mittelpunktswinkel** α?
b) Wie groß ist der **Innenwinkel** β?
c) Zeichne nach den Ergebnissen der Teilaufgaben a) und b) ein regelmäßiges Fünfeck mit der Seitenlänge $s = 5\,cm$.
d) In Fig. 3 wird ein Kreis zum Zeichnen eines regelmäßigen Fünfecks verwendet. Zeichne mithilfe eines Kreises mit Radius 6 cm ein regelmäßiges Fünfeck.

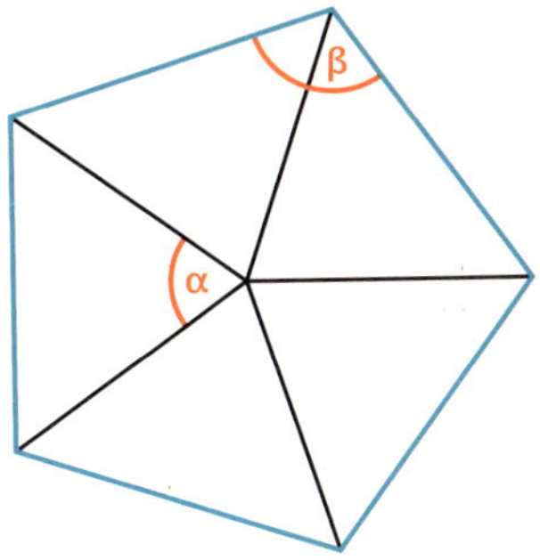

Fig. 2

12 a) Gehe wie in Aufgabe 11 vor, um mit je einem Kreis mit Radius 8 cm ein regelmäßiges Sechseck, Achteck und 12-Eck zu zeichnen.
b) Stelle je eine Formel auf für den Mittelpunktswinkel und den Innenwinkel in einem regelmäßigen Vieleck mit n Ecken.

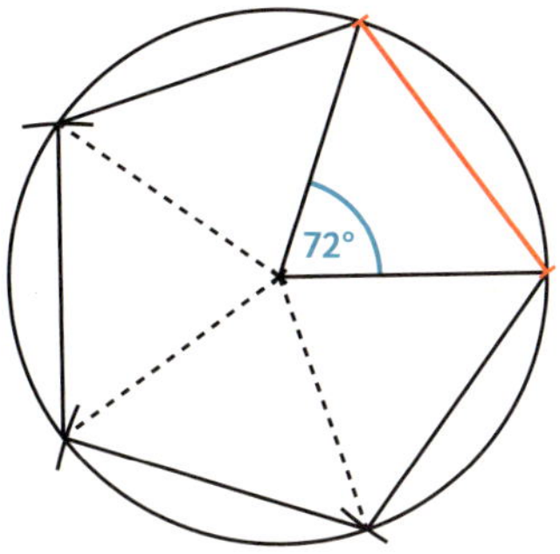

Fig. 3

Der Kreis in Fig. 3 heißt auch Umkreis des Vielecks

13 Frank behauptet: „Wenn man ein gleichseitiges Sechseck zeichnen will, braucht man keinen Winkelmesser. Ein Zirkel und ein Lineal genügen." Hat er Recht?

Fig. 1

14 Winkelsumme im Viereck

a) In Fig. 1 ist mithilfe von zwei parallelen Geraden ein Rechteck und ein Parallelogramm gezeichnet. Begründe, dass in beiden Vierecken die Summe der Innenwinkel 360° beträgt.

b) Begründe mithilfe der Abbildungen in Fig. 2 und Fig. 3, dass jedes Viereck die gleiche Winkelsumme hat. Denke daran, dass die gestrichelte Gerade das Viereck in zwei Dreiecke zerlegt.

c) Formuliere einen Satz über die Winkelsumme in einem beliebigen Viereck.

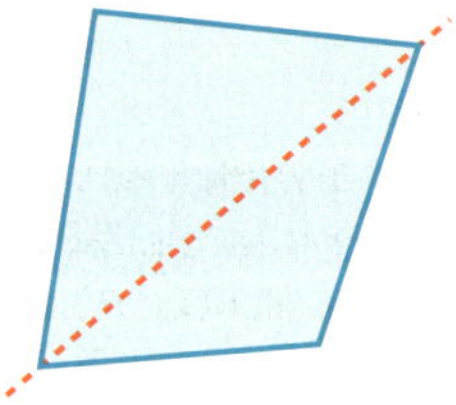
Fig. 2

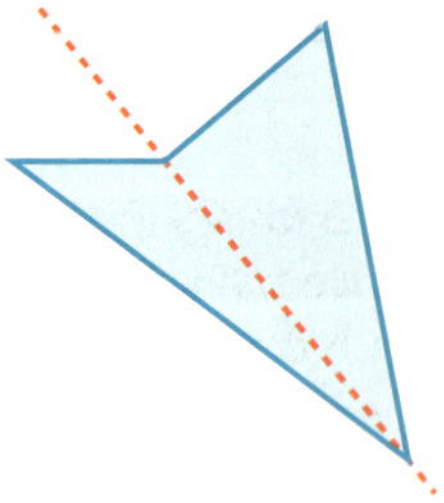
Fig. 3

15 Winkelsumme im Vieleck

a) Bestimme die Winkelsumme der Innenwinkel im Fünfeck und im Sechseck unter Verwendung der nebenstehenden Abbildungen.

b) Überprüfe, dass man die Winkelsumme im Fünfeck und im Sechseck mit dem Term $180° \cdot (n - 2)$ berechnen kann. Welche Bedeutung hat dabei die Variable n?

c) Begründe, dass man mit dem Term $180° \cdot (n - 2)$ die Winkelsumme in jedem Vieleck mit n Ecken berechnen kann.

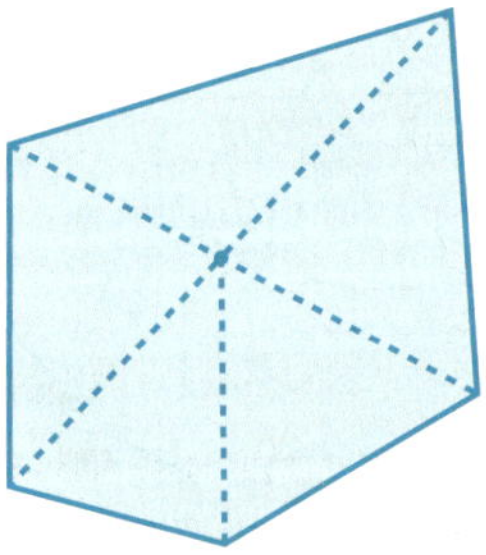
Fig. 4

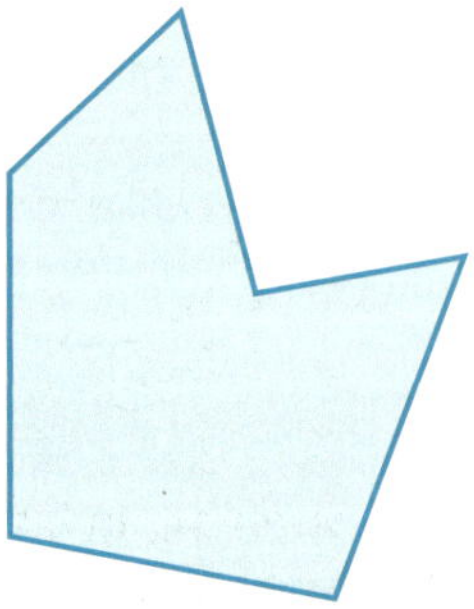
Fig. 5

Parkette aus Vielecken

16 Wenn man eine Fläche nach allen Richtungen mit Kopien einer einzigen Figur lückenlos auslegen kann, spricht man von einem **regelmäßigen Parkett**. Erkläre die Parkette in Fig. 6 und Fig. 7. Erfinde zusammen mit deinem Nachbarn Parkette.

Fig. 6

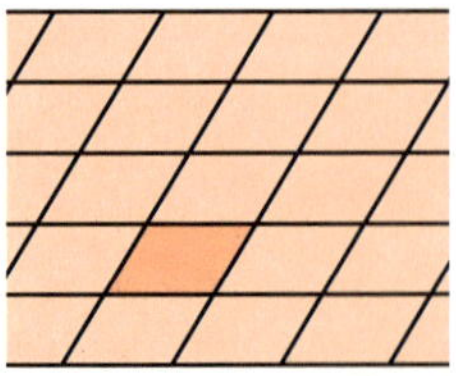
Fig. 7

17 a) Begründe, dass man mit jedem Dreieck ein Parkett legen kann.

b) Untersuche in Fig. 8 für die abgebildeten Vielecke, ob sich damit ein Parkett legen lässt. Fertige eine Zeichnung an oder begründe, dass kein Parkett möglich ist.

c) Gibt es zu jedem Viereck regelmäßige Parkette?

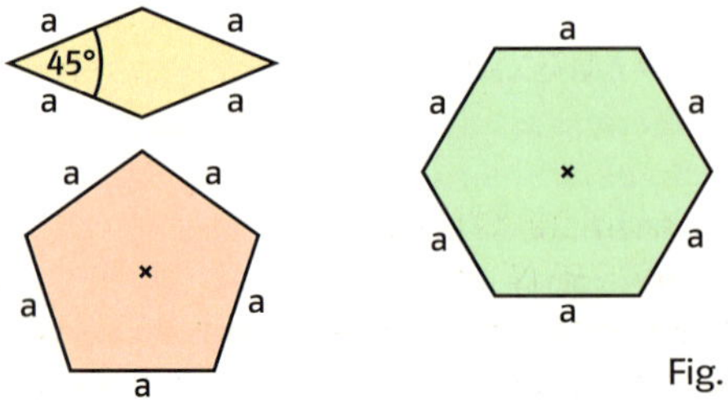

Fig. 8

4 Konstruktion mit Zirkel und Lineal

Für Planungen bei Bauvorhaben und für neue Produkte in der Industrie werden sehr genaue Zeichnungen benötigt. Da jede Messung Ungenauigkeiten zur Folge hat, brauchen technische Zeichner Werkzeuge von sehr guter Qualität.

Abstände von Punkten und Geraden spielen bei Konstruktionen eine große Rolle. Die Gerade m in Fig. 1 nennt man die **Mittelsenkrechte** der Strecke $\overline{AB}$, denn sie geht durch den Mittelpunkt M der Strecke $\overline{AB}$ und ist senkrecht zu $\overline{AB}$. Deshalb bildet ein beliebiger Punkt P auf m zusammen mit den Punkten A und B ein gleichschenkliges Dreieck, mit der Geraden m als Symmetrieachse. Die Strecken $\overline{AP}$ und $\overline{BP}$ sind Schenkel des Dreiecks und damit gleich lang. Der Punkt P hat von A und B den gleichen Abstand. Das gilt auch für den Punkt Q und für jeden weiteren Punkt der Mittelsenkrechten m.

Zur Erinnerung:

Alle Punkte mit gleichem Abstand zu einem Punkt liegen auf einem Kreis.

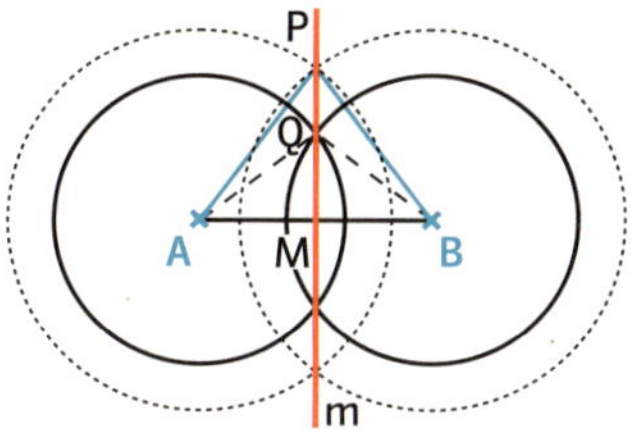

Fig. 1

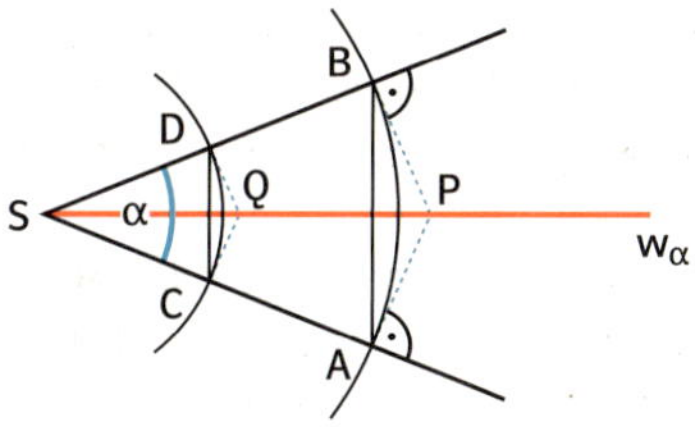

Fig. 2

Den Strahl w_α in Fig. 2 nennt man die **Winkelhalbierende** des Winkels α, denn sie geht durch den Scheitelpunkt des Winkels und halbiert ihn. Die Punkte A und B ($\overline{SA} = \overline{SB}$) der Schenkel des Winkels bilden mit dem Scheitelpunkt S ein gleichschenkliges Dreieck. In diesem Dreieck ist w_α die Symmetrieachse, denn sie halbiert den Winkel an der Spitze. Gleichzeitig ist w_α die Mittelsenkrechte der Strecke $\overline{AB}$. D.h. der Punkt P hat zu A und B den gleichen Abstand ($\overline{AB} = \overline{BP}$). Das gilt auch für den Punkt Q, der den gleichen Abstand zu C und zu D hat.

Die **Mittelsenkrechte** m einer Strecke $\overline{AB}$ ist die Symmetrieachse dieser Strecke. Alle Punkte der Mittelsenkrechten einer Strecke haben von den Endpunkten dieser Strecke den gleichen Abstand.
Die **Winkelhalbierende** w_α eines Winkels α ist die Symmetrieachse dieses Winkels. Alle Punkte der Winkelhalbierenden eines Winkels haben von den beiden Schenkeln dieses Winkels den gleichen Abstand.

Will man die Mittelsenkrechte einer Strecke oder die Winkelhalbierende eines Winkels nur mit Zirkel und Lineal konstruieren, braucht man zuerst eine gute Idee. Da solche Konstruktionen immer wieder verwendet werden, nennt man sie **Grundkonstruktionen**. Die Konstruktionsschritte werden in einer **Konstruktionsbeschreibung** aufgeschrieben.

Da die beiden Kreise den gleichen Radius haben, sind ihre Schnittpunkte gleich weit von A und B entfernt.

Mittelsenkrechte einer Strecke
Konstruktionsbeschreibung:
1) Zeichne um A und B zwei sich schneidende Kreise mit gleichem Radius.
2) Zeichne die Gerade m durch die beiden Schnittpunkte der Kreise.
Die Mittelsenkrechte zu $\overline{AB}$ ist die Gerade m.

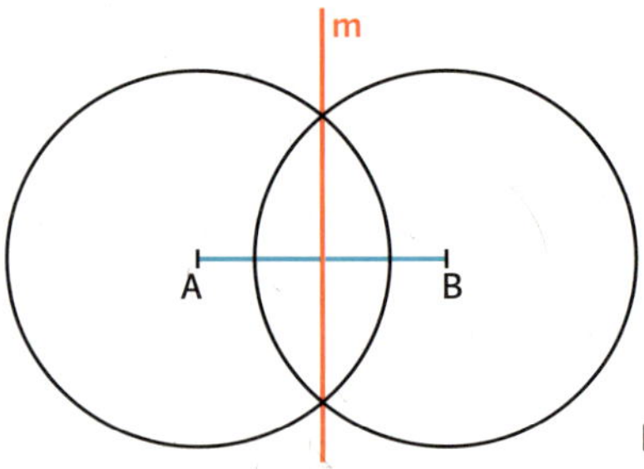

Fig. 1

Der Schritt 2) dieser Konstruktionsbeschreibung kürzt die ausführliche Angabe der Konstruktionsschritte mit Zirkel und Lineal ab.

Winkelhalbierende eines Winkels
Konstruktionsbeschreibung:
1) Zeichne um den Scheitel von α einen Kreis, der die Schenkel in A und B schneidet.
2) Konstruiere die Mittelsenkrechte w der Strecke $\overline{AB}$.
Die Winkelhalbierende von α ist der Strahl w.

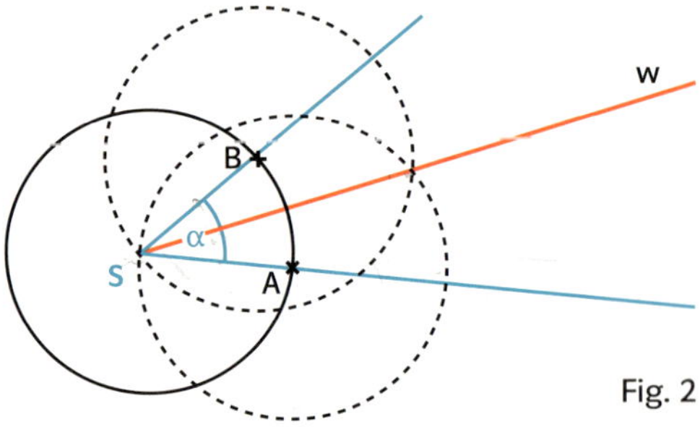

Fig. 2

Die Konstruktionen der **Mittelsenkrechten** einer Strecke und der **Winkelhalbierenden** eines Winkels gehören zu den geometrischen **Grundkonstruktionen**.
Mittelsenkrechte und Winkelhalbierende kann man nur mit Zirkel und Lineal konstruieren. Die **Konstruktionsbeschreibung** enthält die Reihenfolge der Zeichenschritte.

Beispiel Konstruktion der Senkrechten zu einer Geraden g durch einen Punkt P
Konstruktionsbeschreibung:
1) Zeichne um P einen Kreis, der die Gerade g in den Punkten A und B schneidet.
2) Konstruiere die Mittelsenkrechte h der Strecke $\overline{AB}$.
Die Gerade h ist senkrecht zu g und geht durch P. Sie heißt auch **Lotgerade**.

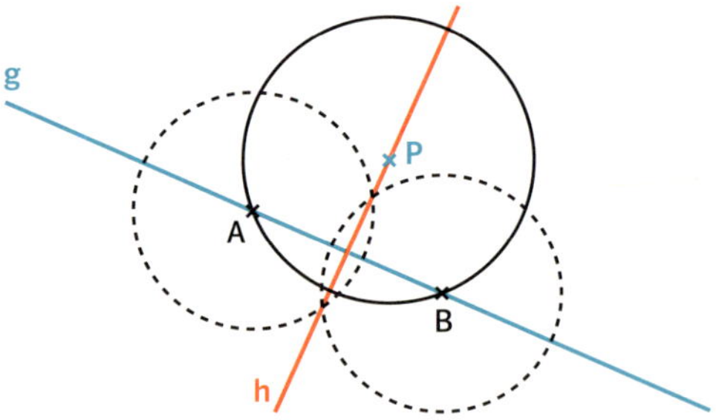

Fig. 3

Aufgaben

Verwende nur Zirkel und Lineal – Beschreibe deine Konstruktionen

1 a) Halbiere eine Strecke der Länge 11,7 cm.
b) Teile eine Strecke der Länge 17 cm in vier gleich lange Teilstrecken.

2 a) Zeichne eine Gerade g. Konstruiere die beiden Parallelen zu g im Abstand 2 cm.
b) Zeichne eine Strecke $\overline{AB}$ der Länge 6 cm. Konstruiere die Mittelpunkte zweier Kreise mit dem gleichen Radius 4 cm, die durch die Punkte A und B gehen.

3 a) Zeichne einen Winkel δ der Größe 87°. Konstruiere einen Winkel ε der Größe 43,5°.
b) Zeichne einen Winkel der Größe 110°. Konstruiere einen Winkel γ der Größe 27,5°.
c) Wie kann man ohne Winkelmesser einen Winkel von 45° konstruieren?

4 Zeichne das Dreieck ABC mit A(1|1); B(6|2) und C(6|6). Konstruiere die Mittelpunkte der drei Seiten. Prüfe, ob die jeweiligen Verbindungsstrecken der Eckpunkte zu den Mittelpunkten der gegenüberliegenden Seite auch Winkelhalbierende sind.

5 Zeichne eine Gerade g und einen Punkt P der auf g liegt. Wie geht man vor, um mit Zirkel und Lineal die Lotgerade von P auf g zu zeichnen?

6 Übertrage die Zeichnung gemäß der Skizze in Fig. 1 ins Heft. Bestimme die Abstände des Schnittpunkts der beiden Winkelhalbierenden der Winkel α und β zu P und g.

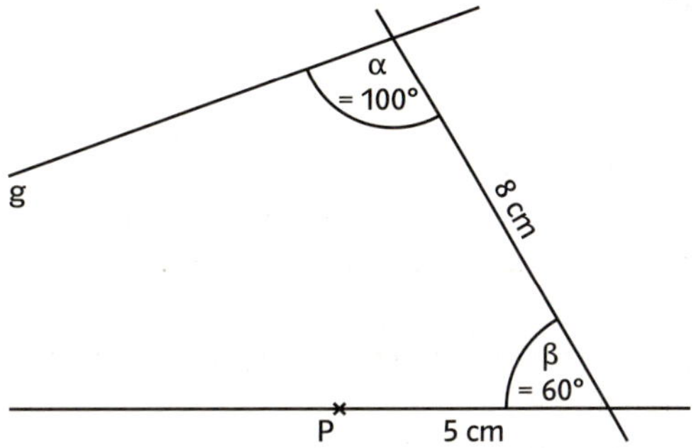

Fig. 1

Bist du sicher?

1 Die Abbildungen zeigen unvollständige Konstruktionen, bei denen die Kreise nur angedeutet sind. Welche Aufgabe ist dargestellt? Erstelle eine ausführliche Zeichnung mit einer Konstruktionsbeschreibung.

a)
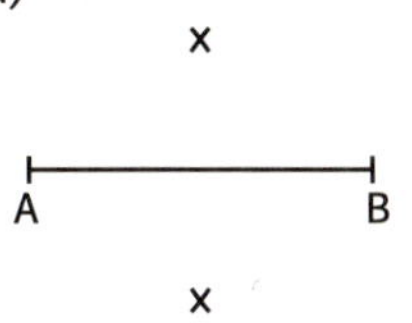

b)
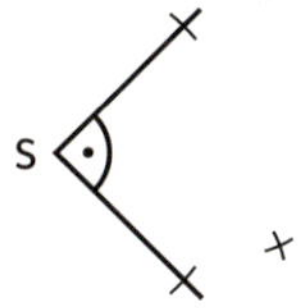

c)
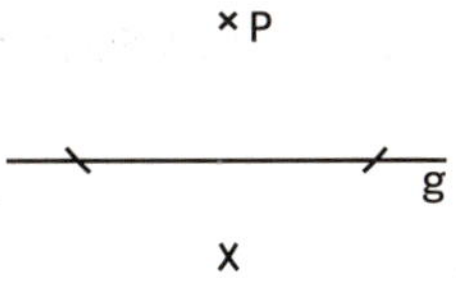

2 Zeichne den Winkel $\alpha = 70°$ und die Strecke $\overline{AB} = 10\,cm$.
Konstruiere mit Zirkel und Lineal (und gib eine ausführliche Konstruktionsbeschreibung)
a) den Winkel $\beta = 35°$,
b) die Strecke $\overline{AM} = 5\,cm$,
c) den Winkel $\gamma = 17{,}5°$,
d) die Strecke $\overline{BE} = 7{,}5\,cm$.

7 Die Punkte A(0|1), B(5|1) und C(8|6) bilden ein Dreieck ABC mit den Seiten a, b und c.
a) Konstruiere die Mittelsenkrechten m_a und m_c der Seiten a und c.
b) Bestimme näherungsweise die Koordinaten des Schnittpunktes von m_a und m_c.
c) Konstruiere die Winkelhalbierende w_α des Winkels α. Bestimme näherungsweise deren Schnittpunkt mit der Seite a des Dreiecks ABC.
d) Der Punkt D soll die gleiche y-Koordinate wie Punkt C haben. Bestimme seine x-Koordinate so, dass das Dreieck ABD rechtwinklig ist.
e) Der Punkt E soll der vierte Eckpunkt eines Quadrates ABDE sein. Welche Koordinaten hat der Punkt E?
f) Führe die Konstruktionen wie in den Aufgabenteilen a) bis c) nach eigenen Vorgaben durch und vergleiche mit den Ergebnissen deines Nachbarn.

In einem Dreieck ABC kann man die Seiten wie abgebildet auch mit kleinen Buchstaben bezeichnen.

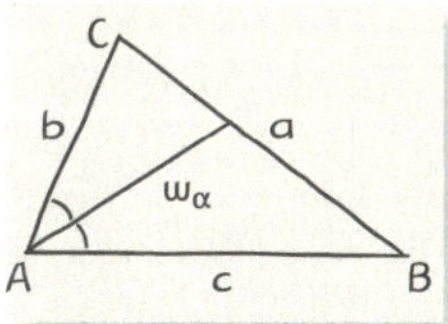

8 Die sechsten Klassen haben für ihren Stand zum Schulfest einen Eckplatz im Schulhof erhalten. Nach dem nebenstehenden Entwurf soll die Bodenfläche farbig gestaltet werden. Der Entwurf soll direkt auf dem Schulhof gezeichnet werden.
a) Schreibt auf, wie man dabei vorgeht.
b) Erstellt zusammen ein eigenes großes Muster und übertragt es im Freien.

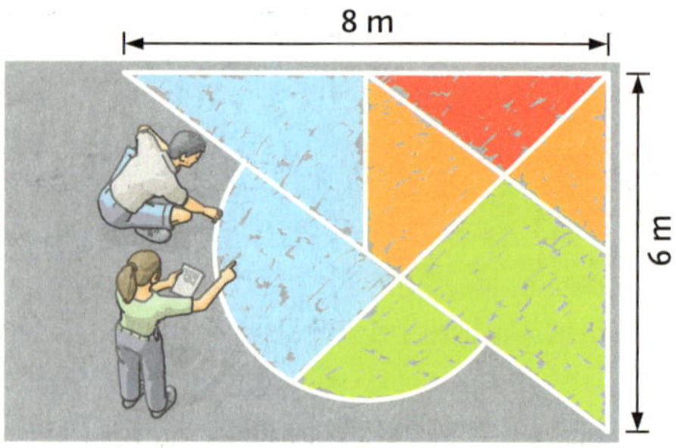

Fig. 1

Welche der Aussagen von Aufgabe 9 sind richtig, wenn die Figur ein Quadrat ist?

9 Zeichne ein Rechteck mit den Seitenlängen $a = 10\,cm$ und $b = 6\,cm$. Prüfe, ohne zu messen, mithilfe von Konstruktionen.
a) Die Winkelhalbierenden im Rechteck stimmen mit den Diagonalen überein.
b) Der Lotfußpunkt eines Eckpunkts auf einer Diagonalen trifft den Schnittpunkt der beiden Diagonalen.
c) Der Abstand eines Eckpunkts zu einer Diagonalen ist etwa halb so groß wie eine der Rechteckseiten.
d) Zeichne eine zweites Rechteck nach eigenen Vorgaben. Prüfe die Aussage aus c) auch für dieses Rechteck. Vergleiche mit dem Ergebnis aus Aufgabenteil c).

10 Zeichne ein Quadrat mit 10 cm Seitenlänge. Bearbeite jede Teilaufgabe mit einer eigenen Zeichnung.
a) Bestimme alle Punkte des Quadrates, die zum Diagonalenschnittpunkt den Abstand 6 cm haben. Miss die Abstände dieser Punkte zu den Diagonalen mithilfe von Loten.
b) Konstruiere alle Punkte im Inneren des Quadrates, die vom Diagonalenschnittpunkt und von mindestens einer Quadratseite den gleichen Abstand 4 cm haben.
c) Auf einem Kreis um den Diagonalenschnittpunkt sollen genau vier Punkte so liegen, dass ihr Abstand zu einer Quadratseite genau das Doppelte der Radienlänge beträgt.

*Eine **Planfigur** ist eine Skizze, in der man die gegebenen Größen färbt.*
An einer Planfigur kann man die Schritte einer Konstruktion gut planen.

11 Zeichne das Dreieck ABC aus folgenden Stücken. Erstelle zuvor eine Planfigur.
a) $a = 4{,}5\,cm$; $b = 5\,cm$; $c = 3\,cm$
b) $\overline{AB} = 5\,cm$; $\overline{BC} = 4\,cm$; $\overline{AC} = 2{,}5\,cm$
c) $b = 6\,cm$; $c = 4\,cm$; $\alpha = 40°$
d) $\overline{AC} = 3{,}8\,cm$; $\overline{BC} = 5{,}4\,cm$; $\gamma = 70°$
e) $\alpha = 37°$; $\beta = 45°$; $c = 6\,cm$
f) $\overline{AC} = 5{,}6\,cm$; $\alpha = 60°$; $\gamma = 30°$

12 Zeichne ein Drachenviereck ABCD aus $a = \overline{AB} = 4\,cm$; $b = \overline{BC} = 5\,cm$ und $\alpha = 40°$. Fertige zuvor eine Planfigur an.
a) Konstruiere die Winkelhalbierenden der Winkel α und β.
b) Überprüfe, ob die Winkelhalbierenden mit den Diagonalen übereinstimmen.

13 Alex vermutet: „Wenn ich im Dreieck an einer Ecke den Winkel halbiere, teilt die Winkelhalbierende auch die gegenüberliegende Seite zu gleichen Teilen." Was meinst du dazu? Siehe Fig. 2

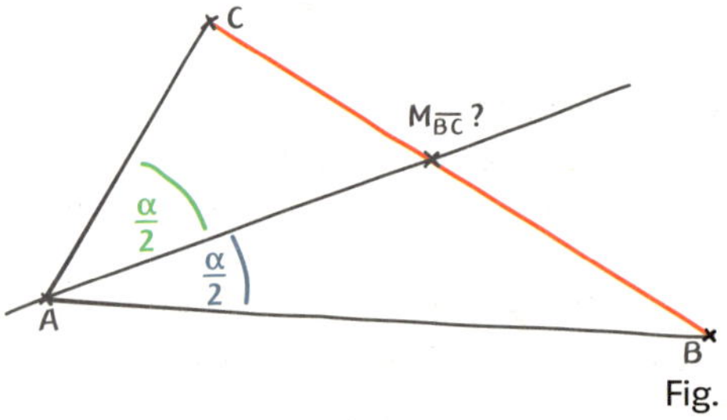

Fig. 2

14 a) Welche Punkte sind von $A(1|2)$ weiter entfernt als von $B(3|8)$? Zeichne und färbe.
b) Gibt es Punkte, die näher bei $P(4|1)$ liegen als bei $Q(6|2)$ und mindestens 2 cm von Q entfernt sind? Zeichne und färbe.

Info

Verwendung eines Geometrieprogramms

Mit einem Geometrieprogramm können Konstruktionen am Computer durchgeführt und Strecken und Winkel gemessen werden. Gegenüber einer Handzeichnung hat man dabei den Vorteil, dass man die Anordnung der Punkte nachträglich verändern kann. Dazu muss man die Planung der Zeichnung gewissenhaft vornehmen.

Wie bei einem Textprogramm gibt es eine Menüleiste, mit der häufig vorkommende Anweisungen mit der Maus ausgeführt werden können.

Werden zum Beispiel die folgenden Aufträge mit einem Geometrieprogramm ausgeführt, entsteht eine Zeichnung wie in Fig. 1.

1. Zeichne ein Dreieck aus drei Punkten.
2. Beschrifte die Ecken mit A, B und C.
3. Zeichne die Kreise um A und B durch C.
4. Zeichne die Gerade durch A und B.
5. Beschrifte sie mit g.
6. Zeichne die Lotgerade von C zu g.

Punkte und Linien können beschriftet werden.

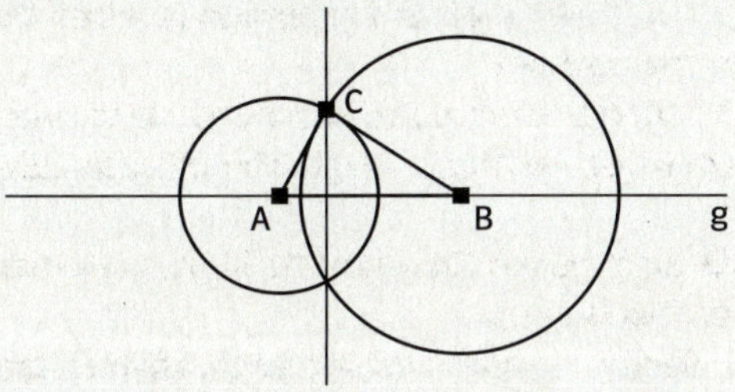

Fig. 1

Nun kann z. B. die Lage des Punktes C verändert werden. Die beiden nachfolgenden Zeichnungen sind so aus Fig. 1 entstanden. Sie zeigen spezielle Lagen des Punktes C.

Zur Übersichtlichkeit kann man einzelne Punkte und Linien auch verbergen.

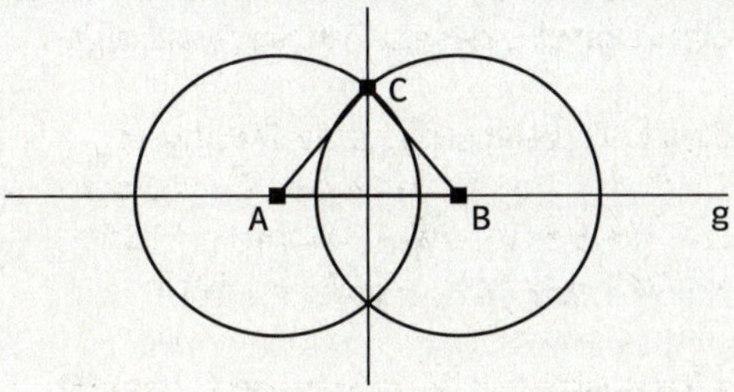

Fig. 2

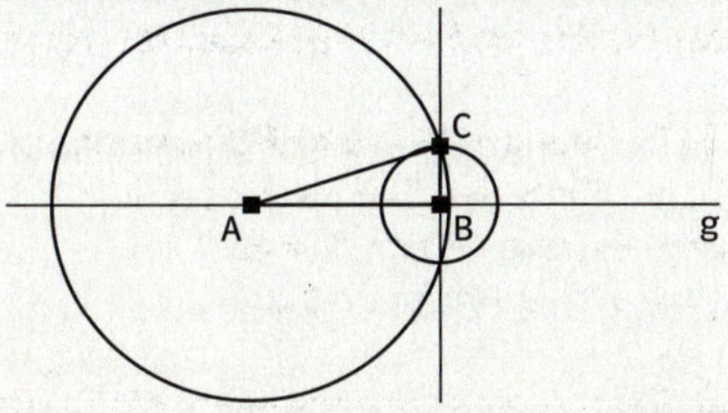

Fig. 3

15 Zeichne das Dreieck ABC mit den gegebenen Größen. Beschrifte die Figur.
a) $c = 6\,cm$; $a = 4\,cm$; $\alpha = 37°$ b) $\overline{AB} = 6\,cm$; $w_\alpha = 4\,cm$; $\alpha = 50°$

Die Aufgaben 15 bis 17 sind Übungen zum Kennenlernen eines Geometrieprogramms.

16 a) Konstruiere ein Rechteck mit den Seitenlängen $a = 5\,cm$ und $b = 8\,cm$. Konstruiere die Winkelhalbierenden.
b) Konstruiere ein Quadrat, dessen Seitenlänge verändert werden kann.

17 Zeichne eine Strecke $\overline{AB}$ der Länge 8 cm. Zeichne zwei Punkte P und Q mit den Kreisen um A mit Radius $\overline{AP}$ und um B mit Radius $\overline{BQ}$. Bestimme die Streckenlängen $\overline{AP}$ und $\overline{BQ}$. Verändere die Lage der Punkte P und Q so, dass die beiden Kreise keinen, einen oder zwei Schnittpunkte haben. Schreibe die zugehörigen Streckenlängen $\overline{AB}$, $\overline{AP}$ und $\overline{BQ}$ in einer Tabelle auf. Versuche, möglichst viele Fälle zu beschreiben. Gibt es einen Zusammenhang zwischen der Anzahl der Schnittpunkte und den drei genannten Streckenlängen?

Das Symbol nach der Aufgabennummer kennzeichnet zukünftig Aufgaben, für deren Bearbeitung ein Geometrieprogramm vorteilhaft ist.

5 Inkreis und Umkreis

Bei einem Wettbewerb von Sportfischern befinden sich drei Boote an verschiedenen, weit auseinander liegenden Positionen auf einem See. Ihre genaue Position können sie über Satelitennavigationsgeräte feststellen. Am Ende des Tages wollen sie sich an einer Stelle des Sees treffen, zu der sie alle die gleiche Entfernung zurücklegen müssen.

Es gibt auch Vielecke, die einen Umkreis haben.

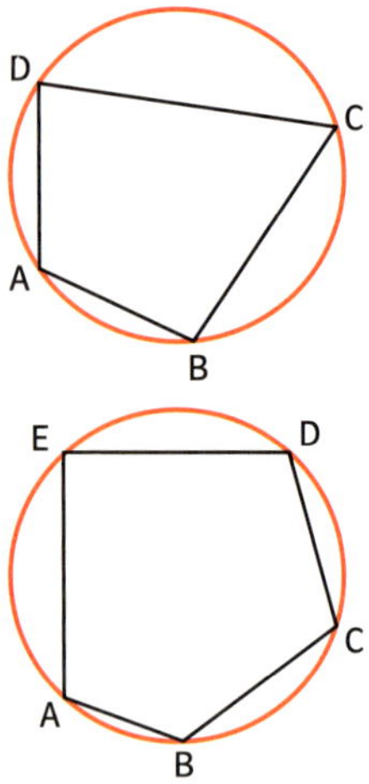

Fig. 2

Zu jedem Dreieck ABC gibt es einen Kreis, der durch alle drei Eckpunkte A, B und C geht (Fig. 1). Dieser Kreis heißt **Umkreis** des Dreiecks ABC. Der Mittelpunkt U des Umkreises muss zu jedem der Eckpunkte den gleichen Abstand $r_U = \overline{UA}$ haben. Alle Punkte, die von den Punkten A und B den gleichen Abstand haben, liegen auf der Mittelsenkrechten m_1 von $\overline{AB}$. Auf ihr muss U liegen. Soll gleichzeitig der Abstand von U zu C genauso groß sein, muss U auch auf der Mittelsenkrechten m_2 von $\overline{BC}$ liegen. U ist also der Schnittpunkt der Mittelsenkrechten m_1 und m_2.

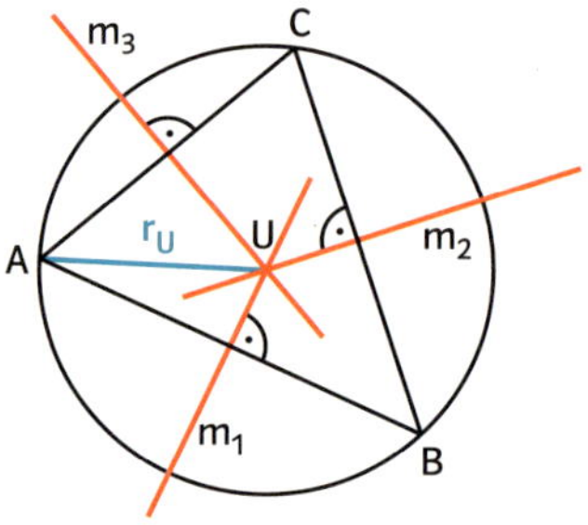

Fig. 1

Jedes Dreieck hat einen **Umkreis**.
Der Schnittpunkt der drei Mittelsenkrechten ist der **Umkreismittelpunkt**.

Zu jedem Dreieck ABC gibt es einen Kreis, der alle drei Seiten a, b und c berührt (Fig. 3). Dieser Kreis heißt **Inkreis** des Dreiecks ABC. Der Mittelpunkt I des Inkreises muss zu jeder Seite den gleichen Abstand $r_I = \overline{IF}$ (F ist Lotfußpunkt von I auf b) haben. Alle Punkte, die von den Seiten $c = \overline{AB}$ und $b = \overline{AC}$ den gleichen Abstand haben, liegen auf der Winkelhalbierenden w_α des Winkels α. Auf ihr muss I liegen. Soll gleichzeitig der Abstand von I zu $\overline{BC}$ genauso groß sein, muss I auch auf der Winkelhalbierenden w_β des Winkels β liegen. I ist also der Schnittpunkt der Winkelhalbierenden w_α und w_β.

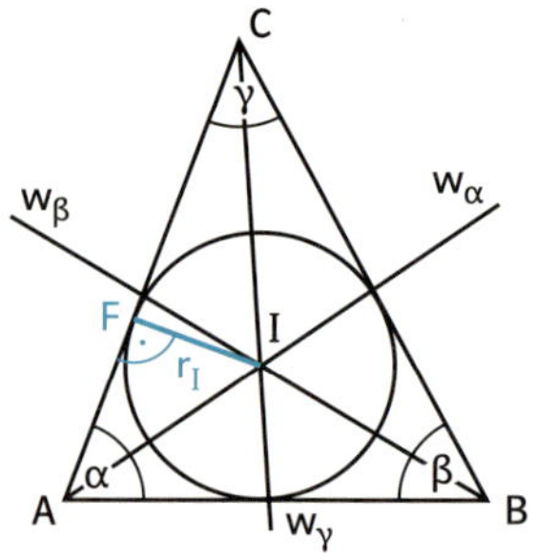

Fig. 3

Jedes Dreieck hat einen **Inkreis**.
Der Schnittpunkt der drei Winkelhalbierenden ist der **Inkreismittelpunkt**.

Beispiel 1 Dreieck und Inkreis
Konstruiere ein Dreieck ABC mit $c = 5\,cm$; $\alpha = 60°$; $b = 6\,cm$ und seinen Inkreis.
Lösung:
1. Zeichne die Strecke $\overline{AB} = 5\,cm$.
2. Trage in A den Winkel $\alpha = 60°$ an.
3. Zeichne um A einen Kreisbogen mit dem Radius $b = 6\,cm$. Der Schnittpunkt ist C.
4. Zeichne die Strecken $\overline{AC}$ und $\overline{BC}$.
5. Konstruiere die Winkelhalbierenden w_α und w_β. Sie schneiden sich in I.
6. Konstruiere von I das Lot auf $\overline{AB}$. Der Schnittpunkt mit $\overline{AB}$ ist F.
7. Zeichne um I einen Kreis k mit dem Radius $\overline{IF}$. K ist der Inkreis des Dreiecks ABC.

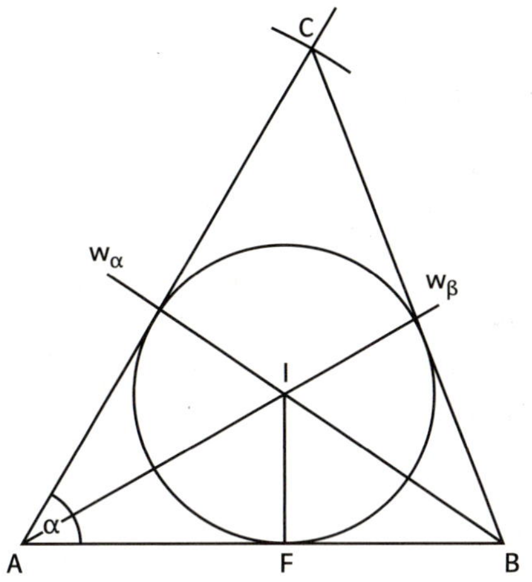

Fig. 1

Beispiel 2 Eine Aufgabe mit mehr als einer Lösung
Zeichne einen Kreis k um M mit Radius $r = 3\,cm$. Gibt es Dreiecke mit den Seitenlängen 3,3 cm und 4,8 cm, die k als Umkreis haben und die nicht deckungsgleich sind?
Lösung:
Es wird ein Kreis k um M mit $r = 3\,cm$ mit einem Kreispunkt A gezeichnet. Der Kreis um A mit Radius 4,8 cm schneidet k in zwei Punkten B_1 und B_2. Ein dritter Kreis um B_1 mit Radius 3,3 cm schneidet k in C_1 und C_2.
Die Dreiecke AB_1C_1 und AC_2B_1 haben die geforderten Eigenschaften. Sie sind nicht deckungsgleich.

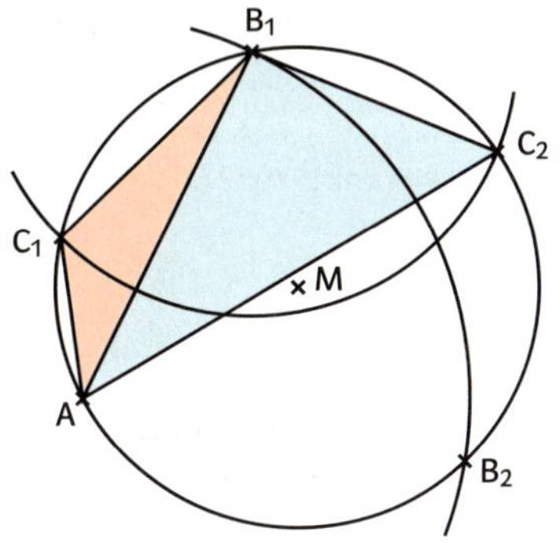

Fig. 2

Aufgaben

1 Experimentieren mit den Mittelsenkrechten im Dreieck
Zeichne ein Dreieck ABC.
a) Zeichne die Mittelsenkrechten zu $\overline{AB}$ und $\overline{BC}$ mit ihrem Schnittpunkt U. Miss die Abstände von U zu den drei Eckpunkten. Welche Vermutung liegt nahe?
b) Begründe die Vermutung aus a) mit einer Eigenschaft der Mittelsenkrechten.
c) Was ergibt sich nach b) daraus für die fehlende Mittelsenkrechte zur Strecke $\overline{AC}$?
d) Welche Eigenschaft hat der Kreis um U mit dem Radius $\overline{UA}$?
e) Formuliere einen Satz, der die Ergebnisse aus a) bis d) zusammenfasst.

2 Dreiecke mit einem gemeinsamen Umkreis
Untersuche die Lage des Schnittpunktes der Mittelsenkrechten für Dreiecke mit einem gemeinsamen Umkreis. Zeichne dazu einen Kreis k mit Mittelpunkt M und $r = 5\,cm$ und ein Dreieck mit den Eckpunkten auf k zusammen mit den drei Mittelsenkrechten.
a) Welcher Zusammenhang besteht zwischen dem Punkt M und den Mittelsenkrechten der Dreiecksseiten?
b) Verändere einen Eckpunkt des Dreiecks so, dass spezielle Dreiecke entstehen oder besondere Eigenschaften zu sehen sind. Schreibe deine Beobachtungen auf und begründe sie.

Tipp zu Aufgabe 2 b): Speziell oder besonders ist z. B.: Das Dreieck ist gleichschenklig oder gleichseitig; der Umkreismittelpunkt liegt auf einer Seite; das Dreieck ist spitzwinklig oder stumpfwinklig; eine Mittelsenkrechte geht durch einen Eckpunkt.

3 Zeichne ein Dreieck mit seinem Umkreis.

a) $\overline{AB} = 6\,cm$; $\alpha = 40°$; $\beta = 90°$
b) $\overline{AB} = 6\,cm$; $\alpha = 30°$; $\beta = 30°$
c) $\overline{AB} = \overline{BC} = 6\,cm$; $\beta = 90°$
d) $\overline{AB} = \overline{AC} = \overline{BC} = 6\,cm$

In Aufgabe 4 steht r_u für den Umkreisradius des Dreiecks.

4 Zeichne ein Dreieck. Beschreibe die Konstruktion.

a) $r_u = 4\,cm$; $a = 5\,cm$; $b = 3\,cm$
b) $\alpha = 50°$; $c = 8\,cm$; $r_u = 6\,cm$
c) $r_u = 5\,cm$; $\overline{AC} = \overline{BC}$; $\overline{AB} = 5\,cm$
d) $r_u = 4{,}5\,cm$; $\overline{AC} = \overline{AB}$; $\alpha = 50°$

5 Experimentieren mit den Winkelhalbierenden im Dreieck

Zeichne ein Dreieck ABC. Bearbeite die folgenden Aufträge.

a) Zeichne die Winkelhalbierenden zu α und β mit dem Schnittpunkt I. Miss die Abstände von I zu den drei Seiten des Dreiecks. Welche Vermutung liegt nahe?
b) Begründe die Vermutung aus a) mit einer Eigenschaft der Winkelhalbierenden.
c) Was ergibt sich daraus für die Winkelhalbierende von γ?
d) Welche Eigenschaft hat der Kreis um I, dessen Radius der Abstand zu $\overline{AB}$ ist?
e) Ist es für die Eigenschaft aus d) wesentlich, dass das Dreieck nur spitze Winkel hat?
f) Formuliere einen Satz, der die Ergebnisse aus a) bis e) zusammenfasst.

6 Umkreis und Inkreis im Dreieck

Zeichne einen Kreis k und ein Dreieck ABC auf der Kreislinie. Zeichne die Winkelhalbierenden der drei Winkel. Führe die folgenden Aufträge aus.

a) Zeichne die Lote vom Schnittpunkt I der Winkelhalbierenden zu den Geraden durch die drei Seiten.
b) Zeichne einen Kreis um I dessen Radius einer dieser Abstände ist. Was kannst du beobachten? Gib eine Begründung.
c) Variiere die Lage des Dreiecks auf dem Kreis. Untersuche auch spezielle Dreiecke. Welche Lagen des Inkreis-Mittelpunktes kommen vor? Gibt es für spezielle Dreiecke einen Zusammenhang mit dem Umkreis-Mittelpunkt? Beschreibe typische Fälle und versuche eine Begründung zu geben.

7 Zeichne ein Dreieck mit Inkreis. Begründe besondere Lagen des Inkreismittelpunktes.

a) $\overline{AB} = 12\,cm$; $\alpha = 10°$; $\beta = 90°$
b) $\overline{AB} = 6\,cm$; $\alpha = 30°$; $\beta = 30°$
c) $\overline{AB} = \overline{BC} = 6\,cm$; $\beta = 90°$
d) $\overline{AB} = \overline{AC} = \overline{BC} = 6\,cm$

Bist du sicher?

1 Zeichne ein Dreieck ABC aus $a = b = 5\,cm$ und $c = 4\,cm$. Konstruiere seinen Inkreis und seinen Umkreis.

2 Ist der Satz richtig?
Es gibt ein Dreieck, dessen Umkreis und Inkreis einen gemeinsamen Mittelpunkt haben.

3 Zeichne in ein Koordinatensystem. Begründe die Behauptung.
Das Dreieck mit den Eckpunktkoordinaten $A(1|1)$, $B(7|1)$, $C(7|5)$ hat einen Umkreismittelpunkt, dessen Koordinaten natürliche Zahlen sind.

4 Konstruiere das Dreieck.

a) Die Eckpunkte $A(2|1)$, $B(9|3)$ und der Mittelpunkt des Inkreises $I(6|4)$ sind bekannt.
b) Der Inkreis des Dreiecks berührt die Seiten des Dreiecks in $D(4|0)$, $E(5|6)$ und $F(0|4)$.

8 Untersuche Vielecke mit und ohne Umkreis.
a) Zeichne Vielecke (Vierecke, Fünfecke usw.), die einen Umkreis (Inkreis) besitzen. Beginne dabei mit dem Umkreis (Inkreis).
b) Gibt es besondere Vierecke, die immer einen Umkreis (Inkreis) haben?
c) Dein Nachbar gibt dir 4 Punkte vor. Konstruiere den Umkreis eines Dreiecks, das durch 3 der 4 Punkte gegeben ist. Liegt der 4. Punkt auch auf dem Kreis?
d) Zeichne ein beliebiges Dreieck und konstruiere seinen Umkreis. Welche Bedingung muss ein vierter Punkt erfüllen, damit ein Viereck entsteht, das einen Umkreis hat?

9 Ist es hin und her gleich einfach?
Peter behauptet: „Zu jedem Dreieck ABC kann man leicht ein Dreieck DEF zeichnen, das den Umkreis des Dreiecks ABC als Inkreis hat."
Denis behauptet: „Dann müsste man auch leicht ein Dreieck zeichnen können, das den Inkreis eines gezeichneten Dreiecks als Umkreis hat."

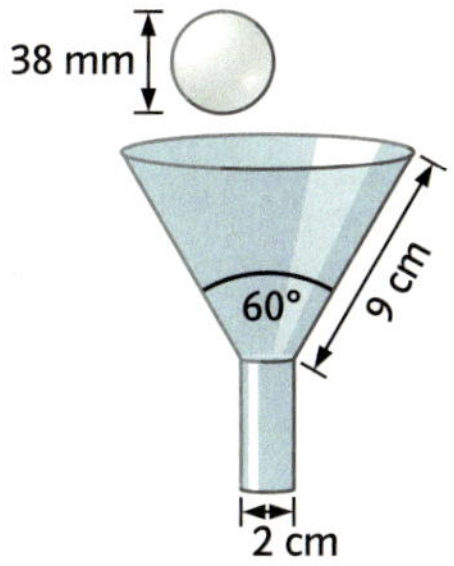

Fig. 1

10 Wie weit vom oberen Rand ist der Tischtennisball entfernt wenn er im Trichter liegt?

11 Von A aus sieht man einen Baum unter dem Sehwinkel ε. Bestimme diesen Winkel. Bestimme die Höhe und die Entfernung des Baumes durch maßstäbliche Zeichnung.

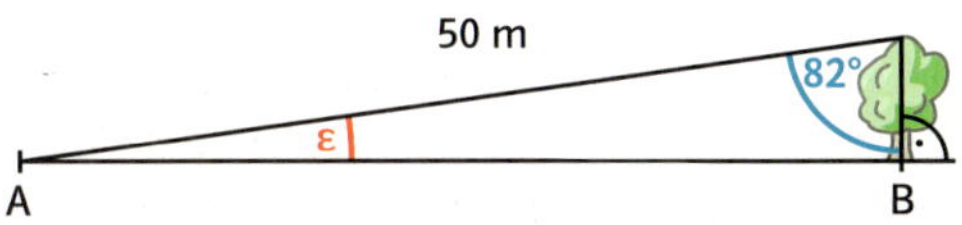

Fig. 2

12 Am 15 Meter breiten und 5 Meter hohen Giebel soll die Uhr des Rathauses ein neues Ziffernblatt erhalten. Es soll möglichst groß werden, jedoch von allen Seiten des Giebels mindestens 50 cm Abstand haben. Kann die Größe des Ziffernblattes aus den Angaben mit einer geeigneten Konstruktion bestimmt werden?

13 Konstruiere die Figuren nach der Skizze.

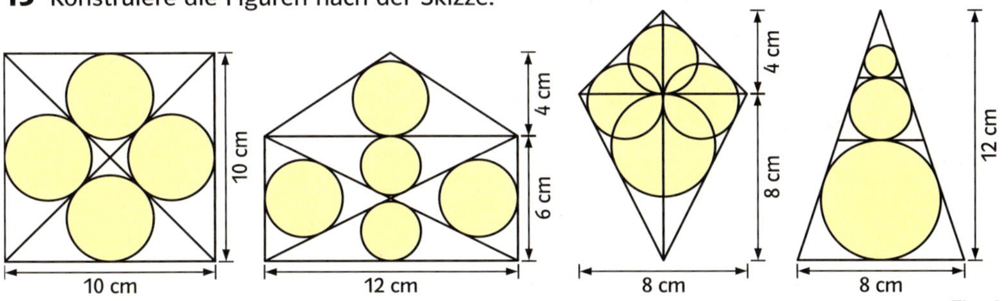

Fig. 3

Kannst du das noch?

14 Zeichne ein Quadrat mit der Seitenlänge 10 cm und markiere die gegebenen Anteile farbig.
a) 50 % b) $\frac{1}{4}$ c) 10 % d) $\frac{1}{5}$ e) $\frac{3}{4}$

15 Schreibe als Bruch und kürze soweit wie möglich.
a) 9 von 21 b) 8 von 44 c) 25 von 625 d) 147 von 273 e) 36 von 450

16 Schreibe die Dezimalbrüche als Brüche.
a) 0,7 b) 0,75 c) 0,125 d) 0,003 e) 2,5

6 Höhen und Seitenhalbierende im Dreieck

Turner vollbringen erstaunliche Leistungen. Körperbeherrschung bedeutet dabei nicht nur, mit Beweglichkeit und Spannkraft die Bewegungen zu koordinieren. Eine Turnerin muss sich auf dem Schwebebalken so bewegen, dass sie selbst in den kompliziertesten Positionen nicht vom Gerät fällt.

Zeichnet man in einem Dreieck von jedem Eckpunkt aus das Lot auf die gegenüberliegende Seite (oder deren Verlängerung) ein, so erhält man die **Höhen** des Dreiecks (Fig. 1).
Die Höhen (oder deren Verlängerungen) schneiden sich in einem Punkt.

So kannst du ein Dreieck aus Pappe, Holz usw. im Gleichgewicht halten:

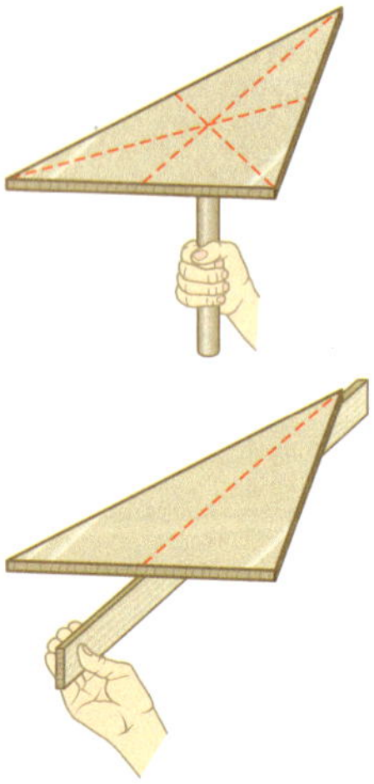

Die Verbindungsstrecke der Seitenmitten eines Dreiecks mit den ihnen gegenüberliegenden Eckpunkten nennt man **Seitenhalbierende** (Fig. 2).
Die Seitenhalbierenden eines Dreiecks schneiden sich in einem Punkt. Die Seitenhalbierenden heißen auch Schwerelinien und den Schnittpunkt der Seitenhalbierenden nennt man auch **Schwerpunkt**.

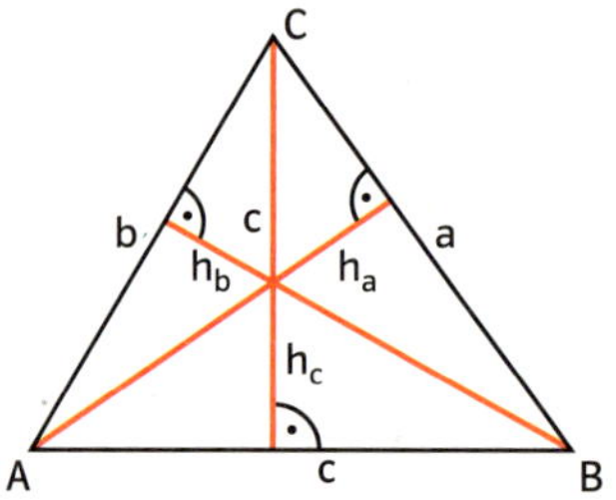

Fig. 1

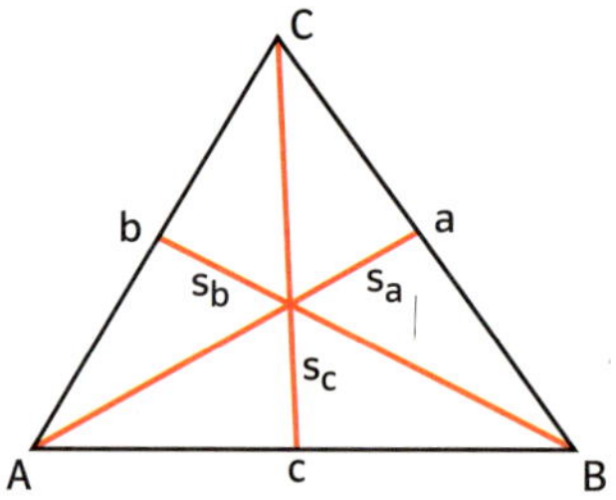

Fig. 2

In jedem Dreieck schneiden sich die drei **Höhen** (oder deren Verlängerungen) in einem Punkt.
In jedem Dreieck schneiden sich die drei **Seitenhalbierenden** in einem Punkt.
Der Schnittpunkt der Seitenhalbierenden heißt **Schwerpunkt** des Dreiecks.

In rechtwinkligen Dreiecken und in stumpfwinkligen Dreiecken liegt der Höhenschnittpunkt nicht innerhalb des Dreiecks (Fig. 3 und 4).

Höhen im rechtwinkligen Dreieck:

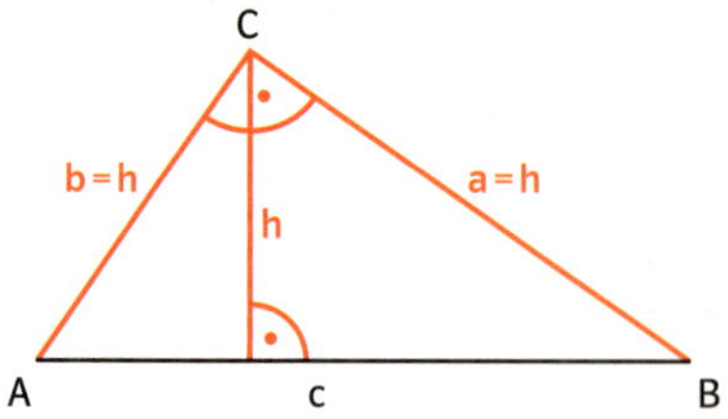

Fig. 3

Höhen im stumpfwinkligen Dreieck:

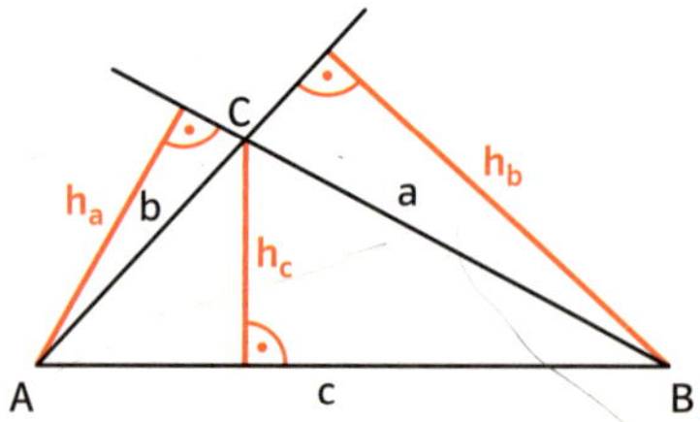

Fig. 4

Beispiel 1

Das Dreieck ABC ist durch seine Eckpunkte gegeben: A(1|0,5); B(5,5|0,5); C(3|6). Zeichne das Dreieck in ein Koordinatensystem. Konstruiere die Höhen und gib die Koordinaten des Höhenschnittpunktes näherungsweise an.

Lösung:

1. Dreieck in das Koordinatensystem einzeichnen.
2. Von C aus das Lot auf Seite c konstruieren: ergibt die Höhe h_c. Mit den anderen Höhen analog verfahren.
3. Der Schnittpunkt H der Höhen des Dreiecks hat näherungsweise die Koordinaten H(3,0|1,5).

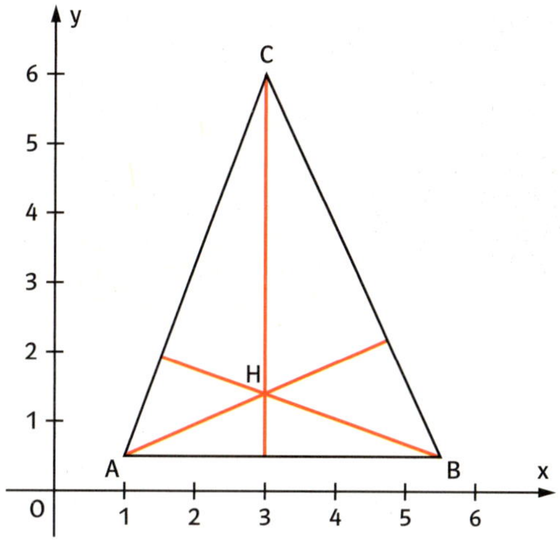

Fig. 1

Beachte:
Die Koordinaten eines Punktes kann man nur auf Millimeter genau ablesen. Deshalb können die Schnittpunkte nur auf eine Dezimale genau angegeben werden.

Beispiel 2

Zeichne das Dreieck ABC mit den Koordinaten A(1|1); B(6|2); C(1|6) in ein Koordinatensystem. Konstruiere den Schwerpunkt des Dreiecks und gib seine Koordinaten näherungsweise an.

Lösung:

1. Dreieck in das Koordinatensystem einzeichnen.
2. Durch Halbierung der Seite c und die Verbindung des gefundenen Mittelpunktes mit Punkt C erhält man die Seitenhalbierende s_c. Die anderen Seitenhalbierenden genauso konstruieren.

Der Schwerpunkt des Dreiecks ABC hat näherungsweise die Koordinaten S(2,6|3,0).

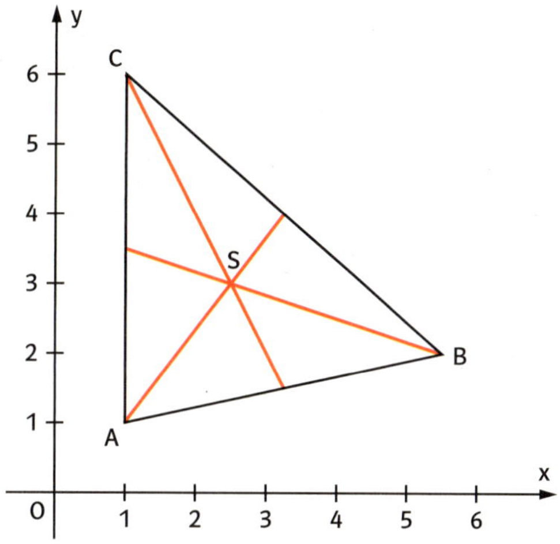

Fig. 2

Aufgaben

1 Zeichne ein spitzwinkliges, ein stumpfwinkliges und ein rechtwinkliges Dreieck und zeichne jeweils alle Höhen ein.
Vergleiche die Lagen des jeweiligen Schnittpunktes der Höhen.
Welche Besonderheit haben zwei der drei Höhen eines rechtwinkligen Dreiecks?

2 Zeichne verschiedene Dreiecke in ein Koordinatensystem. Bestimme die Schnittpunkte besonderer Linien in diesen Dreiecken näherungsweise.
Findest du Dreiecke, bei denen verschiedene besondere Linien übereinstimmen?

Besondere Linien im Dreieck:
Mittelsenkrechte
Winkelhalbierende
Höhen
Seitenhalbierende

3 Konstruiere ein Dreieck ABC mit

a) $a = 4\,cm$; $c = 4{,}5\,cm$; $h_c = 3{,}5\,cm$
b) $h_a = 4\,cm$; $c = 4{,}2\,cm$; $a = 3{,}4\,cm$
c) $a = 4\,cm$; $b = 5\,cm$; $s_b = 4{,}3\,cm$
d) $a = 3\,cm$; $\gamma = 70°$; $s_b = 3{,}4\,cm$
e) $h_c = 3{,}6\,cm$; $a = 3{,}8\,cm$; $\alpha = 50°$
f) $b = 7{,}2\,cm$; $\gamma = 92°$; $s_b = 5{,}8\,cm$

4 Zeichne ein Dreieck auf ein Stück fester Pappe (nicht zu klein) und konstruiere den Schnittpunkt der Seitenhalbierenden des Dreiecks. Schneide das Dreieck aus. Bei genauer Konstruktion kannst du das Dreieck am Schwerpunkt auf einer Zirkelspitze balancieren.

5 Der Schnittpunkt der Höhen eines Dreiecks kann auch außerhalb des Dreiecks liegen. Kann es auch ein Dreieck geben, dessen Schwerpunkt außerhalb des Dreiecks liegt? Begründe deine Antwort.

6 Der Schwerpunkt eines Dreiecks ist leicht durch eine Konstruktion der Seitenhalbierenden (Schwerelinien) zu ermitteln.
Den Schwerpunkt einer beliebigen Figur kannst du mit einem Versuch bestimmen (Fig. 1).

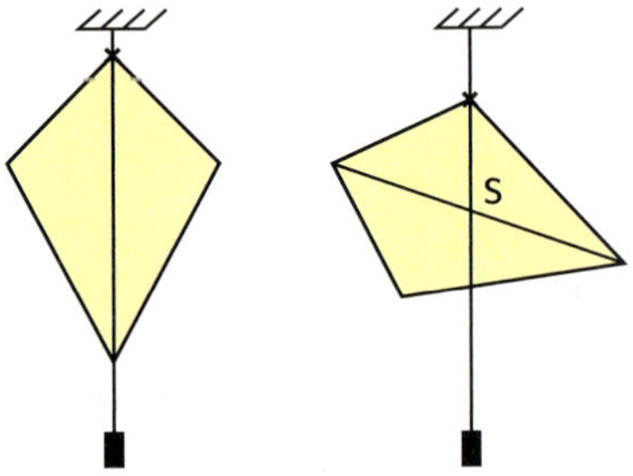

Fig. 1

7 Zeichne drei Dreiecke ABC mit $c = 6\,\text{cm}$ und $h_c = 3{,}5\,\text{cm}$. Ein Dreieck soll spitzwinklig, eins rechtwinklig und eins stumpfwinklig sein. Ist die Konstruktion immer eindeutig?

8 Bei einem Einsatz der Feuerwehr wird zur Rettung von Personen ein Fahrzeug mit Drehleiter eingesetzt. Die Leiter ist im ausgefahrenen Zustand 30 m lang, ist auf einem 3 m hohen Fahrzeug befestigt und soll höchstens einen Anstellwinkel von 70° haben. Bis in welche Höhe reicht die Leiter? Löse durch eine maßstäbliche Zeichnung.

9 Claudia möchte ihre Freunde mit einer ungewöhnlichen Karte zu ihrer Geburtstagsfeier einladen. Die Karte in Form eines gleichseitigen Dreiecks ist schön gestaltet und soll nun verschickt werden. Passt Claudias Karte in einen normalen Briefumschlag (C6), der 162 mm lang und 114 mm breit ist?

Claudias Einladungskarte

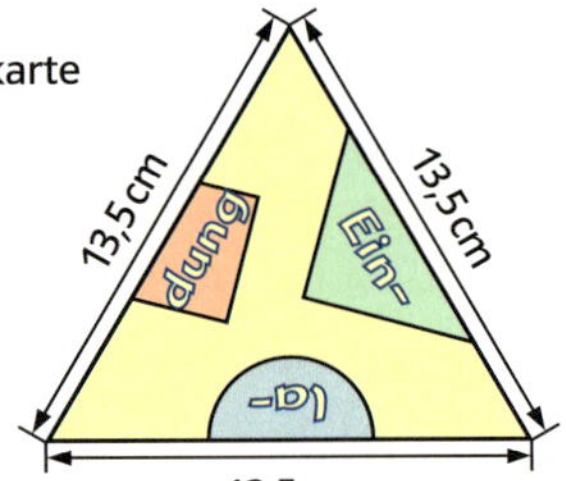

Fig. 2

10 Denke dir die Dreiecke in Fig. 4 aus einer dicken Spanplatte ausgesägt. Wenn man sie auf eine Tischplatte stellt, so wird das linke Dreieck stehen bleiben, das rechte dagegen um die Ecke B nach rechts kippen.
Wird das mittlere Dreieck stehen bleiben oder ebenfalls umfallen? Kann man bei einem solchen Dreieck voraussagen, ob es nach rechts kippen wird oder nicht?

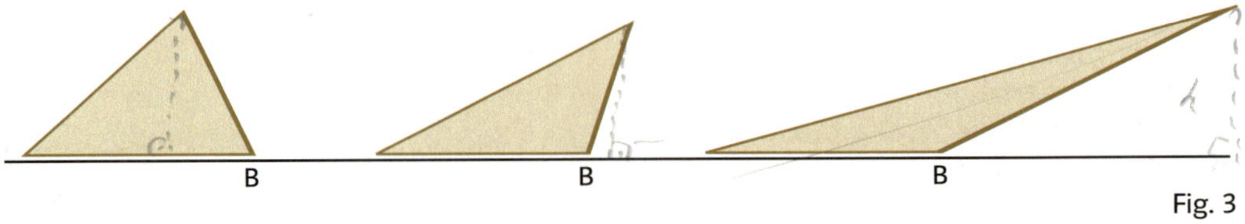

Fig. 3

Kannst du das noch?

11 Untersuche die Zahlen 2576, 3728 und 5268 auf ihre Teilbarkeit durch 2, 3, 4, 5 und 6.

12 Sylvia kauft im Supermarkt ein Brot für 1,90 €, zwei Tüten Milch für je 79 Cent und drei Joghurt zu je 46 Cent. Sie bezahlt mit einem 10-Euro-Schein. Wie viel Geld bekommt sie von der Kassiererin zurück?

13 Zähler und Nenner bestimmen den Wert eines Bruches. Wie ändert sich der Wert, wenn
a) der Zähler verdoppelt wird,
b) der Nenner verdoppelt wird,
c) der Zähler und der Nenner verdoppelt werden,
d) der Zähler verdoppelt und der Nenner vervierfacht wird?

---

14 Zwischen dem Umkreismittelpunkt, dem Höhenschnittpunkt und dem Schwerpunkt eines Dreiecks gibt es einen erstaunlichen Zusammenhang. Alle drei Punkte liegen in jedem Dreieck auf einer Geraden. Diese Gerade wird Euler'sche Gerade genannt.
Zeichne ein beliebiges Dreieck und ermittle die drei Schnittpunkte und zeichne durch sie die Euler'sche Gerade ein.

Leonhard Euler
Schweizer Mathematiker
1707–1783

15 Um die Höhe eines Turmes zu ermitteln misst man die Länge einer Standlinie $\overline{AB}$ und von den Punkten A und B aus die Höhenwinkel α und β (Fig. 1).
Wie groß ist die Turmhöhe, wenn $\alpha = 30°$, $\beta = 40°$ und $\overline{AB} = 54\,m$ gemessen wurde? Fertige eine Zeichnung im Maßstab 1:2000 an.

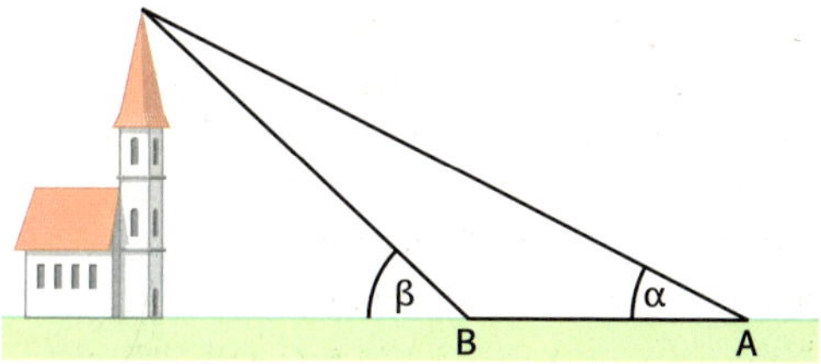

Fig. 1

16 Wie groß ist der Höhenunterschied zwischen der Ebene und dem Berggipfel in Fig. 2?

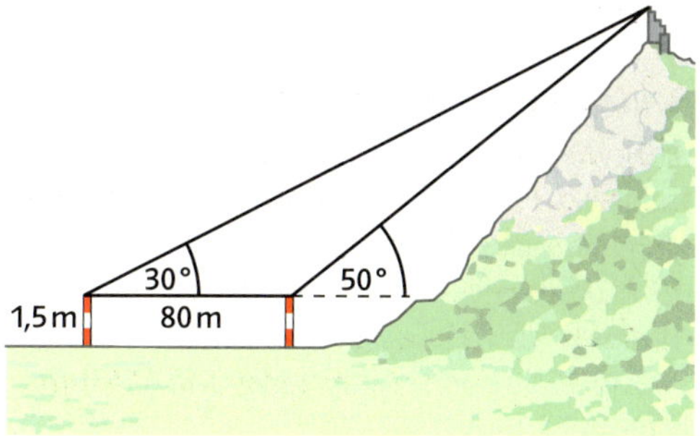

Fig. 2

17 Von einem Freiballon aus werden die Orte A und B unter den Tiefenwinkeln α und β angepeilt.
Der Winkel α ist ungefähr 66° groß, der Winkel β ungefähr 24° (Fig. 2).
Wie hoch schwebt der Ballon über dem Punkt G, wenn $\overline{AB} = 2700\,m$ ist?
a) Berechne in dem Dreieck ABC die Winkel bei B und C.
b) Zeichne das Dreieck ABC im Maßstab 1:50 000 und miss die Höhe.

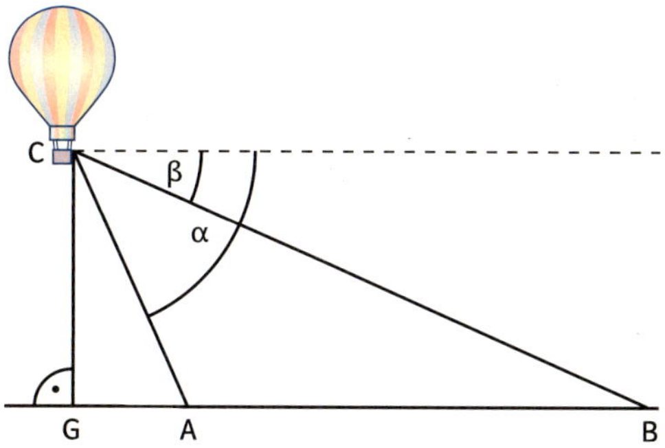

Fig. 3

7 Flächeninhalt eines Parallelogramms und eines Dreiecks

Herr Svensson will sein Haus neu anstreichen. Damit er genau die richtige Menge Farbe kauft, will er zuerst den Flächeninhalt der zu streichenden Fläche berechnen. Mit rechteckigen Flächen kommt er gut klar. Aber die Giebelseite macht ihm noch Probleme.

Das Rechteck und das Parallelogramm in Fig. 1 haben beide die Seitenlängen 4 cm und 2 cm. Wie man sieht, hat das Parallelogramm aber einen kleineren Flächeninhalt als das Rechteck. Wenn man die beiden Seitenlängen des Parallelogramms miteinander multipliziert, erhält man also nicht seinen Flächeninhalt.

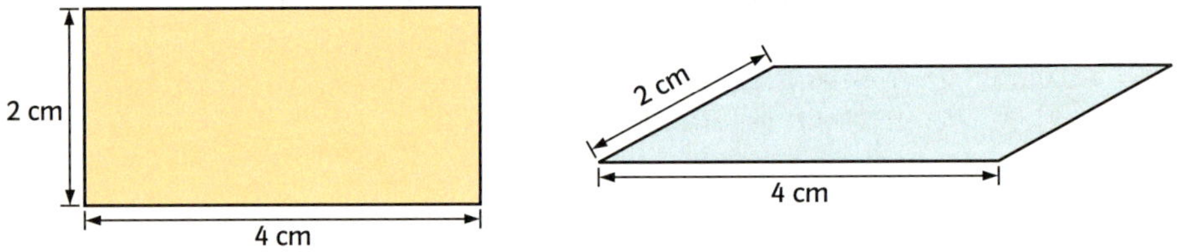

Fig. 1

Schneidet man von dem Parallelogramm auf der einen Seite ein rechtwinkliges Dreieck ab und setzt man dieses auf der anderen Seite wieder an, so erhält man ein Rechteck mit dem gleichen Flächeninhalt (Fig. 2).

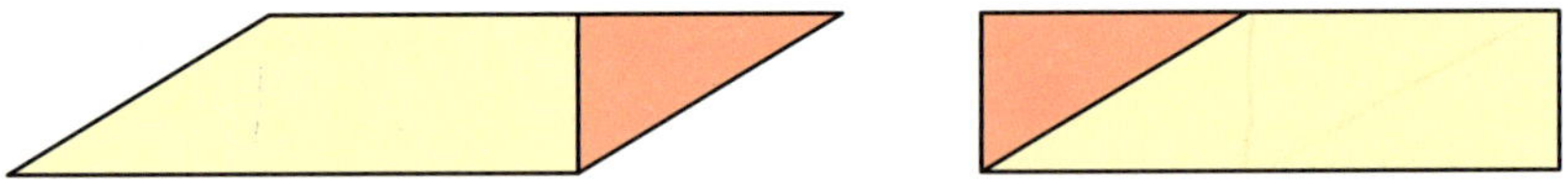

Fig. 2

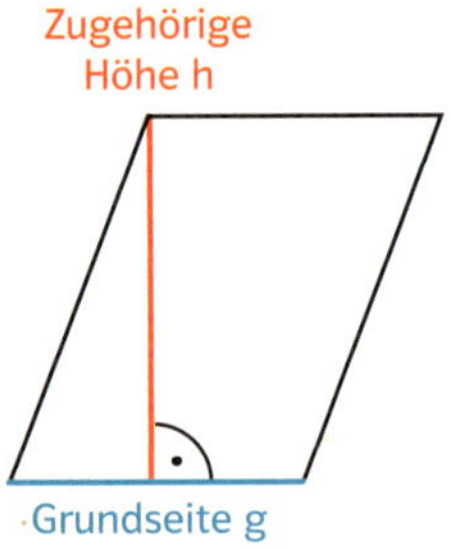

Das Rechteck und das Parallelogramm haben eine Seite gemeinsam. Die andere Rechteckseite verläuft im Parallelogramm durch einen Eckpunkt und ist orthogonal zur ersten Seite. Man nennt die Länge dieser Strecke die zur ersten Seite gehörende **Höhe h** des Parallelogramms.

Bezeichnet man die Länge einer Seite mit g und die zugehörige Höhe mit h, so erhält man den Flächeninhalt A des Parallelogramms mithilfe der Formel $A = g \cdot h$.

Flächeninhalt eines Parallelogramms: Grundseite mal Höhe.

Man berechnet den **Flächeninhalt eines Parallelogramms**, indem man die Länge einer Seite mit der zu ihr gehörenden Höhe multipliziert.
$\mathbf{A = g \cdot h}$

Den Flächeninhalt eines Dreiecks erhält man mithilfe eines Parallelogramms. Wenn man ein Dreieck am Mittelpunkt einer Seite spiegelt, so entsteht ein Parallelogramm. Der Flächeninhalt des Dreiecks ist dann halb so groß wie der Flächeninhalt des Parallelogramms.

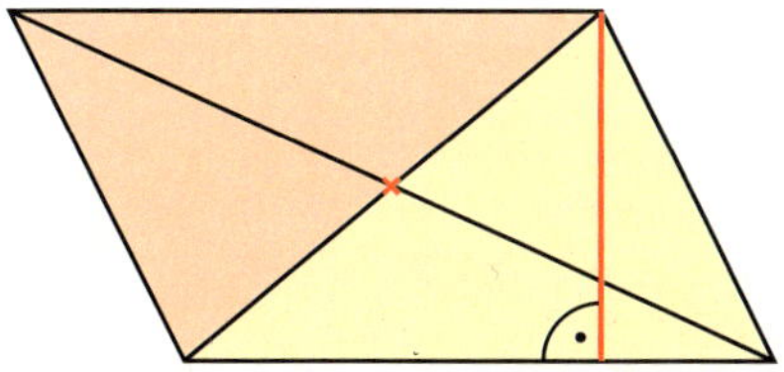
Fig. 1

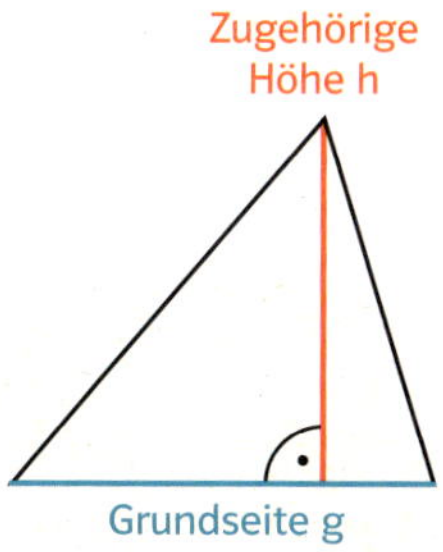

Fig. 2

Bezeichnet man die Länge einer Dreiecksseite mit g und die zugehörige Höhe mit h, so erhält man den Flächeninhalt A des Dreiecks mithilfe der Formel $A = (g \cdot h):2$.

Man berechnet den **Flächeninhalt eines Dreiecks**, indem man die Länge einer Seite mit der zu ihr gehörenden Höhe multipliziert und das Ergebnis halbiert.
$\mathbf{A = \frac{1}{2} \cdot g \cdot h}$

Flächeninhalt eines Dreiecks:
Gundseite mal Höhe durch zwei.

Beispiel
Zeichne in einem Koordinatensystem mit der Einheit 1cm das Dreieck ABC mit A(1|1), B(5|1) und C(4|6) sowie das Parallelogramm DEFG mit D(7|1), E(9|4), F(8|6) und G(6|3).
a) Berechne den Flächeninhalt des Dreiecks.
b) Berechne den Flächeninhalt des Parallelogramms.
Lösung:
a) *Aus der Zeichnung im Heft liest man ab:*
Länge der Seite $\overline{AB}$: 4cm,
zugehörige Höhe: 5cm,
Flächeninhalt des Dreiecks:
(4cm · 5cm) : 2 = 10 cm².
b) *Eine Seitenlänge und die zugehörige Höhe müssen im Heft gemessen werden.*
Länge der Seite $\overline{DE}$: 35mm,
zugehörige Höhe: 19mm,
Flächeninhalt des Parallelogramms:
19mm · 35mm = 665 mm².

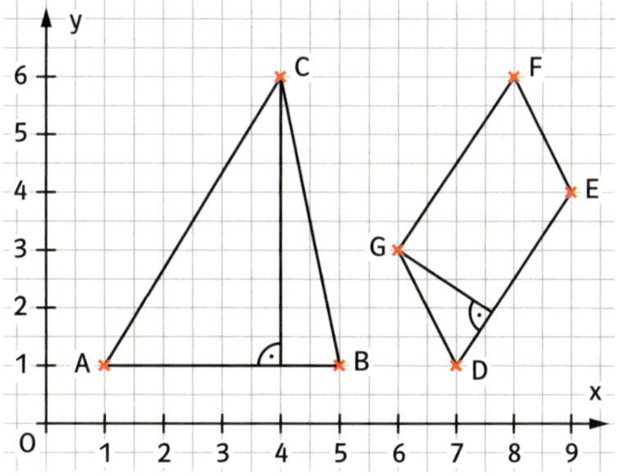

Fig. 3

Sind Strecken parallel zu einer Achse, so kann man ihre Länge ***ablesen****.*
Bei anderen Strecken muss man die Länge ***messen****.*

Aufgaben

1 Berechne den Flächeninhalt des Parallelogramms.
a) Seitenlänge: 4cm
zugehörige Höhe: 5cm
b) Seitenlänge: 2,8cm
zugehörige Höhe: 2,5cm
c) Seitenlänge: 2dm
zugehörige Höhe: 4cm

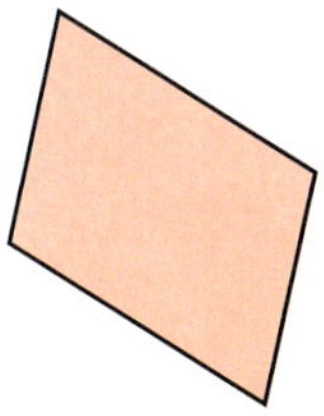

2 Bestimme den Flächeninhalt. Miss dazu die benötigten Längen.

Fig. 4

3 Berechne den Flächeninhalt des Dreiecks.

a) Seitenlänge: 8 cm
zugehörige Höhe: 3 cm

b) Seitenlänge: 3,5 cm
zugehörige Höhe: 2,2 cm

c) Seitenlänge: 2 m
zugehörige Höhe: 25 cm

4 Bestimme den Flächeninhalt. Miss dazu die benötigten Längen.

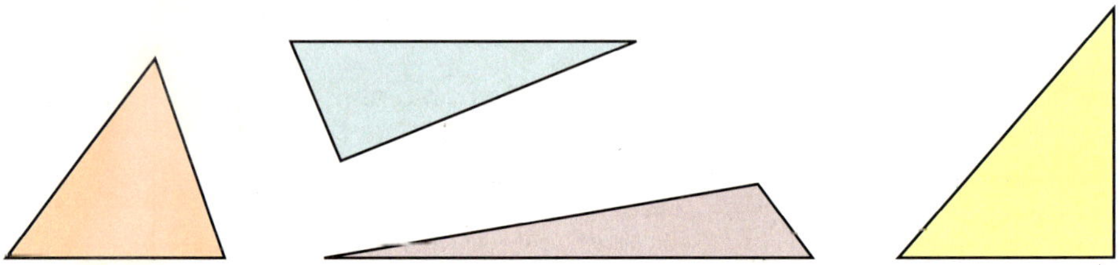

Fig. 1

5 Welche Längenangaben brauchst du nicht, um den Flächeninhalt zu berechnen?

a) b)

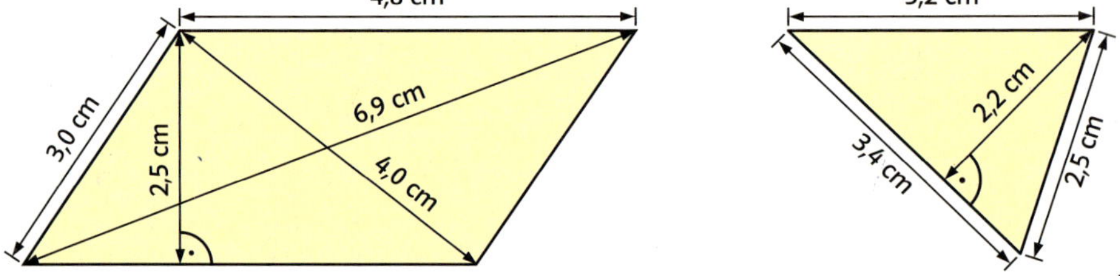

Fig. 2

6 Berechne den Flächeninhalt.

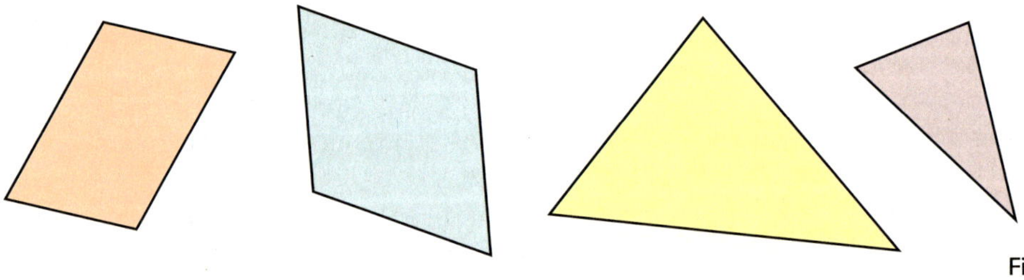

Fig. 3

7 a) Berechne den Flächeninhalt der Rasenfläche.
b) Wie kann man leicht eine 400 m² große Fläche abtrennen?

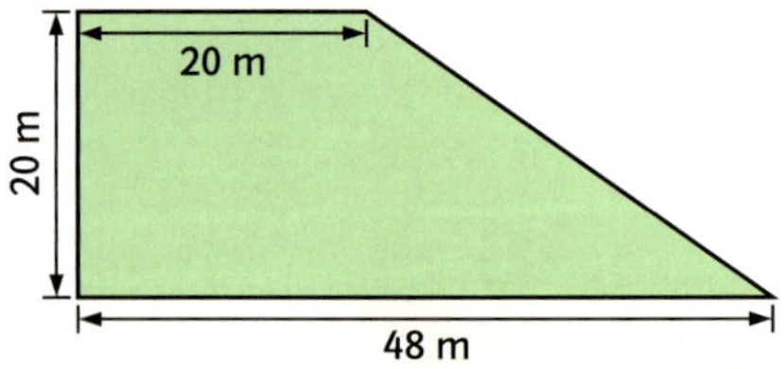

Fig. 4

Bist du sicher?

1 Berechne den Flächeninhalt der Flächen.

Alle drei Flächen zusammen haben den Inhalt 5390 mm².

a)

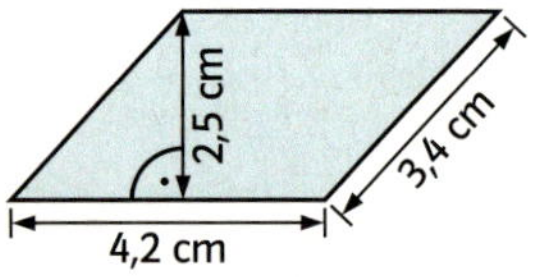

b)

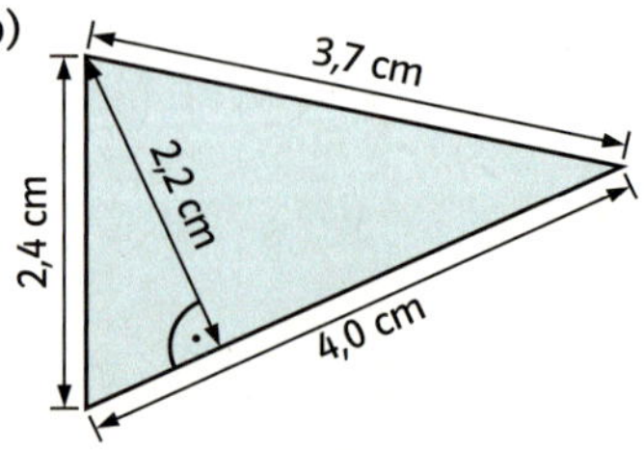

c)

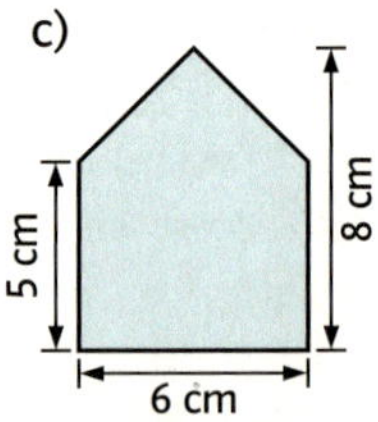

8 Zeichne drei verschiedene Dreiecke mit dem Flächeninhalt $12\,cm^2$.

Welches Dreieck hat den größten Flächeninhalt? Schätze zuerst und überprüfe dann durch Messen und Rechnen.

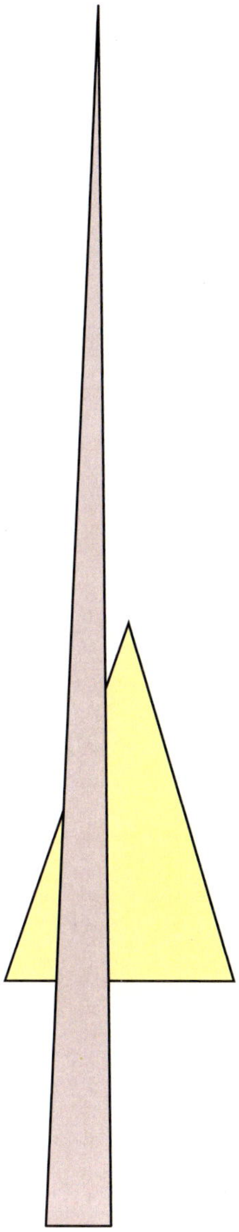

9 Zeichne das Dreieck ABC mit A(1|2), B(5|4) und C(1|4).
a) Miss die Länge der längsten Seite und die zugehörige Höhe. Berechne damit den Flächeninhalt des Dreiecks.
b) Wie kann man den Flächeninhalt des Dreiecks geschickter berechnen?

10 Ein Parallelogramm mit dem Flächeninhalt $72\,cm^2$ hat eine 12 cm lange Seite. Berechne die zugehörige Höhe.

11 Zeichne das Viereck ABCD mit A(5|0), B(5|5), C(2|4) und D(1|2).
a) Zerlege das Viereck in zwei Dreiecke. Bestimme damit den Flächeninhalt des Vierecks.
b) Kontrolliere dein Ergebnis, indem du das Viereck in zwei andere Dreiecke zerlegst.

12 Richtig oder falsch?
a) Man kann von jedem Viereck den Flächeninhalt bestimmen, indem man es in Dreiecke zerlegt.
b) Man kann von jedem Achteck den Flächeninhalt bestimmen, indem man es in Dreiecke zerlegt.
c) Man kann von jeder Fläche den Flächeninhalt bestimmen, indem man sie in Dreiecke zerlegt.

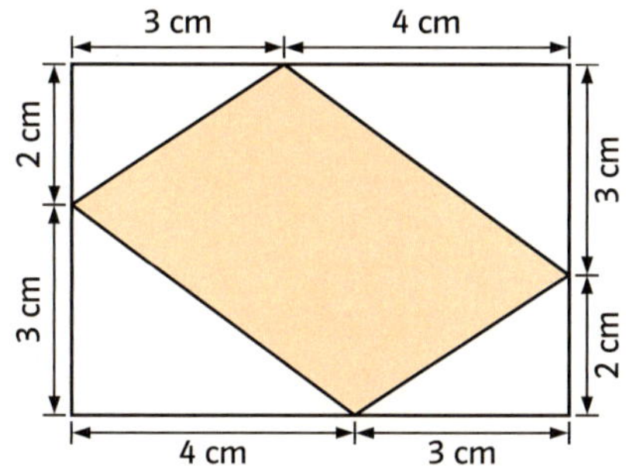

Fig. 1

13 Berechne den Flächeninhalt der orangen Fläche (Fig. 1).

14 Ein Dreieck hat eine 6 cm lange Seite. Die zugehörige Höhe ist 4 cm.
a) Wie verändert sich der Flächeninhalt, wenn man die Höhe verdoppelt?
b) Zeichne drei verschiedene Dreiecke, deren Flächeninhalt halb so groß ist wie der des gegebenen Dreiecks.

Ein Spiel für zwei

15 Auf ein Blatt Papier werden sechs beliebig verteilte Punkte gezeichnet. Der erste Spieler verbindet mit roter Farbe in einem Zug vier Punkte. Anschließend verbindet der zweite Spieler in schwarzer Farbe ebenfalls vier Punkte in einem Zug. Alle Punkte, in denen sich zwei Linien schneiden, werden markiert. Für jedes entstandene Dreieck mit drei gleichfarbigen Seiten gibt es zwei Gewinnpunkte, für jedes Dreieck mit zwei gleichfarbigen Seiten einen Gewinnpunkt.
Wer die meisten Gewinnpunkte hat, ist Sieger des Spiels.

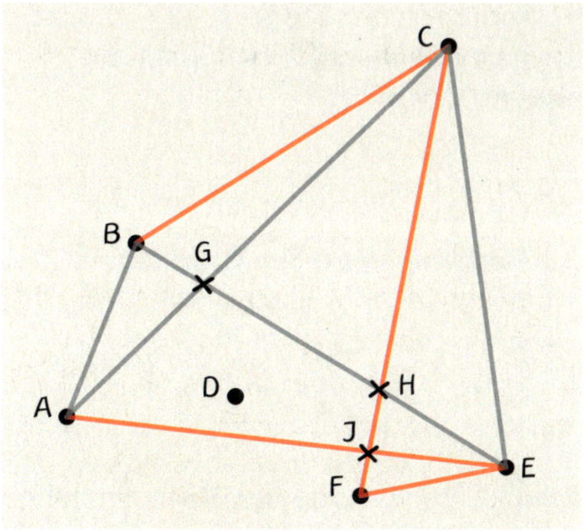

Fig. 2

Schwarz gewinnt also mit 11 : 8.

Punktwertung:
Rot:
2 Punkte für FEJ.
Je 1 Punkt für CFE, CJE, HCB, HFE, AJC, HJE.
Schwarz:
Je 2 Punkte für AGB, GEC.
Je 1 Punkt für BAC, BGC, EBA, EGA, HEC, CGH, BEC.

8 Das Trapez

Bei Segelschiffen wie diesem Zweimaster sind die Größen der Segelflächen beachtlich. Der Kapitän meint, dass die Segelfläche fast die Größe eines Tennisplatzes habe. Das Gaffelsegel (Gaffel: niederdeutsch für „Gabel“) ist ein asymmetrisches trapezförmiges Segel.

Trapeze sind Vierecke, die mindestens ein Paar paralleler Seiten besitzen. Diese bezeichnet man als Grundseiten. Die beiden anderen Seiten nennt man **Schenkel** des Trapezes. Der Abstand der beiden Grundseiten ist die Höhe des Trapezes (Fig. 1). Sind die beiden Schenkel gleich lang, dann ist das Trapez achsensymmetrisch mit der Symmetrieachse s (Fig. 2) und heißt **gleichschenkliges Trapez**. Ein Trapez mit einem rechten Winkel (Fig. 3) bezeichnet man als **rechtwinkliges Trapez**.

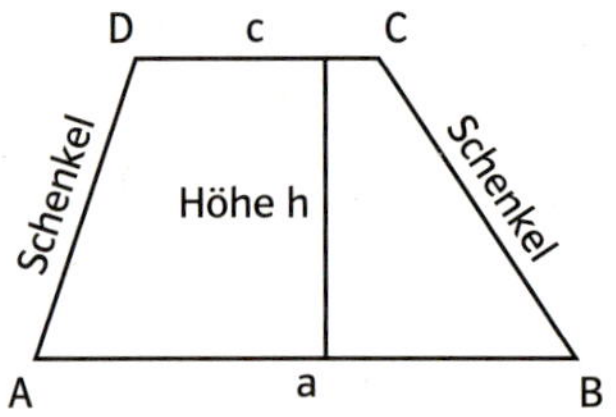

Fig. 1

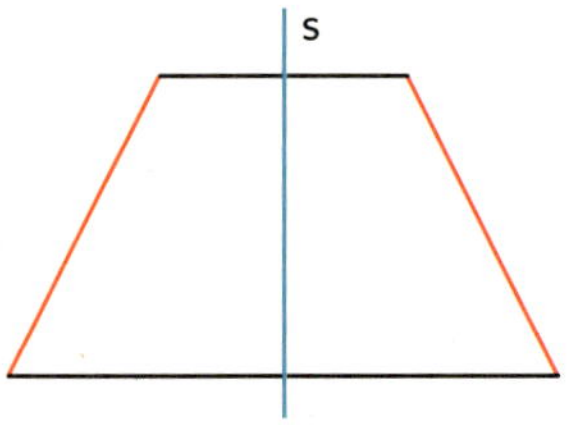

Fig. 2

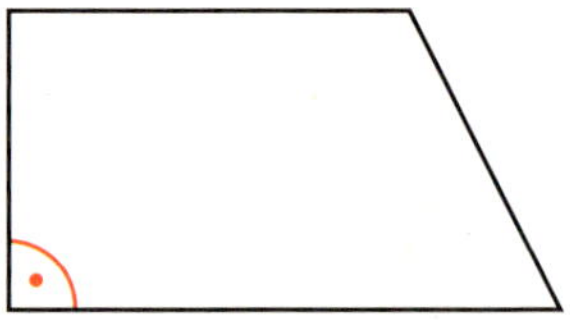
Fig. 3

Die Formel zur Berechnung des **Flächeninhaltes eines Trapezes** erhält man, indem man das Trapez um 180° um P (Mittelpunkt von $\overline{BC}$) dreht (Fig. 4). Original und Bild ergeben zusammen ein Parallelogramm, dessen Flächeninhalt doppelt so groß ist wie der des Trapezes. Das Parallelogramm hat die Seitenlänge a + c und die Höhe h. Sein Flächeninhalt ist $A = (a + c) \cdot h$. Da der Flächeninhalt des Trapezes nur halb so groß ist, ergibt sich für das Trapez: $A = \frac{1}{2} \cdot (a + c) \cdot h$.
Die Strecke mit der Länge $\frac{1}{2} \cdot (a + c)$ wird Mittellinie m genannt. Man erhält die Gleichung $A = m \cdot h$.

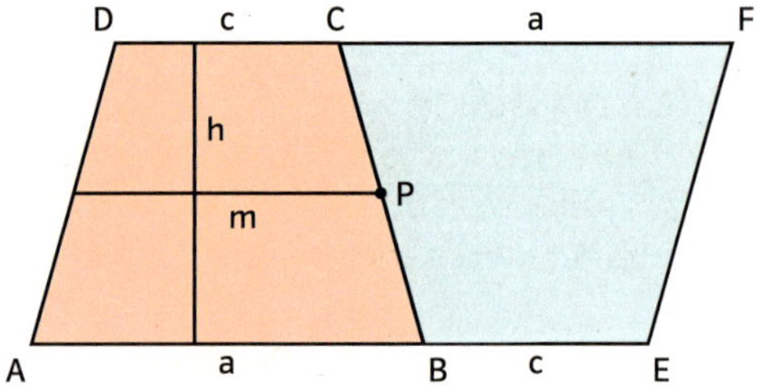

Fig. 4

Der **Flächeninhalt eines Trapezes** ABCD wird berechnet, indem man die Längen der parallelen Seiten a und c addiert, diese Summe mit der Höhe h multipliziert und das Ergebnis halbiert.
$\mathbf{A = \frac{1}{2} \cdot (a + c) \cdot h}$ oder $\mathbf{A = m \cdot h}$

Beispiel 1 Berechnung des Flächeninhaltes
Das Trapez ABCD mit $a \parallel c$ ist gegeben durch: a = 6,5 cm; c = 14 cm und h = 5,8 cm.
Berechne den Flächeninhalt des Trapezes.

Lösung:
$A = \frac{1}{2} \cdot (a + c) \cdot h$
$A = \frac{1}{2} \cdot (6{,}5\,\text{cm} + 14\,\text{cm}) \cdot 5{,}8\,\text{cm}$
$A = 59{,}45\,\text{cm}^2$

Beispiel 2
Der abgebildete Bauplatz wird auf zwei Seiten durch parallel verlaufende Straßen begrenzt. Berechne seinen Flächeninhalt.
Lösung:
$A = \frac{1}{2} \cdot (a + c) \cdot h$
$A = \frac{1}{2} \cdot (30\,m + 22\,m) \cdot 24\,m$
$A = 624\,m^2$

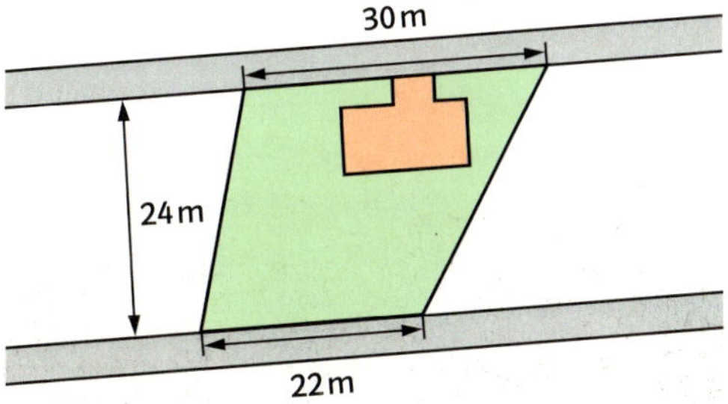

Fig. 1

Aufgaben

Hinweis:
Achte auf gleiche Maßeinheiten beim Rechnen

1 Berechne den Flächeninhalt des Trapezes (a‖c) mit:
a) a = 12,5 cm; c = 7,8 cm; h = 4,6 cm;
b) m = 24,6 cm; h = 1,4 dm;
c) a = 2,2 m; c = 8,4 dm; h = 0,56 m;
d) m = 3,75 m; h = 0,84 dm.

2 Berechne die Flächeninhalte der Trapeze. Entnimm die Maße aus Fig. 2.

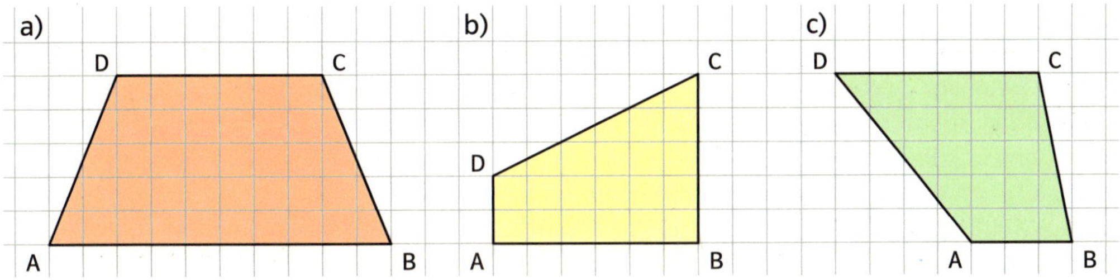

Fig. 2

3 Gegeben ist das Trapez durch seine Eckpunkte A(3|1), B(6|1), C(8|4), D(0|4).
a) Zeichne das Trapez in ein Koordinatensystem (1 LE = 1 cm).
b) Bestimme den Flächeninhalt des Trapezes.

4 Der Querschnitt von Kanälen hat die Form eines gleichschenkligen Trapezes (Fig. 3).
a) Zeichne einen Querschnitt im Maßstab 1:100 mit den folgenden Werten:
Breite 6,0 m; Tiefe 2,4 m; Sohle 2,5 m. Miss den Böschungswinkel.
b) Bestimme die trapezförmige Querschnittsfläche dieses Kanals.

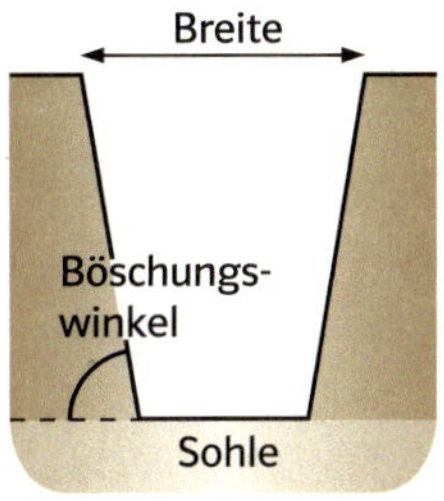

Fig. 3

5 Die Formel zur Berechnung des Flächeninhaltes eines Trapezes lässt sich auch mithilfe der Fig. 4 herleiten.
a) Begründe, dass die Flächeninhalte der Vierecke ABCD und EFGH gleich groß sind.
b) Wie erhält man aus der Figur EFGH die Flächeninhaltsformel des Trapezes?

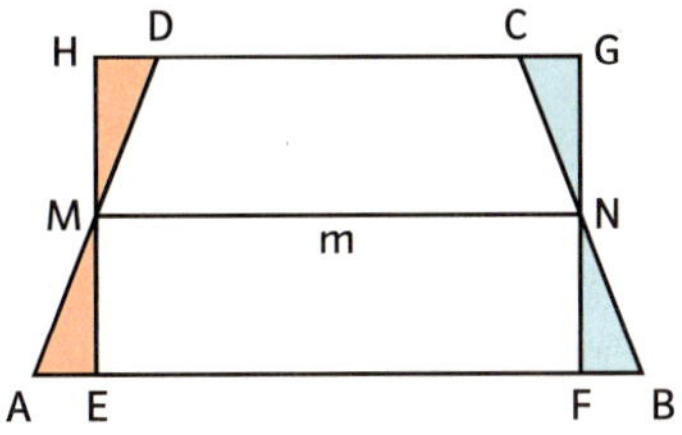

Fig. 4

6 Aus einer rechteckigen Platte aus Sperrholz sollen für ein Eckregal vier gleichschenklige Trapeze ausgeschnitten werden. Die parallelen Seiten sollen 25 cm und 35 cm und die Höhe 45 cm lang sein.
a) Finde einen geeigneten Maßstab und zeichne dann, wie die Trapeze aus einer Platte ausgeschnitten werden könnten. Achte dabei auf möglichst wenig Verschnitt.
b) Berechne die Flächeninhalte des Rechtecks, der Trapeze und des Verschnittes.

7 Herr Meier hat das Dach seines neuen Wintergartens (Fig. 1) gedeckt und will jetzt die Frontfläche und die beiden Seitenflächen verglasen lassen.
a) Berechne den Flächeninhalt der zu verglasenden Seitenflächen des Wintergartens.
b) Herr Meier hat zwei Angebote von Glasereien eingeholt:
Angebot 1: Komplettpreis 3300 €
Angebot 2: 110 € pro Quadratmeter
Für welches Angebot würdest du dich entscheiden? Begründe.

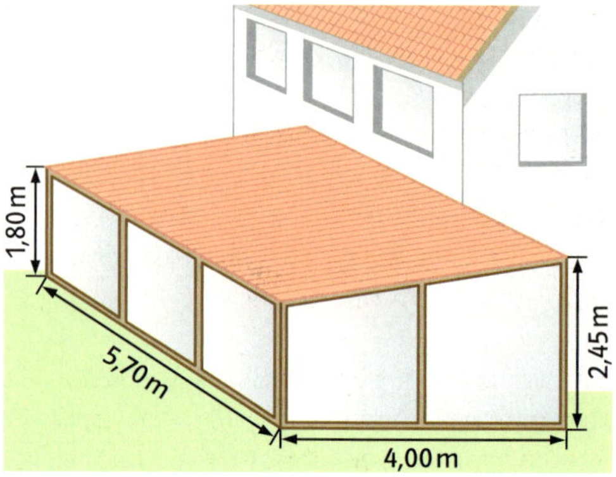

Fig. 1

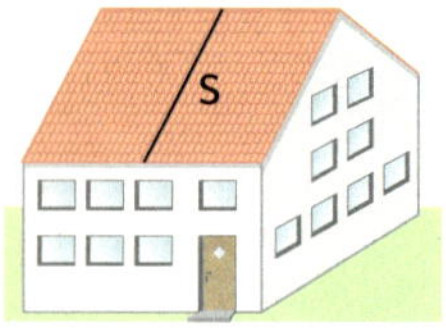

Fig. 2
Haus mit Satteldach

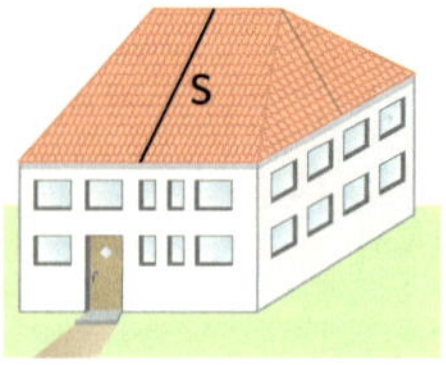

Fig. 3
Haus mit Walmdach

8 Frau Lehmann plant, auf ihr Haus ein neues Dach setzen zu lassen. Zur Auswahl stehen ein Satteldach (Fig. 2) und ein Walmdach (Fig. 3). Das Haus ist 13 m lang und 11 m breit. Die Dachschräge s ist bei beiden Dächern 6,80 m lang.
a) Wie groß ist eine rechteckige Dachfläche des Satteldaches?
b) Wie groß ist eine trapezförmige Dachfläche des Walmdaches, wenn der First 7 m lang ist?

9 Familie Müller hat ein Grundstück (Fig. 4) zwischen dem Sonnenweg und der in 25 m Abstand parallel verlaufenden Hauptstraße gekauft. Der Verkäufer hat dafür 80 € pro Quadratmeter verlangt.
a) Wie viel Euro haben Müllers für das Grundstück bezahlt?
b) Das Haus wird eine Länge von 12 m und eine Breite von 9,50 haben. Wie viel Quadratmeter bleiben für den Garten übrig?

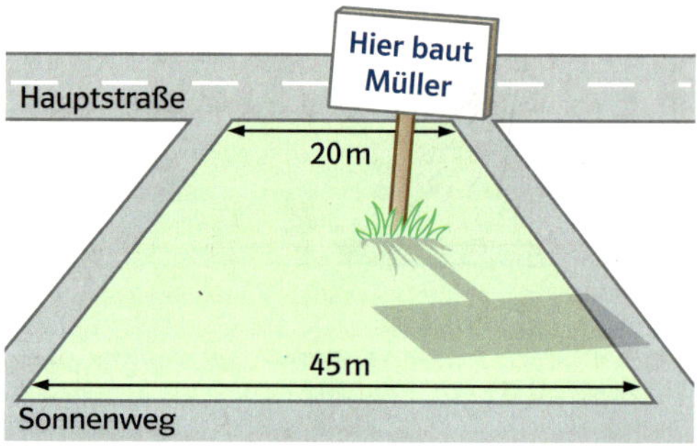

Fig. 4

Info

Umfang von Vielecken

Die Begrenzung eines Vielecks besteht aus Strecken. Addiert man die Längen aller Begrenzungsstrecken, dann erhält man den **Umfang** des Vielecks.

Zur Erinnerung: Den Flächeninhalt eines Vielecks kann man durch geschicktes Zerlegen in solche Teilfiguren bestimmen, deren Flächeninhalt man einfach berechnen kann.

Manchmal ist eine Ergänzung zu einer einfachen Figur vorteilhafter.

10 Die Giebelseite des Hauses von Familie Schulze soll neu verputzt werden (Fig. 5). Zuerst müssen an allen Kanten Putzschienen angebracht werden.
a) Zeichne im Maßstab 1:100 und entnimm die fehlenden Maße für b) und c) deiner Zeichnung.
b) Wie viel Meter Schienen werden benötigt?
c) Wie viel m^2 Putz sind aufzubringen?
d) Was müssen Schulzes für das Material bezahlen, wenn 1 m Putzschiene 3,50 € und 1 m^2 Putz 11,50 € kosten?

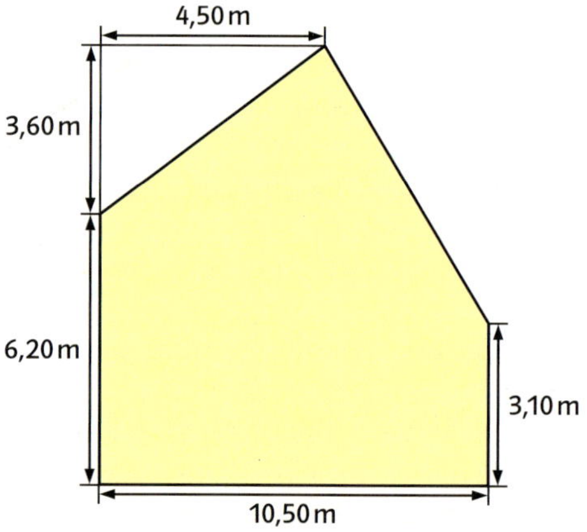

Fig. 5

11 Zeichne die Ziffern 4 und 7 wie in Fig. 1 in dein Heft (eine Kästchenlänge entspricht 1cm). Berechne den Flächeninhalt und den Umfang der beiden Ziffern.

12 Zeichnet große Druckbuchstaben wie in der Aufgabe 11 und berechnet jeweils den Flächeninhalt.

Fig. 1

13 Zeichne ein regelmäßiges Sechseck (Fig. 2) mit der Seitenlänge 3cm und bestimme seinen Flächeninhalt durch Zerlegung (in Dreiecke, in Trapeze, in Parallelogramme). Berechne auch den Umfang des Sechsecks.

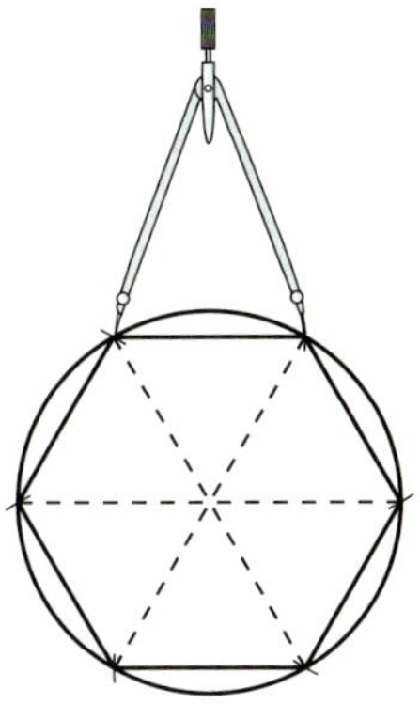
Fig. 2

14 Regelmäßige Vielecke haben gleich große Innenwinkel und gleich lange Seiten.
a) Zeichne ein regelmäßiges Fünfeck mit 3cm Seitenlänge, indem du eine Seite zeichnest, den Innenwinkel anträgst, die nächste Seite zeichnest usw.
b) Berechne den Umfang und Flächeninhalt des Fünfecks.
c) Verfahre wie in a) und b) mit einem regelmäßigen Achteck.

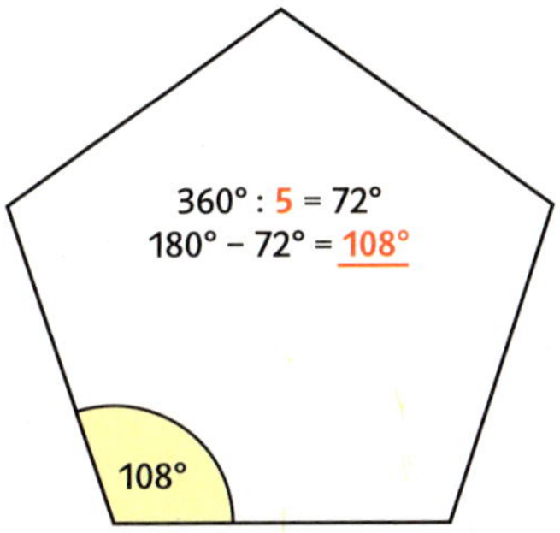

Fig. 3

15 Welches der beiden Vielecke hat den größeren Flächeninhalt?

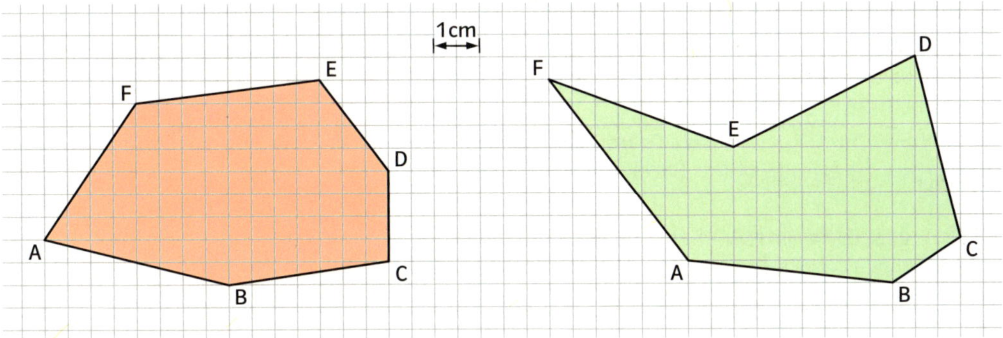

Fig. 4

16 Das Schwimmbecken des Bades in Oberstadt soll erneuert werden. Die Bodenflächen werden aus Kostengründen nur gestrichen. An alle Seitenwände werden neue Fliesen angebracht.
a) Berechne den Flächeninhalt der zu fliesenden Fläche.
b) Was kosten die Fliesen, wenn ein Quadratmeter für 25€ zu haben ist?
c) Um den oberen Rand werden ringsum Wasserablaufgitter eingebaut. Wie viel Meter Gitter muss man bestellen?

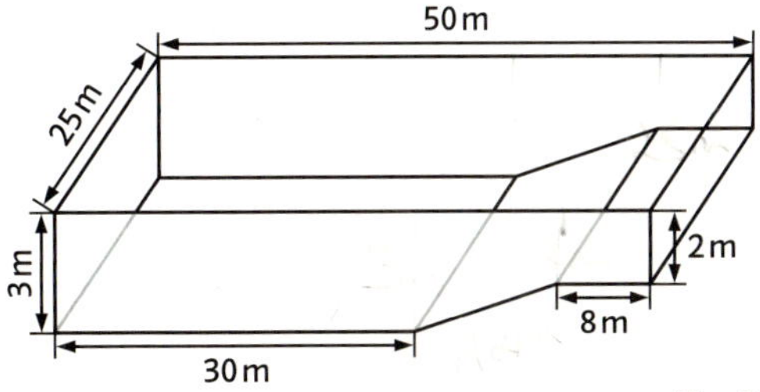

Fig. 5

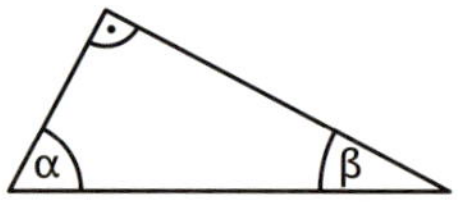

Fig. 1

1 Die vier Dreiecke in Fig. 1 bis Fig. 4 sind besondere Dreiecke mit zugehörigen Eigenschaften. Schreibe die Besonderheiten auf.

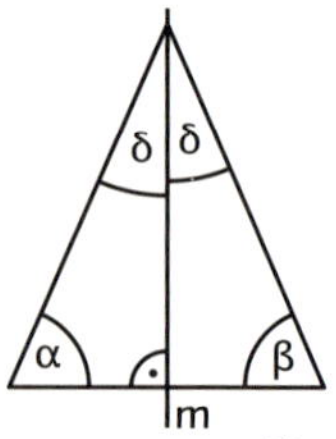

Fig. 2

2 Zeichne drei Kreise mit gleichem Radius so, dass jeder durch die Mittelpunkte der anderen geht. Welche Eigenschaft hat das Dreieck mit den Mittelpunkten als Ecken?

3 Ist die Eigenschaft für jedes Dreieck erfüllt, liegt ein spezielles vor oder gibt es keines?
a) Die Mittelsenkrechten der drei Seiten schneiden sich in einem Punkt.
b) Zwei Winkel sind gleich, aber zwei Strecken sind verschieden.
c) Alle drei Winkel sind gleich groß und zwei Seiten sind verschieden.
d) Das Dreieck hat genau zwei Symmetrieachsen.
e) Der Schnittpunkt zweier Mittelsenkrechten liegt auf einer Winkelhalbierenden.

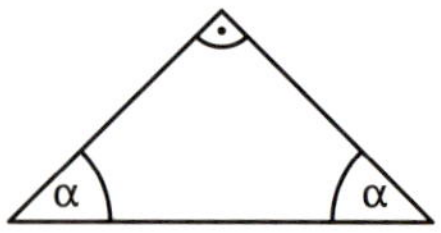

Fig. 3

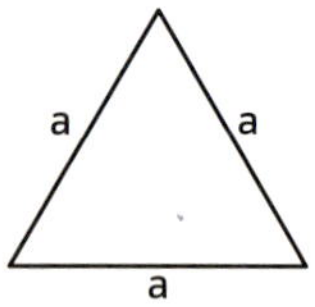

Fig. 4

4 Führe die Konstruktion nach der Beschreibung aus. Schreibe eine Aufgabe, zu der die Konstruktion eine Lösung darstellt. Schreibe einen Antwortsatz.

a) 1. Zeichne die Strecke $\overline{AB}$ = 6 cm.
2. Trage den Winkel α = 40° an $\overline{AB}$ in A an.
3. Zeichne den Kreis k um B mit r = 5 cm.
4. k schneidet α in C und D.
…

b) 1. Zeichne den Winkel γ = 65° mit dem Scheitel S.
2. Zeichne den Kreis k um S mit r = 4 cm.
3. k schneidet γ in den Punkten A und B.
4. Zeichne die Mittelsenkrechte zu $\overline{AB}$.
…

5 In Fig. 5 ist g ∥ h. Übertrage die Figur ins Heft.
a) Bestimme die fehlenden Winkelgrößen.
b) Gib drei Gleichungen für die Winkelbeziehungen an.

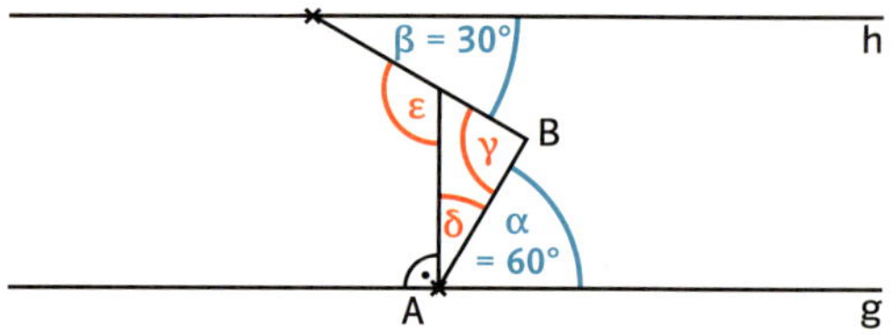

Fig. 5

Tipp zu Aufgabe 6: Verlängere die Strecke $\overline{AB}$ bis zur Geraden h.

6 Übertrage die Abbildung in Fig. 6 ins Heft. Bestimme die Größe der bezeichneten Winkel. Begründe deine Ergebnisse.

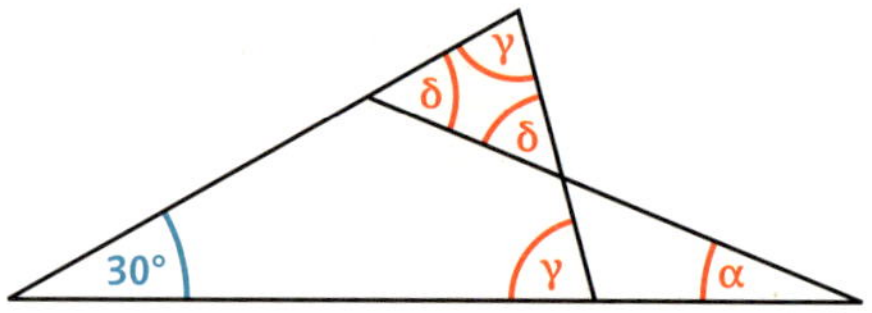

Fig. 6

7 Die Zeichnung in Fig. 7 zeigt eine Konstruktion. Beschreibe sie und bestimme die Größe der bezeichneten Winkel.

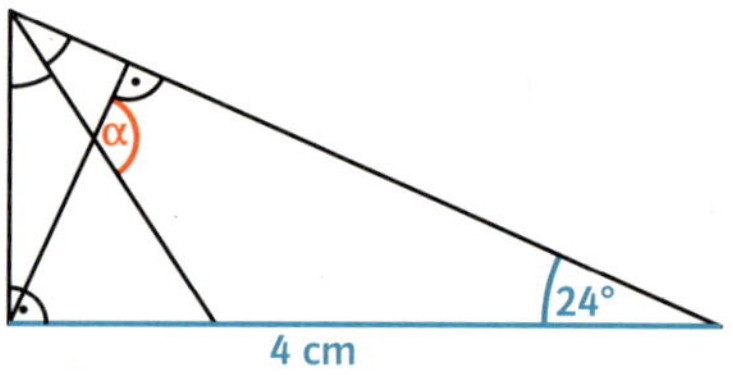

Fig. 7

8 a) Zerlege die Figuren in Rechtecke, Parallelogramme oder Dreiecke.
b) Miss die notwendigen Streckenlängen und berechne den Flächeninhalt der Figuren.

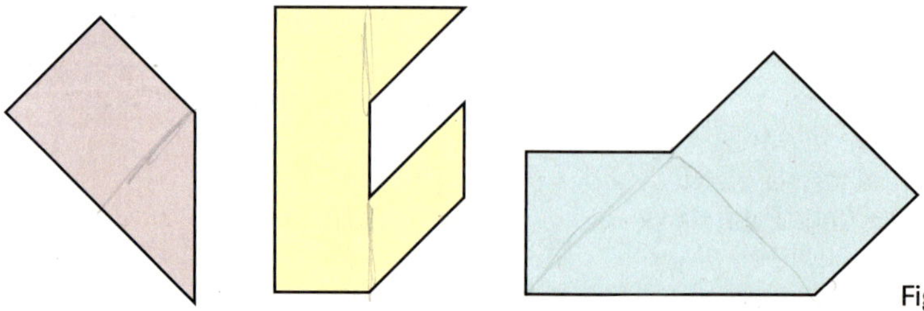
Fig. 8

9 Bei einem Drachen sind die beiden Diagonalen orthogonal und eine der beiden Diagonalen halbiert die andere.
a) Bestimme den Flächeninhalt des Drachens in Figur 1.
b) Begründe: Den Flächeninhalt eines beliebigen Drachens erhält man, indem man die Längen der beiden Diagonalen multipliziert und das Produkt halbiert.
c) Zeichne drei verschiedene Drachen mit dem Flächeninhalt 18 cm^2.

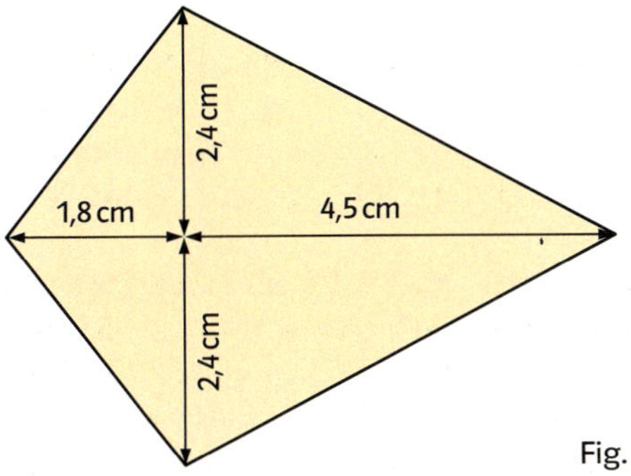

Fig. 1

10 Ein Schiff fährt auf einem geradlinigen Kurs im Abstand von 12 km zu einem Leuchtturm.
Bei zwei Peilungen im Abstand von einer halben Stunde erscheint der Leuchtturm zuerst unter einem Winkel von 37° und dann unter einem Winkel von 101°.
Welche Strecke hat das Schiff zurückgelegt? Wie schnell ist es gefahren?

11 Kinderfragen müssen ernst genommen werden
Paul ist oft mit seiner Schwester Ina auf einem Spielplatz mit einer hohen Kettenschaukel. Gestern war Onkel Dagobert mit dabei und hat Ina heftig angeschubst.
„Ich bin mit dem Schaukelbrett genauso hoch wie dein Kopf ist", juchzt Ina.
Dann will sie es genau wissen:
„Paul, was meinst du denn, wie weit ich von der Mitte der Schaukel weg war?"
Paul nimmt zum nächsten Spielplatzbesuch ein Maßband und einen Winkelmesser mit.
Er stellt fest, dass die Rundbalken 5 m auseinander stehen und mit dem Boden einen Winkel von 70° bilden. Das Sitzbrett ist 80 cm über dem Boden. Mit einer maßstabsgetreuen Konstruktion kann er Inas Frage beantworten.

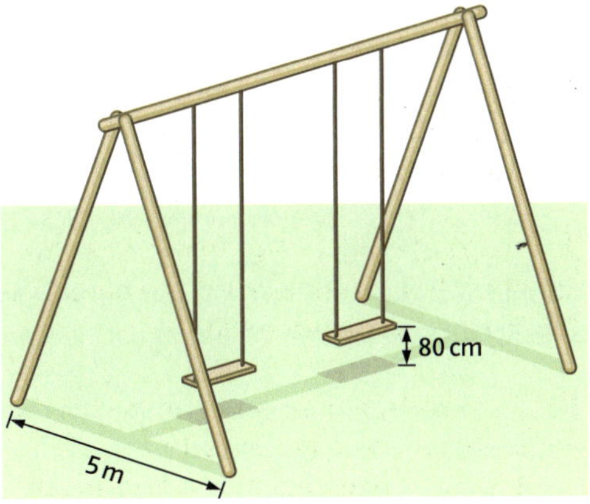

Fast hätte eine Angabe gefehlt: „Onkel Dagobert ist 1,90 m groß."

12 Sicherheit geht vor
Auf einem Rundgang hat Förster Heinrich eine Tanne auf einer Wiese entdeckt, die in 8 m Höhe eine Schwachstelle hat und knicken könnte. Er muss den Gefahrenbereich, in dem die Spitze des 36 m hohen Baumes aufschlagen könnte, mit zusätzlich 5 Meter Sicherheitsabstand mit einem Seil absperren.
a) In welcher Entfernung vom Stamm könnte die Spitze den Boden treffen?
Überlege dazu, wie sich die Spitze der Tanne beim Knicken verhält, und konstruiere maßstabsgetreu.
b) Welchen Bereich muss Förster Heinrich auf der Wiese sichern?

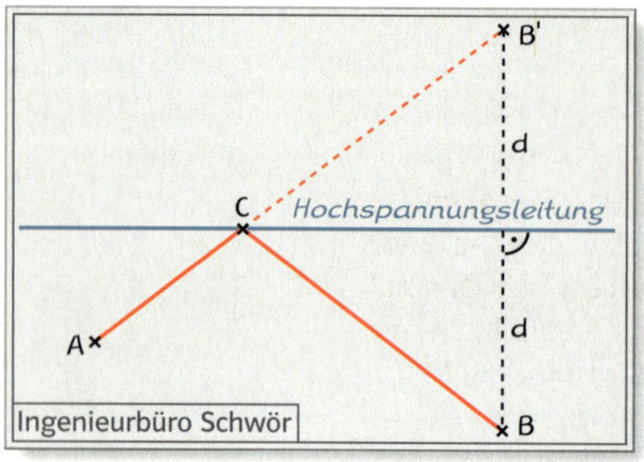

Fig. 1

13 Die Gemeinden A und B sollen mithilfe einer Umspannstation an eine Hochspannungsleitung angeschlossen werden.
Die nebenstehende Skizze zeigt vereinfacht die geografische Situation. Damit die Kosten für die Leitungen zu den Gemeinden möglichst niedrig sind, soll die Umspannstation an derjenigen Stelle gebaut werden, von der aus die Entfernungen zu den beiden Gemeinden zusammen möglichst klein sind.
Mit der in der Abbildung gezeigten Konstruktion behauptet ein Ingenieur, die beste Lösung für das Problem mit einer Umspannstation beim Punkt C gefunden zu haben. Begründe seine Aussage. Beschreibe die Lage der Stelle C.

14 Bei einem Laufspiel muss man von der Stelle A zuerst an der blauen Wand abklatschen und dann insgesamt möglichst schnell mit einem erneuten Abklatschen an der roten Wand zur Stelle B gelangen. Welchen Weg würdest du nehmen?

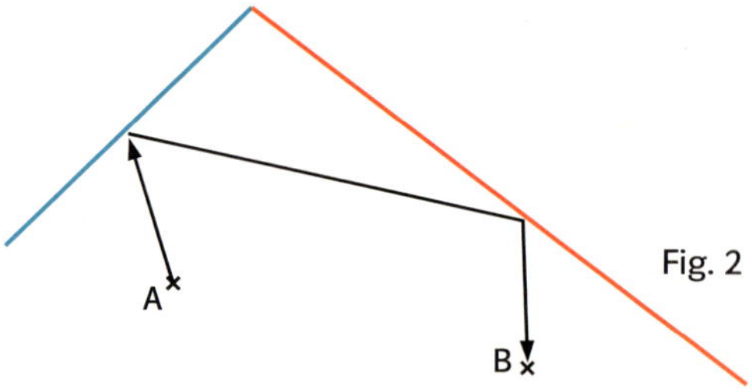

Fig. 2

15 Kannst du helfen?

Noch keinen Standort für den Sendemast
Die Vertreter der drei Gemeinden Rasthausen, Seedorf und Waldbronn sind sich noch immer nicht einig über den Standort eines Senders, der den Handy-Betrieb in der Region ermöglichen soll. Die drei Gemeinderäte fordern, dass jede Ortschaft die gleiche Qualität haben soll.

Badener Tagblatt, 25. Juli 2003

Die Leistung einer Funkstation verringert sich mit zunehmendem Abstand von seinem Standort.

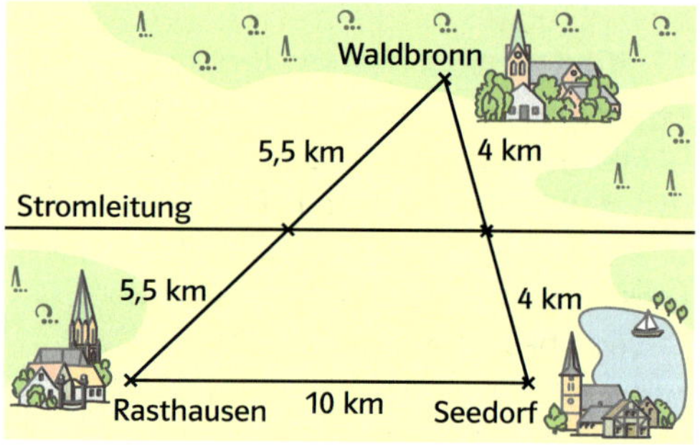

Fig. 3

Wo würdest du den Platz für den Sender festlegen? Der Sender muss an die Stromleitung angeschlossen werden. Wie lang ist hierbei das Kabel?

Auch der Aktionsradius eines Hubschraubers ist kreisförmig wie bei einer Funkstation.

16 Was muss man berücksichtigen, wenn man für ein ganzes Bundesland wie etwa Hessen eine flächendeckende Versorgung, z. B. für die Rettung von Unfallopfern mit dem Hubschrauber, einrichten will? Besorge dir die zugehörigen Informationen und schreibe deine Überlegungen für eine hessische Lösung auf.

17 Zeichne die Geraden g, h und k wie angegeben. Bestimme alle Punkte, die von g, h und k den gleichen Abstand haben.
a) Jeweils zwei Geraden schneiden sich. Die Schnittpunkte sind verschieden.
b) Die Geraden g und h sind parallel, die Gerade k schneidet g und h.
c) Die Geraden g, h, und k schneiden sich in einem Punkt.

18 Kann man drei Geraden so zeichnen, dass es keinen Punkt gibt, dessen Abstände zu den drei Geraden gleich groß sind?

Gute Gründe

Felicitas Hoppe

Ob es dafür eine Begründung gibt, dass ich nachts nicht mehr schlafen kann? Dass mir morgens plötzlich das Frühstück nicht schmeckt, dass ich im Unterricht aus dem Fenster starre, den Tisch mit seltsamen Zeichen beschmiere und nicht höre, was vorne geredet wird? Ich habe jedes Interesse verloren, ich sehe nicht, was auf der Tafel steht, ich merke nicht einmal, wenn mich mein Nachbar heftig von links in die Seite stößt. Alles ist mir egal geworden.

Nur meine Schwester weiß ganz genau, was seit zwei Wochen mit mir los ist. Für alles im Leben gibt es gute Gründe. Sie muss es wissen, sie ist älter als ich. Sie weiß auch, warum ich nachmittags stundenlang hinten im Garten stehe, selbst bei Regen und seit gestern im Schnee. Ich merke nicht einmal, wie kalt mir ist, wenn ich von dort auf das Nachbarhaus starre, wo ich oben am Fenster im zweiten Stock die Tochter unserer Nachbarn vermute.

Nicht, dass ich das wirklich begründen kann, ich habe das Mädchen nur einmal gesehen, geredet haben wir nicht sehr viel. Und wenn meine Schwester mich lachend fragt, was mir an ihr so gut gefällt, werde ich rot und beginne zu stottern. Ich weiß nur, dass ich nicht anders kann, nachts werde ich wieder von ihr träumen. Im Traum steht die Tochter der Nachbarn vor mir und fragt mich dasselbe wie meine Schwester. Warum ich immer im Garten stehe und dass ich das endlich begründen soll. Meine Mutter behauptet, es sind ihre Haare, mein Bruder behauptet, es sind die Augen, meine Schwester dagegen findet sie hässlich und meint, ich soll die Sache vergessen. Aber ich kann die Sache nicht einfach vergessen, denn diese Sache ist keine Sache, sondern die Tochter der Nachbarn, die mir einfach sehr gefällt.

Es ist wahr, ich bin schlecht in der Schule geworden, und mein Vater spricht laut von dem begründeten Verdacht, dass ich nur meine Zeit verschwende, weil das Mädchen im zweiten Stock der Nachbarn sich überhaupt nicht für mich interessiert. Dabei macht er ein finsteres Richtergesicht, und ich höre die Stimme der Tochter der Nachbarn, die fragt: Wie begründen Sie Ihr Verhalten? Aber ich will mein Verhalten gar nicht begründen, weil ich weiß, dass es nichts zu begründen gibt. Die Begründungen werde ich überspringen! Lieber gehe ich gleich zu Beweisen über, damit das Mädchen endlich versteht, warum ich im Schnee im Garten stehe und von dort aus eine Leiter anlege. Auf der Leiter steige ich bis ganz nach oben, bis unter das Fenster im zweiten Stock, damit das Mädchen mich sehen kann und versteht, dass man keine Begründungen braucht, um Zuneigung zu beweisen.

Zugmodus Geometrieprogramm

Mit EUKLID DynaGeo kann man eine Figur im „Zugmodus“ nachträglich verändern, indem man einen Punkt mit der Maus „ergreift“ und ihn bewegt. Hierbei wird die Konstruktion beibehalten. Die gesamte Figur ändert aber ihre Form. Dabei kann man die Eigenschaften einer besonderen Figur oder einer Abbildung verdeutlichen. Zusätzlich kann man auch die Änderung eines markierten Punktes – seine Ortslinie – aufzeichnen.

Schnittpunkt der Mittelsenkrechten eines Dreiecks – Ortslinien beobachten

In der nebenstehenden Figur wurde mit EUKLID DynaGeo zunächst ein Dreieck ABC festgelegt und danach der Schnittpunkt S der Mittelsenkrechten konstruiert. Dann wurde ein Kreis gezeichnet, auf dem der Punkt C liegt. Wenn nun der Punkt C auf dem Kreis bewegt und dabei die Ortslinie des Punktes S aufgezeichnet wird, entsteht die rot gefärbte Linie.
Man beobachtet, dass der Schnittpunkt S der Mittelsenkrechten des Dreiecks sich vermutlich auf einer Strecke bewegt.

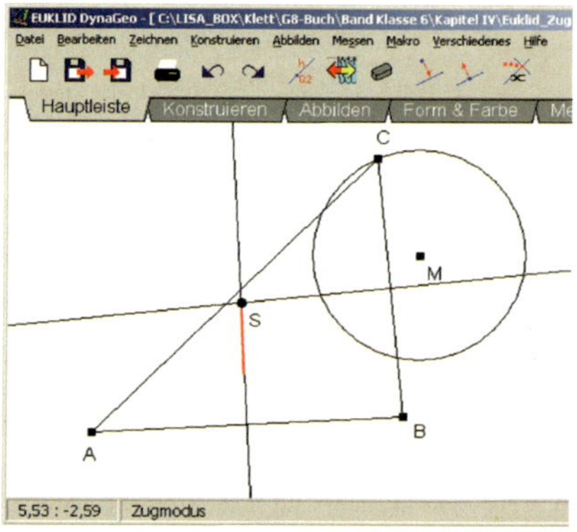

Fig. 1

Die Vermutung, dass die Ortslinie eine Strecke ist, kann mit der Eigenschaft der Mittelsenkrechten leicht begründet werden. Da die Strecke $\overline{AB}$ bei der Bewegung des Punktes C auf dem Kreis ihre Lage nicht ändert, bleibt auch die Mittelsenkrechte m der Strecke $\overline{AB}$ fest. Deshalb liegt der Punkt S für alle Lagen von C stets auf der Geraden m. Solange der Punkt C auf dem Kreis bewegt wird, wiederholt sich die Bewegung des Punktes S auf m.

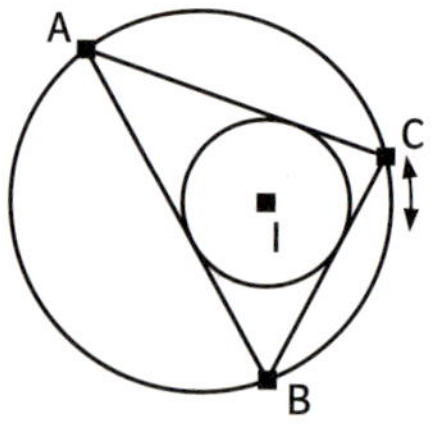

Fig. 2

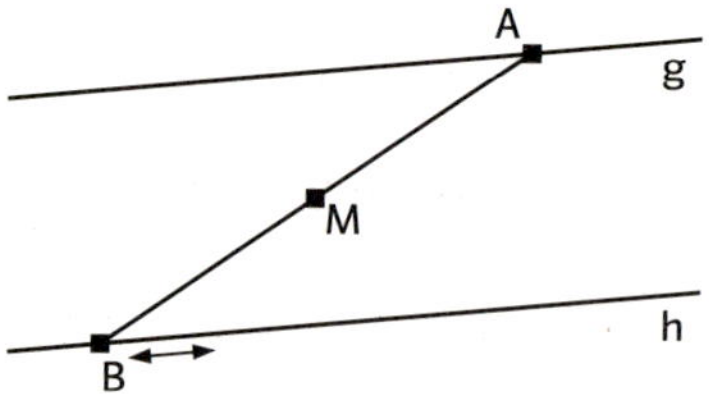

Fig. 3

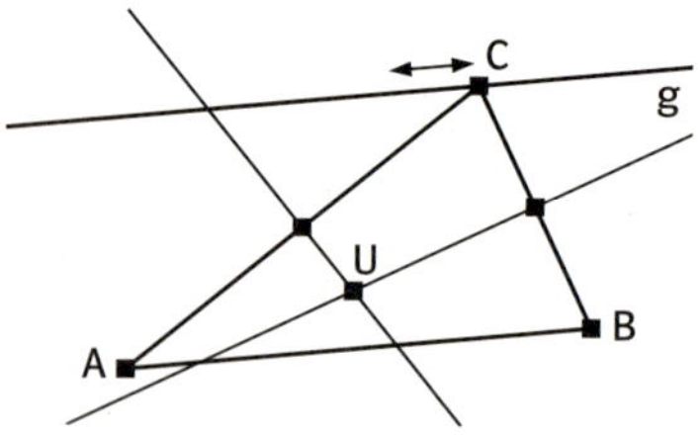

Fig. 4

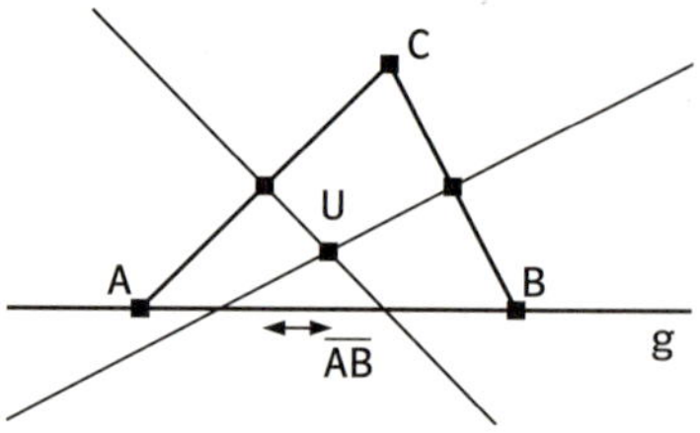

Fig. 5

Wie verändert sich in Fig. 2 beim Dreieck ABC der Inkreis, wenn ein Punkt des Dreiecks auf dem Umkreis läuft? Gibt es Dreiecke, bei denen die Mittelpunkte der beiden Kreise zusammenfallen?

In Fig. 3 werden die parallelen Geraden g und h mit einer Querstrecke $\overline{AB}$ verbunden. Welche Ortslinie beschreibt der Mittelpunkt von $\overline{AB}$, wenn B auf h läuft.

In Fig. 4 ist zum Dreieck ABC eine parallele Gerade g zu $\overline{AB}$ durch den Punkt C gezeichnet. Wie ändert sich der Umkreismittelpunkt, wenn C auf g bewegt wird?

In Fig. 5 ist eine Gerade durch $\overline{AB}$ gezeichnet. Wo bewegt sich der Umkreismittelpunkt des Dreiecks ABC, wenn die Strecke $\overline{AB}$ auf g verschoben wird?

Tipp:
Beim Zeichnen der Figur ist es vorteilhaft, zuerst eine Anfangsfigur festzulegen und dann die zu untersuchende Figur hineinzuzeichnen, damit die Zeichnung beim Zugmodus nicht „wackelt“.

Zugmodus Geometrieprogramm

Eigenschaften von Abbildungen sehen – die Achsenspiegelung

In der nebenstehenden Figur ist ein Dreieck ABC an der Geraden g gespiegelt. Das Bilddreieck ist deckungsgleich zum Ausgangsdreieck. Durch das Ziehen der beiden schwarzen Punkte auf der Achse oder der Punkte A, B und C ändert sich die Figur.

Variiere das Dreieck ABC und beobachte die Lage des Bilddreiecks. Welche Eigenschaften der Verbindungsstrecken $\overline{AA'}$, $\overline{BB'}$ und $\overline{CC'}$ zwischen einem Punkt und seinem Bildpunkt erkennst du?

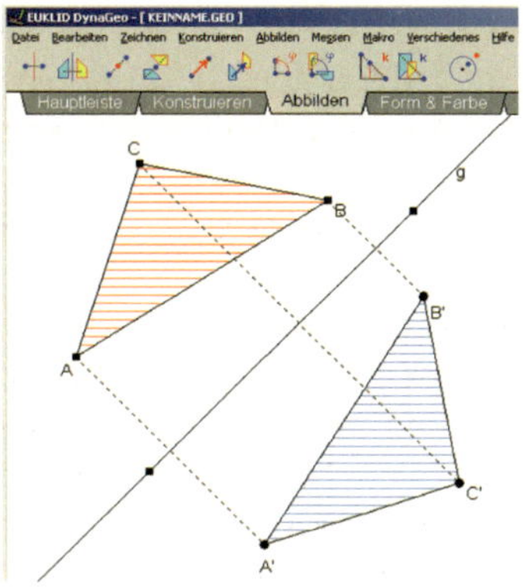

Fig. 1

Tipps:
1. Es ist vorteilhaft, zuerst die Spiegelachse durch die schwarz gezeichneten Punkte festzulegen, damit die Lage der Achse verändert werden kann.
2. Durch das Färben der Zeichnung lassen sich die einzelnen Objekte besser unterscheiden.

Versuche besondere Lagen der Dreiecke herzustellen und schreibe die besonderen Eigenschaften auf, die dabei entstehen. Zum Beispiel Situationen, bei denen
- die Eckpunkte auf verschiedenen Seiten liegen,
- die Eckpunkte der Ausgangsfigur mit der Bildfigur zusammenfallen,
- ein Dreieck gleichschenklig oder gleichseitig ist,
- die beiden Dreiecke zusammen ein symmetrisches Dreieck ergeben,
- der Winkel bei C stets ein rechter ist,
- das „Dreieck" ABC zu einer Strecke wird,
- drei Eckpunkte des „Dreiecks" ABC auf der Achse liegen.

Ergänze die Figur so, dass das Bilddreieck nochmals an einer Geraden h gespiegelt wird, welche die Gerade g schneidet. Untersuche dann den Zusammenhang zwischen der Ausgangsfigur und der Bildfigur nach zweimaliger Spiegelung an den Achsen g und h.

Spiegelung an einem Kreis – eine Abbildung erfinden und untersuchen

Vereinbarung einer Abbildung
Gegeben ist ein Kreis. Ein Punkt P wird nach folgender Vorschrift auf den Punkt P' abgebildet:
- Die Punkte P, M und P' liegen auf einer Geraden.
- Die Strecke $\overline{PP'}$ wird von der Kreislinie halbiert, d.h., es ist $\overline{PQ} = \overline{P'Q}$.

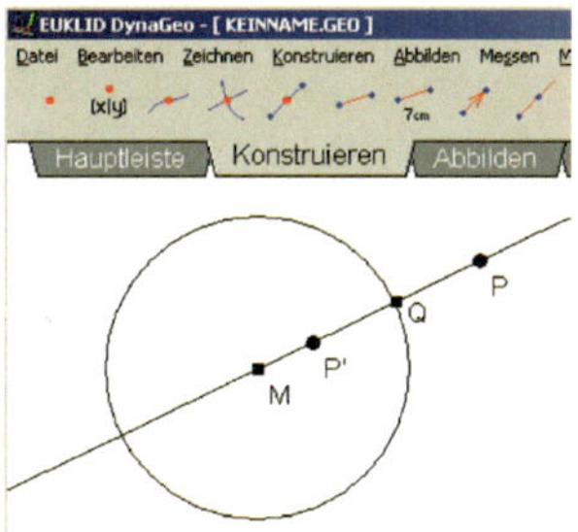

Fig. 2

Anregungen für eigene Experimente

Konstruiere mit einem Geometrieprogramm die obige Figur so, dass sie die Abbildung ausführt.

Untersuche die Bilder von Strecken, Geraden, Dreiecken und Kreisen und beschreibe ihre Eigenschaften. Versuche auch, Begründungen für die Beobachtungen zu finden.

Erfinde selbst eine eigene Abbildung und untersuche ihre Eigenschaften.

Tipps:
1. Für die Konstruktion des Bildpunktes P' aus dem Punkt P ist es wichtig, zuerst den gegebenen Kreis zu zeichnen und dann die Strecke $\overline{PP'}$ mithilfe der Geraden $\overline{MP}$ und ihrem Schnittpunkt Q mit dem Kreis zu konstruieren. Danach sollte man alle störenden Linien ausblenden.
2. Wenn man zur Abbildung eine Figur hinzuzeichnet, kann man das Bild einer Figur als Ortslinie von P' aufzeichnen, wenn der Punkt P an die Figur gebunden wird.

Rückblick

Scheitelwinkel und Nebenwinkel
Scheitelwinkel sind gleich groß. $\alpha = \gamma;\ \beta = \delta$
Nebenwinkel sind zusammen 180°groß. $\alpha + \beta = 180°;$
$\gamma + \delta = 180°$

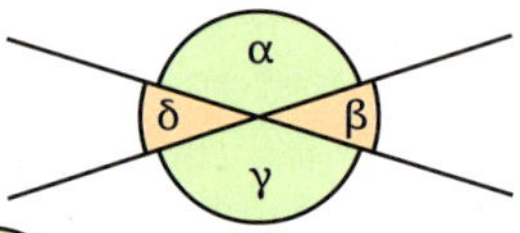

Stufenwinkel und Wechselwinkel
An parallelen Geraden sind Stufenwinkel und Wechselwinkel gleich groß. $\alpha = \beta;$
$\gamma = \delta$

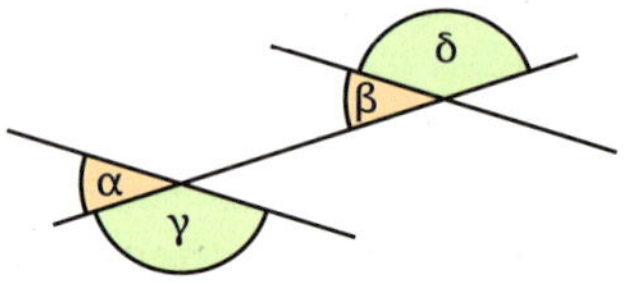

Winkel im Dreieck
Die Summe der Winkel im Dreieck ergibt 180°. $\alpha + \beta + \gamma = 180°$
Wenn ein Dreieck gleichschenklig ist, dann sind die Basiswinkel gleich groß. $\alpha = \beta$
Im gleichseitigen Dreieck sind alle Winkel gleich groß. Ihre Größe beträgt 60°. $\alpha = \beta = \gamma = 60°$

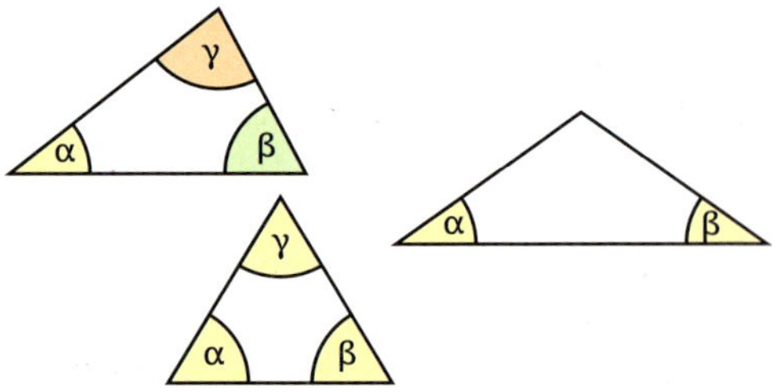

Mittelsenkrechte und Winkelhalbierende
Die Mittelsenkrechte einer Strecke ist eine Gerade, die durch den Mittelpunkt der Strecke geht und senkrecht zu ihr ist. Jeder Punkt dieser Geraden hat zu den Endpunkten der Strecke den gleichen Abstand ($\overline{AP} = \overline{BP}$).
Die Winkelhalbierende eines Winkels ist ein Strahl, der den Winkel halbiert. Jeder Punkt der Winkelhalbierenden hat zu den Schenkeln des Winkels den gleichen Abstand ($\overline{AP} = \overline{BP}$).

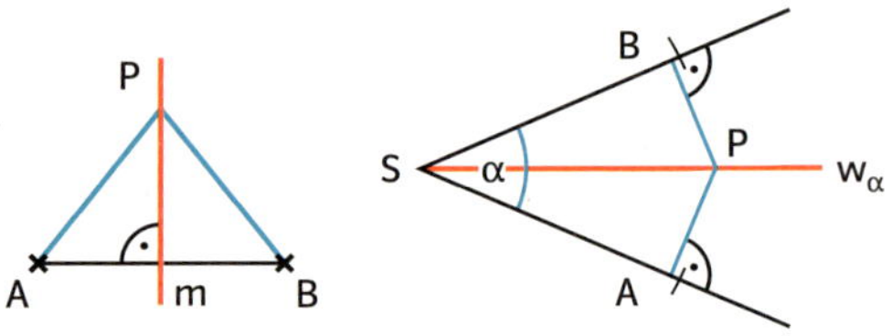

Umkreis und Inkreis eines Dreiecks
Jedes Dreieck hat einen Umkreis. Der Mittelpunkt des Umkreises ist der Schnittpunkt der Mittelsenkrechten der Dreiecksseiten. (Umkreismittelpunkt)
Jedes Dreieck hat einen Inkreis. Der Mittelpunkt des Inkreises ist der Schnittpunkt der Winkelhalbierenden der Dreieckswinkel.
(Inkreismittelpunkt)

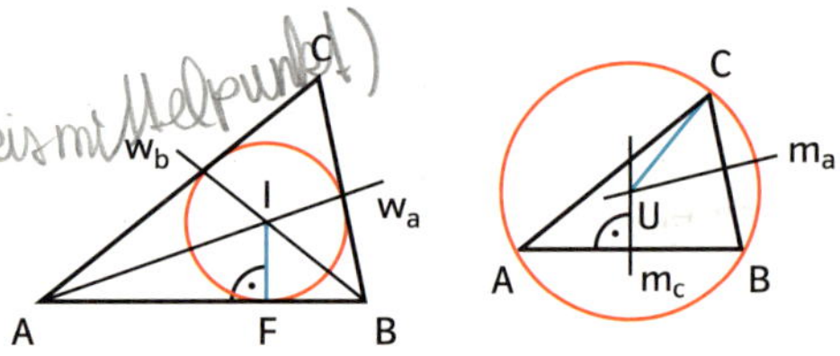

Höhen und Seitenhalbierende eines Dreiecks
Die senkrechte Verbindungsstrecke einer Ecke im Dreieck mit der gegenüberliegenden Seite (oder deren Verlängerung) heißt Höhe.
In jedem Dreieck schneiden sich die Höhen in einem Punkt.
Die Seitenhalbierende einer Seite im Dreieck ist die Verbindungsstrecke der Mitte dieser Seite mit der gegenüberliegenden Ecke.
Der Schnittpunkt aller ~~Mittelsenkrechten~~ Seitenhalbierenden ist der Schwerpunkt.

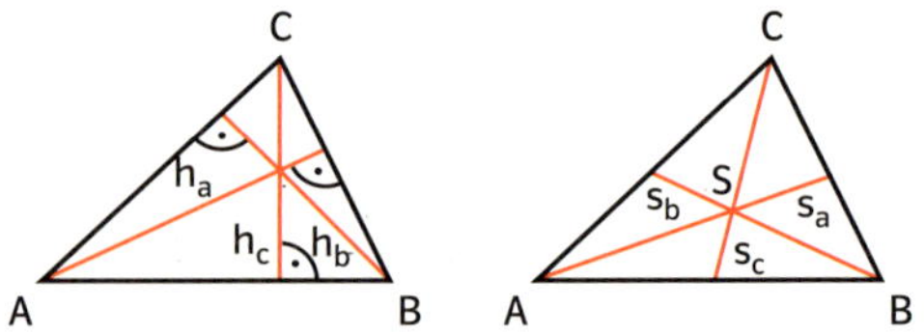

Flächeninhalt von Dreieck, Parallelogramm und Trapez
Dreieck: Flächeninhalt = $\frac{1}{2}$ · Grundseite · Höhe $A = \frac{1}{2} \cdot g \cdot h$
Parallelogramm: Flächeninhalt = Grundseite · Höhe $A = g \cdot h$
Trapez: Flächeninhalt = $\frac{1}{2}$ · Summe zweier paralleler Seiten · Höhe
$A = \frac{1}{2} \cdot (a + c) \cdot h = m \cdot h$

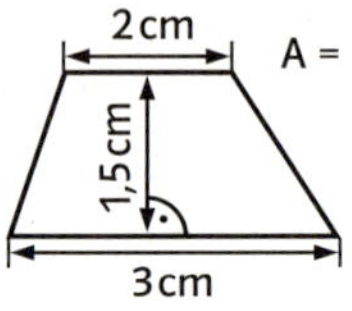

$A = \frac{1}{2}\,(3\,\text{cm} + 2\,\text{cm}) \cdot 1{,}5\,\text{cm} = 3{,}75\,\text{cm}^2$

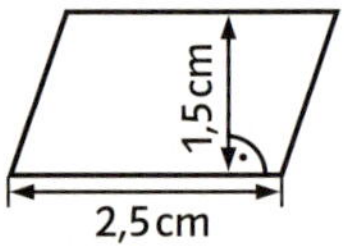

$A = 2{,}5\,\text{cm} \cdot 1{,}5\,\text{cm} = 3{,}75\,\text{cm}^2$

Flächeninhalt und Umfang von Vielecken
Der Flächeninhalt wird durch Zerlegung in bekannte Figuren berechnet.
Der Umfang ist die Summe der Längen aller Seiten des Vielecks.

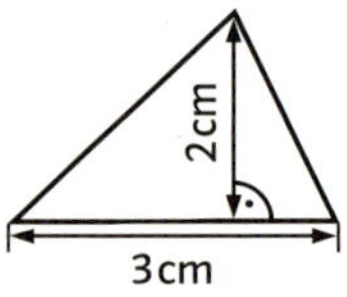

$A = \frac{1}{2} \cdot 3\,\text{cm} \cdot 2\,\text{cm} = 3\,\text{cm}^2$

Training

Runde 1

1 Berechne den Flächeninhalt der Figur 1.

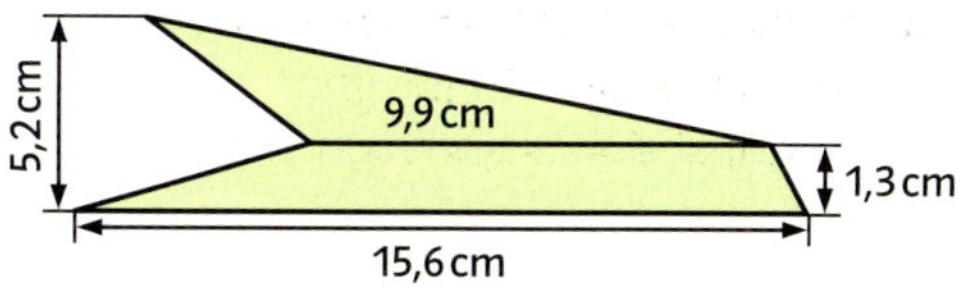

Fig. 1

2 Zeichne ein Rechteck mit $a = 5\,\text{cm}$ und $b = 3\,\text{cm}$. Bestimme alle Punkte für die beide Aussagen A und B erfüllt sind. Begründe deine Lösung.
A: Die Punkte haben zum Schnittpunkt der Diagonalen einen Abstand von mindestens 1 cm und höchstens 5 cm.
B: Die Punkte haben zur längeren Seite einen Abstand von 2 cm.

3 Zeichne ein Dreieck ABC mit $a = 3\,\text{cm}$; $b = 4\,\text{cm}$ und $\gamma = 50°$. Konstruiere den Schnittpunkt S der Winkelhalbierenden des Winkels α mit der Mittelsenkrechten der Seite $\overline{AC}$. Schreibe die Abstandseigenschaften des Punktes S auf, die sich aus der Konstruktion ergeben.

4 In Figur 2 ist $g \parallel h$. Zunächst wurde die Strecke $\overline{AB}$ mit dem Winkel α gezeichnet. Dann wurden im Punkt B und danach im Punkt C die Winkelhalbierenden konstruiert.
a) Zeichne für $\alpha = 58°$ und mit dem Abstand 5 cm von g zu h die Figur in dein Heft.
b) Bestimme die Größe der Winkel β und γ ohne zu messen. Begründe schriftlich.
c) Kann der Winkel α so gewählt werden, dass $\alpha = \beta$ gilt? Wie groß ist dann der Winkel γ?

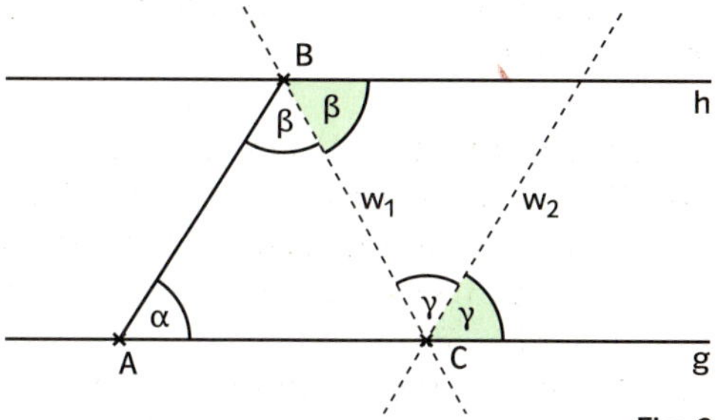

Fig. 2

Runde 2

1 Um die Länge $\overline{AB}$ des Sees (Fig. 3) zu bestimmen, wurden vom Punkt C aus die angegebenen Messungen vorgenommen. Bestimme mit einem geeigneten Maßstab die Länge des Sees mit einer Konstruktion.

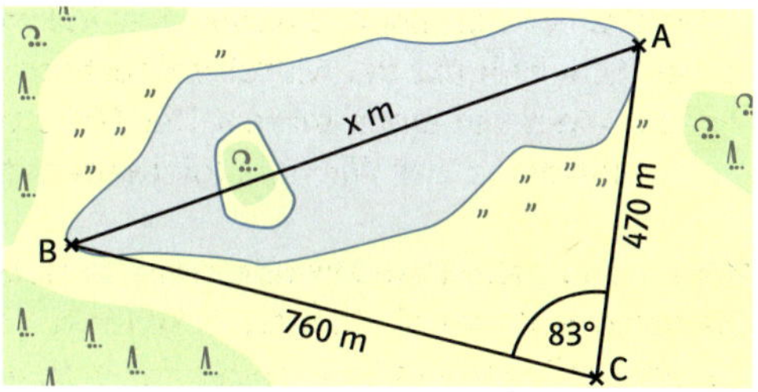

Fig. 3

2 Ein Dreieck ABC soll den rechten Winkel $\beta = 90°$ haben. Gib die mögliche Größe der Winkel an und zeichne ein passendes Dreieck.
a) $\gamma = 12°$ b) $\beta = 2 \cdot \alpha$ c) $\gamma + \alpha = 110°$

3 Konstruiere ein Dreieck ABC mit $c = 4\,\text{cm}$; $b = 5\,\text{cm}$ und $\beta = 45°$ mit dem Umkreis. Beschreibe die Konstruktion. Gibt es mehrere Lösungen?

4 Ein Parallelogramm hat eine 4 cm lange Seite und den Flächeninhalt $10\,\text{cm}^2$.
a) Zeichne drei verschiedene solche Parallelogramme.
b) Gibt es ein Parallelogramm mit diesen Maßen, bei dem alle Seiten gleich lang sind?

5 Wie viele gleichschenklige Dreiecke sind in Figur 4 enthalten?
a) Nenne Strecken der Figur, die gleich lang sind.
b) Bestimme zu $\alpha = 26°$ die beschrifteten Winkel und zeichne danach die Figur mit $\overline{AB} = 8\,\text{cm}$.
c) Kann die Figur auch so gezeichnet werden, dass $\alpha = 45°$ ist?

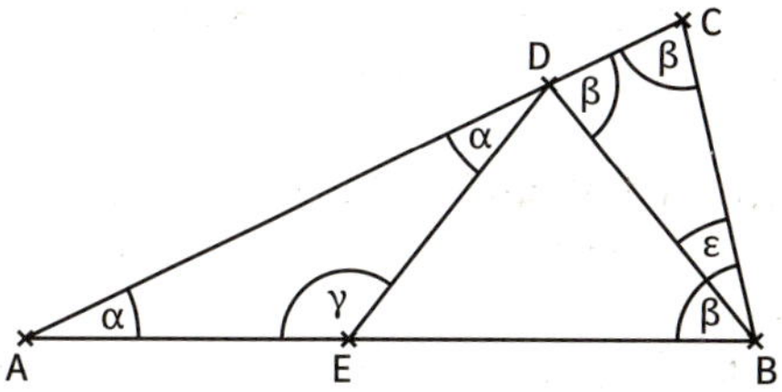

Fig. 4

Lösungen auf den Seiten 234 – 237.

Das kannst du schon

- Anteile mithilfe von Brüchen angeben
- Bruchteile von Größe bestimmen
- Brüche und Dezimalbrüche vergleichen
- Mit Brüchen und Dezimalbrüchen rechnen

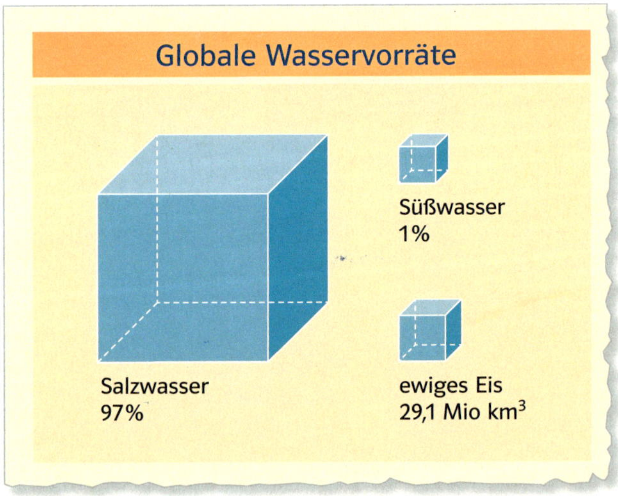

Zahl

Messen

Raum und Form

Funktionaler Zusammenhang

Daten und Zufall

Fifty-fifty? Hundertpro! Prozente, Prozente, Prozente

Luft holen
Bei jedem Atemzug werden 80 bis 90 Prozent der Luft in der Lunge von Walen erneuert – im Vergleich zu 10 bis 20 Prozent bei den meisten Landsäugetieren.

Das kannst du bald

- Mit Prozenten rechnen
- Prozente graphisch darstellen
- Prozent- und Grundwert berechnen
- Sachaufgaben der Prozentrechnung lösen

1 Berechnen des Anteils

Französisch als erste Fremdsprache an unserer Schule

Schuljahr	Schüler der Stufe 5 insgesamt	Französisch als erste Fremdsprache
2004	150	30
2005	170	33

Freistunde
Heft 5 2005

Sabina: „Siehst du, Werbung lohnt sich“
Hannah: „Klar, Französisch ist stark im Kommen.“
Lena: „Meinst du wirklich?“

Brüche sind Divisionsaufgaben:
$\frac{12}{25} = 12:25$

In 5 kg Obstsalat sind 2 kg Äpfel. Den **Anteil** der Äpfel am Obstsalat erhält man, wenn man 2 kg durch 5 kg teilt. Den Anteil kann man als Bruch, als Dezimalbruch oder in Prozent angeben. Der Apfelanteil im Obstsalat beträgt also $2\,\text{kg} : 5\,\text{kg} = \frac{2}{5}$ oder 0,4 oder 40 %.

Dividiert man den Bruchteil durch das Ganze, so erhält man den **Anteil**.

Beispiel 1
Von 20 Spielen hat Ninas Mannschaft 12 gewonnen und nur 2 verloren. Wie groß ist der Anteil der gewonnenen Spiele? Wie viel Prozent der Spiele wurden verloren?
Lösung:
$12:20 = \frac{12}{20} = \frac{3}{5}$
$\frac{3}{5}$ aller Spiele wurden gewonnen.
$2:20 = \frac{2}{20} = \frac{10}{100} = 10\,\%$
10 % der Spiele wurden verloren.

Beispiel 2
Nico erhält 15 € Taschengeld im Monat. Davon zahlt er 3 € als Mitgliedsbeitrag für den Schachclub. Welcher Anteil seines Taschengeldes bleibt übrig?
Lösung:

1. Möglichkeit:
$15\,€ - 3\,€ = 12\,€.$
$12\,€ : 15\,€ = \frac{12}{15} = \frac{4}{5} = 0{,}8 = 80\,\%$
Nico kann über $\frac{4}{5}$ oder 80 % seines Taschengeldes frei verfügen.

2. Möglichkeit:
$3\,€ : 15\,€ = \frac{3}{15} = \frac{1}{5} = 0{,}2 = 20\,\%$
$100\,\% - 20\,\% = 80\,\% = \frac{80}{100} = \frac{4}{5}$
Nico kann über 80 % oder $\frac{4}{5}$ seines Taschengeldes frei verfügen.

Aufgaben

1 Gib die Anteile als Bruch an. Kürze, falls möglich.
a) 9 € von 12 € b) 8 l von 28 l c) 4 cm von 14 cm d) 35 kg von 63 kg
e) 16 m von 56 m f) 50 t von 72 t g) 75 cm von 6 m h) 120 g von 2 kg

2 Unter den 105 aktiven Mitgliedern eines Sportvereins sind 35 Jugendliche. Berechne den Anteil der Jugendlichen an allen aktiven Mitgliedern.

3 In der Klasse 6d gibt es 16 Mädchen und 14 Jungen. Berechne die Anteile der Mädchen und der Jungen an allen Schülerinnen und Schülern der Klasse.

4 Silke ist Mittelstürmerin. In dieser Saison hat sie von insgesamt 81 Toren 36 selbst geschossen und für 18 die Vorlage geliefert. Wie groß ist der Anteil der Tore, an denen Silke direkt oder indirekt beteiligt war?

5 Ein Lebensmittellabor hat festgestellt, dass 80 g Salami 32 g Fett enthalten. Wie viel Prozent Fett sind in der Salami?

6 Die Erdoberfläche besteht aus ca. 357 Millionen km^2 Wasser und ca. 153 Millionen km^2 Festland. Bestimme die Anteile der Wasseroberfläche (des Festlands) an der Erdoberfläche.

7 Malte kauft eine Hose im Sommerschlussverkauf. Er bezahlt für die Hose 84 €. Sie sollte ursprünglich 119 € kosten. Berechne den Anteil am ursprünglichen Preis, um den die Hose billiger geworden ist.

8 Herr Debus und Frau Joop verkaufen ihre Autos. Beide Autos sind zwei Jahre alt und haben etwa den gleichen Kilometerstand.
Herr Debus erhält für sein Auto 7500 €, neu hat es 12 500 € gekostet.
Frau Joops Auto hat neu 24 000 € gekostet. Sie kann es für 16 500 € verkaufen.
a) Gib für beide Autos den Anteil des Verkaufspreises am Neupreis an.
b) Vergleiche die Anteile. Wer hat das bessere Geschäft gemacht?

9 60 % der Reisen, die das Reisebüro Frank und Frey im Laufe eines Jahres verkauft, sind Flugreisen. Im Dezember buchen 336 von 480 Kunden eine Flugreise. Der Firmenchef schließt daraus, dass das Geschäft mit Flugreisen im Winter besser läuft als im Sommer. Was meinst du dazu? Begründe deine Antwort.

10 a) Welcher Anteil des Jahresniederschlages in Frankfurt am Main fällt in den Sommermonaten Juni bis August?
b) Welcher Anteil des Jahresniederschlages fällt in den Monaten September bis November?
c) Vergleiche das Ergebnis von a) mit dem Anteil des Niederschlags während der Wintermonate Dezember bis Februar.
d) Stelle für alle vier Jahreszeiten die Anteile des Niederschlags am Jahresniederschlag in einem Balkendiagramm dar.
e) Vergleiche die Verteilung der Regenmengen Frankfurts mit der anderer großer Städte.

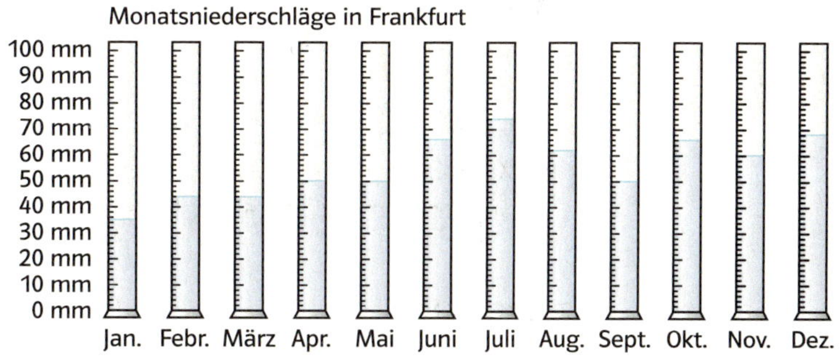

2 Berechnen des Bruchteils

„Wusstest du, dass zwei Drittel unserer Körper aus Wasser bestehen?"
„Wie? Wir beide haben gleich viel Wasser in unseren Körpern?"

Von den 25 Kindern der Klasse 6e haben 40 % einen eigenen Computer. Will man wissen, wie viele Kinder das sind, so muss man die 25 Kinder mit dem Anteil, also mit $40\,\% = \frac{2}{5}$ multiplizieren. $25 \text{ Kinder} \cdot \frac{2}{5} = 10 \text{ Kinder}$. $\frac{2}{5}$ von 25 sind 10. 10 nennt man den zu $\frac{2}{5}$ gehörigen **Bruchteil** von 25.

Multipliziert man das Ganze mit dem **Anteil**, so erhält man den **Bruchteil**.

Bruchteile müssen nicht immer natürliche Zahlen sein. So ist zum Beispiel die Hälfte von 3 € gleich $3\,€ \cdot 0{,}5 = 1{,}5\,€$.

Beispiel 1
Die Tagesetappe einer Radtour beträgt 45 km. Familie Kern hat 80 % der Strecke geschafft. Wie weit sind sie schon gefahren?
Lösung:
$45\,\text{km} \cdot 0{,}8 = 45\,\text{km} \cdot \frac{4}{5} = \frac{45 \cdot 4}{5}\,\text{km} = 36\,\text{km}$
Familie Kern ist schon 36 km gefahren.

Beispiel 2
Bei der Tombola der Klasse 6a sind 243 € zusammen gekommen. $\frac{3}{4}$ davon sollen gespendet werden. Wie viel Euro kann die 6a in die Klassenkasse einzahlen?
Lösung:

1. Möglichkeit:
$243\,€ \cdot \frac{3}{4} = 182{,}25\,€$.
182,25 € werden gespendet.
$243{,}00\,€ - 182{,}25\,€ = 60{,}75\,€$
Die Klassenkasse erhält 60,75 €.

2. Möglichkeit:
$1 - \frac{3}{4} = \frac{1}{4}$. Ein Viertel des Geldes bleibt für die Klassenkasse übrig.
$243\,€ \cdot \frac{1}{4} = 60{,}75\,€$
Die Klassenkasse erhält 60,75 €.

Aufgaben

1 Wie groß ist der Bruchteil?
a) $\frac{5}{6}$ von 90 min
b) 75 % von 120 €
c) $\frac{3}{7}$ von 259 km
d) $\frac{4}{15}$ von 1350 g

2 Bei einem Schulfest macht die Klasse 6f durch den Verkauf von Fruchtsaftgetränken einen Gewinn von 135 €. Zwei Drittel des Gewinns werden bei einem Besuch der Eisdiele ausgegeben. Wie viel Euro bleiben übrig?

3 Die Wohnung, die Esther mit ihren Eltern und ihrem Bruder bewohnt, hat eine Gesamtfläche von 124 m^2. Esther liest in einer Jugendzeitung, bei Familien mit zwei Kindern soll die Fläche der Kinderzimmer der gesamten Wohnfläche $\frac{3}{8}$ betragen.
Die Kinderzimmer sind zusammen 45 m^2 groß. Entspricht das den Angaben in der Jugendzeitung?

4 Thomas berichtet von seiner Radtour: „Am ersten Tag bin ich $\frac{5}{32}$ meiner Gesamtstrecke gefahren, am zweiten Tag $\frac{7}{32}$, am dritten Tag $\frac{3}{32}$. Insgesamt habe ich 272 km zurückgelegt."
a) Welchen Anteil der Gesamtstrecke hat Thomas an den ersten drei Tagen geschafft?
b) Wie viele km hat er am ersten Tag zurückgelegt?
c) Wie viele km waren nach drei Tagen noch zu fahren?

5 Meerwasser enthält Salz. Der Anteil des Salzes im Wasser der Nordsee beträgt $\frac{7}{200}$. Jasmin hat in ihren Eimer 3,5 kg (das sind etwa 3,5 l) Nordseewasser. Wie viel Gramm Salz sind in diesem Wasser enthalten?

6 Herr Strehm hat ein neues Auto für 15 000 € gekauft. Nach Auskunft des Autohändlers kann man im Allgemeinen davon ausgehen, dass ein Neuwagen im ersten Jahr 25 % seines Neuwertes verliert. Im zweiten Jahr verliert es $\frac{1}{6}$, im dritten Jahr 12,5 % seines Neuwertes.
a) Wie viel ist Herr Strehms Auto nach einem Jahr noch wert?
b) Herr Strehm möchte sein Auto nach drei Jahren verkaufen. Er schreibt eine Zeitungsanzeige und verlangt 7500 €. Ist dieser Preis richtig gewählt?

7 Die Klassenfahrt kostet 120 €. Sally hat schon $\frac{3}{8}$ des Betrages gespart.
a) Wie groß ist der Anteil, den ihre Eltern noch dazugeben müssen?
b) Wie viel Euro müssen die Eltern aufbringen?

8 Ein Hotel hat 48 Zimmer, $\frac{2}{3}$ davon sind Doppelzimmer. Der Rest sind Einzelzimmer.
a) Wie viele Doppelzimmer und wie viele Einzelzimmer gibt es in diesem Hotel?
b) Wie viele Betten hat das Hotel?

9 a) $\frac{3}{5}$ der 25 Kinder der Klasse 6c können schwimmen. Von diesen haben $\frac{1}{3}$ bereits ein Schwimmabzeichen. Wie viele sind das?
b) Wie viele Kinder müssen noch ein Schwimmabzeichen machen, damit mindestens die Hälfte aller Kinder eines hat?

10 a) Die Natur- und Vogelschutzgruppe betreut Nistkästen für Vögel. Mario hat im letzten Herbst beim Säubern von 81 Kästen geholfen. Dabei hat er festgestellt, dass über 90 % der Kästen bewohnt waren. Wie viele Kästen waren im letzten Jahr mindestens bewohnt?
b) In diesem Jahr wurden 14 neue Kästen aufgehängt. Der Anteil aller bewohnten Kästen betrug aber nur noch 80 %. Als Mario das erfährt, ist er traurig. Er denkt, dass all die Arbeit umsonst war, weil die Vögel die neuen Kästen nicht annehmen wollen. Stimmt das?
c) Wie viele Kästen wären dieses Jahr höchstens unbewohnt geblieben, wenn der Anteil der bewohnten genau so hoch wie im letzen Jahr gewesen wäre?

3 Berechnen des Ganzen

Karin: „Fahrradständer kann man nie genug haben. Wenn alle mit dem Fahrrad kommen würden…"
Kim: „Quatsch, das reicht. 80 % kommen sowieso mit dem Bus und jeder Zehnte geht zu Fuß!"

Zur Erinnerung:
Ganzes · Anteil = Bruchteil.

$\frac{2}{9}$ aller Kinder der Klasse 6g spielen ein Instrument. Das sind 6 Kinder.
$\frac{2}{9}$ ist der Anteil aller Kinder, die ein Instrument spielen. 6 Kinder sind der Bruchteil. Benutzt man zur Bezeichnung des **Ganzen** die Variable G, so ergibt sich die Gleichung $G \cdot \frac{2}{9} = 6$.
Das bedeutet aber $6 : \frac{2}{9} = G$. Nun kann man das Ganze ausrechnen: $G = 6 : \frac{2}{9} = 6 \cdot \frac{9}{2} = 27$
In der Klasse 6g gibt es 27 Kinder.

$: \frac{3}{5}$
bedeutet
$\cdot \frac{5}{3}$

Dividiert man den **Bruchteil** durch den **Anteil**, so erhält man das **Ganze**.

Das Ganze kann auch ein Dezimalbruch sein. Wenn zum Beispiel die Fahrkarte nur noch $\frac{2}{3}$ des ursprünglichen Preises kostet und das 3,20 € sind, dann hat sie vor der Ermäßigung $3{,}20\,€ : \frac{2}{3} = 3{,}20\,€ \cdot \frac{3}{2} = 9{,}60\,€ : 2 = 4{,}80\,€$ gekostet.

Beispiel 1
Wegen eines Streiks der Lokführer konnten $\frac{2}{7}$ der Züge nicht fahren. 14 Züge fielen aus. Wie viele Züge hätten eigentlich fahren müssen?
Lösung:
$14 : \frac{2}{7} = 14 \cdot \frac{7}{2} = 7 \cdot 7 = 49$
Nach Fahrplan wären 49 Züge gefahren.

Beispiel 2
Jonas kauft im Sonderangebot einen Fotoapparat für 72,99 €. Das sind 90 % des ursprünglichen Preises. Wie viel Geld hat er gespart?
Lösung:
$72{,}99 : 90\,\% = 72{,}99 : \frac{90}{100} = 72{,}99 \cdot \frac{10}{9} = 729{,}90 : 9 = 81{,}10$
Vor der Ermäßigung hat der Fotoapparat 81,10 € gekostet.
$81{,}10\,€ - 72{,}99\,€ = 8{,}11\,€$
Jonas hat 8,11 € gespart.

Aufgaben

1 Berechne das Ganze.

a) $\frac{3}{4}$ des Preises sind 90 €.
b) 48 km sind $\frac{4}{7}$ der Strecke.
c) 1620 g sind 5 % des Gewichtes.
d) $\frac{5}{6}$ des Preises sind 24 €.

2 In Janinas Klasse singen 12 Kinder im Schulchor. Das sind $\frac{2}{5}$ von allen.
a) Wie viele Kinder sind in der Klasse?
b) In Janniks Klasse ist der Anteil der Chorkinder genau so hoch. Aber nur 10 Kinder singen im Chor. Wie groß ist Janniks Klasse?

3 Bei einem Radrennen sagt der Reporter: „Die Fahrer haben jetzt $13\frac{1}{2}$ km zurückgelegt. Sie müssen noch $\frac{9}{10}$ der Strecke bewältigen."
Wie viele Kilometer ist die gesamte Strecke lang?

4 a) Auf wie viel Tonnen werden die Erdölreserven der Welt geschätzt?
b) 2003 wurden 3,6 Milliarden Tonnen Erdöl gefördert. Wie groß war der Anteil, der nicht im Mittleren Osten gefördert wurde?

Die Kreisdiagramme zeigen die Anteile des Mittleren Ostens (gelb) an den Weltreserven an Erdöl, der Erdölförderung 2003.

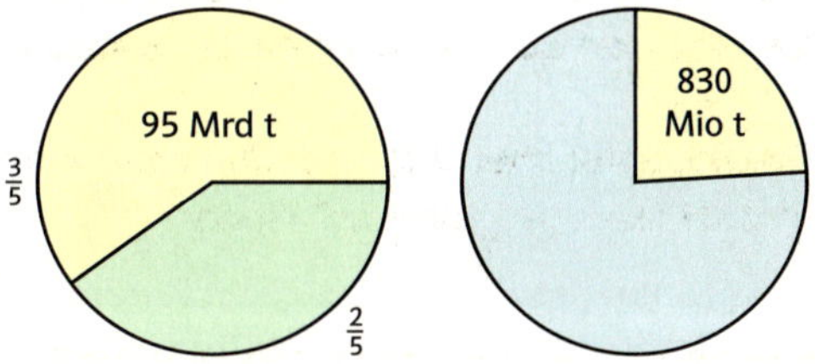

5 Herr Simon liebt Rosen. $\frac{5}{8}$ eines Beetes sind mit Rosen bepflanzt. Das sind 4,5 m^2.
Wie viele m^2 des Beetes sind rosenfrei?

6 Die Klasse 6e unternimmt eine zweitägige Wanderung. Am ersten Tag wandert sie 3 Stunden. Abends sagt die Lehrerin: „Jetzt sind es noch 9 km bis zum Ziel. Wenn wir morgen im gleichen Tempo weiter marschieren, dann schaffen wir die Strecke in 2 Stunden." Und tatsächlich: Sie schaffen es in dieser Zeit.
a) Wie groß ist der Anteil der Strecke, den sie nach dem ersten Tag noch vor sich haben?
b) Wie weit sind sie insgesamt gewandert?

7 40 % der Gesamtfläche einer Gemeinde sind Wald. Beim Herbststurm im letzten Jahr wurden $\frac{3}{5}$ der Waldfläche dieser Gemeinde fast vollständig zerstört. Nur 248 ha sind verschont geblieben.
a) Wie viel Waldfläche gibt es insgesamt?
b) Wie groß ist die Gesamtfläche der Gemeinde?
c) Welcher Anteil der Gesamtfläche der Gemeinde wurde zerstört?
d) In diesem Jahr konnten 255,75 ha wieder aufgeforstet werden. Welcher Anteil der zerstörten Fläche wurde neu bepflanzt?
e) Im nächsten Jahr sollen $\frac{2}{3}$ der restlichen Fläche neu bepflanzt werden. Wie viele Hektar müssen danach noch aufgeforstet werden?

4 Prozente

Till: „Ich habe gewonnen, denn ich habe die meisten Treffer."
Kim: „Nein, du hast verloren, denn du hast öfter geworfen als Daniela und ich."
Daniela: „Dann habe ich gewonnen, weil ich weniger Würfe hatte als ihr beiden."

%
bedeutet:
„Hunderstel."

Die Aufgabe 5 des Mathematikwettbewerbs wurde von 60 % der hessischen Schülerinnen und Schüler richtig gelöst. An der Limesschule hatten 112 von 175 Kindern die richtige Lösung. Schreibt man den Anteil der richtigen Lösungen als Dezimalbruch, so kann man ihn gut mit dem Landesdurchschnitt vergleichen.
$\frac{112}{175} = 0{,}64 = \frac{64}{100} = 64\,\%$
Bei der Lösung der Aufgabe 5 war die Limesschule besser als der Landesdurchschnitt.

Prozentangaben sind Brüche mit dem Nenner 100.
p % bedeutet $\frac{p}{100}$. p % heißt **Prozentsatz**.
Der Prozentsatz gibt an, wie viel Hundertstel vom Ganzen es sind.

Der Prozentsatz ist nicht immer eine ganze Zahl.
Wenn zum Beispiel 15 von 24 Kindern ihr Pausenbrot von zu Hause mitgebracht haben, dann sind das $\frac{15}{24} = 0{,}625 = 62{,}5\,\%$.

Manche Prozentangaben kann man durch Erweitern auf den Nenner 100 erhalten. Meistens ist es aber geschickter, den Zähler durch den Nenner zu teilen und dann das Komma 2 Stellen nach rechts zu verschieben.

Beispiel 1 Prozentschreibweise
Schreibe in Prozent. a) $\frac{2}{5}$ b) $\frac{13}{40}$ c) $\frac{2}{3}$
Lösung:
a) $\frac{2}{5} = \frac{40}{100} = 40\,\%$ b) $\frac{13}{40} = 13:40 = 0{,}325 = \frac{32{,}5}{100} = 32{,}5\,\%$ c) $\frac{2}{3} = 2:3 = 0{,}666\ldots \approx 66{,}7\,\%$

Beispiel 2 Prozentangaben in Brüche umwandeln
Stelle als Bruch dar und kürze so weit wie möglich. a) 35 % b) 2,8 %
Lösung:
a) $35\,\% = \frac{35}{100} = \frac{7}{20}$ b) $2{,}8\,\% = \frac{2{,}8}{100} = \frac{28}{1000} = \frac{7}{250}$

Beispiel 3 Vergleichen mit Prozentangaben
Anja und Tim üben Elfmeterschießen. Anja trifft bei 20 Schüssen 14-mal, Tim bei 25 Schüssen 17-mal. Gib die Trefferquoten in Prozent an; vergleiche.
Lösung:
Anjas Trefferquote ist $\frac{14}{20} = \frac{70}{100} = 70\,\%$, Tims Trefferquote ist $\frac{17}{25} = \frac{68}{100} = 68\,\%$.
Anja hat die höhere Trefferquote.

Aufgaben

Sich das zu merken, ist oft nützlich:

$\frac{1}{2} = 50\,\%$

$\frac{1}{3} = 33\frac{1}{3}\,\%$

$\frac{1}{4} = 25\,\%$

$\frac{1}{5} = 20\,\%$

$\frac{1}{8} = 12{,}5\,\%$

$\frac{1}{10} = 10\,\%$

$\frac{1}{1} = 100\,\%$

$\frac{2}{1} = 200\,\%$

1 Gib in Prozent an. Rechne im Kopf.

a) $\frac{7}{100}$ b) $\frac{27}{100}$ c) $\frac{3}{50}$ d) $\frac{47}{50}$ e) $\frac{1}{20}$ f) $\frac{4}{25}$

g) $\frac{3}{12}$ h) $\frac{3}{5}$ i) $\frac{21}{30}$ j) $\frac{50}{1000}$ k) $\frac{5}{1000}$ l) $\frac{3}{8}$

2 Gib als Bruchzahl und als Dezimalbruch an. Rechne im Kopf und kürze, wenn möglich.

a) 23 % b) 10 % c) 75 % d) 99 % e) 60 % f) 72 %

g) 11 % h) 70 % i) 20 % j) 0,5 % k) 35 % l) 7,2 %

3 Am Rand siehst du sieben Figuren, die teilweise gefärbt sind. Wie groß ist jeweils der Anteil der farbigen Fläche an der Gesamtfläche in Prozent?
Ordne die Anteile der Größe nach. Die Reihenfolge der Buchstaben sagt dir, ob deine Lösung richtig ist.

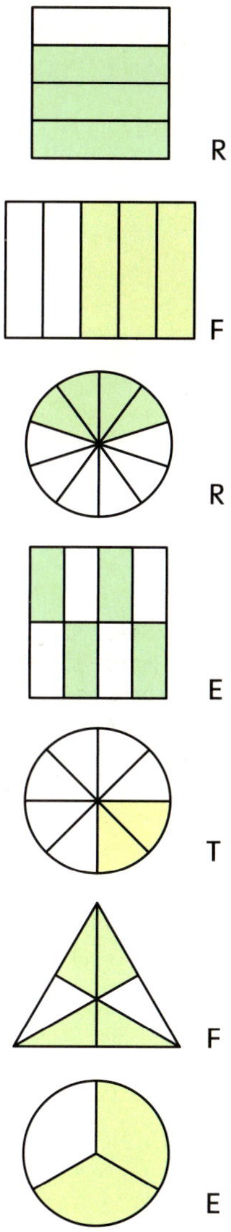

Fig. 1

4 Gib in Prozentschreibweise an. Runde auf eine Dezimalstelle.

a) $\frac{9}{40}$ b) $\frac{45}{60}$ c) $\frac{3}{500}$ d) $\frac{475}{2000}$ e) $\frac{1}{6}$ f) $\frac{7}{9}$

g) $\frac{1}{30}$ h) $\frac{3}{7}$ i) $\frac{42}{300}$ j) $\frac{2}{3}$ k) 0,333 l) $\frac{4}{5}$

5 Schreibe die Sätze mit Prozentangaben.

a) Zehn von hundert Hessen sind zwischen 6 und 15 Jahren alt.
b) Von 100 Bergunfällen sind 50 Lawinenunglücke.
c) Ein Meisterschütze trifft bei zehn Schüssen neunmal ins Schwarze.
d) Von den rund 10 000 Eisbergen, die jährlich von Westgrönland ausgehen, driften 375 in den Nordatlantik und gefährden dort die Schifffahrt.

6 Welche Zahl ist größer?

a) 5 %; 8 % b) 20 %; $\frac{1}{4}$ c) 0,65; $\frac{5}{6}$ d) $\frac{4}{5}$; $\frac{7}{11}$ e) 5,6 %; 5,6 f) $\frac{9}{11}$; 99 %

7 Sven wirft 30-mal auf einen Basketballkorb und trifft 19-mal, Svenja wirft 20-mal und trifft 12-mal. Wer hat die höhere Trefferquote?

8 Eine 100-g-Tafel Schokolade enthält 23 g Mandeln, ein 30-g-Knusperriegel enthält 7 g Mandeln. Bei welcher Süßigkeit ist der Anteil der Mandeln größer?

9 Das Einstein-Gymnasium besuchen 90 Schülerinnen und Schüler der Klassenstufe sechs in drei Klassen, davon sind 30 in der 6 a und 32 in der 6 b. Bei der Klassensprecherwahl in der 6 a wurde Tanja mit 16 Stimmen, in der 6 b wurde David mit 17 Stimmen, und in der 6 c wurde Steffi mit 15 Stimmen gewählt.
Wer hatte den größten Stimmenanteil?

10 Erfinde zu den Angaben eine Aufgabe. Löse sie erst selbst und stelle sie dann deiner Nachbarin oder deinem Nachbarn. Habt ihr dieselben Ergebnisse?
Deutschland hat etwa 82 Millionen Einwohner, davon sind rund sieben Millionen Ausländer. Hessen hat 6,1 Millionen Einwohner, davon sind 820 000 Ausländer.
Von den etwa 53 Millionen Kraftfahrzeugen in Deutschland sind etwa 4,2 Millionen in Hessen zugelassen.

5 Prozentsatz – Prozentwert – Grundwert

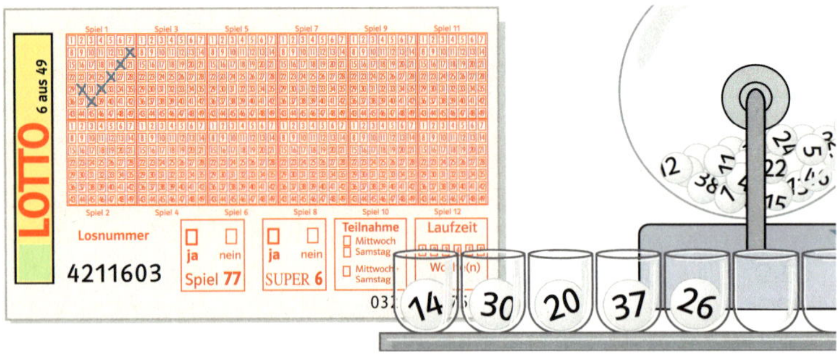

Lisa: „Lotto spielen lohnt sich nur, wenn du ganz besondere Zahlenkombinationen ankreuzt."
Lara: „Nein, einfach irgendwelche beliebigen Zahlen anzukreuzen ist schlauer!"

*Zur Erinnerung: Der **Anteil** heißt in der Prozentrechnung **Prozentsatz**.*

Anteile werden im Alltag häufig in Prozent angegeben. Wie bisher gilt: Man erhält den Anteil, indem man den Bruchteil durch das Ganze teilt. Wenn man den Anteil in Prozent ausdrückt, haben Bruchteil und Ganzes besondere Namen.
Der **Bruchteil** heißt in der Prozentrechnung **Prozentwert**.
Das **Ganze** heißt in der Prozentrechnung **Grundwert**.

Wie viel vom Grundwert ?

Der Zusammenhang zwischen den drei Größen der Prozentrechnung wird beschrieben durch

$\frac{\text{Prozentwert}}{\text{Grundwert}} = \text{Prozentsatz}.$ kurz: $\frac{W}{G} = p\,\%$

Beispiel 1
Eine weltweite Schätzung der erwachsenen Analphabeten ergab eine Gesamtzahl von 905 Millionen. Davon sind 318 Millionen Männer. Wie viel Prozent der erwachsenen Analphabeten sind nach dieser Schätzung Männer, wie viel Prozent sind Frauen?
Lösung:
Der Grundwert G ist 905 Millionen, der Prozentwert W ist 318 Millionen.
Das ergibt den Prozentsatz
$p\,\% = \frac{318}{905} \approx 0{,}351 \approx 35\,\%$
Etwa 35% der erwachsenen Analphabeten sind Männer.
$100\,\% - 35\,\% = 65\,\%$
Etwa 65% der erwachsenen Analphabeten sind Frauen.

Beispiel 2
Werbung: „Unsere Schuhe kosten jetzt nur noch 60% des alten Preises!" Welche Grundwerte und dazugehörige Prozentwerte passen zur Werbung? Finde mindestens zwei Möglichkeiten und schreibe dazu Antwortsätze auf, die die alten und die neuen Preise nennen.
Lösung:
$60\,\% = \frac{60}{100} = \frac{6}{10} = \frac{24}{40} = \frac{36}{60} = \frac{48}{80} = \ldots$
Mögliche Werte: G = 80 und W = 48 oder G = 60 und W = 36 oder G = 40 und W = 24
Das bedeutet: Schuhe für 80 € kosten jetzt noch 48 €. Schuhe, die vorher 60 € gekostet haben, sind jetzt für 36 € zu haben. Die 24 € teuren Schuhe haben vorher 40 € gekostet.

Aufgaben

1 Berechne den Prozentsatz im Kopf.

	a)	b)	c)	d)	e)	f)	g)	h)	i)	j)
W	5	5	1	7	11	30	30	13	8	90
G	10	20	5	35	11	40	300	50	20	1000

2 Berechne den Prozentsatz.
a) W = 19 und G = 120
b) W = 1,5 und G = 2,5
c) W = 0,31 und G = 3,2
d) W = 57 und G = 60
e) W = 50 und G = 57
f) W ist halb so groß wie G
g) W = 80 und G ist um 8 größer als W.
h) W = G

3 Wie viel Prozent sind
a) 1 von 5; 10; 100; 20
b) 4 von 10; 20; 50; 200
c) 6 von 35; 200; 9,1; 55
d) 14 von 45; 90; 110; 21
e) 1,5 von 10; 15; 55; 2,5
f) 0,2 von 200; 2,2; 19,4; 5?

4 Wie viel Prozent der Gummibärchen auf dieser Seite
a) sind jeweils grün, rot, gelb oder blau?
b) sind nach rechts geneigt?

5 Der Eintrittspreis für das Schwimmbad wurde von 4,00 € auf 3,50 € gesenkt.
Um wie viel Prozent wurde der Eintritt billiger?

6 Gib zu dem Prozentsatz mögliche Werte für Prozentwert und Grundwert an.
a) Daniel erhält eine Taschengelderhöhung von 20 Prozent.
b) Im Schlussverkauf werden Jeans um 40 Prozent reduziert angeboten.
c) Eine Spielshow im Fernsehen hatte am Samstag eine Einschaltquote von 12 Prozent.

7 Auf einer Internetseite fand sich folgende Angabe: Mindestens 16 Millionen Bundesbürger sind Linkshänder, das sind 20 bis 30 Prozent der Deutschen.
a) Was ist bei dieser Angabe bekannt – Prozentwert, Grundwert oder Prozentsatz?
b) Überprüfe die Prozentangabe, falls man von 80 Millionen Bundesbürgern ausgeht.
c) Trifft die Prozentangabe auch in deiner Klasse zu?

8 In dem Zeitungsartikel (Fig. 1) kommen viele Zahlenangaben vor.
a) Welche davon sind Prozentsatz, Prozentwert, Grundwert?
b) In dem Bericht ist ein Fehler! Findest du ihn?
c) Schreibe selbst einen Bericht mit Prozentangaben und „baue einen Fehler" ein. Findet dein Nachbar diesen?

Berliner Betriebe haben bei der „Nachvermittlungsbörse 2002" mehr als 370 zusätzliche Ausbildungsplätze bereitgestellt, davon über 300 im Bereich der IHK und 64 im Bereich der Handwerkskammer. Es wurden alle Jugendlichen, die nach den Unterlagen der Arbeitsämter bis zum 30. September noch keinen Ausbildungsplatz gefunden hatten, schriftlich eingeladen. Insgesamt 2270 Jugendliche waren persönlich eingeladen worden. Davon erschienen 878 (43 %).

Fig. 1

9 Formuliere eine Aufgabe zu den Angaben und stelle sie deinem Nachbarn. Gib an, welche der Größen Prozentwert, Prozentsatz bzw. Grundwert bei der Aufgabe gegeben (gesucht) sind.
a) Bei der Bundestagswahl 2002 wurden insgesamt 48 582 761 Erststimmen abgegeben, davon waren 741 037 ungültig.
b) Der Anteil der Internet-Nutzer an der Gesamtbevölkerung hat sich im vergangenen halben Jahr stabilisiert und liegt auch im dritten Quartal 2002 bei 47 Prozent aller befragten 3 880 Deutschen ab 18 Jahren.

6 Grundaufgaben der Prozentrechnung

Tanja: „Wenn wir alle Lose unserer Tombola verkaufen, dann haben wir 100 € eingenommen."
Frank: „Das schaffen wir mit unserem Losverkauf schon, wenn wir die Lose für die Hälfte eures Preises verkaufen."
Sebastian: „Außerdem glaub' ich euch die 100 € nicht."

$\frac{\text{Bruchteil}}{\text{Ganzes}}$ = Anteil
Ganzes · Anteil = Bruchteil
$\frac{\text{Bruchteil}}{\text{Anteil}}$ = Ganzes

Die Berechnung des Anteils, des Bruchteils und des Ganzen kann man direkt auf die Prozentrechnung übertragen:
Berechnen des Anteils bedeutet den Prozentsatz berechnen.
Berechnen des Bruchteils bedeutet den Prozentwert berechnen.
Berechnen des Ganzen bedeutet den Grundwert berechnen.

Grundaufgaben der Prozentrechnung:

Berechnen des Prozentsatzes:	$p\,\% = \frac{W}{G}$
Berechnen des Prozentwertes:	$W = G \cdot p\,\%$
Berechnen des Grundwertes:	$G = \frac{W}{p\,\%}$

Tipp: Schreibe immer zuerst auf, welche Größen du kennst und welche du berechnen sollst.

Beispiel 1
Durch das neue Baugebiet stieg die Einwohnerzahl des oberhessischen Dorfes Rinderbügen um 153. Vorher gab es 1020 Einwohner.
Wie viel Prozent kamen hinzu?
Lösung:
Dem Text entnimmt man:
G = 1020 Einwohner; W = 153 Personen; p % wird gesucht.
Rechnung: $p\,\% = \frac{153}{1020} = 0{,}15 = 15\,\%$.
Antwort: Die Einwohnerzahl hat um 15 % zugenommen.

Beispiel 2
Die Kleinstadt Büdingen liegt in der Nähe von Frankfurt und hat etwa 22 500 Einwohner. Etwa 22 % davon sind jünger als 18 Jahre.
Wie viele Büdinger sind noch nicht volljährig?
Lösung:
Dem Text entnimmt man:
p % = 22 %; G = 22 500 Einwohner; W wird gesucht.
Rechnung: $W = 22\,500 \cdot \frac{22}{100} = 4950$.
Antwort: In Büdingen leben etwa 4950 Kinder und Jugendliche.

Beispiel 3

Kai findet einen goldenen Ring. Er gibt ihn im Fundbüro ab. Nach einigen Tagen wird der Ring von seinem rechtmäßigen Besitzer abgeholt und Kai erhält 15 € Finderlohn. Der Finderlohn beträgt 5 % vom Wert des Fundstückes. Wie viel Euro ist der Ring wert?

Antwortsatz nicht vergessen!

Lösung:

Dem Text entnimmt man man: p % = 5 %; W = 15 €; G wird gesucht.

Rechnung: $G = 15 : \frac{5}{100} = 15 \cdot \frac{100}{5} = 300$. Antwort: Der Ring ist 300 Euro wert.

Aufgaben

1 Berechne.

a) 14 % von 72 b) 9 % von 700 c) 1,5 % von 2345 d) 16 % von 450 €

e) 99 % von 620 € f) 0,15 % von 400 kg g) 0,4 % von 18 ha h) 95,5 % von 2 dm^3

2 Übertrage die Tabelle in dein Heft und vervollständige sie.

	a)	b)	c)	d)	e)	f)	g)	h)	i)	j)
p %	5 %		20 %		1,7 %	1,7 %	22 %	22 %	96 %	96 %
W		44	300	1,7	6,8			1000		522
G	200	500		6,8		6,8	1000		450	

3 Überschlage vor der Berechnung von G, indem du W und p % durch geeignete Näherungswerte ersetzt. Rechne dann mit dem Taschenrechner. Runde auf 2 Stellen hinter dem Komma.

a) W = 94 m; p % = 31 % b) W = 630 l; p % = 78 % c) W = 7,8 kg; p % = 1,9 %

d) W = 950 €; p % = 0,9 % e) W = 5,8 km; p % = 23 % f) W = 68 t; p % = $33\frac{1}{3}$ %

Bist du sicher?

1 a) Berechne 35 % von 95. b) Wie viel Prozent sind 132 von 400?

c) 75 Prozent eines Geldbetrages sind 25 €. Wie groß ist der Geldbetrag?

2 Im Ausverkauf kostet eine Uhr statt 145 € nur noch 99 €. Wie viel Prozent spart man? Wie viel Prozent teurer ist eine Uhr, deren Preis von 99 € auf 145 € erhöht wird?

3 Ein Bauteil kostet 25,00 €. Der Preis wird um 8 % erhöht. Nach zwei Tagen wird der neue Preis um 8 % reduziert. Wie viel muss man jetzt für das Bauteil zahlen?

Ergebnisse (vermischt und ohne Einheiten!)
31,72 33,33
33,25 24,84
33,00 46,46

4 Viktor hat einen Taschenrechner mit [%]-Taste. Die Aufgabe „G = 150; p % = 4 %; berechne W." löst er so: Er tippt genau wie in der Berechnungsformel [1] [5] [0] [×] [4] [%] [=] ein. Sein Taschenrechner zeigt als Ergebnis [6] an.

a) Teste, ob das bei deinem Taschenrechner auch so funktioniert.

b) Auch die Berechnung des Grundwertes kannst du mithilfe der [%]-Taste durchführen. Probiere bei deinem Taschenrechner aus, wie du tippen musst. Denke dir dazu eine geeignete Aufgabe aus.

c) Vergleiche die Funktion deiner [%]-Taste mit der von anderen Taschenrechnern in deiner Klasse.

Möchtest du die [%]-Taste deines Taschenrechners benutzen, so musst du genau wissen, was dein Taschenrechner mit dieser Eingabe macht.

5 Frau Gerling verdient im Monat 1250 €. Davon werden Steuern und Versicherungsbeiträge abgezogen. Ausbezahlt erhält sie danach nur noch 810,55 €.
Wie viel Prozent werden ihr abgezogen?
Überschlage zuerst, indem du die Beträge durch geeignete Näherungswerte ersetzt. Rechne dann und runde das Ergebnis sinnvoll.

Fig. 1

6 Eine Kaufhauskette wirbt mit Preisnachlässen.
a) Wie viel Prozent des alten Preises beträgt der neue Preis?
b) Lisa meint: „Bei dem Angebot mit dem alten Preis 1,22 € spart man am meisten!" Was meinst du dazu?

7 Überprüfe, ob die in dem Zeitungsartikel genannten Prozentangaben auch für deine Klasse (Schule) zutreffen. Etwa ein Sechstel der Bundesbürger sind unter 15 Jahren alt.

> Eine Brille tragen nahezu zwei Drittel der Erwachsenen in Deutschland. Im Zeitraum von drei Jahren stieg der Anteil der Brillenträger an der erwachsenen Bevölkerung von 61 auf 63 Prozent, wie die vom Demoskopie-Institut Allensbach vorgestellte „Brillenstudie 2002" ergab. Das sind fast 40 Millionen Menschen ab 16 Jahren. Bei den Kindern unter 15 Jahren seien 1,6 Millionen Brillenträger.

Frankfurter Allgemeine Zeitung

8 Führt eine Umfrage durch. Zunächst müsst ihr euer Vorgehen planen. Möglich ist z. B., dass jede(r) von euch zehn Schülerinnen und Schüler eurer Schule fragt. Die Fragen müsst ihr euch vorher überlegen, z. B. zu Themen wie

Welche Sängerin und welcher Sänger sind am beliebtesten?

Wie werden die Ferien verbracht?

Welche Fernsehsendung wird am meisten angeschaut?

Wofür wird das Taschengeld ausgegeben?

Erstellt einen passenden Fragebogen, der nicht zu umfangreich ist. Eine Umfrage sollte für einen Befragten möglichst nicht länger als eine Minute dauern. Sammelt die Ergebnisse und stellt sie in einer Tabelle und in einem Kreisdiagramm mit Prozentangaben dar.

9 **Schnelle Prozente – ein Spiel für zwei**
Zur Vorbereitung müsst ihr drei verschiedene Sorten Spielkarten basteln. Ihr braucht
- sechs Karten, bei denen eine Seite rot angemalt ist und auf der anderen Seite ein Prozentsatz steht (5 %, 7 %, 15 %, 25 %, 80 %, 60 %),
- zehn Karten, bei denen eine Seite blau ist und auf der anderen Seite Größen stehen (120 Euro, 47 Cent, 12,6 km, 223 cm, 5,6 dm, 576 g, 27 kg, 1,56 t, 48 min, 3 h 56 min),
- zwei Karten, bei denen eine Seite grün angemalt ist und auf der anderen Seite Prozentwert bzw. Grundwert steht.

Und so wird gespielt:
- Beide Spieler ziehen jeweils eine Karte von jeder Farbe.
- Dann rechnet jeder Spieler seine Aufgabe. Die grüne Karte zeigt an, wie die Angabe auf der blauen Karte zu verstehen ist.
- Wer zuerst fertig ist und richtig gerechnet hat, bekommt einen Punkt.
- Ist ein Spieler zuerst fertig und hat falsch gerechnet, so gibt es einen Punkt Abzug.
- Gewonnen hat der Spieler, der zuerst fünf Punkte gesammelt hat.

Info

Kreisdiagramme

Prozentangaben kann man mit Kreisdiagrammen darstellen. Dies wird am Beispiel des Wasserverbrauchs der Bundesbürger (Fig. 1) erläutert.

Grundwert ist hier der „Vollwinkel“ 360°. Zu jeder Prozentangabe gehört ein Kreisausschnitt mit einem bestimmten Mittelpunktswinkel. Dieser Winkel wird z. B. für den Bereich „Baden und Duschen“ mit dem Prozentsatz 30 % bestimmt:

30 % von 360° sind

$\frac{30}{100} \cdot 360° = 0{,}3 \cdot 360° = 108°.$

Ebenso werden die anderen Winkel berechnet.

Man zeichnet einen Vollkreis mit einem Radius. An diesen Radius wird der Winkel 108° abgetragen. So entsteht der lindgrüne Bereich. An den neu entstandenen Radius wird der Winkel für den nächsten Ausschnitt angetragen usw.

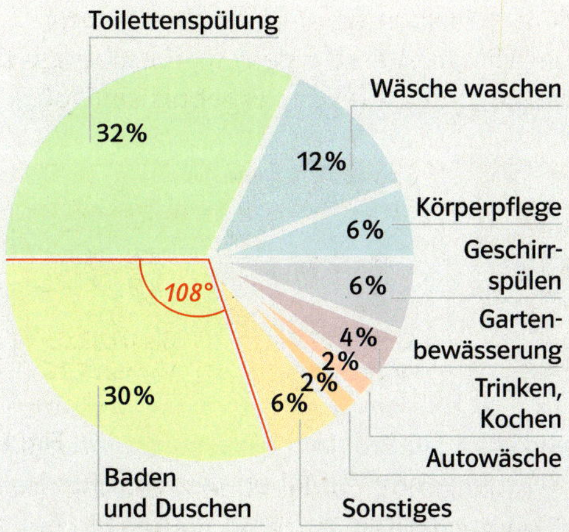

Fig. 1

Beim Erstellen der Diagramme kann dir das Tabellenkalkulationsprogramm gute Dienste leisten.
Trotzdem solltest du die Aufgaben auch mithilfe des Taschenrechners lösen und die Diagramme in dein Heft zeichnen!

10 Eine Sorte Tierfutter enthält 25 % Heu, 40 % Gerste, 20 % Gemüse und 15 % Mais.
a) Wie viel Gramm der einzelnen Sorten sind in einer $2\frac{1}{2}$-kg-Packung enthalten?
b) Stelle die Zusammensetzung in einem Kreisdiagramm dar.

11 Erstelle ein Kreisdiagramm mit Prozentangaben bei der SV-Wahl (Fig 2).

Kandidat	Stimmen
Lisa	110
Kai	99
Sven	118
Anna	73

Fig. 2

12 Das Kreisdiagramm in Fig. 3 zeigt die Anteile der Zutaten in Katis Lieblingsmüsli.
a) Bestimme durch Ausmessen die Anteile in Prozent.
b) Kati bewahrt ihr Müsli in einem Glas auf, das noch 120 g Haselnüsse enthält. Wie viel Müsli ist in dem Glas?
c) Am liebsten mag Kati die Sonnenblumenkerne. Wie viel Gramm Sonnenblumenkerne sind in ihrem Glas enthalten?
d) Katis Bruder Leo mag Rosinen am liebsten. In einem unbewachten Augenblick stibitzt Leo alle Rosinen aus dem Glas. Wie verändern sich dadurch die Anteile?
Ob sich Kati darüber freut?

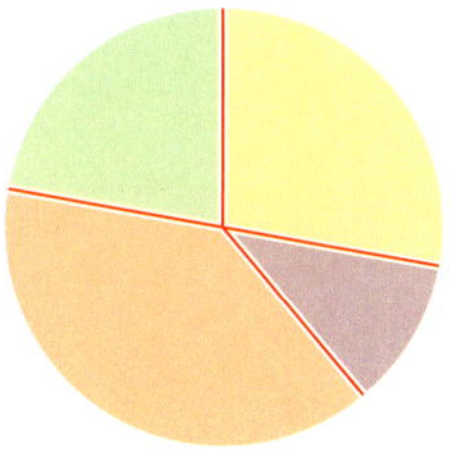

Haferflocken
Rosinen
Haselnüsse
Sonnenblumenkerne

Fig. 3

13 **Zeitungen und Diagramme**
a) In Zeitungen und Zeitschriften sind viele Situationen durch Diagramme illustriert. Sammelt Diagramme und überlegt gemeinsam, warum die jeweiligen Darstellungsarten gewählt wurden.
b) Denkt euch Situationen aus, bei denen sich die Darstellung mit einem Kreisdiagramm anbietet. Bei welchen Situationen bietet sich ein Säulen- oder Balkendiagramm an?

7 Überall Prozente

Jakob: „Hey, die Jeans im Kleiderladen sind jetzt schon zum zweiten Mal um 50 % reduziert worden."
Robin: „Oh, super! Dann kosten sie ja jetzt gar nichts mehr."

Wenn man ein Problem nicht sofort lösen kann, ist es sinnvoll schrittweise vorzugehen. Dies wird an folgender Situation verdeutlicht: Heike und Jutta kaufen für eine Geburtstagsfeier vier Überraschungseier, zwei Packungen Salzstangen und eine Packung Gebäck. Sie freuen sich über die ermäßigten Preise. „Wie viel Prozent haben wir jetzt gespart?" will Jutta wissen.

Fig. 1

1 Verstehen der Aufgabe

Was ist gegeben?
Die neuen Preise: 0,39 € für die Eier, 2,99 € für das Gebäck und 0,99 € für die Salzstangen. Diese Preise sind 15 % bzw. 25 % bzw. 20 % geringer als der jeweilige alte Preis.
Was ist gesucht?
Wie viel Prozent des alten Preises beträgt die Einsparung?

2 Zerlegen in Teilprobleme

Rechenplan erstellen.
1. Rechne für jeden Artikel den alten Preis aus.
2. Gesamtpreis für alte und neue Preise ausrechnen.
3. Berechne die Ersparnis in Euro.
4. Berechne die Ersparnis in Prozent.

3 Rechenplan durchführen

Teilaufgaben ausrechnen und Zwischenergebnisse notieren.
1. Alte Preise: Überraschungseier: W = 0,39 € (neuer Preis)
p % = 100 % − 15 % = 85 %; G: alter Preis (gesucht)
Rechnung: $G = 0{,}39\,€ : \frac{85}{100} \approx 0{,}46\,€$
Die anderen alten Preise berechnet man genauso.
Salzstangen: 1,24 €. Gebäck: 3,99 €.
2. Gesamtpreis des Einkaufs:
alte Preise: $4 \cdot 0{,}46\,€ + 2 \cdot 1{,}24\,€ + 3{,}99\,€ = 8{,}31\,€$
neue Preise: $4 \cdot 0{,}39\,€ + 2 \cdot 0{,}99\,€ + 2{,}99\,€ = 6{,}53\,€$
3. Ersparnis in Euro: Es wurden 8,31 € − 6,53 € = 1,78 € gespart.
4. Ersparnis in Prozent: Jetzt ist der eingesparte Betrag der Prozentwert W = 1,78 €. Der Grundwert ist jetzt G = 8,31 €.
Der Prozentsatz ist gesucht.
Die Einsparung beträgt $p\,\% = \frac{W}{G} = \frac{1{,}78}{8{,}31} \approx 0{,}214 = 21{,}4\,\%$.

4 Rückschau und Antwort

Kann das Ergebnis richtig sein?
Das Ergebnis 21,4 % liegt zwischen der größten und kleinsten in der Werbung genannten Einsparung. Der teuerste Artikel bringt die größte Einsparung. Das Ergebnis kann also stimmen.
Antwortsatz:
Jutta und Heike sparen etwa 21,4 % des alten Preises.

Nicht alle Probleme der Prozentrechnung erfordern so viele Rechenschritte, aber die Vorgehensweise kann man gut auf andere Aufgabenstellungen übertragen.

Schrittweise Lösung von Problemen:

1. **Verstehen der Aufgabe:** Was ist gegeben? Was ist gesucht?
2. **Zerlegen in Teilprobleme:** Rechenplan aufstellen. Wie ist die Rechenreihenfolge?
3. **Rechnungen:** Teilaufgaben ausrechnen und Zwischenergebnisse aufschreiben.
4. **Rückschau und Antwort:** Ergebnis überprüfen und Antwortsatz formulieren.

Beispiel
Wie viele Deutsche benutzen das Auto, um in den Urlaub zu fahren (siehe Fig. 1)?
Lösung:
1. Aufgabe verstehen
Nur einige Informationen aus dem Text werden gebraucht.
Gegeben: Anzahl der Deutschen: 82 Millionen; davon machen 70 % Urlaub, davon $\frac{3}{4}$ mit dem Auto.
Gesucht: Anzahl der Deutschen, die mit dem Auto in Urlaub fahren.
2. Zerlegen in Teilaufgaben
- Berechne die Anzahl der Deutschen, die jedes Jahr Urlaub machen.
- Wie viele davon benutzen das Auto?

3. Rechnungen und Zwischergebnisse
- $G = 82\,000\,000$; $p\,\% = 70\,\%$; W gesucht.
  $W = 0{,}7 \cdot 82\,000\,000 = 57\,400\,000$.
  Etwa 57 400 000 Deutsche fahren jedes Jahr in Urlaub.
- Neuer Grundwert $G = 57\,400\,000$; neuer Prozentsatz $\frac{3}{4} = 75\,\%$; W gesucht.
  $W = 0{,}75 \cdot 57\,400\,000 \approx 43\,000\,000$.

4. Rückschau und Antwort
Das Ergebnis beträgt etwa die Hälfte der Einwohnerzahl, das kann stimmen.
Antwortsatz: Etwa 43 Millionen Deutsche machen mit dem Auto Urlaub.

70 Prozent der Deutschen machen jedes Jahr ein- oder zweimal Urlaub, drei Viertel davon benutzen dafür das Auto. Deutschland hat etwa 82 Millionen Einwohner. Auf Deutschlands Straßen fahren zurzeit etwa 43 Millionen Autos, die Zunahme wird auf 40 Prozent bis zum Jahr 2030 geschätzt.

Fig. 1

Aufgaben

1 Ermittle mithilfe der Zeitungsmeldung auf dem Rand, wie viele Autos im Jahre 2030 auf deutschen Straßen etwa fahren werden.

2 Wie viel Prozent spart Frau Schön im Vergleich mit dem alten Preis, wenn sie
a) ein Armband und ein Collier kauft,
b) für ihre drei Töchter je ein Armband kauft?

3 Frida kauft von Manuel ein leicht defektes Fahrrad für 200 Euro. Sie repariert es und verkauft es an Pauline für 250 Euro weiter. Pauline fährt mit dem Fahrrad ein Jahr und verkauft es dann an Wilko für 200 Euro.
a) Wie viel Prozent beträgt der Gewinn von Frida?
b) Wie viel Prozent beträgt der Verlust von Pauline?

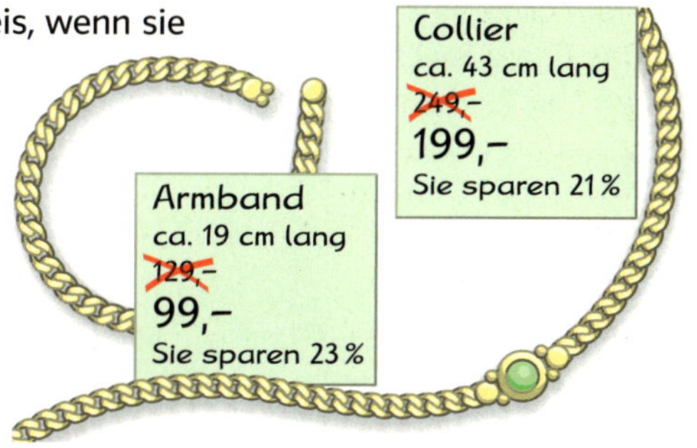

Fig. 2

Nur noch 26 % der knapp 11 000 in einer Umweltstudie der EU im Jahre 2002 befragten Jugendlichen halten die Umwelt für ein zentrales Thema (1996: noch 36 %).

Fig. 1

4 Prozentangaben werden oft übertragen. Wie viele Jugendliche ungefähr halten die Umwelt für ein zentrales Thema, wenn du die Angaben des Zeitungstextes überträgst auf
a) deine Klasse, b) deine Schule,
c) die etwa 390 000 Jugendlichen zwischen 12 und 16 Jahren in Hessen?

5 Die Tabelle zeigt für die Saison 1999/2000, wie viele Tore in der Fußballbundesliga jeweils in wie vielen Spielen erzielt wurden.

Zahl der Tore	0	1	2	3	4	5	6	7	8	9	10
Zahl der Spiele	18	42	79	68	52	28	7	8	2	1	1

a) Wie viel Prozent der Spiele endeten torlos, mit einem Tor, mit zwei Toren usw.? Wie viele Tore fielen durchschnittlich pro Spiel?
b) Im Internet findet man die Ergebnisse aller Spieltage der letzten Saison. In Gruppenarbeit könnt ihr damit eine entsprechende Tabelle erstellen. Vergleiche mit 1999 / 2000.

6 Vor 60 Millionen Jahren lebte der hundeähnliche Eohippus, dessen Zähne zum Kauen der Blätternahrung seines bewaldeten Lebensraumes geeignet waren. Vor 25 Millionen Jahren lebte der Merychippus, der auf den sich ausbreitenden Grasflächen seine Nahrung fand. Beide Urpferde sind im gleichen Maßstab neben unserem heutigen Pferd abgebildet. Wie viel Prozent der Schulterhöhe
a) des Eohippus beträgt die Schulterhöhe des Merychippus?
b) des Eohippus beträgt die Schulterhöhe des heutigen Pferdes?
c) des Merychippus beträgt die Schulterhöhe des heutigen Pferdes?

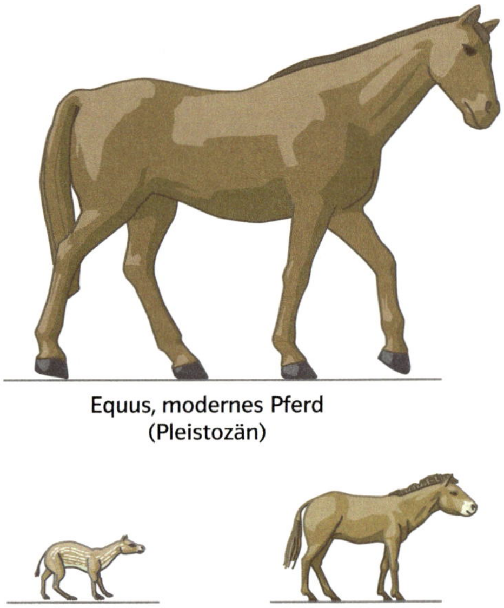
Equus, modernes Pferd (Pleistozän)
Eohippus oder Hyracotherium (Eozän)
Merychippus (Miozän)

Fig. 2

7 Die Schnellbahnstrecke von Mannheim nach Stuttgart wurde 1991 eröffnet. Seit dieser Zeit fahren in Deutschland regelmäßig ICE-Züge. Ein ICE braucht für die Strecke 37 Minuten, während vorher ein Intercityzug über die alte Strecke noch 76 Minuten benötigte.
a) Wie viel Prozent spart ein ICE gegenüber einem Schnellzug an Zeit?
b) Wie viel Prozent der Strecke verläuft im Tunnel?

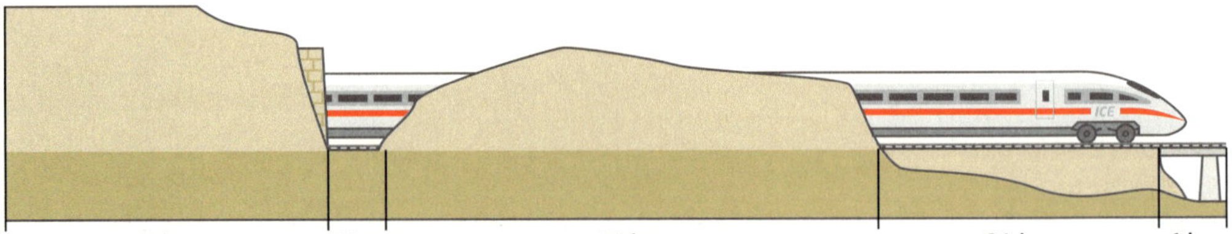

Fig. 3

8 Die Tabelle zeigt Preisermäßigungen einiger Kleidungsstücke. Die Mutter kauft für ihre Kinder Lisa, Leo und Laura insgesamt zwei Jeans, einen Rock und vier Schals. Wie viel Prozent spart sie im Vergleich mit dem alten Preis? Schätze bevor du rechnest.

Artikel	alter Preis €	neuer Preis €
Jeans	69,50	59,90
Rock	48,00	39,95
Schal	17,00	7,99

9 Eine Kücheneinrichtung hat einen Grundpreis von 4800 €.
a) Hinzu kommen 16 % Mehrwertsteuer. Wie hoch ist der Rechnungsbetrag dann?
b) Bei Barzahlung werden 3 % Skonto abgezogen. Welcher Endpreis ist zu zahlen?
c) Ist es günstiger, wenn zunächst Skonto abgezogen wird und dann die Mehrwertsteuer hinzukommt?
d) Um wie viel Prozent ist der Endpreis größer als der Grundpreis?

Hier kannst du prüfen, ob du farbenblind bist.

10 Bei der Dichromasie, einer Form der Farbenblindheit, kann jeweils eine der drei Farbkomponenten nicht wahrgenommen werden. Sieben Prozent der männlichen und ein Prozent der weiblichen Bevölkerung leiden darunter.
a) Schau in einem Lexikon oder im Internet nach, wie viele männliche Bundesbürger es gibt. Wie viele davon leiden etwa an Dichromasie?
b) Bei einer Untersuchung in einer Schule findet man 35 Jungen und sechs Mädchen mit Dichromasie. Kannst du sagen, wie viele Schülerinnen und Schüler die Schule etwa hat?

11 Herr Planer zahlt jeden Monat 450 € Miete. Hinzu kommen noch 8 % Nebenkosten. Außerdem muss er noch 75 € fürs Telefonieren bezahlen. Das alles zusammen sind 25 % seines Gehaltes.
a) Wie hoch ist seine Miete mit Nebenkosten?
b) Wie viel verdient Herr Planer im Monat?
c) Nach langer Zeit erhält Herr Planer eine Lohnerhöhung um 1,5 %. Wie viel verdient er jetzt?
d) Wie viel Prozent seines Gehaltes muss er nach der Lohnerhöhung für Miete plus Nebenkosten bezahlen?
e) Beim Nachrechnen stellt Herr Planer aber fest, dass Miete, Nebenkosten und Telefon immer noch etwa 25 % seines Gehaltes betragen. Wie kann das sein? Finde verschiedene Ursachen und rechne die veränderten Werte aus.

Kannst du das noch?

12 Berechne.
a) $\frac{7}{8} - \frac{5}{6}$ b) $\frac{1}{24} : \left(\frac{5}{6} + \frac{3}{4}\right)$ c) $\frac{7}{8} - \frac{5}{6} \cdot \frac{3}{10}$ d) $\frac{7}{8} - \left(\frac{5}{6} - 0{,}25\right) - 0{,}25$

13 Rechne geschickt.
a) $\left(\frac{3}{7} + \frac{5}{17}\right) + \frac{4}{7}$ b) $\frac{5}{6} \cdot \frac{13}{10} - \frac{3}{10} \cdot \frac{5}{6}$ c) $\frac{15}{7} \cdot \left(\frac{17}{10} + \frac{34}{15}\right)$ d) $\frac{7}{3} - \left(\frac{3}{11} + \frac{4}{3}\right)$

14 Richtig oder falsch?
a) $(2{,}2 + 1{,}1) + 8{,}3 = 8{,}3 + 1{,}1 + 2{,}2$ b) $\frac{7}{10} + \frac{4}{10} \cdot \frac{3}{4} = \frac{11}{10} \cdot \frac{3}{4}$ c) $\frac{5}{7} - \left(\frac{7}{12} + \frac{4}{5}\right) = \frac{5}{7} - \frac{7}{12} + \frac{4}{5}$

15 a) Addiere $\frac{1}{5}$ zum Produkt von $\frac{3}{4}$ und $\frac{4}{7}$.
b) Dividiere die Summe von 5,375 und 1,125 durch $\frac{13}{4}$.
c) Welche Zahl muß man zur Summe der Zahlen $\frac{1}{6}$ und $\frac{3}{8}$ addieren, um 1 zu erhalten?

Wiederholen – Vertiefen – Vernetzen

1 Übertrage die Tabelle in dein Heft und vervollständige sie. Runde auf eine Dezimalstelle, falls möglich.

	a)	b)	c)	d)	e)	f)	g)	h)	i)	j)
p%	3%		25%		1,75%	1,75%	32%	16%	95%	16%
W		250	350	1,8	4,9			448		870
G	200	600		7,2		280	1400		280	

2 Jana hat für 45,90 € einen neuen Rucksack gekauft.
a) Einen Tag später wurde der Preis um 15% erhöht. Wie viel hat Jana gespart?
b) Jana erhielt 15% Rabatt. Wie teuer wäre der Rucksack ohne Rabatt gewesen?
c) Jan hat den gleichen Rucksack für 52 € gekauft. Wie viel Prozent war der Rucksack von Jana billiger? Wie viel Prozent war der Rucksack von Jan teurer?

3 Frisch geerntete Kartoffeln enthalten u.a. etwa 78 Prozent Wasser, 18 Prozent Stärke und 2,2 Prozent Protein.
a) Stelle die Angaben grafisch dar.
b) Wie viel von diesen Inhaltsstoffen befinden sich in 2,5 kg Kartoffeln?
c) Wie viel Kartoffeln enthalten etwa einen Liter Wasser?

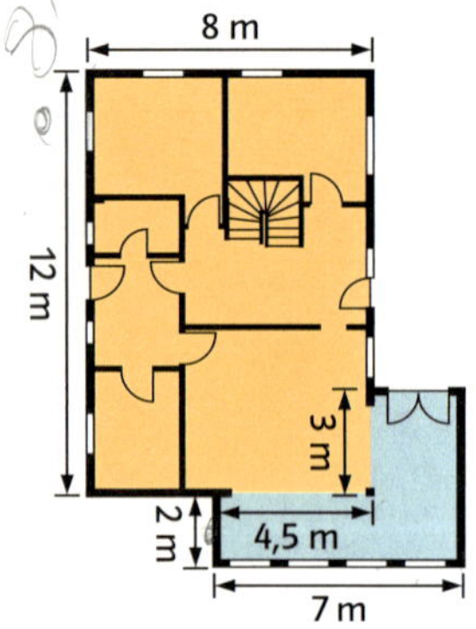

Fig. 1

4 Ein Haus mit rechteckigem Grundriss (orange in Fig. 1) soll durch einen Anbau (blau) vergrößert werden. Das Haus hat ein Flachdach und ist 6,50 m hoch. Der Anbau soll 3,50 m hoch werden. Um wie viel Prozent vergrößert sich dabei:
a) der Umfang des Hauses
b) der Flächeninhalt des Grundrisses
c) das Volumen des Hauses?

5 Bei Wettkampfspielen nennt man die reine Spielzeit auch Nettospielzeit, die Dauer des gesamten Spieles (ohne Pausen) auch Bruttospielzeit. Die Tabelle in Fig. 2 zeigt typische Spielzeiten bei einigen Spielen. Um wie viel Prozent übersteigt jeweils die Bruttospielzeit die Nettospielzeit? Runde auf ganze Prozentzahlen.
Wenn über Sport gesprochen und berichtet wird, werden oft Prozente verwendet. Eine kleine Geschichte dazu steht auf Seite 178.

Ballspiel	Zeit netto	Zeit brutto
Fußball	58 min	94 min
Basketball	40 min	88 min
Tennis	39 min	168 min
Eishockey	60 min	133 min

Fig. 2

6 Ken meint: „Im Jahr 1998 gab es 75% weniger Handybesitzer als 2002." Barbie sagt darauf: „Im Jahr 2002 gab es also 25% mehr Handybesitzer als 1998."
a) Was meinst du dazu? (Fig. 3)
b) Die Summe der Angaben für 2002 übersteigt 100 Prozent. Kann das sein?

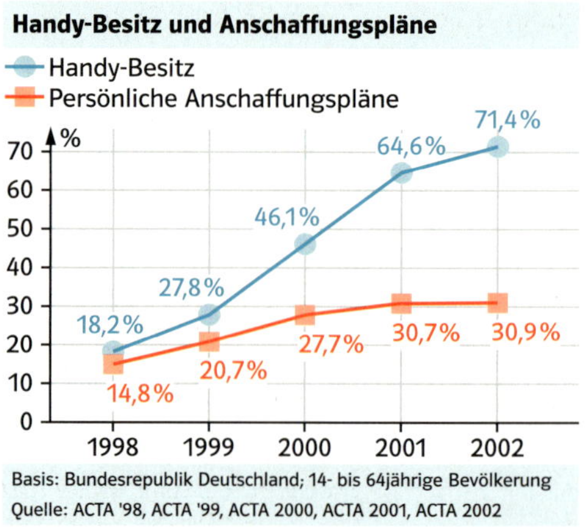

Fig. 3

Aus einem Lexikon
Der Pazifische Ozean bedeckt etwa 35 % der Erdoberfläche und enthält über die Hälfte des nicht als Eis gebundenen Wassers des Planeten. Die Oberfläche des Pazifischen Ozeans ist erheblich größer als die der gesamten Landmasse der Erde. Die größte Länge beträgt von der Beringstraße bis zur Antarktis etwa 15 500 Kilometer, die größte Breite von Panama bis zur Malaiischen Halbinsel etwa 17 700 Kilometer. Die mittlere Tiefe des Pazifiks beträgt 4 282 Meter; die tiefste Stelle, die überhaupt in einem der Weltmeere bekannt ist, liegt im Marianengraben vor Guam und beträgt 11 034 Meter (die so genannte Challenger Deep). Im Pazifischen Ozean gibt es insgesamt mehr als 30 000 solcher Inseln wie im Bild rechts, deren Oberfläche zusammengenommen jedoch nur 2,5 Promille der Gesamtoberfläche des Pazifiks ausmacht.

7 Befinden sich so genannte Treibhausgase wie Kohlenstoffdioxid, Methan, Stickstoff und Ozon in zu hoher Konzentration in der Atmosphäre, kann ein Teil der Wärmestrahlung nicht mehr ins Weltall abgestrahlt werden. Sie wird in der Atmosphäre absorbiert, was zu einer globalen Erwärmung führt.
a) In Deutschland verursacht das Heizen von Räumen pro Jahr 180 Millionen Tonnen klimaschädliches Kohlenstoffdioxid, etwa 20 Prozent der deutschen Kohlenstoffdioxid-Emissionen. Wie viel Kohlenstoffdioxid wird in Deutschland pro Jahr etwa in die Atmosphäre abgegeben?
b) Das Vorkommen von Kohlenstoffdioxid in der Atmosphäre steigt wegen der Nutzung fossiler Brennstoffe wie Öl, Gas und Kohle jährlich um 0,4 Prozent an. Um wie viel Prozent wächst es in 5 (10, 20) Jahren an?

1 Promille bedeutet $\frac{1}{1000}$. Man schreibt dafür auch 1 ‰.

8 Angaben aus einem Lexikon verwerten
a) Die Erdoberfläche beträgt 510 Millionen km^2. Welche Oberfläche nehmen die 30 000 kleinen Pazifikinseln etwa ein?
b) Der Erdumfang beträgt etwa 40 000 km. Wie viel Prozent des Erdumfangs beträgt die größte Länge im Pazifik?
c) Wie viel Prozent der mittleren Tiefe des Pazifiks beträgt die Challenger Deep?
d) Wie viel Wasser enthält der Pazifik?
e) Stell dir vor, das gesamte Wasser des Pazifiks würde einen überall gleich tiefen See von der Größe Deutschlands bilden. Wie tief wäre dieser See? Die Oberflächengröße Deutschlands kannst du in einem Lexikon oder im Internet nachschlagen.

9 Das gibt's doch gar nicht – was ist hier faul?
Nimm zu den Zeitungsartikeln Stellung.

Jede dritte Ehe in Deutschland wird geschieden, in Großstädten sogar jede vierte.

Wochenpost 1995

Fuhr vor einigen Jahren noch jeder zehnte Autofahrer zu schnell, so ist es mittlerweile heute nur noch jeder fünfte. Doch auch fünf Prozent sind zu viele, und so wird weiterhin kontrolliert, und die Schnellfahrer haben zu zahlen.

Süddeutsche Zeitung, zitiert nach „Der Spiegel", Nr. 49/1995

Nach Mitteilung des Statistischen Bundesamtes ist die Zahl der Abiturienten, die die Absicht haben, zu studieren, in diesem Sommer erstmals wieder gestiegen. Von denen, die studieren wollen, sind 69 Prozent männlich und nur 52,4 Prozent weiblichen Geschlechts, verlautete aus Wiesbaden.

Badische Neueste Nachrichten 1987

Die epidemiologischen Untersuchungen haben nachgewiesen, dass unser Älterwerden mit besserer Gesundheit einhergeht. Beispielsweise waren die 70-Jährigen 1983 um 10 Jahre jünger und gesünder als die 70-Jährigen 1973.

Leipziger Volkszeitung 1995

Das nächste Mal gehen wir Fußball spielen

Svea Reiners

„Wenn die so weiter machen, verlieren sie noch das Spiel“, sagte Thomas und schob nach, dass sie nur vierzig Prozent der Freiwürfe verwandelt hätten, und dass man so keine Meisterschaft gewinnen könne. Eigentlich fand Lukas ihn ja ganz nett, aber seine ständigen Kommentare nervten. Das ganze Spiel über ging das schon so. Thomas war Mutters neuer Freund und es war ihre Idee gewesen, dass die beiden zum Basketballspiel gingen. Thomas rammte Lukas den Ellbogen in die Seite. „Hast du das gesehen?“ fragte er. „Schon der dritte von fünf Freiwürfen, den der nicht reinbekommen hat!“ Sie sollten gut miteinander auskommen, gemeinsame Erlebnisse würden das fördern, hatte die Mutter gesagt, und so nickte Lukas verständig.

Nach dem dritten Viertel fragte Thomas ihn, ob er nicht Lust habe, nächstes Wochenende mit zum Baseball zu kommen. Beim Baseball wäre es viel spannender, das ganze Spiel lebe ausschließlich von Statistiken, von dem Wer, Wann, Wie oft, Auf welche Art.

Nichts konnte schlimmer sein als mit Thomas bei einem Baseballspiel zu sein und sich die Zahlen zu den jeweiligen Spielern anzuhören, dachte Lukas, und er musste sich etwas einfallen lassen.

Vielleicht könnte man mit Thomas zum Fußball gehen, dachte er, doch dann stellte er sich vor, wie Thomas selbst das kommentieren würde: Mit links aus dem vorderen Mittelfeld kommen bei dem nur dreißig Prozent aller Flanken an. Mit dem Kopf trifft er das Tor nur in achtzig Prozent der Fälle.

Er wurde aus seinen Gedanken gerissen, als Thomas ihm sagte, dass die Heimmannschaft eine ausgesprochene Abschlussschwäche bei Fastbreaks habe, nur siebzig Prozent Trefferquote, dabei wären das ja hundertprozentige Chancen.

Fußball, das nächste Mal gehen wir zum Fußball, oder besser noch, spielen wir Fußball, dann kann er nicht reden, dachte Lukas, während Thomas verkündete, dass die 37 schon sieben von dreizehn Angriffen geblockt habe. „Weißt du, Thomas“, sagte Lukas, „das nächste Mal gehen wir Fußball spielen. Hundert Pro.“

Geschichte der Prozentrechnung

Schon im antiken Ägypten findet man Ansätze einer Prozentrechnung. So kommen schon Ausdrücke wie „ihr 5 von 100“ vor, in der Sprache von heute also 5 %. Im Mittelalter begannen die Kaufleute erst in Italien (pro cento (ital.): für hundert), dann auch in Deutschland, immer häufiger den Prozentbegriff zu benutzen.

Das Zeichen % für Prozent entstand aber erst später aus der Abkürzung p c^0 für pro cento. Aus dem handschriftlichen ꝯ für c^0 wurde im Laufe der Jahrhunderte %.

Im Mittelalter wurden die Preise für Waren oft für einen Zentner (= 100 Pfund) der Ware angegeben. Auf 100 Pfund bezogen wurden dann z. B. Gewinne und Verluste oder der Verpackungsanteil (Tara) berechnet.

Die älteste Form der Prozentrechnung ist jedoch die „Fusti“-Rechnung. Das italienische „fusto“ bedeutet so viel wie „Stängel, Stiel, Halm, Stamm“. Man verstand unter „Fusti“ das Unreine, Minderwertige einer Ware.

Der Fusti-Anteil wird mit 13 % angegeben, nämlich je 1 Zentner 13 Pfund. Entsprechend ist 13 % von 2781 Pfund zu berechnen. Als Ergebnis wird $361\frac{53}{100}$ Pfund genannt.
Rechne nach.

Aus dem Bamberger Rechenbuch von 1483

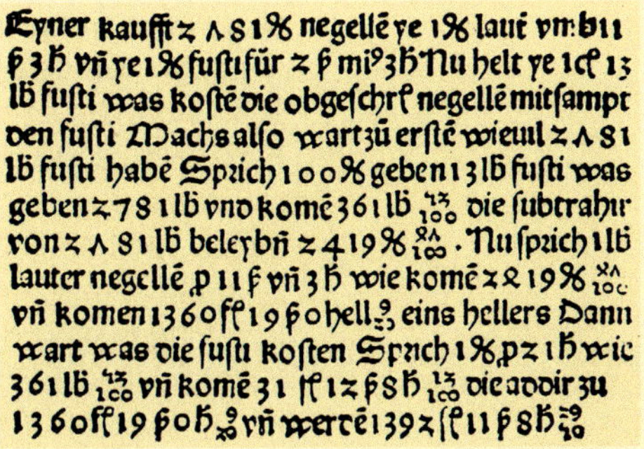
Eyner kaufft 2781 lb negellē ye 1 lb laut vm ß 11
₰ 3 h vñ ye 1 lb fusti für 2 ß mi9 3 h Nu helt ye 1 c 13
lb fusti was kostē die obgeschrī negellē mitsampt
den fusti Machs also wart zū erstē wieuil 2781
lb fusti habē Sprich 100 lb geben 13 lb fusti was
geben 2781 lb vnd komē 361 lb $\frac{53}{100}$ die subtrahir
von 2781 lb beleybñ 2419 lb $\frac{47}{100}$. Nu sprich 1 lb
lauter negellē p 11 ß vñ 3 h wie komē 2419 lb $\frac{47}{100}$
vñ komen 1360 fl 19 ß 0 hell $\frac{9}{25}$ eins hellers Dann
wart was die fusti kosten Sprich 1 lb p 2 1 h wie
361 lb $\frac{53}{100}$ vñ komē 31 fl 12 ß 8 h $\frac{53}{100}$ die addir zu
1360 fl 19 ß 0 h $\frac{9}{25}$ vñ werdē 1392 fl 11 ß 8 h $\frac{29}{50}$

Der Text in der heutigen Sprache:
Einer kauft (Gewürz-)Nelken, je 1 Pfund reine (= lauter) Nelken für 11 Schilling und 3 Heller und je 1 Pfund Fusti für 2 Schilling minus 3 Heller. Nun enthält je 1 Zentner 13 Pfund Fusti. Was kosten die oben geschriebenen Nelken mitsamt den Fusti?
Mache es so: Prüfe zuerst, wie viel Fusti 2781 Pfund haben. Sprich: 100 Pfund ergeben 13 Pfund Fusti, was ergeben 2781 Pfund? Heraus kommen $361\frac{53}{100}$ Pfund.
[Es folgt die Berechnung der Kosten.]

Als nächstes eine Aufgabe aus dem **Rechenbuch von Adam Ries** von 1550.

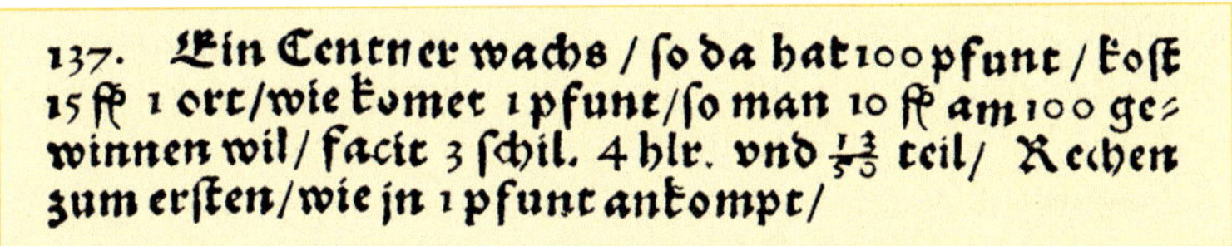
137. Ein Centner wachs / so da hat 100 pfunt / kost 15 fl 1 ort / wie kompt 1 pfunt / so man 10 fl am 100 gewinnen wil / facit 3 schil. 4 hlr. vnd $\frac{13}{50}$ teil / Rechen zum ersten / wie jn 1 pfunt ankompt /

Ein Zentner Wachs, das 100 Pfund hat, kostet 15 Gulden 1 Ort. Wie (teuer) kommt 1 Pfund, so man 10 Gulden an 100 gewinnen will.

Der Gewinn ist hier mit „10 Gulden an 100“ angegeben, also 10 %. Als Lösung soll dann zuerst der Einkaufspreis von 1 Pfund berechnet werden, also der hundertste Teil von 15 Gulden 1 Ort, das sind 3 Schilling $\frac{3}{5}$ Heller (rechne nach!). Der vorgesehene Gewinn soll 10 % betragen, also $3\frac{33}{50}$ Heller (rechne ebenfalls nach!). Damit ergibt sich als „facit“ der Preis für ein Pfund Wachs: 3 Schilling $4\frac{13}{50}$ Heller.

1 fl = 1 Florin oder Gulden

1 Gulden = 4 Ort (Viertel)
= 20 Schilling
= 240 Heller

Von großen und kleinen Tieren

1 Das größte Landtier, das es je auf der Erde gab, war vermutlich der Riesensaurier. Die Abbildung zeigt einen Größenvergleich zwischen diesem ausgestorbenen Tier und einem Elefanten.
a) Wie viel Prozent beträgt die Größe des Elefanten im Vergleich zur Größe des Sauriers?
b) Nenne ein Tier, dessen Größe so viel Prozent der Größe eines Elefanten beträgt, wie du in Teil a) berechnet hast.

2 Einige unserer heutigen Tiere (z. B. Elefant, Strauß, Krokodil) hatten vor Millionen Jahren riesige Verwandte (Mammut, Riesenstrauß, Riesenkrokodil).

Mammut	4,5 m Höhe	Riesenstrauß	3 m Höhe	Riesenkrokodil	15 m Länge
Afrik. Elefant	3,5 m Höhe	Strauß	2,75 m Höhe	Leistenkrokodil	8,5 m Länge

Auf wie viel Prozent ihrer ehemaligen „Riesengröße“ sind die heutigen Tiere geschrumpft?

3 Von manchen Tieren gibt es auch heute Rassen von sehr unterschiedlicher Größe. Die kleinste Ponyrasse ist das Falabella-Miniaturpferd. Es hat eine Rückenhöhe (beim Pferd Widerristhöhe genannt) von 72 cm. Damit erreicht es nur 40 % der Widerristhöhe des größten Kaltblutpferdes, des schottischen Cleydesdale. Wie groß ist dieses Pferd?

4 Auf der Erde sind heute ungefähr 1,2 Millionen Tierarten bekannt. Über die Hälfte davon sind Insekten. Die Wirbeltiere, d. h. Fische, Lurche, Kriechtiere, Vögel und Säugetiere zusammen, machen nur 3,75 % dieser Tierarten aus.
a) Wie viele Arten von Wirbeltieren sind insgesamt bekannt?
b) Bestimme mithilfe der Grafik, wie viele Arten von Fischen, Lurchen, Kriechtiere, Vögeln und Säugetieren jeweils bekannt sind.

Von großen und kleinen Tieren

5 Die Säugetiere sind in Ordnungen unterteilt. Die Ordnung mit den meisten Arten bilden die Nagetiere. Die zweitgrößte Ordnung sind die Fledertiere. Sie besteht aus den Flederhunden und den Fledermäusen. Zusammen mit den Nagetieren stellt sie 70 % aller Säugetierarten. Dabei gibt es viermal so viel Nagetierarten wie Fledertierarten. Wie viel Prozent machen die Nagetierarten bzw. die Fledertierarten an allen Säugetierarten aus?

Wald

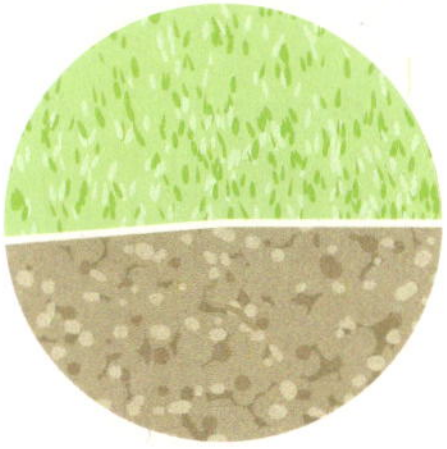

Steppe

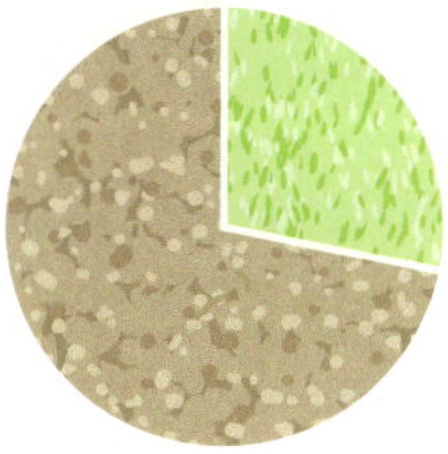

Wüste

6 Die Säugetiere haben im Laufe ihrer Entwicklung gelernt, sich den meisten Lebensräumen anzupassen. In der Steppe und in der Wüste werden sie allerdings durch fehlende Deckung und durch die Hitze gezwungen, teilweise unter der Erde zu leben. Bestimme mithilfe der Kreisdiagramme, wie viel Prozent der Säugetiere in Wäldern, auf Bäumen, am Boden bzw. unterirdisch leben. Wie lauten die Zahlen für Steppen und Wüsten?

7 a) Der Igel lebt im Winter „auf Sparflamme". Während seines Winterschlafs sinkt die Körpertemperatur von 35 °C um 80 % ab. Wie hoch ist die Temperatur dann noch?
b) Wenn der Igel wach ist, atmet er ca. 60-mal pro Minute, während des Winterschlafs dagegen nur dreimal pro Minute. Die Anzahl der Herzschläge pro Minute geht von 170 im wachen Zustand auf zwei herunter. Um wie viel Prozent nimmt die Anzahl der Herzschläge (des Atemholens) im Winterschlaf ab?

8 In der Tabelle sind bestimmte Gewichte einiger Säuger angegeben. Welcher Säuger bringt, verglichen mit dem Gewicht der Mutter, die schwersten Kinder zur Welt? Um wie viel Prozent muss das Neugeborene zunehmen, um das Gewicht der Mutter zu erreichen?

	Geburtsgewicht	Gewicht der Mutter
Afrikanischer Elefant	100 kg	2500 kg
Riesenkänguru	2 g	60 kg
Zwergfledermaus	1 g	5 g
Seehund	7 kg	70 kg
Mensch	3,4 kg	60 kg

Rückblick

Anteil – Bruchteil – Das Ganze

$\frac{\text{Bruchteil}}{\text{Ganzes}} = \text{Anteil}$

$3\,€$ von $15\,€$ sind $3\,€ : 15\,€ = \frac{3}{15} = \frac{1}{5}$.
Der Anteil beträgt $\frac{1}{5}$ oder 0,2 oder 20 %.

Ganzes · Anteil = Bruchteil

$\frac{3}{4}$ von $200\,€$ sind $200\,€ \cdot \frac{3}{4} = 150\,€$.
Der Bruchteil beträgt 150 €.

$\frac{\text{Bruchteil}}{\text{Anteil}} = \text{Ganzes}$

$60\,€$ sind $\frac{2}{3}$ vom Ganzen.
$60\,€ : \frac{2}{3} = 90\,€$.
Das Ganze beträgt 90 €.

Prozentsatz – Prozentwert – Grundwert

Bezeichnungen der Prozentrechnung	Entsprechende Bedeutung in der Bruchrechnung
Prozentsatz (p %)	Anteil
Prozentwert (W)	Bruchteil
Grundwert (G)	Ganzes

Berechnung des Prozentsatzes

$W = 40\,€$; $G = 200\,€$; $p\,\%$ gesucht
$p\,\% = \frac{40}{200} = 0{,}2 = 20\,\%$

Grundaufgaben der Prozentrechnung

$\text{Prozentsatz} = \frac{\text{Prozentwert}}{\text{Grundwert}}$ $\qquad p\,\% = \frac{W}{G}$

Berechnung des Prozentwertes

$p\,\% = 30\,\%$; $G = 250\,€$; W gesucht
$W = 250\,€ \cdot \frac{30}{100} = 75\,€$
oder $W = 250\,€ \cdot 0{,}3 = 75\,€$

Prozentwert = Grundwert · Prozentsatz $\qquad W = G \cdot \frac{p}{100}$

Berechnung des Grundwertes

$\text{Grundwert} = \frac{\text{Prozentwert}}{\text{Prozentsatz}}$ $\qquad G = W : \frac{p}{100} = W \cdot \frac{100}{p}$

$p\,\% = 15\,\%$; $W = 300\,€$; G gesucht
$G = 300\,€ \cdot \frac{100}{15} = 2000\,€$
oder $G = 300\,€ : 0{,}15 = 2000\,€$

Diagramme bei Prozentangaben

Prozentangaben werden oft mithilfe von Kreisdiagrammen veranschaulicht.
Grundwert (entspricht 100 %) ist hier der „Vollwinkel" 360°.

Prozentsatz	100 %	1 %	31 %	8 %
Winkel	360°	3,6°	111,6°	28,8°

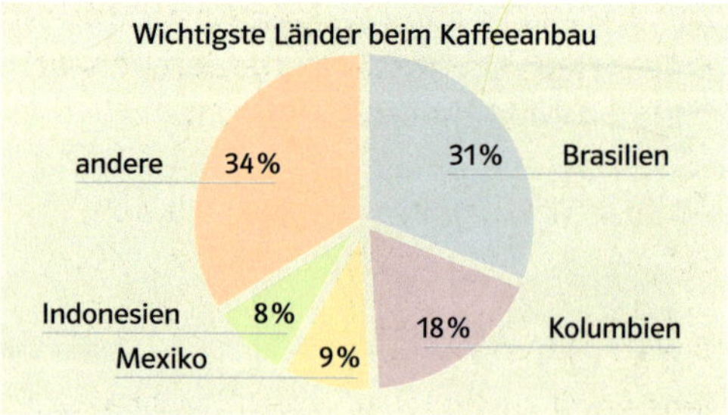

Training

Runde 1

1 Gib die Brüche in Prozentschreibweise und die Prozentangaben als Brüche an.
a) $\frac{11}{100}$ b) 20 % c) $\frac{8}{13}$ d) 85 % e) 80 % f) 0,35

2 Welche Zahl ist größer?
a) 5 % oder $\frac{7}{150}$ b) 22 % oder 0,23 c) $\frac{7}{8}$ oder 87 %

3 Übertrage die Tabelle in dein Heft und vervollständige sie.

	a)	b)	c)	d)	e)	f)
p%	2%		25%		2,3%	2,3%
W		45	250	2,3	6,9	
G	400	900		6,9		6,9

4 Erstelle ein Kreisdiagramm mit Prozentangaben zu der Tabelle der Schülerzahlen in Klassenstufe 6.

Klasse	6a	6b	6c
Schülerzahl	26	30	24

5 Das gleiche Radio kostet bei Elektro Meier 175 € und bei EloWest 195 €.
a) Wie viel Prozent ist es bei Elektro Meier billiger als bei EloWest?
b) Wie viel Prozent ist es bei EloWest teurer als bei Elektro Meier?

Runde 2

1 Ordne die Zahlen 18 %; $\frac{39}{200}$; 0,19 und $\frac{7}{16}$ der Größe nach.

2 a) Wie viel Prozent sind 340 von 625?
b) Welche Zahl ist um 15 % größer als 220?
c) Eine Zahl wird um 35 % verkleinert und man erhält 162,5. Wie heißt die Zahl?

3 Beschreibe den Unterschied zwischen den beiden Werbetexten.
a) „Beim Kauf einer Jeans sparen sie 30 €".
b) „Beim Kauf einer Jeans sparen sie 30 %".

4 Berechne das Fassungsvermögen des Edersees.

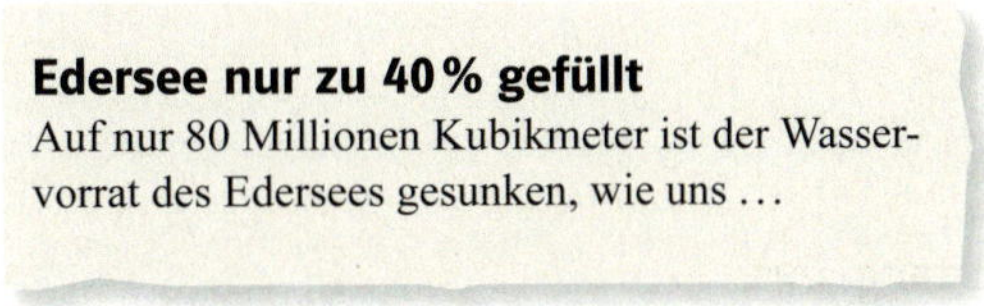

5 Auf einem rechteckigen Grundstück wird ein L-förmiges Haus gebaut (Fig. 1). Wie viel Prozent des Grundstücks werden bebaut? Die Maße sind in Meter angegeben. Die Zeichnung ist nicht maßstabsgerecht.

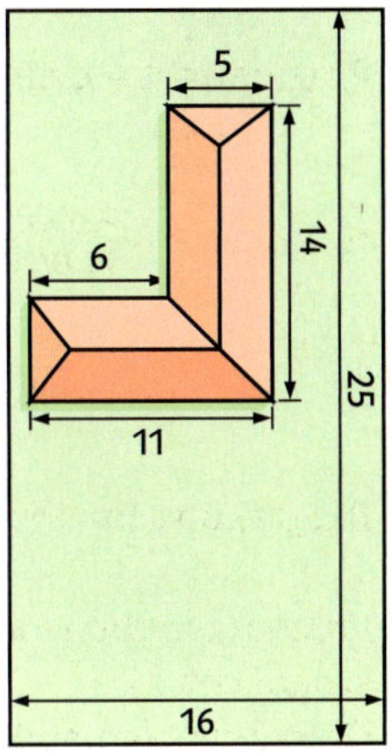

Fig. 1

6 Vor Schuljahresende soll in einem Schreibwarengeschäft das Lager geleert werden. Daher werden viele Artikel mit Preisnachlass verkauft.
Jens kauft sechs Hefte, zwei Radierer und drei Stifte. Wie viel Prozent spart er im Vergleich zum alten Preis?

Artikel	alter Preis €	Rabatt %
Heft	0,72	25
Radierer	0,95	40
Stift	1,40	60

Lösungen auf den Seiten 237/238.

Das kannst du schon

- Anteile als Bruch oder in Prozent angeben
- Mit Brüche und Dezimalbrüchen rechnen

Zahl

Messen

Raum und Form

Funktionaler Zusammenhang

Daten und Zufall

Alles Zufall – oder was?

Zufälle gehören zum Leben, denn vieles lässt sich nicht oder nur schwer vorhersagen. Den meisten Menschen ist es jedoch wichtig, Vorgänge, bei denen der Zufall eine Rolle spielt, einzuschätzen – es sind gute Prognosen gefragt. Die Mathematik kann dabei helfen.

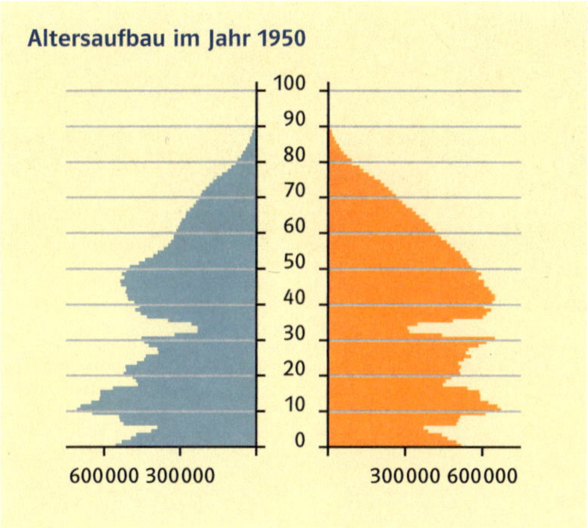

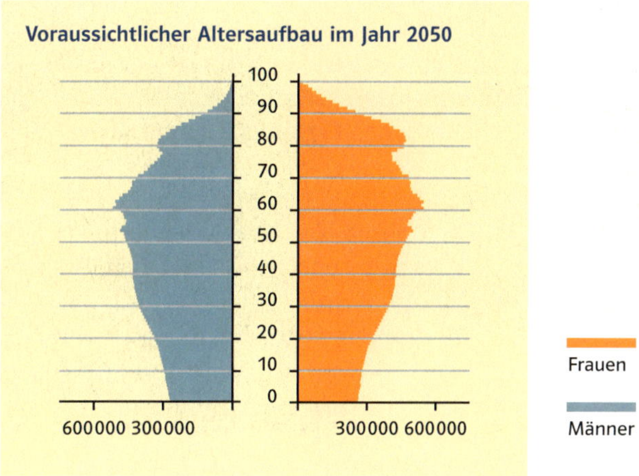

Das kannst du bald

- Vorgänge beschreiben, bei denen der Zufall eine Rolle spielt
- Wahrscheinlichkeiten bestimmen
- Wahrscheinlichkeiten nutzen, um Entscheidungen zu treffen

1 Wahrscheinlichkeiten – Entscheidungshilfen

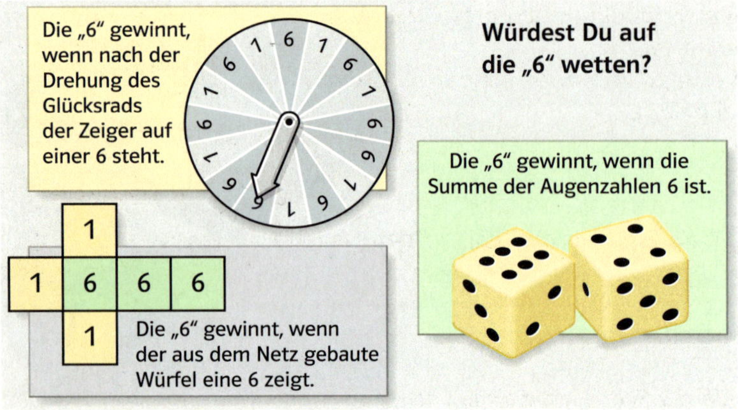

Bei einem Spiel geht es für die Teilnehmer darum, wer als erster eine „6“ erzielt. Jeder der drei Mitspieler wählt dabei eines der Spielgeräte.
Jonathan meint: „Ich nehme die beiden Würfel. Da gibt es so viele verschiedene Möglichkeiten, eine 6 zu erhalten.“
Lea überlässt ihrer kleinen Schwester großzügig den Vortritt bei der Auswahl.

Bei dem abgebildeten Glücksrad wird der Zeiger gedreht. Es hängt vom Zufall ab, wo er stehen bleibt.
Da die Hälfte der Kreisscheibe blau ist, erwartet man bei Wiederholungen dieses **Zufallsversuchs** etwa bei der Hälfte aller Drehungen das **Ergebnis** „blau“. Für die Ergebnisse „gelb“ und „grün“ erwartet man jeweils den Anteil $\frac{1}{4}$.
Man sagt daher: Die **Wahrscheinlichkeit** für „blau“ beträgt $\frac{1}{2}$ und die Wahrscheinlichkeit für „gelb“ und „grün“ beträgt jeweils $\frac{1}{4}$.
Bei 200 Drehungen wird man also erwarten, dass das Ergebnis „blau“ etwa 100-mal und die Ergebnisse „gelb“ und „grün“ je etwa 50-mal auftreten.
Die nebenstehende Tabelle zeigt die Ergebnisse einer solchen Versuchsreihe. Die beobachteten Häufigkeiten stimmen hier recht gut mit den erwarteten Häufigkeiten überein.

Mit einem selbstgebauten Glücksrad (vgl. Aufgabe 5 Seite 188) könnt ihr den Versuch selbst durchführen.

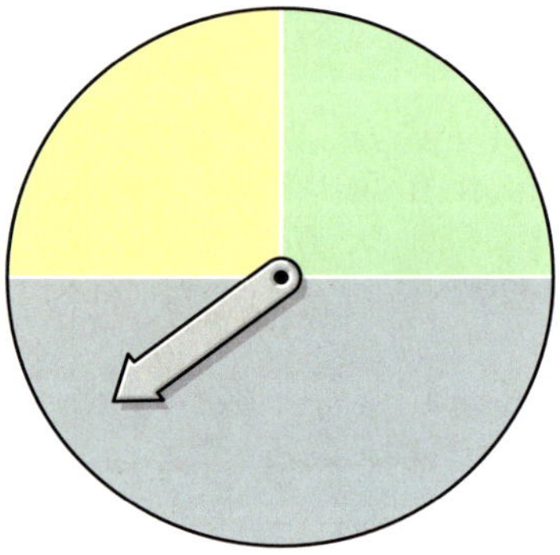

Fig. 1

Farbe	blau	gelb	grün
erwarteter Anteil	$\frac{1}{2}$	$\frac{1}{4}$	$\frac{1}{4}$

Bei 200 Versuchen:

Farbe	blau	gelb	grün
erwartete Häufigkeit	100	50	50
beobachtete Häufigkeit	107	38	55

Es gibt weitere Zufallsgeräte wie in Fig. 2 und Fig. 3, bei denen man die Wahrscheinlichkeiten der möglichen Ergebnisse als Anteile bestimmen kann.

Wahrscheinlichkeiten kann man als Bruch, als Dezimalbruch oder in Prozent angeben.

Im Zylinder (Fig. 2) sind 4 von 10 Kugeln rot. Die Wahrscheinlichkeit, eine rote Kugel zu ziehen, beträgt $\frac{4}{10} = 0{,}4 = 40\%$. Beim Wetten würde man eher auf „weiß“ setzen.

Die Wahrscheinlichkeit beim Würfeln (Fig. 3) beträgt für jede Augenzahl $\frac{1}{6} \approx 0{,}167 = 16{,}7\%$. Es gibt keine eher günstige Wette.

Fig. 2

Fig. 3

Die Wahrscheinlichkeit gibt an, welchen Anteil man für ein bestimmtes Ergebnis bei vielen Wiederholungen eines Zufallsversuchs erwartet.
Die Wahrscheinlichkeit, mit einem Spielwürfel eine „2“ zu würfeln, beträgt $\frac{1}{6}$. Wenn man 60 mal würfelt, erwartet man etwa 10 mal eine „2“.

Wahrscheinlichkeiten können helfen, Entscheidungen zu treffen.

Beispiel 1
Beim Würfeln mit dem Tetraeder (siehe Fig. 1) gilt als Ergebnis die Zahl, auf der das Tetraeder liegenbleibt.
a) Wie wahrscheinlich ist das Ergebnis „3“?
b) Wie oft wird die „3“ etwa bei 800 Würfen auftreten?
Lösung:
Da das Tetraeder regelmäßig gebaut ist, haben alle vier Seiten die gleiche Chance.
a) Die Wahrscheinlichkeit der „3“ beträgt $\frac{1}{4} = 25\,\%$.
b) $800 \cdot \frac{1}{4} = 200$. Man erwartet, dass die „3“ bei 800 Würfen etwa 200-mal vorkommt.

Fig. 1

Beispiel 2
Aus dem Behälter in Fig. 2 wird eine Kugel gezogen.
a) Wie groß ist die Wahrscheinlichkeit dafür, dass die Kugel weiß ist?
b) Wie groß ist die Wahrscheinlichkeit dafür, dass eine gerade Zahl auf der Kugel steht?
c) Sollte man eher auf „weiße Kugel“ oder auf „gerade Zahl“ wetten? Begründe!
Lösung:
a) *Fünf von neun Kugeln sind weiß.* Die Wahrscheinlichkeit für „weiß“ ist $\frac{5}{9} \approx 0{,}556 = 55{,}6\%$.
b) *Auf vier Kugeln steht eine gerade Zahl.* Die Wahrscheinlichkeit für „gerade Zahl“ ist $\frac{4}{9} \approx 0{,}444 = 44{,}4\%$.
c) Man sollte auf „weiße Kugel“ wetten. Die Wahrscheinlichkeit ist größer (55,6% > 44,4%).

Fig. 2

Aufgaben

Fig. 3

1 a) Welche Wahrscheinlichkeit hat jeweils das Ergebnis „5“ beim Drehen der Glücksräder in Fig. 3?
b) Claudia dreht jedes der Räder 240-mal. Wie oft kann sie dabei jeweils die „5“ erwarten?

2 a) Wie groß ist beim Roulette die Wahrscheinlichkeit, dass die Kugel auf ein rotes Feld fällt?
b) Wie groß ist die Wahrscheinlichkeit, dass die Kugel auf eine Zahl unter 10 fällt?

3 Michael schlägt Svea eine Wette vor:
Wenn er beim Würfeln unter 3 bleibt, zahlt er Svea ein Eis, ansonsten zahlt Svea ihm ein Eis.
a) Warum sollte Svea ablehnen?
b) Wie oft würde Michael etwa bei 300 Spielen zahlen, wie oft müsste Svea zahlen?
c) Ändere das Spiel so ab, dass es „gerecht“ wird.

Bist du sicher?

1 Das Glücksrad wird einmal gedreht.
a) Man achtet auf die Zahlen. Welche Wahrscheinlichkeit hat die „0“?
b) Man achtet auf die Farben. Welche Wahrscheinlichkeit hat „dunkelblau“? Welche Wahrscheinlichkeit hat „hellblau“?

Fig. 1

4 Jana verspricht Regine, dass sie morgen Zeit für ein Minigolfmatch hat. Sie sagt: „Das ist ganz sicher, mit 150 % Wahrscheinlichkeit.“
Warum ist das nicht im Sinne der Mathematik gemeint?

Klassenexperiment

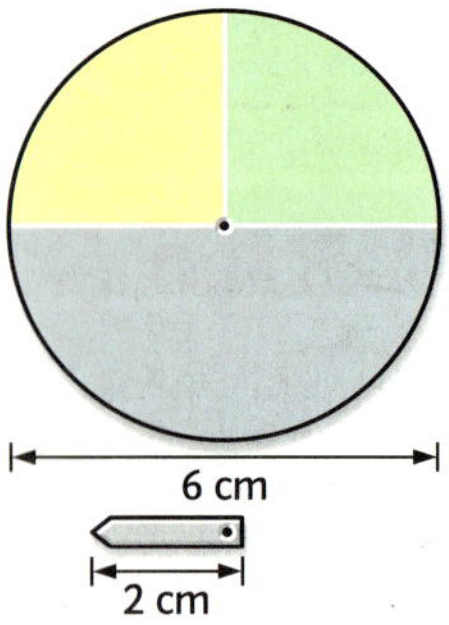

Fig. 2

5 a) Stelle das Glücksrad aus Fig. 2 her. Teile dazu die Kreisscheibe wie angegeben und färbe die Flächen. Der Zeiger aus Pappe wird an einem Ende durchbohrt und auf der Scheibe drehbar festgehalten (Fig. 3).
b) Drehe den Zeiger 20-mal durch „Anschnippen“ und notiere die Ergebnisse.
c) Fasst in der Klasse jeweils die notierten Häufigkeiten von „blau“, „gelb“ und „grün“ zusammen und berechnet die Anteile dieser Ergebnisse.

Fig. 3

6 Der Wetterbericht sagt für den nächsten Tag voraus, dass es mit der Wahrscheinlichkeit 80 % regnen wird. Zeichne zusammen mit deinem Nachbarn ein Glücksrad mit zehn gleich großen Feldern und färbt es so, dass man damit „Regen – nicht Regen“ spielen kann. Haltet eure Versuchsreihe in einer Tabelle fest.

7 Svenja, Liz und Dagmar wollen zufällig entscheiden, ob sie Eis essen, ins Kino gehen oder eine Radtour machen. Wie könnten sie das mit den „Würfeln“ in Fig. 4 machen?

Fig. 4

8 Nimm an, dass alle Tage des Jahres als mögliche Geburtstage gleich wahrscheinlich sind. Bestimme die Wahrscheinlichkeit, dass jemand, der nicht in einem Schaltjahr geboren ist,
a) am 12. Januar b) im März c) am 29. Februar Geburtstag hat.

9 Welche Begründung ist gerechtfertigt, welche ist annähernd gerechtfertigt, welche ist falsch?
a) Es gibt zwölf Monate, also ist die Wahrscheinlichkeit, dass eine zufällig ausgewählte Person im Januar Geburtstag hat, $\frac{1}{12} \approx 8{,}3\,\%$.
b) Es gibt sieben Wochentage, also ist die Wahrscheinlichkeit, dass eine zufällig ausgewählte Person in diesem Jahr an einem Sonntag Geburtstag hat, $\frac{1}{7} \approx 14{,}3\,\%$.
c) Es gibt sieben Wochentage, also ist die Wahrscheinlichkeit, dass der 1. Advent auf einen Montag fällt, $\frac{1}{7} \approx 14{,}3\,\%$.
d) Ein Bierdeckel hat zwei Seiten. Also ist die Wahrscheinlichkeit, dass er beim Werfen auf die Oberseite fällt, $\frac{1}{2} = 50\,\%$.

2 Versuchsreihen ergeben Wahrscheinlichkeiten

Bei einem Spiel wird mit zwei kleinen Schweinchen gewürfelt. Aus der Lage der Schweinchen nach dem Würfeln wird die Punktzahl ermittelt.
Julian hat die Punktetabelle verloren.
Er will deshalb eine neue Tabelle aufstellen.

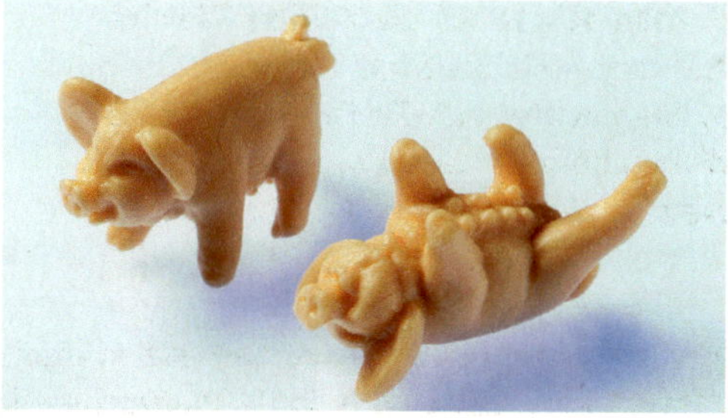

Es gibt Zufallsversuche, bei denen die Wahrscheinlichkeiten nicht direkt zu erkennen sind.

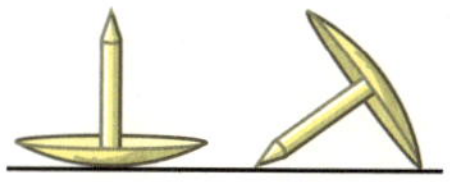

Wirft man beispielsweise einen Reißnagel, so kann man die Wahrscheinlichkeit der Lagen Kopf und Seite nicht direkt angeben. Man kann sie jedoch schätzen, indem man eine ausreichend lange Versuchsreihe durchführt.
Man zählt dabei, wie oft Kopf und Seite auftreten. Diese Anzahlen nennt man **absolute Häufigkeiten**. Den Anteil der absoluten Häufigkeit eines Ergebnisses an der Gesamtzahl der Würfe nennt man **relative Häufigkeit**. In der Tabelle sind die absoluten und relativen Häufigkeiten verschiedener Versuchsreihen beim Werfen eines Reißnagels aufgeführt. Bei 10 Würfen sind die Häufigkeiten des ersten und zweiten Durchgangs noch sehr verschieden. Bei 100 Würfen sind die Werte beider Durchgänge wesentlich ähnlicher. Und bei 1000 Würfen sind die Unterschiede schon sehr gering. Würde man noch häufiger werfen, so ist zu erwarten, dass die Unterschiede nochmals geringer wären.

10 x Werfen	1. Durchgang		2. Durchgang	
Ergebnis	Kopf	Seite	Kopf	Seite
abs. Häuf.	4	6	8	2
rel. Häuf.	0,4	0,6	0,8	0,2

100 x Werfen	1. Durchgang		2. Durchgang	
Ergebnis	Kopf	Seite	Kopf	Seite
abs. Häuf.	65	35	57	43
rel. Häuf.	0,65	0,35	0,57	0,43

1000 x Werfen	1. Durchgang		2. Durchgang	
Ergebnis	Kopf	Seite	Kopf	Seite
abs. Häuf.	595	405	601	399
rel. Häuf.	0,595	0,405	0,601	0,399

Relativ *bedeutet „bezogen auf".*
Relative Häufigkeiten *werden auf die Gesamtzahl der Durchführungen eines Versuches bezogen.*

Je häufiger man einen Versuch wiederholt, desto sicherer kann man sein, dass die relative Häufigkeit eine gute Abschätzung für die Wahrscheinlichkeit des Ergebnisses ist.
Bei obigem Reißnagelwurf kann man z. B. folgende Wahrscheinlichkeiten schätzen:

Ergebnis	Kopf	Seite
geschätzte Wahrscheinlichkeit	0,6 = 60 %	0,4 = 40 %

Betrachtet man bei einem Zufallsversuch die Wahrscheinlichkeiten aller möglichen Ergebnisse, dann summieren sich diese Wahrscheinlichkeiten zu $100\,\% = \frac{100}{100} = 1$.
Die Wahrscheinlichkeit beim Würfeln beträgt für jede Augenzahl $\frac{1}{6}$. Die Summe aller auftretenden Wahrscheinlichkeiten ist $6 \cdot \frac{1}{6} = 1$.
Beim Werfen eines Reißnagels beträgt die Summe der beiden Wahrscheinlichkeiten
$60\,\% + 40\,\% = 100\,\% = \frac{100}{100} = 1$.

Lange Versuchsreihen führen zu Wahrscheinlichkeiten.

Wenn man einen Zufallsversuch oft wiederholt, dann sind die ermittelten **relativen Häufigkeiten** gute Schätzwerte für die Wahrscheinlichkeiten.
Die Summe der Wahrscheinlichkeiten aller möglichen Ergebnisse ergibt 100 % = 1.

Die Summe der relativen Häufigkeiten und der Wahrscheinlichkeiten muss 1 ergeben.

Beispiel Schätzen von Wahrscheinlichkeiten
Schätze zuerst ohne und dann mit Experiment die Wahrscheinlichkeiten dafür, dass die Zahlen 1 bis 5 oben liegen.
Lösung:
Für 1 und 5 sind gleiche Wahrscheinlichkeiten zu erwarten, da die Flächen gleich groß sind. Aus dem gleichen Grund haben 2, 3 und 4 gleiche Wahrscheinlichkeiten.
Wegen der Form des Bausteins werden die oben und unten liegenden Zahlen 1 und 5 eine höhere Wahrscheinlichkeit haben als die Zahlen 2, 3 und 4.
Ein Experiment (300 Würfe) hat die nebenstehende Tabelle ergeben:
Da die Wahrscheinlichkeiten für 1 und 5 gleich sind, kann man aus den relativen Häufigkeiten beider Zahlen einen Mittelwert bilden – es ergibt sich jeweils 33,5 %.
Aus dem gleichen Grund erhält man für 2, 3 und 4 je eine geschätzte Wahrscheinlichkeit von 11 %.

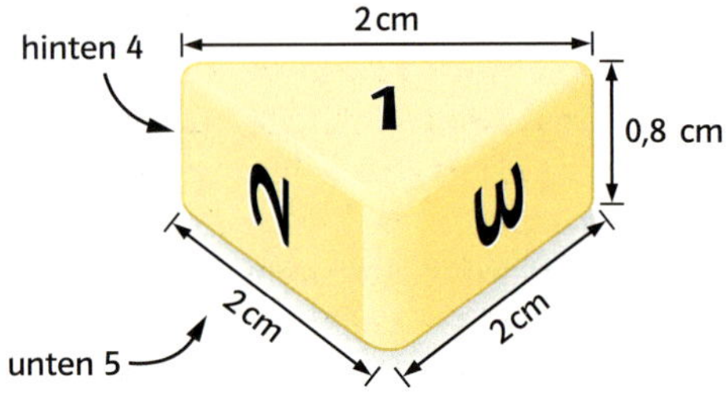

Augenzahl	1	2	3	4	5
Schätzung	30 %	20 %	20 %	20 %	30 %

Augenzahl	1	2	3	4	5
abs. Häuf.	104	37	29	34	96
rel. Häuf.	0,35	0,12	0,10	0,11	0,32
geschätzte Wahrsch.	0,335 33,5 %	0,11 11 %	0,11 11 %	0,11 11 %	0,335 33,5 %

Aufgaben

1 Helena wirft einen Reißnagel 250-mal und erhält 177-mal Kopf, Susanne erhielt in 500 Würfen 322-mal Kopf und Pascal in 750 Würfen 466-mal Kopf.
Berechne die relativen Häufigkeiten in Prozent. Welche Wahrscheinlichkeit für Kopf werden sie etwa schätzen? Vergleiche.

Gruppenarbeit
Bei den Aufgaben 2, 3 und 5 bekommt man bessere Ergebnisse, wenn man in einer Gruppe arbeitet.

2 a) Paul hat die Seiten von Legosteinen durchnummeriert und die Wahrscheinlichkeiten für Lego-Achter, -Sechser und -Vierer geschätzt. Welche Schätzung gehört zu welchem Stein?
b) Würfle mit dem Lego-Achter, -Sechser und -Vierer jeweils 50-mal (einen Becher auf den Tisch stülpen) und ermittle die absoluten und relativen Häufigkeiten der Augenzahlen 1 bis 6.
c) Kannst du die Schätzungen von Paul verbessern?

Augenzahl	1	2	3	4	5	6
Schätzung 1	10 %	10 %	40 %	20 %	10 %	10 %
Schätzung 2	10 %	0,5 %	47 %	32 %	0,5 %	10 %
Schätzung 3	11 %	1,5 %	45 %	30 %	1,5 %	11 %

3 **Ein Buch mit vielen Zahlen**
Im Telefonbuch stehen neben den Telefonnummern auch Adressen, z. B. Huber Max, Hauptstraße 25. Die Hausnummer hat hier die Anfangsziffer 2. Sarah vermutet, dass die Anfangsziffern 1, 2, … , 9 der Hausnummern mit gleicher Wahrscheinlichkeit vorkommen. Überprüfe die Vermutung, indem du in einem Telefonbuch 50 Hausnummern zufällig auswählst und jeweils die Anfangsziffer notierst. Ermittle dann die relativen Häufigkeiten für die Ziffern 1, …, 9.

4 In der deutschen Sprache treten die einzelnen Buchstaben des Alphabets mit sehr unterschiedlicher Wahrscheinlichkeit auf, wie die Tabelle auf dem Rand zeigt.
a) Beschreibe eine Methode, mit der man die Wahrscheinlichkeiten ermitteln könnte.
b) Wähle einen Text aus oder schreibe eine Geschichte und untersuche, ob du ähnliche Werte erhältst. Stelle dein Ergebnis in einem Balkendiagramm dar und kommentiere es.
c) Der römische Kaiser Julius Cäsar (100 – 44 v. Chr.) soll die nach ihm benannte Cäsar-Scheibe (Fig. 1) zum Verschlüsseln von Nachrichten verwendet haben. Dazu ersetzte er jeden Buchstaben seiner Nachricht durch den Buchstaben, der im Alphabet beispielsweise drei Stellen danach kommt. Aus „Feldherr" wird z. B. in der Geheimschrift „ihogkhuu". Schon Cäsar hat erkannt, dass man mit dieser Methode keine längeren Texte sicher verschlüsseln kann. Warum?
d) Entschlüssle den folgenden Geheimtext unter Verwendung der Tabelle auf dem Rand.
„hvoczhvodfdnozdiznyzmdiozmznnioznoziavzxczmhdonzcmcjczmrvcmnxczdigdxcfzdofviihv ikmjwgzhzyznvggovbnhdocdgayzm hvoczhvodfgjznzi"

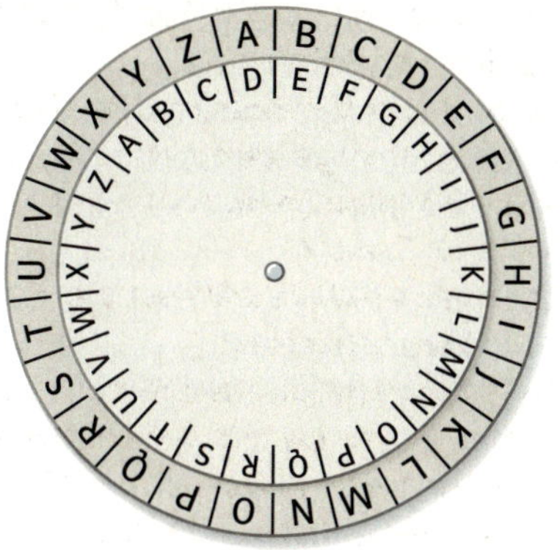
Fig. 1

Buchstabe	Vorkommen
a	6,51%
b	1,89%
c	3,06%
d	5,08%
e	17,40%
f	1,66%
g	3,01%
h	4,76%
i	7,55%
j	0,27%
k	1,21%
l	3,44%
m	2,53%
n	9,78%
o	2,51%
p	0,79%
q	0,02%
r	7,00%
s	7,27%
t	6,15%
u	4,35%
v	0,67%
w	1,89%
x	0,03%
y	0,04%
z	1,13%

5 Ein Lehrer macht aus Scherz den Vorschlag, die Note für die nächste Klassenarbeit per Zufall zu ermitteln. Die Schüler können zwischen zwei Möglichkeiten wählen:
Erstens: Würfeln mit einem Spielwürfel mit sechs Seiten.
Zweitens: Vier Münzen werden geworfen. Zu der Anzahl der geworfenen „Wappen" addiert man die Zahl Eins und erhält so die Note.
a) Schätze für beide Methoden die Wahrscheinlichkeiten, mit der die einzelnen Noten auftreten können.
b) Führe beide Methoden für 50 Noten durch und berechne die relativen Häufigkeiten.
c) Verbessere die Schätzungen aus a) mithilfe der Ergebnisse aus b). (Verwende dafür alle Ergebnisse deiner Klasse!)

6 In einer Socke befinden sich 13 Kugeln. Eine unbekannte Anzahl davon ist rot. Jan behauptet, dass er die Anzahl der roten Kugeln recht genau ermitteln kann, indem er mehrmals eine Kugel aus der Socke zieht, sich die Farbe notiert und die Kugel dann wieder zurücklegt.
a) Jan hat 22-mal nach der Methode eine Kugel gezogen. Fünf davon waren rot. Wie viele Kugeln in der Urne sind wahrscheinlich rot?
b) Jan wiederholt sein Experiment und zieht 100-mal eine Kugel. Dabei hat er 31-mal eine rote Kugel gezogen. Wie viele rote Kugeln kann man mit diesem Ergebnis in der Socke erwarten? Bestätigt es die Vermutung aus a)? Begründe deine Aussage.

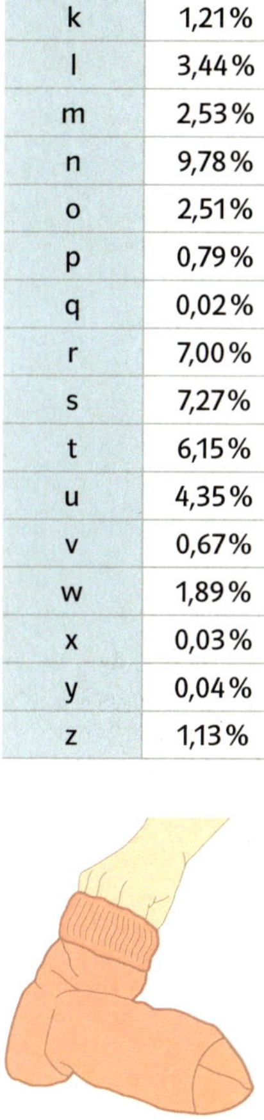

3 Zusammenfassen von Ergebnissen – Summenregel

Marcella ist mit dem Würfeln an der Reihe.
„Meine Chancen, dich beim nächsten Zug zu überholen, sind gar nicht so schlecht", sagt sie.
„Pech für dich!", kontert Max.

Häufig ist bei einem Zufallsversuch nicht nur ein einziges Ergebnis von Interesse. Man sagt, es sind mehrere Versuchsausgänge günstig.
In einer Palette mit Joghurt gibt es fünf Erdbeerjoghurts, zwei Naturjoghurts, je drei Bananen- und Haselnussjoghurts, außerdem noch zwei Himbeerjoghurts. Nimmt man ohne hinzusehen einen Joghurt heraus und interessiert sich nur dafür, ob man einen Fruchtjoghurt erwischt hat, dann erhält man die gesuchte Wahrscheinlichkeit als Summe der Einzelwahrscheinlichkeiten.
Die Wahrscheinlichkeit, einen Erdbeerjoghurt zu bekommen, beträgt $\frac{5}{15}$, die Wahrscheinlichkeit für einen Bananenjoghurt $\frac{3}{15}$ und die Wahrscheinlichkeit dafür, einen Himbeerjoghurt zu bekommen, beträgt $\frac{2}{15}$.
Die Wahrscheinlickeit dafür, einen Fruchtjoghurt zu bekommen, ist also insgesamt $\frac{5}{15} + \frac{3}{15} + \frac{2}{15} = \frac{10}{15} = \frac{2}{3}$.

Interessiert man sich beim Würfeln mit dem Lego-Achter dafür, eine gerade Zahl zu würfeln, kann man die zugehörigen Wahrscheinlichkeiten der nebenstehenden Tabelle entnehmen.
Die gesuchte Wahrscheinlichkeit beträgt 0,5 % + 32 % + 10 % = 42,5 %.
Mit einer Wahrscheinlichkeit von 42,5 % würfelt man mit dem Lego-Achter eine gerade Zahl.

Augenzahl	1	2	3	4	5	6
Wahrscheinlichkeit	10 %	0,5 %	47 %	32 %	0,5 %	10 %

Summenregel: Man berechnet die Wahrscheinlichkeit bei Situationen mit mehreren Ergebnissen, indem man die Wahrscheinlichkeiten der einzelnen Ergebnisse addiert.

Beispiel
In einer Tüte mit Schokolinsen sind 25 % hellblaue, 19 % dunkelblaue, 34 % gelbe und 22 % rote Schokolinsen. Anna zieht ohne hinzuschauen eine Linse. Wie groß ist die Wahrscheinlichkeit, dass es
a) eine blaue Linse ist,
b) eine blaue oder eine rote Linse ist,
c) keine rote Linse ist?

Lösung:
a) Die Wahrscheinlichkeit für eine blaue Linse beträgt: 25 % + 19 % = 44 %.
b) Die Wahrscheinlichkeit für eine blaue oder rote Linse beträgt:
25 % + 19 % + 22 % = 66 %.
c) Die Wahrscheinlichkeit dafür, dass Anna keine rote Linse zieht, beträgt:
25 % + 19 % + 34 % = 78 %.

Aufgaben

1 a) Bestimme für die Glücksräder die Wahrscheinlichkeit für die Ergebnisse „blau“, „gelb“ und „grün“.
b) Bestimme die Wahrscheinlichkeit dafür, dass der Zeiger auf „gelb“ oder auf „blau“ stehen bleibt.
c) Löse b), falls die Wahrscheinlichkeiten durch die Tabelle in Fig. 3 gegeben sind.

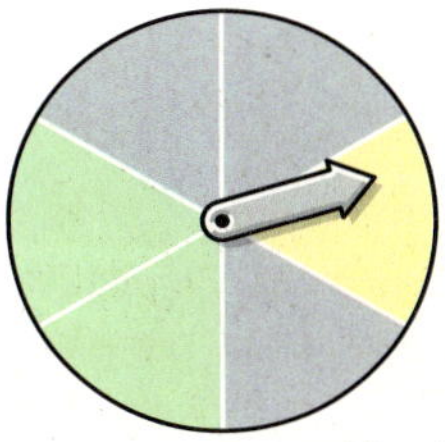
Fig. 1

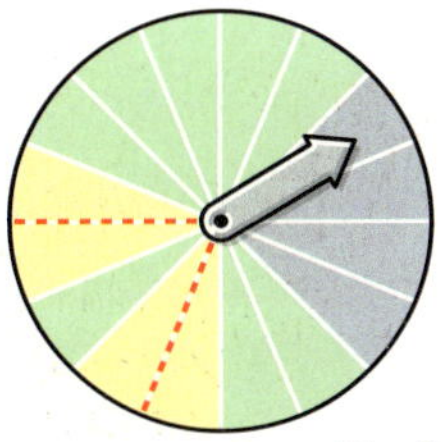
Fig. 2

Farbe	Wahrscheinlichkeit
blau	21 %
gelb	46 %
grün	33 %

Fig. 3

2 In der Bonbondose von Familie Schütz sind noch fünf Karamellbonbons, drei Vitamin-, vier Himbeer-, sieben Zitronen- und elf Pfefferminzbonbons.
a) Mit welcher Wahrscheinlichkeit erhält Jonas Schütz ein Bonbon seiner Lieblingssorten Karamel oder Zitrone, wenn er ohne hinzuschauen ein Bonbon aus der Dose nimmt?
b) Seine Schwester Ilka mag am liebsten Himbeerbonbons und Pfefferminzbonbons. Mit welcher Wahrscheinlichkeit zieht sie ein Bonbon dieser Sorten, wenn Jonas ihr den Vortritt lässt?
c) Was kann sich bei b) ergeben, wenn Jonas zuerst ein Bonbon nimmt?

3 Beim Spiel „Mensch ärgere dich nicht“ ist der Spieler mit den gelben Figuren am Zug. Mit welcher Wahrscheinlichkeit
a) schlägt er eine andere Figur
b) erreicht er sein Haus
c) geschieht keines von beiden?
Was nutzt das Wissen aus a) bis c) dem Spieler?

Welches Problem entsteht, wenn die rechte gelbe Figur ein Feld weiter vorne steht?

4 a) Wie groß ist die Wahrscheinlichkeit, an einem Samstag oder Sonntag geboren zu werden? Welche Annahme machst du bei der Berechnung?
b) Wie groß ist die Wahrscheinlichkeit, an einem Tag geboren zu werden, in dem der Buchstabe „s“ vorkommt?
c) Heutzutage werden am Wochenende nicht mehr so viele Kinder geboren wie früher, weil der Geburtstermin durch Medikamente beeinflusst werden kann. Wie verändern sich dadurch die Ergebnisse in b) und c)?

5 Bei einer Umfrage unter Jugendlichen im Alter von 12 Jahren zum täglichen Fernsehkonsum ergab sich die folgende Tabelle:

Tageskonsum	bis 1 Std.	über 1 bis 2 Std.	über 2 bis 3 Std.	über 3 bis 4 Std.	über 4 Std.
Anteil	10,4 %	20,1 %	33,2 %	19,8 %	16,5 %

Beim Klassenstufenfest des Richard-Wilhelmi-Gymnasiums sind 98 Schülerinnen und Schüler der Klassenstufe 6 anwesend. Wie viele Personen sind schätzungsweise darunter, die mehr als zwei Stunden täglich fernsehen?

Klassenexperiment
Jede(r) schreibt auf einen Zettel, wie lange er/sie täglich vor dem Fernseher sitzt. Vergleicht eure Werte mit der Tabelle.

6 Zeichne ein Glücksrad mit den Farben blau, gelb und grün, bei dem der Zeiger mit der Wahrscheinlichkeit 50 % auf „gelb“ oder „blau“ und mit
a) der Wahrscheinlichkeit 70 % auf „gelb“ oder „grün“ stehen bleibt
b) der Wahrscheinlichkeit 90 % auf „blau“ oder „grün“ stehen bleibt.

4 Mehrstufige Zufallsversuche – Pfadregel

Wenn Herr Peetz mit seinem Auto zur Arbeit fährt, muss er zwei Ampeln passieren. Er weiß, dass jede Ampel mit der Wahrscheinlichkeit 50 % „grün" zeigt. Deshalb behauptet er, dass er zu 100 % an einer Ampel grün hat.

Kopf (K)

Zahl (Z)

Manchmal besteht ein Zufallsversuch aus mehreren einzelnen Versuchen. Beispielsweise kann eine Münze zweimal geworfen werden. Man spricht dann von mehreren Stufen. Als Ergebnis des Zufallsversuchs wird die Abfolge der Einzelergebnisse betrachtet.
Auch für solche **mehrstufigen Zufallsversuche** kann man Wahrscheinlichkeiten berechnen. Beim zweifachen Münzwurf gibt es vier mögliche Ausgänge: KK, KZ, ZK oder ZZ. Die Wahrscheinlichkeit für den Ausgang KK beträgt also $\frac{1}{4}$. Diese Wahrscheinlichkeit ergibt sich auch durch die folgende Überlegung: Die Wahrscheinlichkeit, im ersten Wurf „Kopf" zu erhalten, beträgt $\frac{1}{2}$. Die Wahrscheinlichkeit, im zweiten Wurf ebenfalls „Kopf" zu werfen, beträgt wieder $\frac{1}{2}$, also insgesamt $\frac{1}{2}$ von $\frac{1}{2}$. Man erhält für die gesuchte Wahrscheinlichkeit $\frac{1}{2} \cdot \frac{1}{2} = \frac{1}{4}$.
Die einzelnen Wahrscheinlichkeiten werden multipliziert.

Anja kauft bei einem Schulfest zweimal hintereinander ein Los. Im Loseimer liegen am Anfang drei Gewinnlose und sieben Nieten. Es sind folgende vier Ergebnisse möglich:
1) „Beide Lose sind Gewinne" (GG),
2) „Das erste Los ist ein Gewinn, das zweite eine Niete" (GN),
3) „Das erste Los ist eine Niete, das zweite ein Gewinn" (NG) und
4) „Beide Lose sind Nieten" (NN).
Die Ergebnisse können wie in Fig. 1 mit einem **Baumdiagramm** verdeutlicht werden. Jedem Ergebnis entspricht ein farbig markierter Pfad.

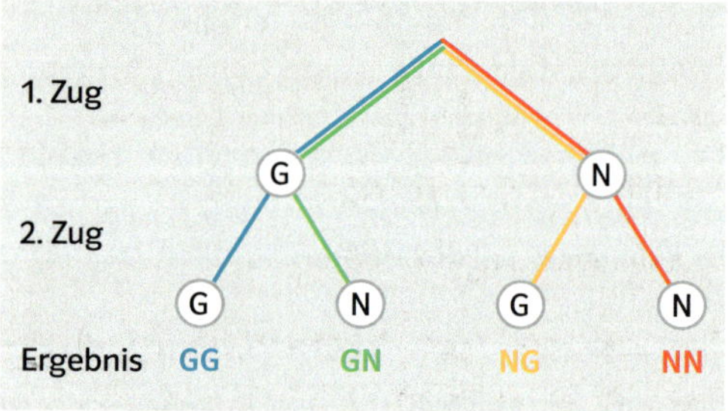

Fig. 1

Zunächst wird das erste Ergebnis (GG) untersucht: In etwa $\frac{3}{10}$ der Fälle zieht Anja beim ersten Zug ein Gewinnlos. Beim zweiten Zug sind jetzt nur noch neun Lose mit zwei Gewinnen im Eimer. Deshalb ist die Wahrscheinlichkeit für ein Gewinnlos im zweiten Zug nur noch $\frac{2}{9}$. Damit sind in ca. $\frac{2}{9}$ von $\frac{3}{10}$ aller Fälle beide Lose Gewinne.
Die Wahrscheinlichkeit für das Ergebnis (GG) erhält man also, indem man die Wahrscheinlichkeiten der beiden Einzelergebnisse mutlipliziert: $\frac{2}{9} \cdot \frac{3}{10} = \frac{1}{15}$.

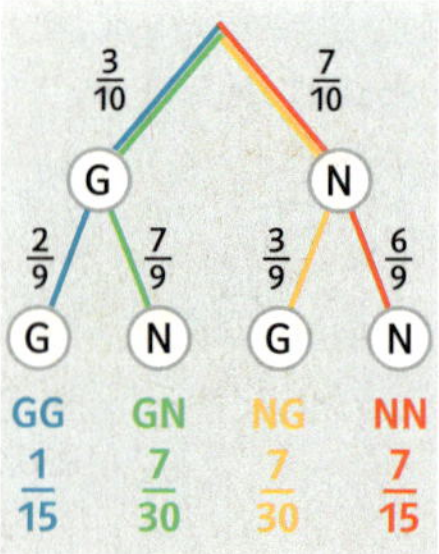

Fig. 2

Ergebnis	Wahrscheinlichkeit
GG	$\frac{3}{10} \cdot \frac{2}{9} = \frac{1}{15} \approx 6{,}7\,\%$
GN	$\frac{3}{10} \cdot \frac{7}{9} = \frac{7}{30} \approx 23{,}3\,\%$
NG	$\frac{7}{10} \cdot \frac{3}{9} = \frac{7}{30} \approx 23{,}3\,\%$
NN	$\frac{7}{10} \cdot \frac{6}{9} = \frac{7}{15} \approx 46{,}7\,\%$
Summe:	$1 = 100\,\%$

Um die Wahrscheinlichkeiten der anderen Ergebnisse zu bestimmen, beschriftet man wie in Fig. 2 die Pfade des Baumdiagramms mit den Wahrscheinlichkeiten der Einzelergebnisse und erhält die Tabelle.

Einen mehrstufigen Zufallsversuch kann man durch ein **Baumdiagramm** beschreiben. Die Wahrscheinlichkeit für ein Ergebnis erhält man, indem man die Wahrscheinlichkeiten längs des zugehörigen Pfades multipliziert (**Pfadregel**).

Beispiel 1 Summen- und Pfadregel
Beim Torwandschießen trifft Jan mit 80 % und Axel mit 60 % Wahrscheinlichkeit. Wie groß sind die Wahrscheinlichkeiten, dass sie zusammen keinen, einen oder zwei Treffer erzielen?
Lösung:
Wahrscheinlichkeit für keinen Treffer: $0{,}2 \cdot 0{,}4 = 0{,}08$
Ein Treffer wird bei den Ergebnissen TF (erst Treffer, dann Fehlschuss) und FT (erst Fehlschuss, dann Treffer) erzielt.
Die Wahrscheinlichkeiten der beiden Ergebnisse müssen daher nach der Summenregel addiert werden.
Wahrscheinlichkeit für einen Treffer:
$0{,}8 \cdot 0{,}4 + 0{,}2 \cdot 0{,}6 = 0{,}44$.
Wahrscheinlichkeit für zwei Treffer:
$0{,}8 \cdot 0{,}6 = 0{,}48$.

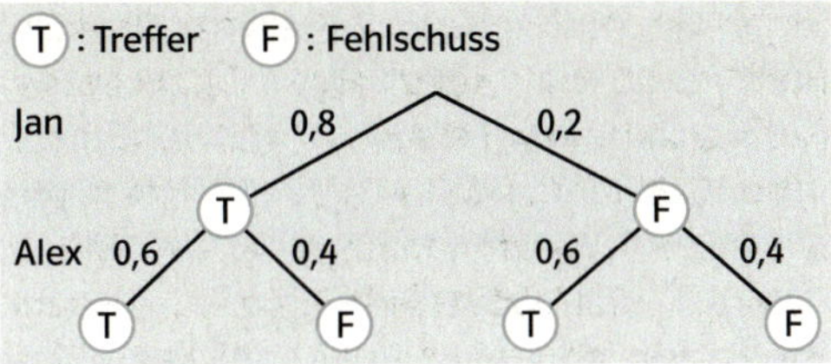

Fig. 1

Beispiel 2
Mit welcher Wahrscheinlichkeit gelingt der Start beim „Mensch ärgere dich nicht“?
Lösung:

Ergebnis	Wahrscheinlichkeit
6	$\frac{1}{6}$
$\not6$ 6	$\frac{5}{6} \cdot \frac{1}{6} = \frac{5}{36}$
$\not6$ $\not6$ 6	$\frac{5}{6} \cdot \frac{5}{6} \cdot \frac{1}{6} = \frac{25}{216}$
Zusammen: $\frac{91}{216} \approx 42{,}1\,\%$	

Der Start gelingt mit einer Wahrscheinlichkeit von etwa 42,1 %.

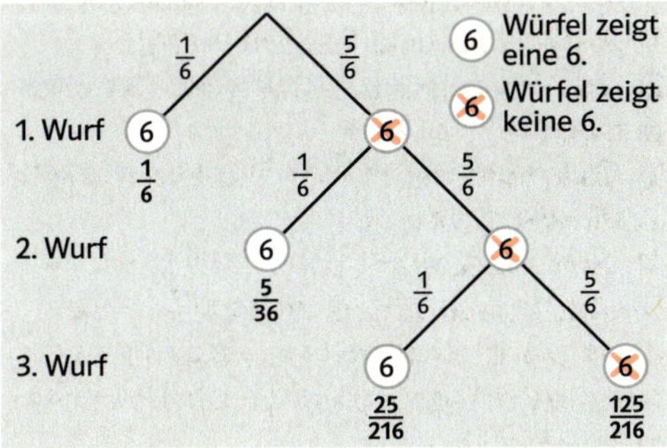

Fig. 2

Aufgaben

1 In einer Familie gibt es drei Kinder. Wie groß ist die Wahrscheinlichkeit dafür, dass es
a) nur Mädchen b) zwei Mädchen und ein Junge sind?

2 Wie groß ist die Wahrscheinlichkeit, dass der quadratische Kreisel (Fig. 3)
a) beim einmaligen Drehen auf gelb kippt?
b) beim zweimaligen Drehen jedes Mal auf gelb kippt?
c) beim dreimaligen Drehen nie auf gelb kippt?
d) beim dreimaligen Drehen zweimal auf gelb kippt?

Fig. 3

3 Eine Münze wird dreimal geworfen. Wie groß ist die Wahrscheinlichkeit, dass
a) dreimal „Zahl“ fällt b) einmal „Zahl“ und zweimal „Wappen“ fällt?

4 Frau Hurtig muss auf dem Weg zur Arbeit drei Ampeln passieren. Die erste Ampel zeigt mit einer Wahrscheinlichkeit von $\frac{2}{5}$ grün, die zweite mit einer Wahrscheinlichkeit von 0,6 grün und die dritte mit einer Wahrscheinlichkeit von 85 % grün.
a) Wie groß ist die Wahrscheinlichkeit, dass Frau Hurtig an allen drei Ampeln grün erhält?
b) Wie groß ist die Wahrscheinlichkeit, dass Frau Hurtig an keiner Ampel grün erhält?
c) Wie groß ist die Wahrscheinlichkeit, dass Frau Hurtig drei Tage hintereinander an der ersten Ampel grün erhält?

5 Bei einem Schulfest kann man bei drei verschiedenen Glücksrädern einen Preis gewinnen. Bei welcher Klasse sollte man spielen, wenn der Einsatz und der Preis jeweils gleich sind?

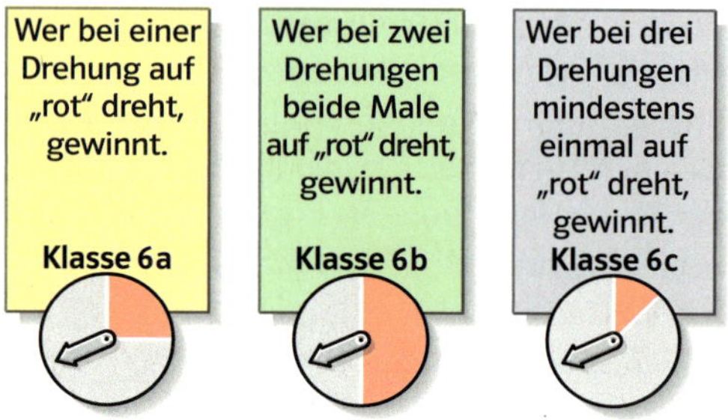

6 Frank zieht aus der Schale in Fig. 1 ohne Hinschauen drei Kugeln.
a) Berechne die Wahrscheinlichkeiten für die Farbreihenfolgen wrw, wwr, rww, wenn er die gezogene Kugel jeweils vor dem nächsten Zug wieder zurücklegt.

Fig. 1

b) Welches Ergebnis erhält man, wenn die gezogenen Kugeln nicht zurückgelegt werden?
c) Frank bekommt ein Eis, wenn er in drei Zügen nur weiße Kugeln erwischt. Vor dem Experiment muss er sich aber festlegen, ob er eine einmal gezogene Kugeln vor dem nächsten Zug wieder in die Urne zurücklegen wird oder nicht. Wie soll er sich entscheiden? Berechne die Wahrscheinlichkeiten für „www" mit und ohne Zurücklegen.

7 Ein Spielwürfel wird dreimal geworfen. Wie groß ist die Wahrscheinlichkeit,
a) dass dabei keine einzige Sechs auftritt?
b) dass nur Zahlen über 2 auftreten?
c) dass mindestens zwei Einsen auftreten?

Bist du sicher?

1 Ein Glücksrad mit den Ziffern 1 bis 5 auf gleich großen Feldern wird dreimal gedreht. Die drei Ergebnisse werden hintereinander notiert und bilden so eine Zahl. Wie groß ist die Wahrscheinlichkeit,
a) dass eine Zahl entsteht, in der die Ziffer 5 nicht vertreten ist
b) dass eine Zahl entsteht, in der die Ziffer 5 zweimal vertreten ist
c) dass eine gerade Zahl entsteht
d) dass eine Zahl mit lauter gleichen Ziffern entsteht? Zeichne jeweils ein Baumdiagramm.

8 Zwei Würfel werden geworfen. Wenn sie die gleiche Augenzahl zeigen, bezeichnet man das als **Pasch**.
a) Wie groß ist die Wahrscheinlichkeit für einen Pasch, wenn man zuerst mit dem einen, anschließend mit dem anderen Würfel würfelt?
b) Ändert sich die Wahrscheinlichkeit, wenn man mit beiden Würfeln gleichzeitig würfelt?
c) Berechne die Wahrscheinlichkeit für einen Pasch beim Würfeln mit zwei Lego-Achtern (siehe Fig. 2).

Lego-Achter:

1	2	3	4	5	6
10 %	0,5 %	47 %	32 %	0,5 %	10 %

Fig. 2

9 Man zieht nacheinander Kugeln mit Buchstaben aus der Socke und legt sie in der gezogenen Reihenfolge hintereinander. Berechne die Wahrscheinlichkeiten der Wörter

a) OMA, b) AMO,
c) MAO, d) MOL.

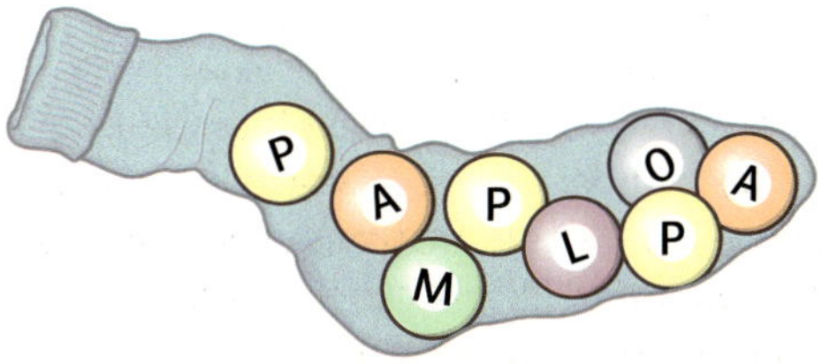

Fig. 1

10 Angenommen, man entscheidet sich bei dem in Fig. 2 dargestellten Labyrinth an jeder Weggabelung rein zufällig, welchen Weg man einschlägt.

a) Wie groß ist dann die Wahrscheinlichkeit, dass man das Ziel ohne umzudrehen erreicht?

b) Erfinde Labyrinthe und lass deinen Nachbarn die Wahrscheinlichkeit berechnen, das Ziel ohne umzudrehen zu erreichen.

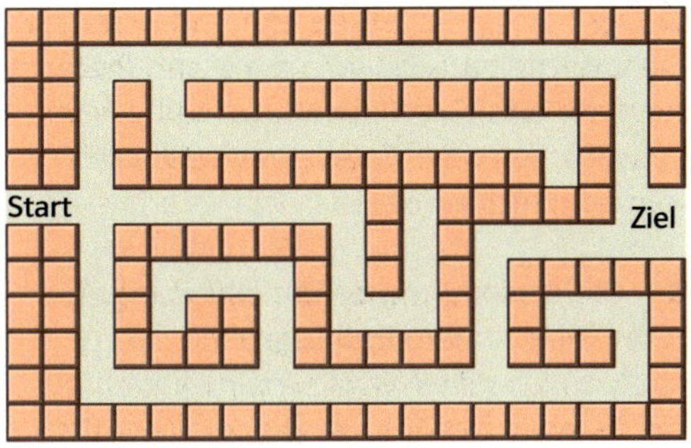

Fig. 2

11 Überlege dir einen Zufallsversuch, der zu dem in Fig. 3 dargestellten Baumdiagramm passt.
Was bedeuten die Ergebnisse A bis D?
Findest du auch noch andere Möglichkeiten?
Wer findet das witzigste Experiment?

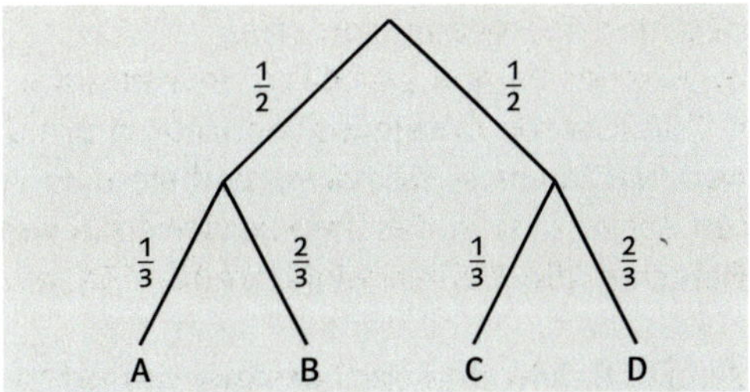

Fig. 3

12 Lotto „3 aus 5"

Gisa kreuzt drei der Zahlen von 1 bis 5 auf ihrem 5er-Lottozettel an (Fig. 4).
Jan zieht anschließend aus einer 5er-Lostrommel ebenfalls drei Zahlen (Fig. 5).
Berechne die Wahrscheinlichkeit dafür, dass Jan genau die drei Zahlen zieht, die Gisa angekreuzt hat.

Gisas Lottozettel

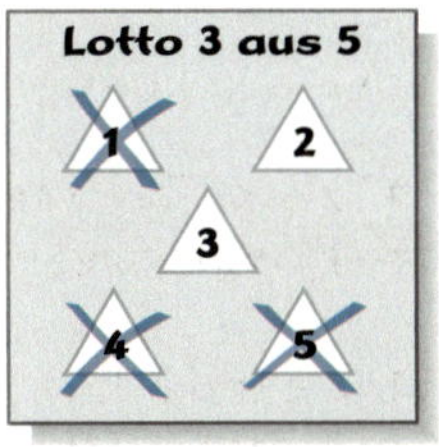

Fig. 4

Jans Ziehung

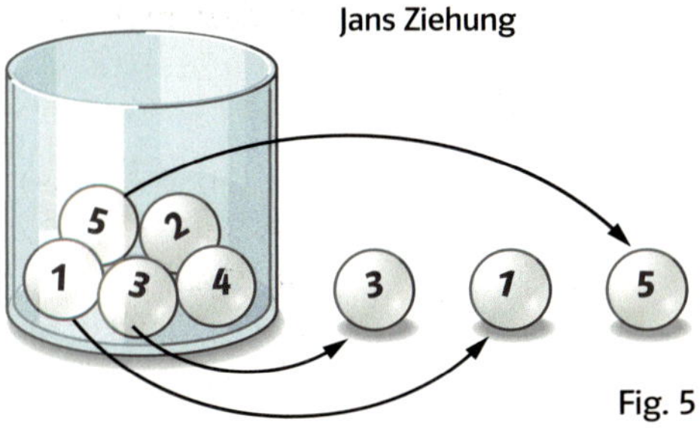

Fig. 5

13 Klassenexperiment

a) Spiele mit deinem Banknachbarn das Lotto „3 aus 5" der Aufgabe 12 40-mal. An Stelle einer Lostrommel kannst du auch einen Würfel verwenden. Wirf ihn so lange, bis drei verschiedene Zahlen von 1 bis 5 gefallen sind. Fällt 6 oder eine Zahl zum zweiten Mal, so würfelst du einfach weiter.
Ermittle jeweils, wie viele der angekreuzten Zahlen in der Lottoziehung „gezogen" wurden.

Treffer	0	1	2	3
Relative Häufigkeit				

b) Fasse die Ergebnisse deiner Klasse in einer großen Tabelle zusammen und überprüfe die in Aufgabe 11 berechnete Wahrscheinlichkeit für drei Treffer.

c) Berechne mit der Pfad- und Summenregel die Wahrscheinlichkeiten für 0, 1, 2 Treffer und vergleiche sie mit den relativen Häufigkeiten des Klassenexperiments.

d) Untersucht, wie sich die Wahrscheinlichkeiten beim Lotto „3 aus 6" ändern.
Wie oft erwartet man drei Richtige bei 1000 Tipps?

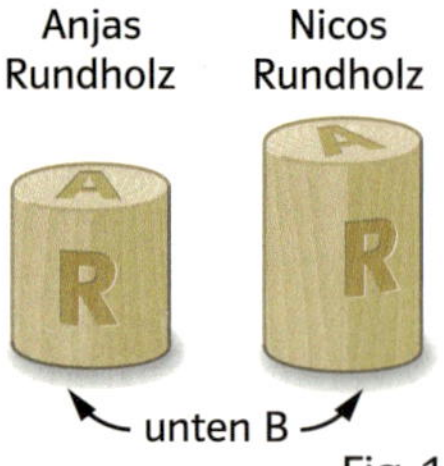

Fig. 1

A	B	R
81	92	127
40	42	218

Fig. 2

1 Anja und Nico würfeln je 300-mal mit einem der Rundhölzer in Fig. 1 und zählen jeweils, wie häufig die Ergebnisse A, B und R sind (Fig. 2).
a) Welche Angaben gehören wohl zu Anjas Holz, welche zu dem von Nico?
b) Schätze aus den Ergebnissen Wahrscheinlichkeiten für die beiden Rundhölzer.

2 a) In einer Urne liegen eine rote und vier weiße Kugeln. Wie groß ist die Wahrscheinlichkeit, dass man beim Hineingreifen die rote Kugel erwischt?
b) Frank hat beim ersten Zug eine weiße Kugel aus dieser Urne gezogen und legt sie nicht wieder zurück. Wie groß ist die Wahrscheinlichkeit, dass er nun beim zweiten Versuch die rote Kugel zieht?
c) Frank hat auch beim zweiten Versuch Pech. Mit welcher Wahrscheinlichkeit erwischt er nun beim dritten Versuch die rote Kugel?

3 Die erwachsenen Mitglieder des SC teilen sich auf wie in der Tabelle dargestellt. Mit welcher Wahrscheinlichkeit ist ein Mitglied des SC, das du zufällig triffst,

Mitglieder	weiblich	männlich
Aktive	70	60
Passive	10	20

a) eine aktive Frau
b) ein Mann
c) passiv oder männlich
d) mindestens 18 Jahre alt?

4 Ali, Claudia und Jennet werfen nacheinander je einen Stein in eine Kiste. Sie treffen mit den Wahrscheinlichkeiten 20 %, 30 % und 50 %.
a) Zeichne einen passenden Baum und berechne die Wahrscheinlichkeiten aller Trefferzahlen von 0 bis 3. Kontrolliere, dass sich zusammen 100 % ergibt.
b) Untersuche, ob sich die Wahrscheinlichkeiten für keinen, einen oder zwei Treffer ändern, wenn Jennet zuerst wirft, danach Claudia und zuletzt Ali.

5 **Pferderennen**
Bei einem Pferderennen nehmen sechs Pferde mit den Nummern 1 bis 6 teil. Alle Pferde werden als gleich stark eingeschätzt. Man kann darauf wetten, dass die ersten drei Pferde in einer bestimmten Reihenfolge ins Ziel kommen.
a) Schreibe alle Einlaufergebnisse für diese Wette auf, bei denen Pferd 5 gewinnt. Notiere zum Beispiel 536, wenn Pferd 5 zuerst, Pferd 3 als zweites und Pferd 6 als drittes einläuft.
b) Mit welcher Wahrscheinlichkeit hat ein Spieler den Einlauf der ersten drei Pferde richtig getippt?
c) Mit welcher Wahrscheinlichkeit hat ein Spieler nur den Einlauf der ersten zwei Pferde richtig getippt?

Eine Geschichte über „zufällige Treffen" findest du auf Seite 200.

6 Elke trifft Fred auf dem Heimweg erfahrungsgemäß mit der Wahrscheinlichkeit 50 %, Thomas mit der Wahrscheinlichkeit 70 %. Sie denkt sich: Nach der Summenregel treffe ich wenigstens einen der beiden mit der Wahrscheinlichkeit 120 %.
Aber Wahrscheinlichkeiten können doch höchstens 100 % betragen. Außerdem hat sie heute weder Fred noch Thomas getroffen. Wo steckt Elkes Denkfehler?

7 Beim Torwandschießen hat Markus die Trefferwahrscheinlichkeit 10 %, der Profi Rudi 90 %. Sie bilden ein Zweierteam. Jeder von ihnen muss einmal schießen. Sie können zusammen 0, 1 oder 2 Treffer erzielen. Nina und Miriam bilden ebenfalls ein Team. Sie haben aber beide die Trefferwahrscheinlichkeit 50 %.

a) Berechne die Wahrscheinlichkeit für 0, 1, 2 Treffer sowohl bei Team 1 als auch bei Team 2.

b) Bei 20 Schüssen erzielten die Teams die Ergebnisse in der Tabelle. Welche Trefferhäufigkeit gehört wohl zum Team Markus/Rudi, welche zum Team Nina/Miriam?

c) Wie sähen die Wahrscheinlichkeiten des ersten Teams aus, wenn Markus die Trefferwahrscheinlichkeit 0 %, Rudi 100 % hätte?

0 Treffer	1 Treffer	2 Treffer
2-mal	15-mal	3-mal
5-mal	9-mal	6-mal

8 Täglich ermittelt die Gesellschaft für Konsumforschung (GfK) in Nürnberg die Quoten der Fernsehsender. Das sind die Anteile der Zeit, die besonders ausgewählte Zuschauer das Programm der Sender anschauen.
5640 Haushalte in Deutschland – davon 330 in Hessen – mit rund 7500 Menschen sind an die Computer der GfK angeschlossen. So wird ihr Fernsehverhalten exakt aufgezeichnet und auf rund 33 Millionen TV-Haushalte hochgerechnet.

a) Wie kommt die Zahl 330 für Hessen zustande? Begründe deine Überlegungen.

b) Was bedeutet „hochrechnen"?

c) Wie viele Menschen in Hessen und wie viele Menschen in Deutschland haben die Tagesschau gesehen, wenn die Quote 18,5 % beträgt und insgesamt 12 Millionen Zuschauer zu der fraglichen Zeit ferngesehen haben?

d) Ein von der GfK ausgewählter Zuschauer meint: „Wenn ich die Tagesschau einschalte, hat die gleich 5000 Zuschauer mehr." Wie kann das sein?

Auskunft der GfK: „Die Teilnehmer werden durch genaueste Befragungen angeworben. Sie stellen einen repräsentativen Querschnitt der Bevölkerung dar."

9 Um die unbekannte Anzahl x der Schmetterlinge auf einer Insel zu schätzen, hat man 200 Schmetterlinge gefangen, durch einen kleinen Farbpunkt markiert und anschließend wieder freigelassen.
Die Wahrscheinlichkeit, dass ein später gefangener Schmetterling markiert ist, beträgt dann $\frac{200}{x}$. Einige Tage später fängt man 227 Schmetterlinge.

a) Wie viele davon werden markiert sein, wenn auf der Insel 400 (850, 2700) Schmetterlinge leben?

b) Tatsächlich sind 25 der gefangenen Schmetterlinge markiert. Wie viele Schmetterlinge leben schätzungsweise auf der Insel?

10 **Klassenexperiment**
Teilt euch in eine gerade Anzahl von Gruppen auf. Jede Gruppe bringt einen „See" (ein nicht durchsichtiges Gefäß) mit. In den See wird eine streng geheime Anzahl x „Fische" (z. B. Legosteine, Reißzwecken oder Chips) hineingefüllt.
Nun wird eine Partnergruppe ausgewählt, die mit dem Verfahren von Aufgabe 9 die Zahl x der Fische im See schätzen soll.
Die Gruppe, die am besten schätzt, gewinnt einen Preis.

Geschichten

Was machst du denn eigentlich hier?

Svea Reiners

Man sieht immer ein bisschen dumm aus, wenn man ohne Ziel die Straße auf und ab läuft, fand Anna, vor allem, wenn man sonst nie die Straße auf und ab läuft, vor allem, wenn man sonst nie die Schubertstraße auf und ab läuft. Doch das war ihr egal, denn sie hatte es sich genau überlegt. Jeden Dienstag, am Nachmittag, fuhr Zoran mit dem Fahrrad zum Badmintontraining. Immer um viertel vor vier fuhr er los. Um halb sechs kam er zurück. Nur einmal war er in den letzten zwei Monaten erst um sieben zurückgekommen. Das hatte Anna aus einem sicheren Versteck heraus ausgekundschaftet. Heute war Dienstag und Anna lief nun um viertel nach fünf die Schubertstraße auf und ab und hielt nach Zoran Ausschau. Bei jedem Kettenquietschen das sie hörte, bei jedem fernen Radfahrer den sie sah, schnellte ihr Puls in die Höhe – Zoran, dachte sie jedes Mal und jeder Herzschlag ließ ihren Kopf vibrieren. Sie fürchtete einen Herzinfarkt, fand sich mit zwölf zwar noch zu jung dafür, aber es fühlte sich so an. Anna überlegte, was sie sagen sollte, wenn sie Zoran endlich träfe. „Hallo, ich war grad zufällig in der Gegend", erschien ihr zu durchsichtig. „Hey Zoran, ich such meinen Hund, der ist weggelaufen", war auch nicht überzeugend, zumal sie gar keinen Hund besaß. Ihr fiel nichts ein, ihr Kopf gab nichts her, lediglich das Rauschen und Pochen des Pulses, mehr nicht.

Ein Auto näherte sich und mit Schrecken erkannte Anna das Auto ihrer Eltern. Zoran und ihr Vater stiegen aus. „Zoran hatte einen Platten. Direkt vor unserem Haus", sagte der Vater, „Lustig, nicht?" Was hatte Zoran in ihrer Straße gemacht, fragte sich Anna, „Was hast du bei uns in der Straße gemacht?", fragte sie Zoran. „Ich war zufällig in der Gegend", erwiderte Zoran und Anna hatte den Verdacht, dass dies erst der Anfang einer langen Reihe von Zufällen sein würde und war erleichtert, dass sie Zoran zuerst gefragt hatte. „Was machst du denn eigentlich hier?" fragte der Vater und grinste.

Wer höflich ist, gewinnt (fast immer)

Der Mathematiker Efron hat ein Spiel für zwei Personen erfunden, bei dem vier Würfel benutzt werden. Diese sind nicht in der gewohnten Weise beschriftet. Die zu den Würfeln gehörenden Netze sind in der nebenstehenden Grafik abgebildet.

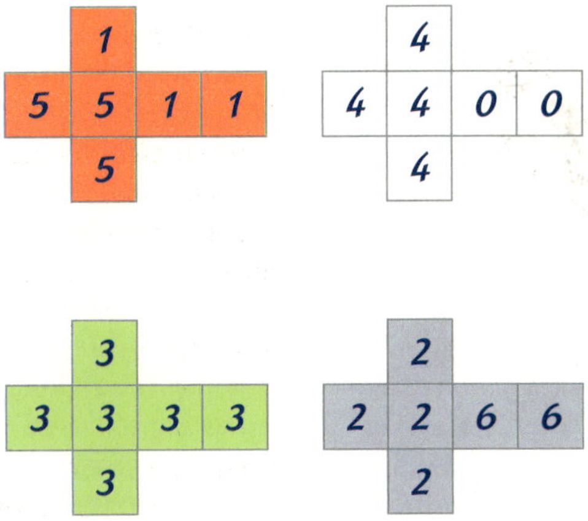

Fig. 1

Spielregel

1. Nacheinander wählen beide Spieler einen Würfel.
2. Nach der Wahl werfen beide Spieler ihren Würfel. Der Spieler mit der höheren Augenzahl bekommt einen Punkt gutgeschrieben.
3. Die Person, die nach zehn Würfen die größere Punktzahl gesammelt hat, gewinnt.

Die Efron-Würfel sind leicht herzustellen, indem man z. B. die Seiten von vier normalen Spielwürfeln nach den angegebenen Netzen beschriftet. Beim Spielen kann man interessante Erfahrungen sammeln…

Beim Spielen gegen eine Person, die über ein bestimmtes Wissen verfügt, stellt man fest, dass das Spiel fast nicht zu gewinnen ist. Dieses „Expertenwissen“ kannst Du Dir aneignen. Du benötigst dazu die in diesem Kapitel erworbenen Kenntnisse.

Wenn du die folgenden Aufträge bearbeitet hast, lernst du das „Geheimnis“ des Spiels kennen.

Überlege zunächst, welche Möglichkeiten es gibt, mit zwei Würfeln gegeneinander zu spielen.

Bestimme für die sechs Möglichkeiten aus Aufgabe 1 jeweils die Wahrscheinlichkeiten für die Gewinnchancen der beiden beteiligten Würfel. In der nebenstehenden Grafik siehst du eine Möglichkeit.

Stelle in einer Tabelle wie in Fig. 2 die Gewinnchancen bei den Würfelpaarungen dar.

Erarbeite eine Strategie für ein Gewinn bringendes Spielverhalten. Versuche eine möglichst einfache Merkregel für deine erfolgreiche Vorgehensweise in den verschiedenen Spielsituationen zu finden.

Teste nun deine Strategie – spiele das Spiel mit anderen
Überlege, welche Reihenfolge der Auswahl für den ersten Würfel du vorschlagen würdest, wenn jemand das Spiel mit dir spielen will.

Als Beispiel ist das Baumdiagramm zum Spiel Weiß gegen Blau abgebildet.

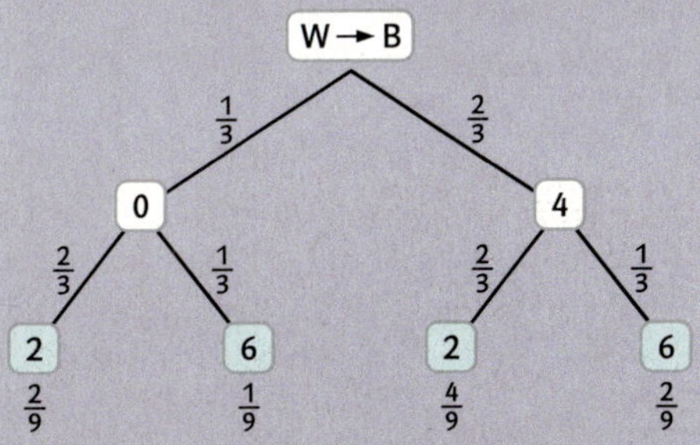

Blau gewinnt gegen Weiß mit der Wahrscheinlichkeit $\frac{2}{9} + \frac{1}{9} + \frac{2}{9} = \frac{5}{9}$. Die Gewinnchance Blau gegen Weiß ist deshalb 5 : 4.

Übersicht der Gewinnchancen:

	Rot	Weiß	Gelb	Blau
Rot	x			
Weiß		x		4 : 5
Gelb			x	
Blau		5 : 4		x

Fig. 2

Rückblick

Wahrscheinlichkeit
Die Wahrscheinlichkeit gibt an, welchen Anteil man für ein bestimmtes Ergebnis bei vielen Wiederholungen eines Zufallsversuchs erwartet.

Wahrscheinlichkeit für jede einzelne Kugel: $\frac{1}{12} \approx 8{,}3\,\%$.

Wahrscheinlichkeit für „rot": $\frac{3}{12} = 25\,\%$.

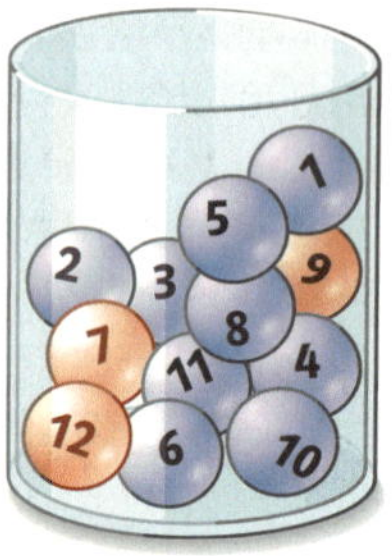

Fig. 1

Wahrscheinlichkeit und relative Häufigkeit
Die absolute Häufigkeit eines Ergebnisses gibt an, wie oft das Ergebnis in der Versuchsreihe aufgetreten ist.
Die relative Häufigkeit eines Ergebnisses gibt an, wie groß der Anteil seiner absoluten Häufigkeit an den durchgeführten Versuchen ist.
Als Schätzwerte für Wahrscheinlichkeiten kann man relative Häufigkeiten aus langen Versuchsreihen nehmen.

Absolute Häufigkeiten bei 2000 Drehungen:

gelb	871 mal
grün	460 mal
blau	669 mal

Fig. 2

Für das obige Glücksrad ergibt sich:

Ergebnis	gelb	grün	blau
rel. Häufigkeit	$\frac{871}{2000}$	$\frac{460}{2000}$	$\frac{669}{2000}$
geschätzte Wahrscheinlichkeit	*43,5 %*	*23 %*	*33,5 %*

Summenregel
Die Wahrscheinlichkeit einer Situation, zu der mehrere Ergebnisse gehören, ist gleich der Summe der Wahrscheinlichkeiten aller zugehörigen Ergebnisse.

Bei einem gefälschten Würfel hat die 6 die Wahrscheinlichkeit 0,25 und die Augenzahlen 1 bis 5 haben jeweils nur die Wahrscheinlichkeit 0,15.
Dann beträgt die Wahrscheinlichkeit für eine gerade Augenzahl $0{,}15 + 0{,}15 + 0{,}25 = 0{,}55$.

Pfadregel
Mehrstufige Zufallsversuche lassen sich durch Baumdiagramme beschreiben. Jedem Ergebnis des Gesamtversuchs entspricht ein Pfad im Baum vom Startpunkt zu einem Endpunkt.
Die Wahrscheinlichkeit eines Ergebnisses ist gleich dem Produkt der Wahrscheinlichkeiten längs des zugehörigen Pfades.

Wahrscheinlichkeit für zwei Treffer bei drei Versuchen:

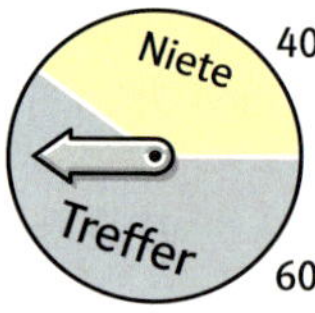

Fig. 3

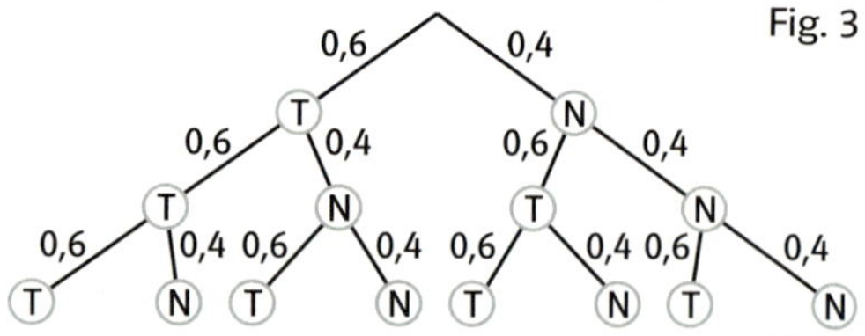

Fig. 4

Jeder der Pfade TTN, TNT und NTT hat die Wahrscheinlichkeit $0{,}6 \cdot 0{,}6 \cdot 0{,}4 = 0{,}144$.
Also beträgt die gesuchte Wahrscheinlichkeit nach der Summenregel
$0{,}144 + 0{,}144 + 0{,}144 = 0{,}432 = 43{,}2\,\%$.

Training

Runde 1

1 Aus dem Behälter in Fig. 1 wird zufällig eine Kugel gezogen.
Wie groß ist die Wahrscheinlichkeit,
a) dass die Kugel weiß ist
b) dass eine gerade Zahl auftritt?

Fig. 1

2 Ein Glücksrad mit den Feldern A, B und C wurde gedreht (Fig. 2). Bestimme relative Häufigkeiten und schätze Wahrscheinlichkeiten für A, B und C.

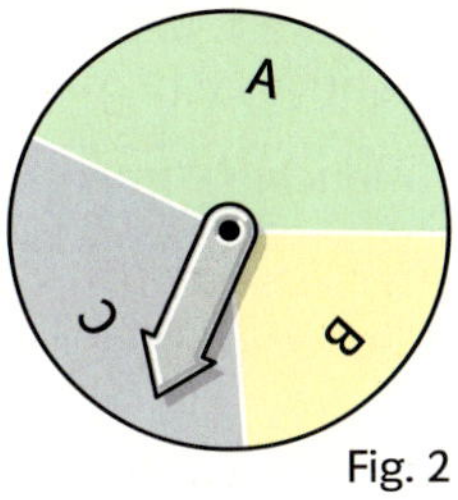

Fig. 2

Bei 96 Drehungen trat A 39-mal und B 27-mal auf.

3 Tina fragt Kirsten nach ihrem Geburtstag. Kirsten antwortet: „Mein Geburtstag ist im Januar. Die Zehnerziffer ist um 2 größer als die Einerziffer."
Wie groß ist jetzt die Wahrscheinlichkeit, dass Tina Kirstens Geburtstag errät?

4 Ein Würfel und eine Münze werden zusammen geworfen.
a) Wie groß ist die Wahrscheinlichkeit, dass der Würfel eine gerade Augenzahl zeigt und bei der Münze „Kopf" oben liegt?
b) Wie groß ist die Wahrscheinlichkeit, dass der Würfel keine Sechs zeigt und bei der Münze „Kopf" unten liegt?

5 Oliver zieht aus dem Behälter in Fig. 3 zufällig drei Kugeln und legt sie in der gezogenen Reihenfolge hintereinander.
a) Zeichne ein Baumdiagramm für alle möglichen Ergebnisse.
b) Berechne die Wahrscheinlichkeit, dass das Wort „OLI" entsteht.

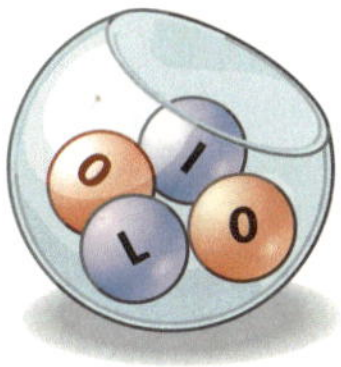

Fig. 3

Runde 2

1 Das Glücksrad in Fig. 4 wird einmal gedreht.
a) Man achtet auf die Zahlen. Wie wahrscheinlich ist die „7"?
b) Man achtet auf die Farben. Wie wahrscheinlich ist „blau"?

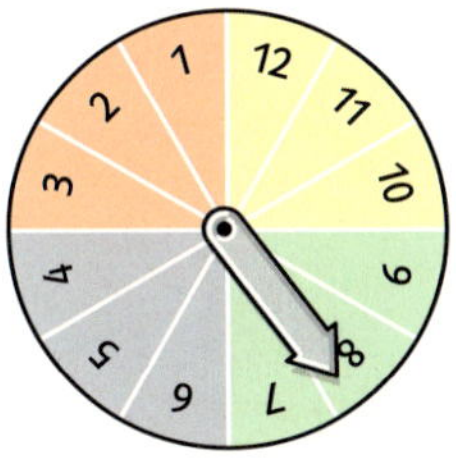

Fig. 4

2 Bei einem Quader wurden gegenüberliegende Seiten gleich mit H bzw. Q bzw. F beschriftet. Die Wahrscheinlichkeit für H wurde zu 7% und die von F zu 69,7% geschätzt.
Der Quader wird 300-mal geworfen.
Welche absoluten Häufigkeiten erwartest du für die Ergebnisse H, Q und F?

3 Ein Würfel wird zweimal geworfen.
a) Mit welcher Wahrscheinlichkeit zeigt der Würfel eine Eins und der andere keine Eins?
b) Mit welcher Wahrscheinlichkeit ist mindestens eine Eins dabei?

4 Robert zieht aus dem Behälter in Fig. 5 drei Kugeln zufällig und legt sie in der gezogenen Reihenfolge hintereinander.
a) Zeichne ein Baumdiagramm für alle möglichen Ergebnisse.
b) Mit welcher Wahrscheinlichkeit legt Robert das Wort „SOS"?

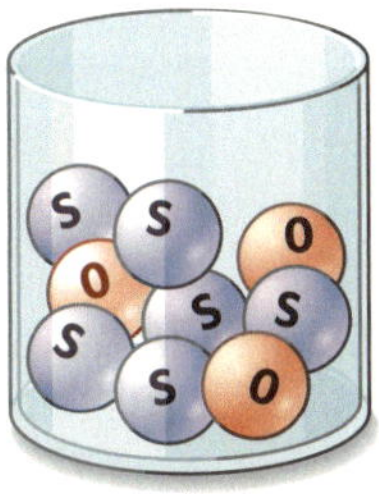

Fig. 5

Lösungen auf den Seiten 238/239.

Problemlösetipps

Die Mathe-AG trifft sich wie immer am Donnerstag in der Bibliothek. Bisher haben sie in jeder Woche an verschiedenen Aufgaben und Rätseln gearbeitet. Ricarda meint: „Wir waren ganz gut im Lösen der Aufgaben, aber wie haben wir das gemacht? Lasst uns mal darüber nachdenken, was uns helfen kann, die Lösung einer Aufgabe zu finden.“ „Das ist eine prima Idee. Dann können wir unsere Tipps zum Aufgabenlösen auf Postern darstellen und für alle aufhängen“, entgegnet Björn. Lena, Nico, Arthur und Sarah sind auch von der Idee begeistert. Nach einer Weile sind sie fertig und hängen die Poster mit ihren Tipps auf.

Das Huhn Erna ist übrigens das Maskottchen der Mathe-AG.

Nachdem sie die Poster betrachtet haben, sammeln sie die Aufgaben und Rätsel, die sie für heute mitgebracht haben. Arthurs Rätsel klingt besonders interessant. Aber schaut selbst:

? Der Halbriese Hagrid hält im Zauberwald besondere Tiere. Es handelt sich um Einhörner, Flugochsen und Triceratops (Saurier mit drei Hörnern).
Er verrät Harry: Meine Tiere haben 32 Köpfe und 60 Hörner. Außerdem kommen auf jeden Triceratop 2 Flugochsen. Finde heraus, um wie viele Tiere welcher Art es sich handelt.

Ernas Tipp

Lena hält das Rätsel zwar für witzig, meint aber, es sei auch nicht leicht zu lösen. Ihr fällt noch ein weiterer guter Tipp ein, den sie schnell auf einen großen Zettel schreibt:

WAS WISSEN WIR?
WAS WOLLEN WIR AUSRECHNEN?

Viele Wege führen zum Ziel

Auf ganz **unterschiedliche Arten probieren** sie Arthurs Rätsel zu lösen. Sarah malt zunächst ein Bild, Nico versucht einen anderen Weg. Ricarda denkt kurz nach und erinnert sich daran, dass sie schon eine **ähnliche Aufgabe** gelöst hatten und schaut in ihr Heft. Tatsächlich:

In einem Gehege befinden sich Fasane und Schafe.
Bauer Butt gibt folgende Auskunft: Die Tiere haben 26 Köpfe und 62 Beine.
Wie viele Fasane und wie viele Schafe sind es?

Fasane	Schafe	Beine
13	13	78
16	10	72
20	6	64
21	5	62

Ricarda versucht sich zu erinnern und murmelt vor sich hin:
„Wie war das noch ...? Zuerst habe ich die **Tabelle** erstellt und mit einem Beispiel angefangen ... zu viele Beine, also weniger Schafe, aber es müssen immer 26 Tiere bleiben ... dann hat es fast gestimmt ... ein Schaf durch ein Fasan ersetzen bedeutet 2 Beine weniger – fertig."

Hatte ich schon mal eine ähnliche Aufgabe?

Ricarda sagt zu Lena: „Schau, hier habe ich sogar deinen Tipp angewendet. Ich habe notiert was ich wusste, nämlich die Arten der Tiere und ich habe notiert was ich wissen wollte, nämlich die Anzahl ihrer Beine. Dein Tipp ist klasse. Dass ich das so gemacht hatte, war mir gar nicht bewusst gewesen."

Lena erwidert: „Super, aber was du gemacht hast, ist auch gut. Du hast nämlich überlegt, ob du schon mal so ähnlich vorgegangen bist. Außerdem hast du alles in einer Tabelle notiert. Da behält man gut den Überblick. Das könnten wir auch als Problemlösetipps aufschreiben."

HABE ICH BEREITS
EINE ÄHNLICHE AUFGABE
GELÖST?

TABELLEN
SCHAFFEN
ÜBERBLICK!

Jetzt fangen alle an, die Aufgabe mit dem Halbriesen Hagrid zu lösen. Das Ausprobieren hat allen gut gefallen, auch wenn Björn zwei Schritte mehr zum Ergebnis gebraucht hat als Nico.

Alles eine Sache des Überblicks

Sarah stellt nun ihre Aufgabe vor. Sie hat bei den Pfadfindern ein Eichhörnchen beobachtet und eine **Tabelle** angelegt. „Ein Eichhörnchen wäre mal gut für ein Poster, das Huhn ist doch zu langweilig", nörgelt Nico und macht sich dann an die Arbeit.

? a) Was macht das Eichhörnchen in genau einer Stunde?
b) Was macht das Eichhörnchen in vier Stunden?

ausdauernd sein

Nico stellt fest, dass man ziemlich ausdauernd sein muss, um die Tätigkeiten des Eichhörnchens aufzuschreiben. Aber er findet die Tabelle gut, denn sie ist übersichtlich. Zu Arthur sagt er: „Erst hatte ich gedacht, ich müsste diese Tabelle für vier Stunden fortsetzen. Dann wäre sie sehr lang geworden. Aber mir ist eine Regelmäßigkeit aufgefallen. Immer nach 25 min wiederholt sich die Tätigkeit des Eichhörnchens."
Arthur: „Stimmt. Dann verlässt das Eichhörnchen nach 4 Stunden, also nach 240 Minuten, gerade den Komposthaufen und beginnt wieder zu sammeln."

Tätigkeit	Dauer	Vergangene Zeit
Sammeln	10 Min.	10 Min.
Baum	2 Min.	12 Min.
Sammeln	10 Min.	22 Min.
Kompost	3 Min.	25 Min.
Sammeln	10 Min.	35 Min.
Baum	2 Min.	37 Min.
Sammeln	10 Min.	47 Min.
Kompost	3 Min.	50 Min.
Sammeln	10 Min.	60 Min.

Björn ist mit dem Ergebnis nicht zufrieden. Er meint: „Rechnerisch habt ihr zwar Recht, aber ein Eichhörnchen ist doch keine Maschine. Es macht doch nicht immer dasselbe. Theoretisch verlässt es zwar gerade den Komposthaufen, aber in Wirklichkeit...?"

Solche Aufgaben muss man genau lesen. Denkt an Lenas Tipp: Was wissen wir? Was wollen wir ausrechnen? Aber probier es selbst mit der folgenden Aufgabe.

? Der Flussdampfer Ariadne fährt das ganze Jahr regelmäßig die Strecke Kala – Silk und zurück mit folgendem Fahrplan:

Kala – Silk (flussabwärts)	Silk (Hafentag)	Silk – Kala (flussaufwärts)	Kala (Hafentag)
3 Tage	1 Tag	4 Tage	1 Tag

Die Ariadne fährt am Dienstag um 18 Uhr in Kala ab.
a) An welchem Wochentag nimmt der Kapitän sein Mittagessen wieder in Kala ein?
b) Wird der Kapitän jemals wieder an einem Dienstag in Kala zu Mittag essen?

Gib an, welcher der Problemlösetipps dir beim Lösen der Aufgabe geholfen hat.

Detektivarbeit

Heute stehen Kriminalgeschichten auf dem Programm der Mathe-AG.
Björn: „Oft sind Kriminalfälle nur schwierig zu lösen, meint ihr nicht auch?"
Nico: „Schon, aber man muss die **Situation genau untersuchen**, dann entdeckt man oft viel mehr Hinweise, als man ursprünglich dachte."
Björn: „Ich habe in einer Zeitschrift diese Geschichte gefunden."

? In der Gold-Bank ist eingebrochen worden. Kommissar Ochsenhorn hat die drei Gauner Edi, Jimmi und Timmi hinter Gitter gebracht, von denen mindestens einer bei dem Einbruch dabei war. Kommissar Ochsenhorn weiß außerdem:
Wenn Edi und Jimmi nicht beide dabei waren, dann war auch Timmi nicht dabei.
Ist Jimmi schuldig, dann war er es nicht alleine, aber Edi ist dann unschuldig.

Wer ist an dem Einbruch beteiligt gewesen?

Die Mathe-AG ist sich einig. Dieser Kriminalfall ist nicht so einfach. Aber sie haben ja die Problemlösetipps. Vielleicht können sie einige davon gebrauchen.

Arthur erinnert an den Tipp **Was wissen wir? Was wollen wir herausfinden?** und Sarah erinnert an die **Tabelle**, in der man die Kombinationen übersichtlich aufschreiben kann.

Ricarda schlägt vor, die Aufgabe trotzdem noch einmal **sorgfältig** zu **lesen** und **Wichtiges** zu **markieren**.
Die anderen stimmen ihr zu und schon steht der nächste Problemlösetipp auf einem Plakat.

SORGFÄLTIG LESEN,
WICHTIGES MARKIEREN!

„Das ist gar nicht so einfach.", meint Nico, „Dabei steht alles was wir brauchen sicher da."
Sarah schmunzelt, „Also schreiben wir es vielleicht noch mal auf eine andere Art auf..."

Nachdem der Fall gelöst ist, erzählt Lena von einer Flussüberquerung, die fast zu einem Kriminalfall geworden wäre. Dabei geht es um Leben und Tod einer Ziege, eines Wolfs und eines Kohlkopfes! Die anderen lachen, aber wie lautet die Aufgabe? Lena: „Hört zu!"

? Am Ufer eines Flusses steht ein Mann mit einem Wolf, einer Ziege und einem Kohlkopf. Er möchte mit allem über den Fluss setzen, hat aber nur ein kleines Boot zur Verfügung, das außer ihm selbst nur noch einen von den Dreien tragen kann. Zudem darf der Mann den Wolf und die Ziege nicht allein lassen, sonst wird die Ziege gefressen. Auch die Ziege und den Kohlkopf darf er nicht allein lassen, sonst wird der Kohlkopf gefressen. Wer es kann, der möge zeigen, wie der Mann alles unbeschadet über den Fluss bringt.

Zuerst markieren sie, wer nicht mit wem fahren darf, aber sie haben keine Lust auf eine Tabelle. Stattdessen stellen sie die Situation nach und probieren Kombinationen aus. Sicher gibt es auch noch andere Wege, versuche es selbst.

Genau lesen, Wichtiges markieren

? Eine Frau, ein Mann und zwei Kinder wollen über den Fluss. Das Boot trägt aber nur den Mann oder die Frau oder die beiden Kinder. Wie kommen alle über den Fluss?

Mach' dir ein Bild

Das Treffen letzte Woche war sehr lustig, heute stellt Nico eine Aufgabe vor.

? Ein Regionalzug startet in Adorf in Richtung Bestadt und legt je Stunde 50 Kilometer zurück. Ein Schnellzug startet eine halbe Stunde später aus Bestadt in Richtung Adorf und schafft pro Stunde 70 Kilometer. Nach welcher Zeit begegnen sie sich, wenn die Strecke zwischen Adorf und Bestadt 235 Kilometer lang ist?

MANCHMAL HILFT EINE ZEICHNUNG

Während die Mitglieder der Mathe-AG anfangen, hört man ein Durcheinander gemurmelter Gedanken. „Genau lesen!", „Kennen wir eine ähnliche Aufgabe?", „Eine Tabelle anlegen". Plötzlich ruft Arthur: „Ha! Ich hab's! Es ist ganz einfach. Klar, eine Tabelle hilft auch, aber ich habe eine **Zeichnung** gemacht und war ganz fix fertig." Die anderen staunen. Tatsächlich, Arthur hat bereits die Lösung. Aber sieh selbst.

Arthur erklärt: „Ich stelle die Zeit in einem Diagramm dar. Der Regionalzug fährt in 60 Minuten 50 Kilometer, in 120 Minuten 100 km usw. Der Schnellzug befindet sich nach einer halben Stunde noch am Ausgangspunkt (235 km). Nach 90 Minuten befindet er sich bei Streckenkilometer 165, nach 150 Minuten bei Streckenkilometer 95. Schließlich kann ich ablesen, dass die Züge nach etwa 135 Minuten, das sind $2\frac{1}{4}$ Stunden, aneinander vorbeifahren."

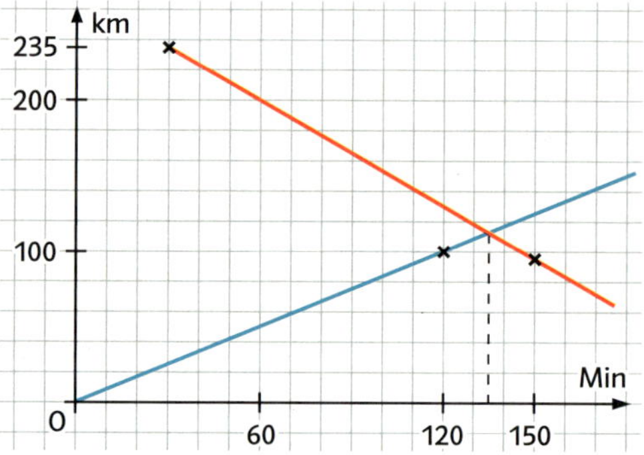

Mache eine Skizze oder eine Zeichnung.

Die anderen betrachten Arthurs Lösung genau. Björn meint schließlich, dass er die Lösung mit einer **Tabelle** und dem **gezielten Probieren** besser gefunden hätte, kann sich mit Arthur aber nicht einigen. Lena wirft ein: „Es gibt halt kein bestes Hilfsmittel, das hängt immer von der Aufgabe ab und natürlich vom persönlichen Geschmack."
Jetzt seid ihr dran. Probiert beide Methoden mit eurer Nachbarin oder eurem Nachbarn aus. Überlegt, welche euch in diesem Fall besser gefallen hat. Warum?

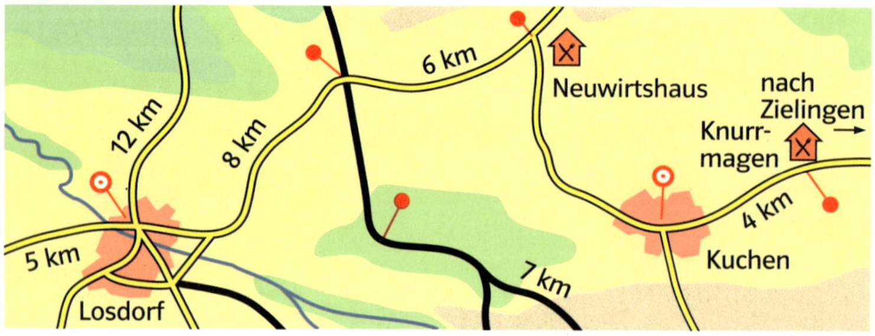

? Katrin ist um 9 Uhr in Losdorf zu einer Fahrradtour nach Zieglingen aufgebrochen. Sie fährt gleichmäßig schnell und legt in einer Stunde 12 Kilometer zurück. Felizitas hat sie verpasst und möchte sie einholen. Sie startet in Losdorf 20 Minuten nach Katrin und schafft pro Stunde 15 Kilometer. Wann holt Felizitas Katrin ein? Wo können die beiden frühestens gemeinsam essen gehen?

Übersicht über Problemlösetipps

An diesem Donnerstag fasst die Mathe-AG noch einmal zusammen, welche **Problemlösetipps** sie im Laufe der letzten Wochen formuliert hat. Es sind sehr viele Tipps und es gibt sicherlich noch viel mehr.

Ricarda stellt fest: „Eigentlich ist das wie ein Kreislauf. Erst war ein Problem gegeben, das wir zuerst einmal durchschauen mussten. Dann haben wir getüftelt und gerechnet und so versucht das Problem zu lösen. Dabei waren die verschiedenen Problemlösetipps sehr hilfreich." Sarah ergänzt: „Stimmt, aber oft haben wir auch geprüft, ob die Lösung überhaupt sinnvoll ist. Erinnere dich zum Beispiel an die Aufgabe mit dem Eichhörnchen."

Gemeinsam erstellen sie die folgende **Übersicht**, um sich das Bild des Kreislaufs nochmals klar zu machen:

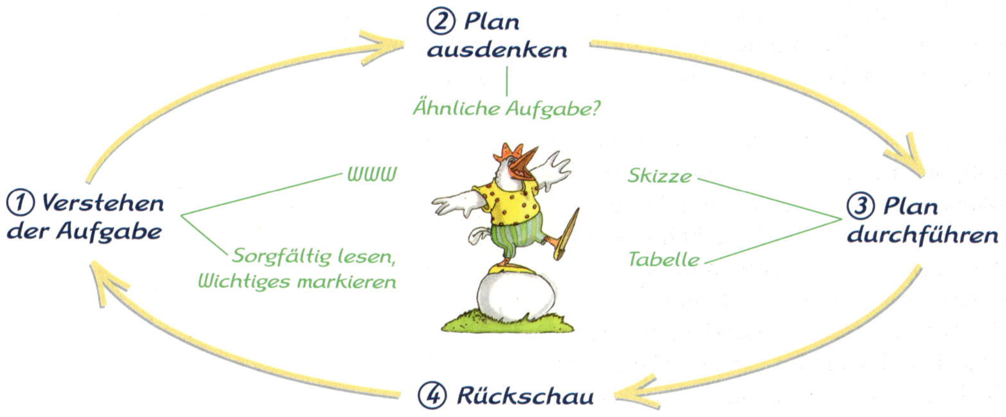

Zusätzlich hängen sie an einer Wand noch einmal alle Problemlösetipps auf.

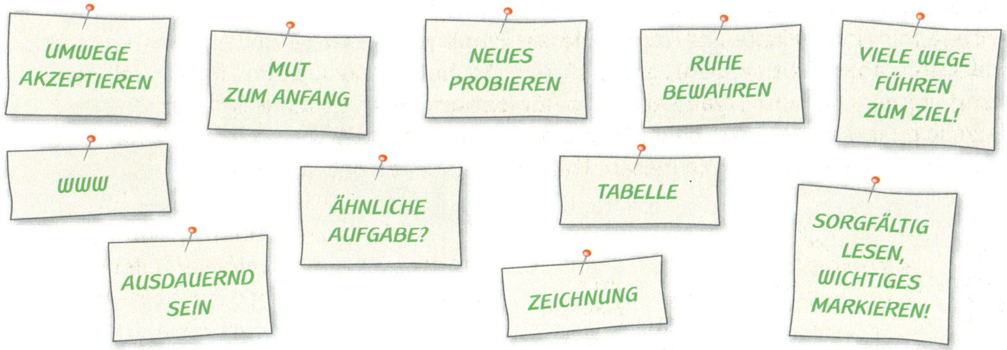

Aber Sarah, Björn, Nico, Lena, Arthur und Ricarda sind sich einig. Nicht jeder Tipp hilft jedem und nicht jeder Tipp ist für jedes Problem geeignet.
Jetzt bist du wieder dran. Wenn du wieder eine Aufgabe lösen sollst, schau auf die Wand mit den Problemlösetipps. Viele helfen dir sicherlich beim Lösen auch schwierigerer Probleme.

Auf den vorigen Seiten hast du sehr viele Problemlösetipps kennen gelernt. Versuche sie nun beim Bearbeiten der Übungsaufgaben anzuwenden.

? Anna, Berta, Celia und Dagmar kommen zu einem Pfadfindertreffen aus den vier Städten Berlin, Hamburg, Stuttgart und München. Celia und die Teilnehmerinnen aus München und Stuttgart sind die einzigen, die schon im letzten Jahr dabei waren. Anna ist die Älteste, dann kommt die Teilnehmerin aus Berlin, dann Berta und als Jüngste die Teilnehmerin aus München. Anna hat eine Brieffreundschaft mit der Teilnehmerin aus Stuttgart.

? Zu welcher Stadt gehört welches Mädchen?

? Sebastian hat 80 Münzen vor sich liegen, Tobias hat 38. Sie spielen folgendes Spiel: Sebastian schiebt bei jedem Zug zwei Münzen in die Mitte, Tobias nimmt sich dabei eine dieser Münzen. Sie spielen so lange, bis jeder gleich viele Münzen hat. Wie viele Münzen sind das? Wie viele Züge müssen sie spielen?

? Zwei Wanderer gehen auf einem sehr schmalen Bergpfad. Ihnen kommen zwei Wanderer entgegen, aber es gibt keinen Platz, um auszuweichen. Auf der einen Seite des Pfades tut sich eine tiefe Schlucht auf, auf der anderen Seite steigt die Felswand senkrecht an. Nur an einer Stelle ist der Pfad etwas breiter. Dort ist eine kleine Höhle in der Felswand, in die sich gerade noch ein Wanderer so hineindrücken kann, dass andere vorbeigehen können.

? Können die Wanderer aneinander vorbeigehen oder müssen sie umkehren?

? Von einem Dreieck ist bekannt, dass zwei seiner Seiten gleich lang sind. Man weiß auch, dass alle Seiten zusammen 42 cm lang sind. Die Länge der kurzen Seite beträgt $\frac{4}{5}$ der Länge einer langen Seite. Wie lang sind die einzelnen Seiten des Dreiecks?

? „Wie viele Kühe haben Sie denn derzeit in Ihrem Stall?“ wird Bauer Huber von einem Nachbarn gefragt.
Bauer Huber antwortet mit einem Rätsel: „Mit dem Futter, das ich noch im Futtersilo habe, kann ich meine Kühe 30 Tage lang ernähren. Wenn ich 10 Kühe weniger hätte, würde das Futter 10 Tage länger ausreichen. Wenn ich 50 Kühe hätte, würde das Futter 6 Tage weniger lang ausreichen.“
Wie viele Kühe stehen denn nun im Stall von Bauer Huber?

? Jana hat eine rote, eine blaue und eine weiße Kugel vor sich liegen. In wie vielen verschiedenen Reihenfolgen kann sie diese Kugeln anordnen?

Auf den beiden Waagschalen einer Waage liegen verschiedene Gegenstände. In der linken Schale liegen drei Bausteine und fünf Kugeln, in der rechten liegen 13 Kugeln. Dennoch befinden sich beide Waagschalen im Gleichgewicht. Erkläre warum.

? Bei dem Igelbaum in Fig. 1 wachsen jedes Jahr aus jeder Spitze zwei neue Spitzen.
a) Wie viele Spitzen hat der Igelbaum nach 8 Jahren?
b) Wann hat der Igelbaum erstmalig mehr als 3000 Spitzen? Überschlage zunächst.

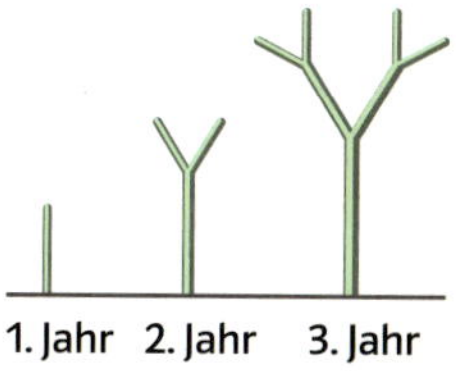

Fig. 1

? Tanja besitzt noch 16 Murmeln. Sie hat Peter 4 Murmeln gegeben und Silke die Hälfte der Anzahl der Murmeln, die sie ursprünglich gehabt hatte. Wie viele Murmeln hatte sie zu Beginn?

? Auf einem Tisch stehen zwei identische Gefäße. Das eine ist mit 12 l Wasser gefüllt, das andere ist leer. Aus dem ersten Gefäß fließen pro Minute 0,4 l Wasser aus, in das zweite Gefäß fließen pro Minute 0,6 l hinein. Wann enthalten beide Gefäße gleich viel Wasser? Schätze zunächst.

Schachmatt?

Beim Schachspiel kann jede Figur andere Felder bedrohen. Es gilt, dass der Springer je nach seiner Stellung 2; 3; 4; 6 oder 8 Felder bedrohen kann.

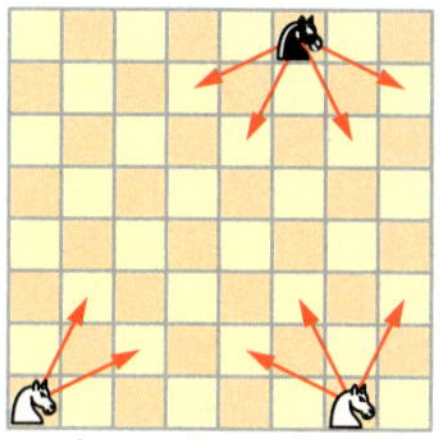

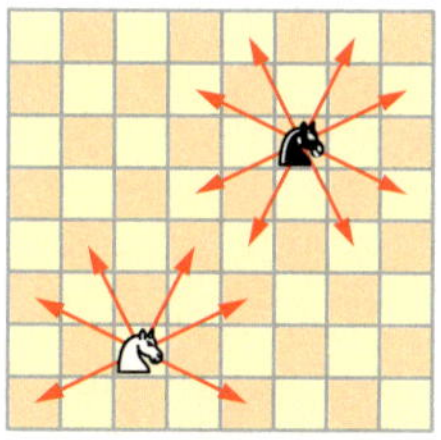

? Auf dem Schachbrett steht auf einem Feld die angegebene Figur. Sonst ist das Brett leer.
Wie viele Felder können durch diese Figur bedroht werden? Die Antwort hängt davon ab, auf welchem Feld die Figur steht.
a) König
b) Turm
c) Läufer
d) Dame

Auf das Schachbrett sollen nur Türme gestellt werden. Jedes Feld des Brettes soll durch mindestens einen Turm bedroht werden. Kein Turm darf einen anderen Turm bedrohen.

? Wie viele Türme kann man unter diesen Bedingungen auf dem Brett postieren?

Auf das Schachbrett sollen nur Läufer gestellt werden. Jedes Feld des Brettes soll durch mindestens einen Läufer bedroht werden. Kein Läufer darf einen anderen bedrohen.

? a) Wie viele Läufer muss man unter diesen Bedingungen mindestens postieren?
b) Wie viele Läufer kann man unter diesen Bedingungen höchstens postieren?

Olympische Spiele

Olympia – die Zeitungen sind voll mit Bildern, Berichten, Sensationen, Rekorden, Medaillenspiegeln, Tragödien und Skandalen. Das Fernsehen ist überall dabei: Live-Reportagen, Menschen, Schicksale, Interviews, Zeitlupen, rund um die Uhr.

Geschlagen – Superstar Franziska van Almsick enttäuscht
Sie schwamm in Athen 2004 nicht die erwarteten Zeiten.

Birgit Fischer gewann ihr achtes Gold
Rekorde und Medaillen – Als älteste Kanufahrerin gewann Birgit Fischer mit 42 Jahren in Athen 2004 eine Goldmedaille. Mit 18 gewann sie ihr erstes Gold – als jüngste Kanutin.

Totaler Absturz – Tim Lobinger versagt
Dreimal scheiterte er beim Stabhochsprung an der Höhe von 5,65 m und schied als Achter aus.

Den Sack nicht zugemacht – aber Silber gewonnen
Der Traum vom Gold zerplatzte für die deutsche Handballmannschaft 2004 in Athen im Finale. Sie hatte nicht genügend Tore geworfen. Aber das Team hatte grandios aufgespielt und in der Vorrunde 6:4 Punkte gewonnen.

Warum war gerade Athen so interessant? Was hat es mit der Geschichte um die Spiele auf sich? Die Schüler der Klasse 6 b unterhalten sich angeregt. Marius ist im Leichtathletikverein, Daniela spielt Volleyball, Christoph ist leidenschaftlicher Schwimmer … Jeder ist ein kleiner Spezialist auf seinem Gebiet und verfolgt daher Sportwettkämpfe in seiner Disziplin ganz intensiv. Ein besonderer Höhepunkt sind die olympischen Spiele alle vier Jahre. Plötzlich haben die Schülerinnen und Schüler eine Idee: „Wir organisieren eine Ausstellung zum Thema „Olympia". Jeder vertieft sein Spezialgebiet und stellt es den anderen vor. Da gibt es eine Menge Fragen zu klären, und darin sind sich alle einig: Die Ausstellung soll interessant und pfiffig werden, es muss so richtig „was los" sein. Es soll lebhaft zugehen wie auf einem Marktplatz, auf dem man alles kaufen, anschauen, sich anhören und miteinander reden kann. Plötzlich kommen ganz viele Ideen zur Gestaltung des Marktplatzes zusammen. „Wir organisieren einen Nachmittag mit dem Thema

Marktplatz „Olympia" – LIVE dabei.

Dazu laden wir unsere Eltern und Freunde ein und bauen viele verschiedene Marktstände auf. Überall wird etwas geboten."

„Gute Idee! Lass uns einen Marktstand machen, an dem man alles über die verschiedenen Läufe, die Spitzenzeiten und die Veränderung der Laufzeiten von 1896 bis heute erfahren kann. Unseren Stand nennen wir dann **Laufen, laufen** *…"*

Zahlen, Diagramme und mehr *„Wir veranschaulichen die vielen Zahlen mithilfe verschiedener Diagramme. In einem Kreisdiagramm ist der Medaillenspiegel der Teilnehmerländer gut zu zeigen. Mit Säulendiagrammen kann man die Durchschnittsgeschwindigkeiten der Schwimmer in ihren Schwimmstilen veranschaulichen."*

Die Zeitleiste *„Wir zeichnen eine riesengroße Zeitleiste auf Packpapier, tragen alle Olympischen Spiele ein und kleben interessante Bilder auf."*

„Die olympischen Ringe müssen wir auf jeden Fall ganz groß aufzeichnen!"

Steckbriefe *„Wir beschreiben interessante Athletinnen und Athleten in Form von Steckbriefen auf Plakaten."*

„Stopp, Stopp! Eure Idee mit den Plakaten ist ja gut. Aber könnten wir noch etwas mehr Action auf den Marktplatz bringen?"

Weiten im Vergleich *„Ja, klar! Die Weiten, die beim Weitsprung erzielt wurden, zeichnen wir auf dem Schulhof auf und tragen unsere eigenen Weiten im Vergleich dazu ein."*

Die Reportage *„Ein Reporter berichtet live von einem spannenden Ruderwettkampf und vergleicht die verschiedenen Zeiten in den Einern, Zweiern, Vierern und Achtern."*

Wettkämpfe live *„Bei uns kann jeder die antiken Wettkämpfe einmal selbst ausprobieren. Der Sieger wird dann wie damals ermittelt und geehrt. Antike Sportgeräte können mit den heutigen Geräten verglichen werden."*

Quiz *„Hier kann jeder sein Wissen testen."*

Das Interview *„Ein Reporter interviewt einen Kugelstoßer und testet ihn, ob er nicht nur stark ist, sondern auch einiges zum Kugelstoßring weiß."*

Sketch *„Bei uns geht es zum Abschluss der Veranstaltung dann ganz lustig zu. Hier wird ein Sketch aufgeführt zum Thema „Wie stellen wir uns Olympia in 50 Jahren vor?" Jeder Besucher kann mitmachen. Das wäre sicher ein super Abschluss!"*

Wie fing alles an? Die Olympischen Spiele der Antike

Der antike Fünfkampf
Er umfasste die Disziplinen Diskuswerfen, Weitsprung, Speerwurf, Laufen und Ringen. Beim Diskuswerfen wurde eine ca. 5,7 kg schwere Scheibe aus Bronze, Eisen, Blei oder Stein mit einem Durchmesser von 34 cm verwendet.
Beim Weitsprung hielt der Athlet Sprunggewichte von 1,4 kg bis 4,6 kg aus Stein, Blei oder Bronze in jeder Hand. Der Sprung selbst soll aus dem Stand heraus erfolgt sein. Es wurden fünf Sprünge hintereinander ausgeführt. Am Schluss zählte die Gesamtdistanz. Der Speer wurde mithilfe einer Lederriemenschlaufe abgeworfen. Die Laufstrecke war wahrscheinlich eine Stadionlänge. Es wird vermutet, dass der Sieger nicht nach einem Punktesystem, sondern nach einem Ausscheidungsverfahren ermittelt wurde.

Im Laufe der Jahre wurden die Disziplinen erweitert und die Spiele von einem Tag auf fünf Tage ausgedehnt.[1] Man unterschied die gymnischen (oder athletischen) und die hippischen Wettkämpfe sowie einen Wettstreit der Trompeter und Herolde.

[1] In manchen Quellen ist auch von sechs Tagen die Rede.

? Welche Disziplinen umfassten diese Wettkämpfe?

Wie groß und wie schwer ist die heutige Diskusscheibe?

Von Anfang bis Ende
776 v. Chr. wird als das erste Jahr der Olympischen Spiele bezeichnet. Das Datum konnte man aus Siegerlisten ableiten. Bei den ersten Spielen fand nur ein Lauf, der so genannte Stadionlauf, über die Länge das Stadions (192,27 m) statt. Die Spiele dauerten einen Tag und fanden nach der Sommersonnenwende statt. Der Sieger bekam als Preis einen Kranz aus Olivenzweigen.
Ab der 14. Olympiade im Jahr 724 v. Chr. kam der Doppellauf als neue Disziplin hinzu. Der Läufer musste am Ende des Stadions eine Wendemarke umrunden und zur Startlinie zurückkehren. Ab 720 v. Chr. wird von Langsteckenläufen über 20 oder 24 Stadionlängen, dem so genannten Pendellauf, berichtet. 708 v. Chr. wurde der Fünfkampf eingeführt. 680 v. Chr. fand das erste Wagenrennen mit einem Vierspänner statt. 476 v. Chr. wurden die Olympischen Spiele durch Hinzunahme weiterer Disziplinen zu einem fünftägigen Fest erweitert. Im Laufe der Jahre wurden die Spiele rauer und teilweise sogar gewalttätig.
393 n. Chr. wurden die Olympischen Spiele von Kaiser Theodosius I abgeschafft.

? Welche Disziplinen zählt man heute zum Fünfkampf?

In verschiedenen Quellen findet man folgende Angaben:
Die Stadionlänge entsprach der Legende nach dem Sechshundertfachen der Fußgröße des Herakles. Die Reitbahn – das Hippodrom – war ca. 4 Stadien lang. Die Zwei- und Vierspänner legten darin zwölf Runden (Längen des Hippodroms) zurück.

? Stelle zu den verschiedenen Messgrößen Berechnungen an.

? Fertige eine Zeitleiste an, die von 776 v. Chr. bis heute reicht. Markiere alle Jahre, in denen Olympische Spiele stattgefunden haben.

Modell der Bauten im Heiligtum von Olympia

1 Zeustempel 2 Gästehaus für die Ehrengäste

Ein berühmter Athlet: Milon von Kroton

Milon von Kroton siegte als 17-Jähriger im Jahr 540 v. Chr. zum ersten Mal bei einer Olympiade als Ringer. Er ging aus dem Leistungszentrum von Kroton in Süditalien hervor. Die Überlieferung sagt, dass der berühmte Mathematiker Pythagoras, der selbst Olympiasieger im Ringkampf war, sein Lehrmeister gewesen sei.
Insgesamt errang Milon von Kroton sechs Olympiasiege.
Von ihm wird erzählt, dass er in seiner Jugend täglich ein Kalb getragen habe. Mit zunehmendem Gewicht des Kalbs wuchs auch seine Muskelkraft. Später soll er einen Stier auf den Schultern rund um die Laufbahn eines Stadions von 1,5 km Länge getragen haben. Man sagt ihm nach, dass er täglich 17 Pfund Brot und 17 Pfund Fleisch gegessen und 10 Liter Wein getrunken habe.

? Versuche noch mehr über die Olympischen Spiele der Antike zu erfahren. Interessante Informationen erhältst du aus dem Internet, wenn du das Suchwort „Antikes Olympia" eingibst.

? Wer war 776 v. Chr. der erste Olympiasieger?
Warum wurde nur ein Teilnehmer Olympiasieger?
Wie wurde der Sieger ermittelt?

Der Marathonlauf

Wer war der erste Marathonsieger?

Spiridon Louis wurde am 12. Januar 1873 als fünftes Kind der Bauersleute Kalomira und Athanasios Louis in Marusi geboren. Sonntags verkauften Spiridon und sein Vater in Athen Quellwasser aus Marusi. Am 10. April 1896 startete Spiridon beim ersten offiziellen Marathonlauf in Marathon. Er berichtete über seinen Lauf: „Am Wege nach Pikermi stand mein nachmaliger Schwager Kontos an der Straße und streckte mir einen Becher Wein und ein rohes Osterei entgegen. Ich schlürfte das Weinchen im Laufen und fühlte mich hernach so gestärkt, dass ich mich ins Zeug legte ..." Spiridon traf als Erster im Stadion ein. Er legte die Marathonstrecke in 2 Stunden, 58 Minuten und 50 Sekunden zurück. Die Griechen feierten ihn als Helden. Im März 1940 starb Louis in Marusi so arm, wie er geboren war.

Quelle: Das Olympiabuch Athen 1896 – 2004. Delius Klasing Verlag, Bielefeld

Wie ging es weiter? – Olympiasieger im Marathonlauf

1896	Spiridion Louis	GRE	2:58:50 h	1960	Abebe Bikila	ETH	2:15:16 h
1900	Michael Thealo	FRA	2:59:45 h	1964	Abebe Bikila	ETH	2:12:11 h
1904	Thomas Hicks	USA	3:28:53 h	1968	Amamo Wolde	ETH	2:20:26 h
1908	J. Joseph Hayes	USA	2:55:18 h	1972	Frank Shorter	USA	2:12:19 h
1912	Kenneth McArtur	RSA	2:36:54 h	1976	Waldemar Cierpinski	GDR	2:09:55 h
1920	Hannes Kolehmainen	FIN	2:32:35 h	1980	Waldemar Cierpinski	GDR	2:11:03 h
1924	Albin Sleenros	FIN	2:41:22 h	1984	Carlos Lopez	POR	2:09:21 h
1928	Mohamed El Quafi	FRA	2:32:57 h	1988	Gelindo Bordin	ITA	2:10:32 h
1932	Juan Carlos Zabata	ARG	2:31:36 h	1992	Hwang Young-Cho	KOR	2:13:23 h
1936	Kitei Son	JPN	2:29:19 h	1996	Josiah Thungwane	RSA	2:12:36 h
1948	Delfo Cabrera	ARG	2:34:51 h	2000	Gezangne Abera	ETH	2:10:11 h
1952	Emil Zatopek	TCH	2:23:03 h	2004	Stefano Baldini	ITA	2:10:55 h
1956	Alain Mimoun	FRA	2:25:00 h				

? Vergleiche die Laufzeit von Stefano Baldini mit der Laufzeit von Spiridon Louis und der besten olympischen Laufzeit.

Die Zwischenzeiten von Stefano Baldini, Athen 2004

5 km	10 km	15 km	20 km	25 km	30 km	35 km	40 km
15:58 min	31:56 min	48:18 min	1:03:55 h	1:20:08 h	1:35:50 h	1:50:37 h	2:04:49 h

? In welchen Jahren wichen die Zeiten um mehr als zehn Minuten von der Laufzeit Baldinis ab?

? Stelle weitere Vergleiche und Berechnungen an und veranschauliche sie.

Höhenprofil der Laufstrecke Marathon – Athen

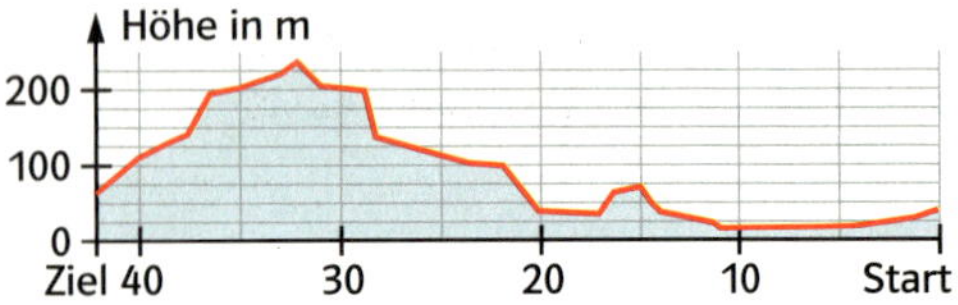

Fig. 1

? Welche Durchschnittsgeschwindigkeit erzielte Baldini auf den jeweiligen Streckenabschnitten? Vergleiche sie untereinander. Stelle eine Verbindung zum Höhenprofil der Laufstrecke her.

Marathonlauf der Frauen
Erst 88 Jahre nach Spiridon Louis' Marathonsieg fand der erste olympische Marathon der Frauen statt. Man war lange Zeit der Überzeugung, dass ein Marathon zu anstrengend sei für Frauen. Zwar nahmen ab 1972 erstmals Frauen am Boston-Marathon teil, aber erst 1984 durften sie auch bei den Olympischen Spielen in Los Angeles starten.

Olympiazeiten

1984	Joan Benoi	USA	2:24:52 h
1988	Rosa Mota	POR	2:25:40 h
1992	Walentina Jegorowa	EUN	2:32:41 h
1996	Fatuma Roba	ETH	2:26:05 h
2000	Naoka Takahashi	JPN	2:23:14 h
2004	Mizuki Noguchi	JPN	2:26:20 h

Entwicklung der Weltbestzeiten seit 1970

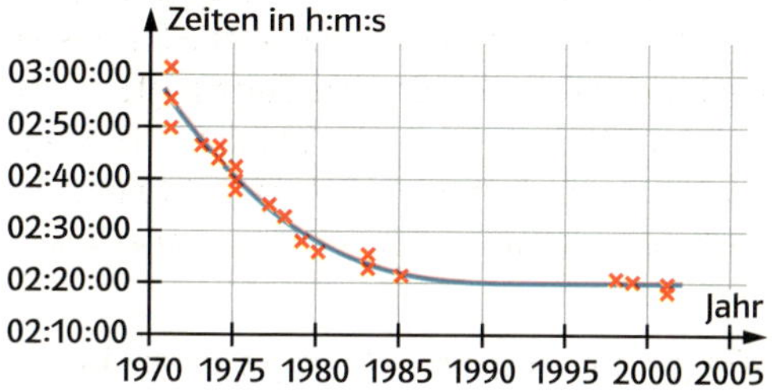

Fig. 1

? Welche Informationen kann man der Grafik mit den Weltbestzeiten entnehmen?

? Erstelle eine Grafik für die Olympiazeiten und vergleiche die Weltbestzeiten mit den Olympiazeiten.

Portrait einer Olympiasiegerin: Mizuki Noguchi
Die Vorbereitung auf Olympia 2004 mit dem Ziel der Goldmedaille startete für Mizuki Noguchi bereits kurz nach ihrem Vizeweltmeister-Titel im Marathon 2003 in Paris. Die aus Kyoto stammende Noguchi trainierte im Winter hauptsächlich im südchinesischen Höhenzentrum Konmei in 1600 m Höhe. Jeden Morgen standen vor dem Frühstück 10 – 12 km auf dem Programm, nachmittags oft Tempoeinheiten über 10- oder 20-mal 1000 m. Manchmal stand ein 40-km-Lauf an. Der wurde dann vor dem Mittagessen ausgetragen, ohne dass dafür auf den Trainingslauf am frühen Morgen verzichtet wurde.
Für ihren Olympialauf in Athen konstruierte der Chefschuhentwickler einer bedeutenden Sportfirma einen Spezialschuh, der nur sensationelle 118 g wog. Er war wohl nur für eine superleichte Läuferin wie Mizuki Noguchi mit ihren 40 kg Gewicht tragbar.
Ihre Bestzeiten erzielte Mizuki Noguchi im 10 000-m-Lauf im Jahr 2004 in Kobe mit 31:21,03 min, im 21,1-km-Lauf im gleichen Jahr in Myazaki mit 67:47 min, im 30-km-Straßenlauf in Ohme (ebenso 2004) in einer Zeit von 1:39:02 h und im Marathonlauf im Jahr zuvor in Osaka in 2:21:18 h.
Quelle: Laufmagazin Spiridon 10/2004, Seite 20. Spiridon Verlags-GmbH, Düsseldorf

? Wie viele Kilometer läuft M. Noguchi im Monat, wenn sie jeden dritten Tag einen 40-km-Lauf macht?

? Wie viele Trainingsmonate braucht sie, um die Erde auf der Höhe des Äquators einmal zu umrunden?

? Welche Durchschnittsgeschwindigkeiten hatte sie bei ihren Läufen mit den Bestzeiten? Veranschauliche sie.

Läufe im Olympiastadion

Wilma Rudolph

Wilma Rudolph wurde 1940 als 20. von 22 Kindern einer armen Familie in einem Ghetto in Tennesee (USA) geboren. Sie erkrankte im Alter von vier Jahren an Kinderlähmung, sodass sie ihr linkes Bein nicht mehr bewegen konnte und zwei Jahre im Bett verbringen musste. Mit sechs Jahren konnte sie wieder mit einer Stütze gehen. Mit elf Jahren warf sie die Krücke weg und begann Basketball zu spielen. Bald wurde erkannt, wie schnell Wilma laufen konnte und schon mit 16 Jahren qualifizierte sie sich für die Olympischen Spiele 1956 in Melbourne. Sie gewann eine Bronzemedaille in der 4x100-m-Staffel. Als sie 1960 zu den Olympischen Spielen nach Rom kam, hielt sie bereits den Weltrekord über 200 m und war als erste Frau unter 23,0 s gelaufen. Im Finale über 100 m zeigten die Stoppuhren 11,0 s, ein unglaublicher Weltrekord, denn bis dahin war die Bestzeit 11,3 s. Leider konnte der Weltrekord nicht anerkannt werden, da der Rückenwind mit 2,47 Meter pro Sekunde zu stark war. Wilma fragte: „War ich nicht schneller als der Wind?" Außerdem gewann sie in Rom die Goldmedaillen über 200 m und 4x100 m. 1962 zog sich die schnellste Frau der Welt aus der Leichtathletik zurück. Sie bekam vier Kinder und arbeitete als Sportlehrerin. Wilma Rudolph starb 1994 an einem Gehirntumor.

Der 100-m-Lauf

Einige 100-m-Olympiasieger

1896	Thomas Burke	USA	12,0 s
1908	Reggie Walker	RSA	10,8 s
1924	Harold Abrahams	GBR	10,6 s
1936	Jesse Owens	USA	10,3 s
1948	Harrison Dillard	USA	10,3 s
1960	Armin Hary	GER	10,0 s
1972	Waleri Borsow	RUS	10,14 s
1984	Carl Lewis	USA	9,99 s
1996	Donavan Bailey	CAN	9,84 s
2004	Justin Gatlin	USA	9,85 s

Armin Hary

Der 100-m-Lauf ist die Königsdisziplin der Olympischen Spiele, denn die Goldmedaillengewinner sind die schnellsten Männer der Welt.

? Wie viele km pro Stunde laufen die schnellsten Menschen über 100 m? Vergleiche mit verschiedenen Tieren. In der Tabelle sind die Laufzeiten der Tiere über 100 m angegeben.

Eisbär	Hausmaus	Katze	Gepard	Elefant
5,56 s	$\frac{1}{2}$ min	7,5 s	3,0 s	9,23 s

? Stelle in Diagrammen (z. B. Säulendiagrammen) dar, wie sich die 100-m-Zeiten und die Durchschnittsgeschwindigkeiten im Lauf der Jahrzehnte verbessert haben.

? Welchen Bruchteil der Zeit benötigte der Olympiasieger mit der besten Zeit im Vergleich zu dem mit der längsten Zeit? Wie groß wäre sein Vorsprung?

Kelly Holmes

? Wie schnell wäre Julia Nesterenko auf der Marathonstrecke (42,195 km), wenn sie ihr Tempo halten könnte? Wie schnell wäre Huina Xing?

Die Läufe im Vergleich
Olympiasiegerinnen von Athen 2004

100 m	Julia Nesterenko	BLR	10,93 s
200 m	Veronica Campbell	JAM	22,05 s
400 m	Tonique Williams-Darling	BAH	49,41 s
800 m	Kelly Holmes	GBR	1:56,38 s
1500 m	Kelly Holmes	GBR	3:57,90 s
5000 m	Meseret Defar	ETH	14:45,65 s
10 000 m	Huina Xing	CHN	30:24,36 s

? Stelle in Diagrammen dar, wie sich die Siegerzeiten und die Durchschnittsgeschwindigkeiten je nach Streckenlänge verändern.

? Kann man bei den Laufzeiten für die verschiedenen Strecken einfach ineinander umrechnen?

Das Olympiastadion

Olympiastadion Berlin

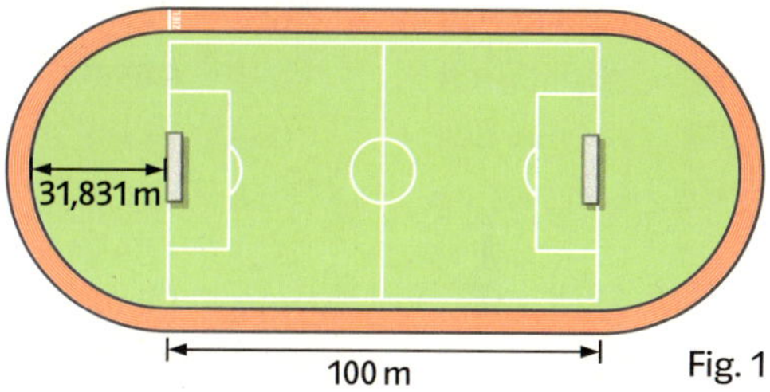

Fig. 1

Die Laufbahn im Olympiastadion besteht aus der Zielgeraden und der Gegengeraden, beide sind 100 m lang. Sie werden durch die Kurvenbahnen verbunden, die die Form von Halbkreisen haben. Alle acht Bahnen sind je 1 m breit.

? Der Radius der Innenseite von Bahn 1 ist 31,831 m. Rechne nach, dass die Innenseite dieser Bahn 400 m lang ist.

? Wie lang ist die Innenseite der Bahnen 2 bis 8? Wie groß ist beim 400-m-Lauf der Vorsprung, den die Läufer der Bahnen 2 bis 8 gegenüber dem Läufer der Bahn 1 jeweils erhalten, die so genannte Kurvenvorgabe? Warum erhält man beim 800-m-Lauf nur die halbe Kurvenvorgabe wie beim 400-m-Lauf? Wie groß sind die Kurvenvorgaben für den 200-m-Lauf?

? Wie viele Runden muss man für die einzelnen Laufstrecken zurücklegen? Wo auf der Bahn ist jeweils der Start zu dieser Laufstrecke?

? Welches sind für den 400-m-Lauf wohl die „besten Bahnen" und warum?

? Zeichne ein Stadion im Maßstab 1:500 mit den ungefähren Positionen der Startblocks beim 400-m-Lauf.

Höhen und Weiten

Ulrike Meyfarth – Höhen und Tiefen

Als Ulrike Meyfarth mit dreizehn Jahren mit dem Hochsprung begann, war gerade das Zeitalter des Fosbury-Flop angebrochen, eines neuen Sprungstils, bei dem die Latte rückwärts überquert wird. Mit diesem Sprungstil kam die damals bereits 1,86 m große Ulrike mit ihren langen Beinen blendend zurecht. Dass sie mit sechzehn schon zu den Olympischen Spielen 1972 in München fahren durfte, war auch Glück: Teure Tickets fielen nicht an, man wollte der jungen Athletin die Chance geben, Erfahrung zu sammeln. Die Situation im Olympiastadion am 4.9.1972 war unglaublich. Mühelos hielt Ulrike mit den Großen mit. Mit einer Bestleistung von 1,85 m war sie angereist, als sie über 1,88 m flog, hatte sie schon eine Medaille sicher. Als Einzige überquerte sie 1,90 m und hatte somit die Goldmedaille. Anschließend sprang sie im Höhenrausch noch die Weltrekordhöhe von 1,92 m. Bis heute ist sie die jüngste Olympiasiegerin in einem Leichtathletik-Einzelwettbewerb.
Am Tag nach ihrem euphorischen Olympiasieg wurde auf die israelische Olympiamannschaft ein Anschlag verübt, 17 Menschen starben. Weltweite Trauer überschattete den Rest der Spiele.
Bei den Olympischen Spielen 1976 sprang Ulrike dann nur 1,80 m. Erst 1981 fand sie wieder zurück. Sie sprang als eine der ersten Frauen über 2 m hoch und sprang Weltrekordhöhe. Bei den Olympischen Spielen 1984 in Los Angeles wurde sie mit 2,02 m zum zweiten Mal Olympiasiegerin. Mit ihren 28 Jahren war sie nun die älteste Athletin, die bisher Hochsprunggold gewann.

Der Weitsprung
Einige Olympiasieger im Weitsprung

1896	Ellery Clark	USA	6,35 m
1908	Francis Irons	USA	7,48 m
1920	William Peterson	SWE	7,15 m
1928	Edward Hamm	USA	7,73 m
1936	Jesse Owens	USA	8,06 m
1956	Gregory Bell	USA	7,83 m
1968	Bob Beamon	USA	8,90 m
1980	Lutz Dombrowski	GDR	8,54 m
1992	Carl Lewis	USA	8,67 m
2004	Dwight Philips	USA	8,59 m

? Stelle mithilfe von Diagrammen dar, wie sich die Weiten im Lauf der Zeit verändert haben.

? Veranschauliche die unterschiedlichen Weiten der Olympiasieger durch eine maßstabsgetreue Zeichnung der Weiten. Markiere auch deine Bestweiten. Oder markiere im Klassenzimmer, im Flur oder auf dem Schulhof mit Kreide die Weiten.

? Stelle mithilfe eines Kreisdiagramms die Verteilung der in der obigen Tabelle aufgeführten Goldmedaillengewinner auf die Länder dar. Oder recherchiere alle Weitsprung-Olympiasieger und ihre Herkunftsländer und fertige ein Kreisdiagramm für die Verteilung auf die Länder an.

? Warum nannte man Bob Beamons Siegessprung 1968 einen „Sprung ins nächste Jahrtausend"?

? Vergleiche die weitesten Sprünge von Menschen mit denen von Tieren. Wie weit sind die weitesten Sprünge jeweils im Verhältnis zur Körperlänge des Tieres?

Schneeleopard	Floh	Känguru	Springmaus	Springfrosch
15 m	60 cm	12,5 m	2,5 m	2 m

? Den Dreisprung-Weltrekord hält Jonathan Edwards mit 18,29 m.
Wie weit sind die drei Sprünge im Durchschnitt?

Das Kugelstoßen
Am 18.8.2004 wurde zum ersten Mal nach zweitausend Jahren im antiken Olympiagelände wieder ein olympischer Wettbewerb ausgetragen, das Kugelstoßen der Frauen. Die Tabelle zeigt das Ergebnis der sechs Versuche der besten fünf Sportlerinnen (in m):

Ostaptschuk	BLR	18,25	x	19,01	x	x	x
Kleinert	GER	18,77	19,55	19,17	18,55	x	x
Kriweljowa	RUS	18,55	19,49	19,29	19,15	19,20	18,44
Cumba	CUB	x	18,39	18,74	x	x	19,59
Choroneko	BLR	18,82	18,09	18,87	18,59	18,59	18,96

Nadine Kleinert

? Wie ist die Siegerreihenfolge der fünf Sportlerinnen?

? Wer hat den besten Mittelwert aller gültigen Versuche? Wer hat den besten Mittelwert aller Versuche?

? Der Abstoßkreis (Kugelstoßring) hat einen Durchmesser von 7 Fuß (1 Fuß = 30,48 cm). Sein Mittelpunkt ist Scheitelpunkt des Wurfsektors, der einen Winkel von 35° hat. Zeichne maßstäblich eine Kugelstoßanlage (s. Fig. 1) und markiere die Auftreffpunkte für Weltrekorde, Olympiasiege und für deine Kugelstoßweiten. Du kannst eine solche Anlage auch in Originalgröße auf den Schulhof zeichnen.

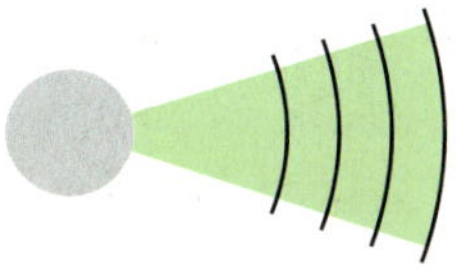
Fig. 1

? Ein Kugelstoßer stößt aus einer Höhe von 2 m ab. Die Tabelle enthält für verschiedene Abstoßwinkel die Koordinaten des höchsten Punkts H der Flugbahn (in m).
Markiere in einem Koordinatensystem den Startpunkt S(0|2) und zeichne die Abstoßhöhe (in Fig. 2 ist es die blaue Gerade) ein. Zeichne für jeden Winkel am Scheitelpunkt S den Abstoßwinkel ein und markiere den zugehörigen höchsten Punkt H der Flugbahn. Skizziere schließlich den ungefähren Verlauf der Flugkurve. In Fig. 2 ist die Flugkurve für 30° gezeichnet.

? Wie groß ist die maximale Weite? Welcher Abstoßwinkel ist am besten?

Winkel	20°	30°	40°	50°	60°	80°
x-Koordinate	6,3	8,5	9,7	9,7	8,5	3,4
y-Koordinate	3,2	4,5	6,1	7,8	9,4	11,5

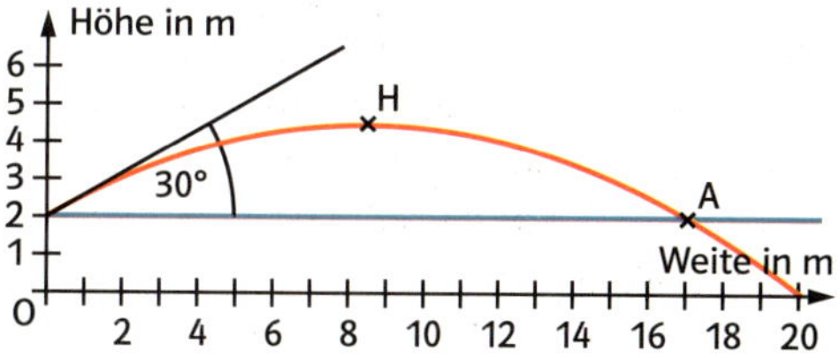

Fig. 2

Ballsportarten bei Olympia

Magic Johnson and the Dream Team
Born: Aug. 14, 1959 in East Lansing, Michigan
Basketball player Earvin Johnson earned the nickname „Magic" when he was only 15 years old. The tallest point guard in NBA history (6-foot-9, 225-pound), Johnson was elected the most valuable player of the year three times and, with the Lakers, won five championships. His all-around play inspired the term „triple-double" to refer to a game in which he scored at least 10 points, captured at least 10 rebounds and made at least 10 assists. From the moment he stepped onto the court, people pondered: How could a man so big do so many things with the ball and with his body? It was Magic. 1991 Magic Johnson announced that he had tested positive for HIV. For the 1992 Barcelona Games the United States chose a squad of all-stars that deservedly came to be known as the Dream Team. Magic was honoured with the position of a co-captain. The Dream Team was so much better than their opponents that their average margin of victory was $43\frac{3}{4}$ points. They also averaged an Olympic record $117\frac{1}{4}$ points per game. After the Olympic games Magic was retiring from Basketball.

? Eine Vorrundengruppe hat vier Mannschaften. Wie viele Gruppenspiele gibt es in dieser Gruppe, wenn jede Mannschaft gegen jede spielt? Wie ist es bei einer Gruppe mit fünf oder sechs Mannschaften? Eine Zeichnung wie in Fig. 1 und Fig. 2 kann helfen. Lege eine Tabelle an und versuche einen Term für die Anzahl der Spiele bei x Mannschaften in der Gruppe zu finden.

Die Anzahl der Spiele
Bei Olympischen Spielen gibt es in den Ballsportarten zunächst eine Vorrunde mit Gruppenspielen, danach schließt sich Viertelfinale, Halbfinale und Finale an.

Die Gruppenspiele bei vier Mannschaften

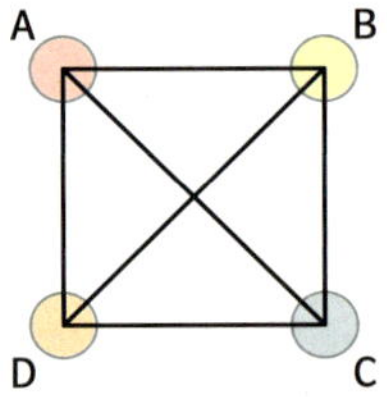

Fig. 1

fünf Mannschaften

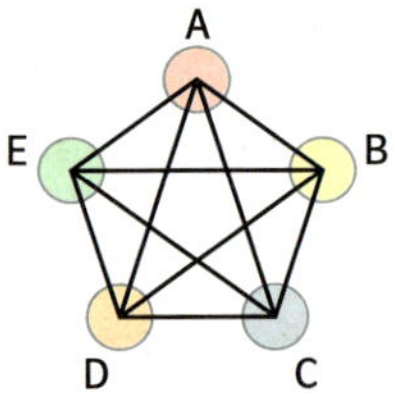

Fig. 2

Beim olympischen Hockeyturnier der Frauen 2004 gab es zwei Gruppen mit je fünf Mannschaften. In den Gruppen spielte jeder gegen jeden. Danach gab es Viertelfinale, Halbfinale, Finale und Spiel um Platz drei. Die Verlierer im Viertelfinale trugen ein Spiel um Platz fünf und ein Spiel um Platz sieben aus.

? Wie viele Frauenhockeyspiele gab es insgesamt? Wer wurde Olympiasieger?

? Wie viele Spiele gab es bei den Männern mit zwei Sechsergruppen (ansonsten gleiches Verfahren)?

Beim Tischtennis wurden die Medaillengewinner unter den 32 Teilnehmern, die sich nach der Vorrunde für die Hauptrunde qualifiziert hatten, im K.o.-System ermittelt. Außerdem gab es ein Spiel um Platz drei.

? Wie viele Spiele gab es nach der Vorrunde?

? Wie viele Spiele gäbe es bei einem solchen Turnier bei 64 Teilnehmern? Welche Teilnehmerzahlen sind günstig für ein Turnier, das im K.o.-System ausgetragen werden soll?

Basketball

? Fertige eine maßstabsgetreue Zeichnung z. B. im Maßstab 1:100 von einem Basketballfeld an.

? Welchen Flächeninhalt hat der Dreipunktebereich, welchen Flächeninhalt haben die Freiwurfräume?

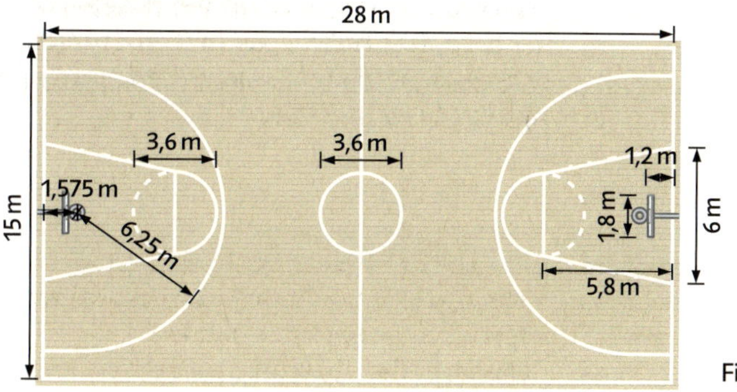

Fig. 1

? Michael Jordan hatte bei den Olympischen Spielen 1992 in Barcelona 19 Freiwurfversuche, 13 davon traf er. Wie hoch war seine Freiwurfquote (in Prozent)?

? John Stockton war mit $6\frac{1}{6}$ Fuß der kleinste Spieler im amerikanischen Dream Team 1992; Charles Barkley und Michael Jordan waren $\frac{1}{4}$ Fuß größer, Scottie Pippen $\frac{1}{2}$ Fuß, Larry Bird, Magic Johnson und Karl Malone $\frac{2}{3}$ Fuß, Christian Laettner $\frac{3}{4}$ Fuß, Patrick Ewing $\frac{5}{6}$ Fuß und David Robinson $\frac{11}{12}$ Fuß. Wie groß waren die Spieler in Fuß und Zoll, wie groß in Meter (12 Zoll sind ein Fuß, 1 Zoll = 2,54 cm)?

? Die Tabelle zeigt die Ergebnisse der acht Spiele des Dream Team bei Olympia 1992. Stimmen die Behauptungen, die in dem Bericht über Magic Johnson auf der vorigen Seite über die Olympia-Ergebnisse der USA erwähnt wurden?

USA	116	Angola	48
USA	103	Kroatien	70
USA	111	Deutschland	68
USA	127	Brasilien	83
USA	122	Spanien	81
USA	115	Puerto Rico	77
USA	127	Litauen	76
USA	117	Kroatien	85

? In welchen Spielen konnte der Gegner mehr als $\frac{2}{3}$ der Punkte der USA erzielen?

Wasser

Johnny Weissmüller – der olympische Tarzan

Johnny Weissmüller kam 1904 in Freidorf zur Welt, das damals zu Österreich-Ungarn gehörte. Kurz darauf wanderten seine Eltern nach Amerika aus, sein Vater war ein armer Bergarbeiter. Er starb, als Johnny 10 Jahre alt war. Johnny musste mit 12 die Schule verlassen und in Chicago als Page arbeiten. Mit 16 wurde er von einem strengen Schwimmtrainer entdeckt, der ihn im Training wie einen Sklaven behandelte und quälte. Mit 18 schwamm er als erster Mensch über 100 m unter 1 Minute. In den Folgejahren stellte er 67 Weltrekorde auf, die zum Teil sehr lange hielten. Bei den Olympischen Spielen 1924 in Paris besiegte er über 100 m Freistil den Olympiasieger von 1912 und 1920 Duke Kahanamoku aus Hawaii, den man den „Fischmenschen" nannte, da er das Freistilschwimmen und das Surfen entscheidend entwickelte. Johnny gewann 1924 und 1928 insgesamt fünf Goldmedaillen im Schwimmen und eine Bronzemedaille im Wasserball. Unbesiegt trat Johnny 1929 vom Schwimmen zurück und wurde unter 150 Bewerbern für die Hauptrolle in den Tarzanfilmen ausgewählt. Für viele ist er bis heute der beliebteste Tarzan. Als guter Jodler erfand er den Tarzanruf. Den größten Teil der verdienten Millionen verlor er später wieder. Er starb 1984 arm in Acapulco, Mexico.

Schwimmen 100 m Freistil

? Stelle mithilfe von Diagrammen dar, wie sich die Zeiten und die Durchschnittsgeschwindigkeiten im Lauf der Jahrzehnte verbessert haben.

? Wie groß wäre der Vorsprung von Peter van den Hoogenband vor Alfred Hajos im Ziel? Welche Schwimmer haben weniger als $\frac{2}{3}$ der Zeit von Alfred Hajos gebraucht?

Fächerfisch	Eisbär	Magellanpinguin	Orca	Seepferdchen	Grauwal
3,40 s	36,00 s	10,00 s	6,55 s	225,00 s	48,00 s

Einige 100-m-Freistil-Olympiasieger

1896	Alfred Hajos	HUN	1:22,2
1912	Duke Kahanamoku	USA	1:03,4
1928	Johnny Weissmüller	USA	58,6
1936	Ferenc Csik	HUN	57,6
1948	Walter Ris	USA	57,3
1956	Jon Henricks	AUS	55,4
1964	Don Schollander	USA	53,4
1972	Mark Spitz	USA	51,22
1980	Jörg Woithe	GDR	50,40
1988	Matt Biondi	USA	48,63
1996	Alexander Popov	RUS	48,74
2004	Peter v. d. Hoogenband	NED	48,17

? Wie viele km pro Stunde schwimmen die schnellsten Menschen über 100 m? Vergleiche mit den Schwimmgeschwindigkeiten von verschiedenen Tieren. In der Tabelle sind die Schwimmzeiten über 100 m angegeben. Welche Tiere können schneller schwimmen, als du laufen kannst?

Die unterschiedlichen Freistilschwimmstrecken

Olympiasiegerinnen von Athen 2004

50 m	Inge de Bruijn	NED	24,58 s
100 m	Judie Henry	AUS	53,84 s
200 m	Camelia Potec	ROM	1:58,03 min
400 m	Laure Manaudou	FRA	4:05,34 min
800 m	Ai Shibata	JPN	8:24,54 min

Inge de Bruijn

? Wie schnell wäre Inge de Bruijn auf der 800-m-Strecke, wenn sie ihr Tempo halten könnte? Wie schnell wäre Judie Henry?

? Wann schwammen die Männer über 100 m Freistil so schnell, wie die Frauen 2004 schwammen? Wie verhält sich das beim 100-m-Lauf oder anderen Strecken?

? Stelle in Diagrammen dar, wie sich die Siegerzeiten und die Durchschnittsgeschwindigkeiten je nach Schwimmstrecke verändern.

Die unterschiedlichen Schwimmstile

Die Schwimmstile im Vergleich bei den Spielen in Athen 2004

200 m Brust	K. Kitajima	JPN	2:09,44
200 m Freistil	I. Thorpe	AUS	1:44,71
200 m Lagen	M. Phelps	USA	1:57,14
200 m Rücken	A. Peirsol	USA	1:54,95
200 m Schmetterling	M. Phelps	USA	1:54,04

? Kannst du die Schwimmstile vormachen?

? Welches ist der schnellste Schwimmstil, welches der langsamste? Zeichne ein Diagramm für die Zeiten, bei dem die Unterschiede deutlich werden.

? Die Lagenstrecke besteht aus vier Bahnen, die in je einem der vier Schwimmstile geschwommen werden. Ist die Lagenzeit auch eine Durchschnittszeit der anderen Zeiten? Begründe.

Das Rudern

Die Olympiasiegerinnen im Rudern 2004 in Athen

Einer	Rutschow-Stomporowski	GER	7:18,12
Zweier	Evers-Swindell	NZL	7:01,79
Vierer	Boron ...	GER	6:29,29
Achter	Florea ...	ROM	6:17,70

? Wie verhalten sich die Zeiten bei zunehmender Zahl der Ruderinnen? Zeichne ein Diagramm, in dem man die Unterschiede erkennen kann.
Wie schnell könnte ein Sechzehner sein?

? Vergleiche die Durchschnittsgeschwindigkeiten für die einzelnen Ruderklassen und zeichne ein Diagramm. Die Streckenlänge ist jeweils 2000 m. Vergleiche diese Geschwindigkeiten mit deiner Laufgeschwindigkeit. Kannst du neben den Booten herlaufen?

Lösungen

Kapitel I, Bist du sicher? Seite 12

1
a) Gefärbt: $\frac{1}{4}$ b) Gefärbt: $\frac{5}{16}$ c) Gefärbt: $\frac{15}{32}$

2
a) 300 g b) $25\,dm^2$ c) 20 min d) $500\,dm^3$

3
$\frac{1}{6}$ von 24 Stückchen sind 4 Stückchen.
$\frac{2}{3}$ von 24 Stückchen sind 16 Stückchen.
4 Stückchen + 16 Stückchen = 20 Stückchen.
Es bleiben 4 Stückchen übrig.

Kapitel I, Kannst du das noch? Seite 13

21
kgV (24,30) = 120. 120 : 24 = 5; 120 : 30 = 4. Das kleine Kettenrad dreht sich fünfmal, das große Kettenrad dreht sich viermal.

22
a) 75 493 b) 5132
c) 64 825 d) 27

Kapitel I, Bist du sicher? Seite 17

1
a) $\frac{24}{54}$ b) $\frac{3}{4}$ c) $\frac{6}{9}$

2
z. B. $\frac{6}{12}$ oder $\frac{30}{36}$

3
Kürzt man alle Brüche vollständig, so erhält man: $\frac{3}{12} = \frac{1}{4}$; $\frac{20}{100} = \frac{1}{5}$; $\frac{20}{80} = \frac{1}{4}$; $\frac{3}{15} = \frac{1}{5}$; $\frac{5}{20} = \frac{1}{4}$.
$\frac{3}{12}$, $\frac{20}{80}$ und $\frac{5}{20}$ ergeben gekürzt den gleichen Bruch, beschreiben also den gleichen Anteil $\frac{1}{4}$. $\frac{20}{100}$ und $\frac{3}{15}$ beschreiben ebenfalls denselben Anteil, da beide gekürzt $\frac{1}{5}$ ergeben.

Kapitel I, Bist du sicher? Seite 20

1
A = 2; B = $\frac{1}{2}$; C = $\frac{7}{4}$; D = $\frac{7}{3}$

2
a) beide gleich $\frac{3}{5}$ b) $\frac{1}{3}$ nicht gleich 4

Kapitel I, Kannst du das noch? Seite 20

14
a) 31 b) 100 c) 1078 d) 90

15
a) 19 nach rechts b) 80 nach links

Kapitel I, Bist du sicher? Seite 23

1
a) $\frac{31}{24} = 1\frac{7}{24}$; $\frac{11}{24}$
b) $\frac{59}{20} = 2\frac{19}{20}$; $\frac{83}{60} = 1\frac{23}{60}$
c) $\frac{67}{18} = 3\frac{13}{18}$; $\frac{67}{18} = 3\frac{13}{18}$
d) Tipp: Vor dem Rechnen zuerst kürzen und dann gemeinsamen Nenner suchen.
$\frac{24}{27} - \frac{20}{24} = \frac{8}{9} - \frac{5}{6} = \frac{16}{18} - \frac{15}{18} = \frac{1}{18}$;
$\frac{36}{36} - \frac{25}{30} = 1 - \frac{5}{6} = \frac{1}{6}$

2
a) $\frac{3}{40}$ b) $\frac{1}{10} - \frac{1}{100} = \frac{9}{100}$

Kapitel I, Bist du sicher? Seite 28

1
a) 0,63 < 0,71 b) $\frac{3}{5} < \frac{7}{10}$ c) $1{,}245 < \frac{126}{100}$
d) 8,051 > 8,049 e) $\frac{8}{3} > 1\frac{5}{6}$

2
a) $\frac{2}{200} = \frac{1}{50}$; $\frac{25}{100} = \frac{1}{4}$; $\frac{70}{100} = \frac{7}{10}$; $\frac{4}{100} = \frac{1}{25}$; $\frac{44}{100} = \frac{11}{25}$
b) 20 %; 60 %; 35 %; 40 %; 40 %

3
$\frac{4}{12} = \frac{1}{3} = \frac{8}{24}$; $\frac{6}{16} = \frac{3}{8} = \frac{9}{24}$; $\frac{4}{12} < \frac{6}{16}$, da $\frac{8}{24} < \frac{9}{24}$

Kapitel I, Bist du sicher? Seite 31

1
a) 7,6; 1,2; 8,7 b) 20,39; 5,828; 3,53
c) 22,1 kg; 26,1 kg; $47\,m^3$

2
a) x − 3,55 = 7,99; x = 11,54 b) 6,57 + x = 17,22; x = 10,65

Kapitel I, Bist du sicher? Seite 33

1
a) 2,1 b) 16,6 c) 6,8 d) $\frac{48}{12} = 4$

Kapitel I, Bist du sicher? Seite 35

1
auf 1 Dezimale: 1,3; 1,6; 0,6; 199,0
auf 2 Dezimalen: 1,25; 1,60; 0,59; 199,01

2
a) möglicher Überschlag: 1123 + 4 − 1 = 1126
genaues Ergebnis: 1125,85
b) möglicher Überschlag: 8 − 6 + 5 = 7
genaues Ergebnis: 6,56

3
a) Kosten: 48,98 €; der 50-€-Schein reicht.

Kapitel I, Kannst du das noch? Seite 36

14
a) Rechteck: 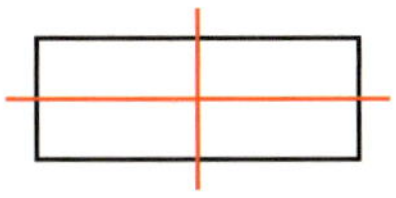 zwei Symmetrieachsen

Parallelogramm: nicht achsensymmetrisch

Trapez:  eine Symmetrieachse

b) z. B.

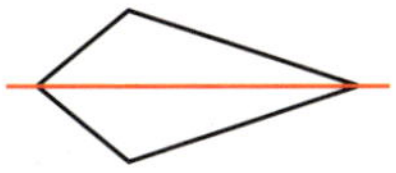
Drachenviereck

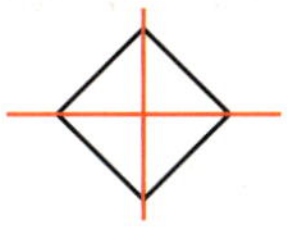
Raute

15
Bildpunkte A′(6|1), B′ = B, C′ = C, D′(5,5|4)

Kapitel I, Training Runde 1, Seite 47

1
a) $4\,\% = \frac{1}{25} = 0{,}04 = \frac{4}{100}$
b) $60\,\% = \frac{3}{5} = 0{,}6 = \frac{60}{100}$
c) $0{,}2 = 20\,\% = \frac{1}{5} = \frac{20}{100}$
d) $\frac{7}{10} = 0{,}7 = \frac{70}{100} = 70\,\%$
e) $\frac{4}{5} = \frac{80}{100} = 0{,}8 = 80\,\%$
f) $\frac{230}{1000} = \frac{23}{100} = 23\,\% = 0{,}23$

2
Linke Figur: Der gefärbte Anteil ist $\frac{1}{4} = 25\,\%$.
Rechte Figur: Der gefärbte Anteil ist $\frac{3}{8} = 37{,}5\,\%$.

3
a) 0,280 km b) 3450 dm^3 c) 0,3 t d) 0,09 a

4
a) $2{,}786 > 2{,}699$ b) $\frac{7}{9} > \frac{8}{12} = \frac{6}{9}$ c) $0{,}34 < \frac{36}{100}$

5
Gefärbter Anteil bei der oberen Scheibe $\frac{2}{8} = \frac{1}{4}$.
Gefärbter Anteil bei der unteren Scheibe $\frac{3}{10}$.
Es gilt: $\frac{2}{8} < \frac{3}{10}$. Die Zielscheiben sind nicht gleichwertig, weil man bei der unteren Scheibe häufiger trifft.

6
a) $\frac{28}{45}$ b) $\frac{7}{75}$ c) 11,9 d) 5,5

Kapitel I, Training Runde 2, Seite 47

1
a) $\frac{12}{18} = \frac{20}{30}$ und $\frac{4}{6} = \frac{20}{30}$ b) $\frac{3}{4}$

2
a) Zwischen 3 und 4 b) Zwischen 6 und 7
c) Zwischen 3 und 4 d) Zwischen 9 und 10

3
a) 3, 1 b) 18 c) 11,8

4
a) 17,91 s b) 18,41 s

5
a) 32 m; 13 m; 1 m b) 27 l; 15 l; 843 l

6
a) Überschlag: 85 − 20 = 65; genaues Ergebnis: 65,82
b) Überschlag: 200 − 180 = 20; genaues Ergebnis: 13,8
c) Überschlag: 30 − 5 = 25; genaues Ergebnis: 23,9

7
a) 199 m^3
b) 24,9 m^3
c) Heiße Sommermonate Juni und Juli: Wasserbedarf zum Waschen, Duschen und im Garten steigt. Im August macht Familie Flüssig Urlaub.

Kapitel II, Kannst du das noch? Seite 54

8
$\frac{3}{5}$; $\frac{3}{7}$; $\frac{2}{3}$; $\frac{5}{14}$

9
a) $\frac{7}{12}$ b) $\frac{1}{15}$ c) $\frac{19}{21}$ d) $\frac{3}{80}$

Kapitel II, Bist du sicher? Seite 61

1

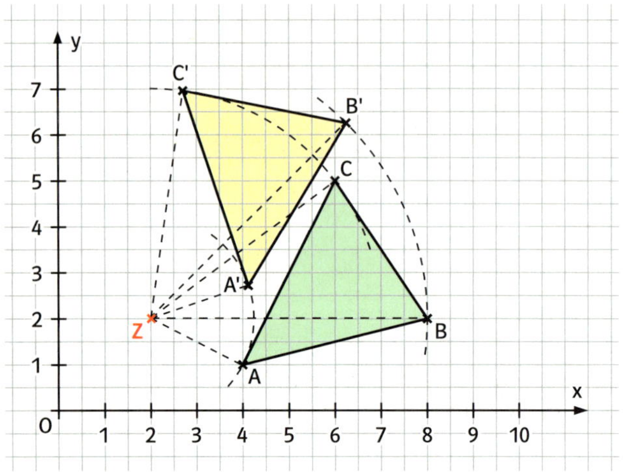

Fig. 1

Koordinaten der Bildpunkte (näherungsweise):
A′(4,2 | 2,7) B′(6,2 | 6,2) C′(2,7 | 6,9)

2

a) Das Quadrat wird auf sich selbst abgebildet (die Diagonalen stehen senkrecht aufeinander).
b) Koordinaten der Bildpunkte: A′(5 | 1); B′(5 | 5); C′(1 | 5); D′(1 | 1)

Kapitel II, Training Runde 1, Seite 75

1

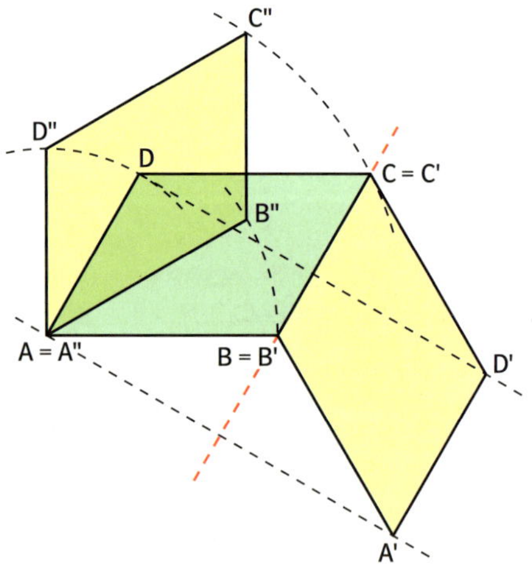

Fig. 2

c) Das Parallelogramm ABCD ist punktsymmetrisch bezüglich des Schnittpunktes seiner Diagonalen (d. h. auch drehsymmetrisch mit $\alpha = 180°$).

2

a) Das Drehzentrum ist der Punkt C des Dreiecks. Es wurde um 45° gedreht.
b) Die Verschiebungsweite beträgt 4 cm.
c) Das Konstruktionsergebnis entspricht dem Bild zur Aufgabe.

3

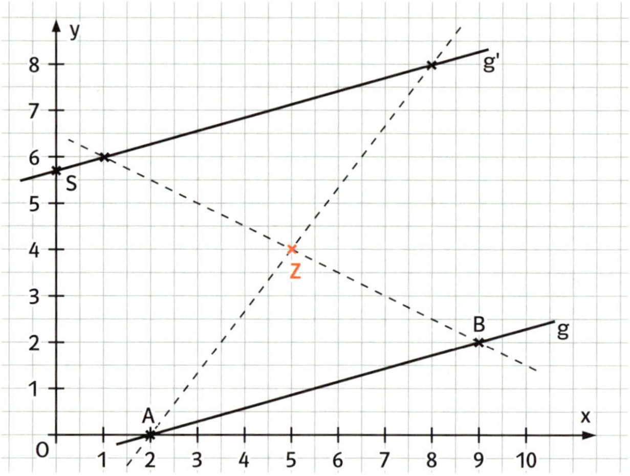

Fig. 3

Der Schnittpunkt mit der y-Achse ist S(5,7 | 0).

4

Spiegelung an senkrechter Geraden

Spiegelung an waagerechter Geraden

Fig. 4

Die Bilder sind kongruent zum Original.

5

Diese Aussage ist falsch. Das lässt sich leicht durch ein Gegenbeispiel belegen.
Gegenbeispiel: Die Drehung des gelben Dreiecks um 180° um einen Eckpunkt ergibt das grüne Dreieck. Unabhängig von der Wahl des Drehzentrums wird das Original nicht auf sich selbst abgebildet.

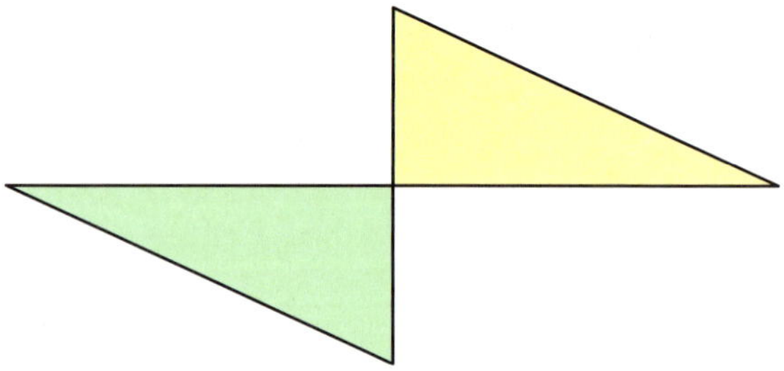

Fig. 5

Kapitel II, Training Runde 2, Seite 75

1

a) rot auf grün: Drehung um 45° um den rechten oberen Eckpunkt der roten Figur;
b) rot auf blau: Spiegelung an einer senkrechten Achse;
c) rot auf gelb: Verschiebung um 4,5 cm nach rechts.

2

	Quadrat	Rechteck	Parallelogramm	Gleichschenkliges Trapez
Skizze				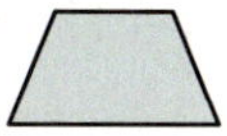
Achsensymmetrie	ja	ja	nein	ja
Anzahl der Symmetrieachsen	4	2	–	1
Punktsymmetrie	ja	ja	ja	ja
Drehsymmetrie	ja	ja	ja	nein
Größe des Drehwinkels	90°	180°	180°	–

Bemerkung: Die angegebenen Eigenschaften gelten für alle Vierecke der jeweiligen Art.

3

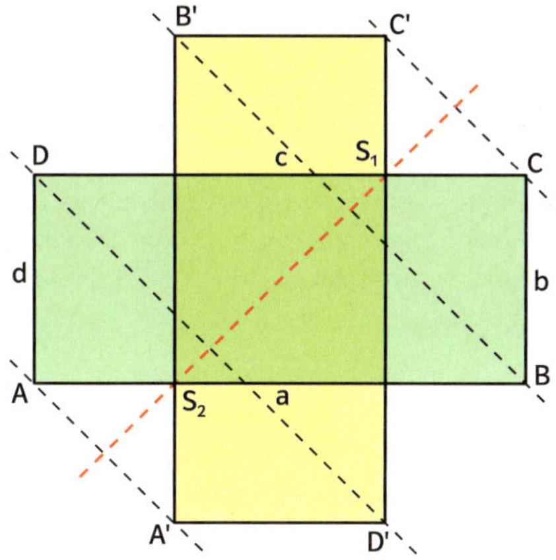

Fig. 1

4

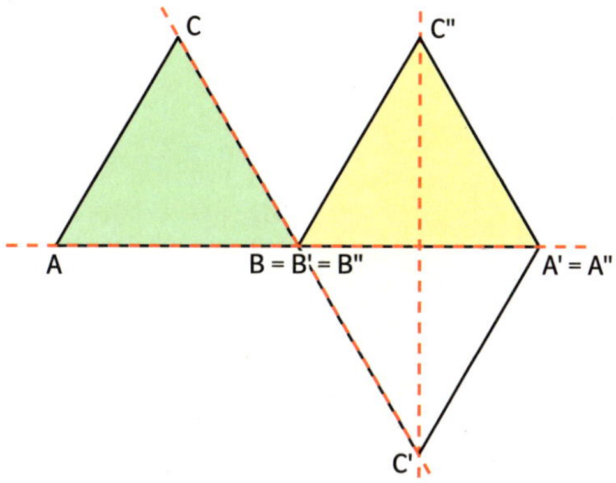

Fig. 2

A″B″C″ entsteht auch bei der Verschiebung von ABC in Richtung $\overrightarrow{AB}$ um 3,5 cm.

5

Bei einer Raute halbieren die Diagonalen einander. Die Zeichnung beginnt mit den Diagonalen.

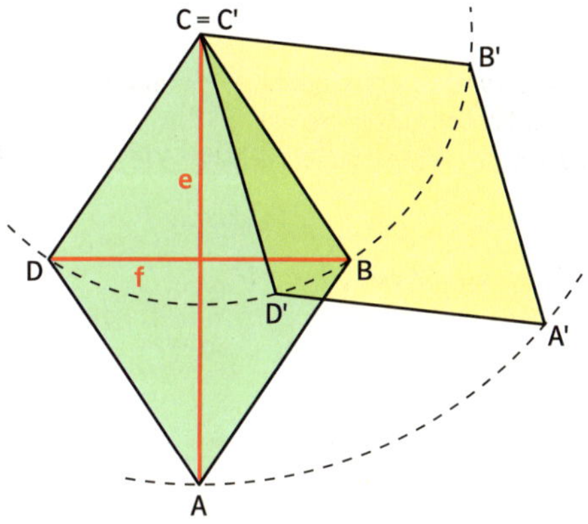

Fig. 3

Kapitel III, Bist du sicher? Seite 80

1

a) $\frac{8}{11}$ b) $\frac{5}{2}$ c) $\frac{3}{23}$ d) $\frac{1}{68}$ e) $\frac{2}{3}$

2

$4\frac{1}{2}$ Liter

3

17,5 g Pulverkaffee, $1\frac{1}{4}$ Esslöffel Zucker, $\frac{1}{10}$ l süße Sahne
$\frac{1}{8}$ Stange Vanille, $\frac{3}{16}$ l Milch, 1 Eigelb

Kapitel III, Bist du sicher? Seite 82

1
a) $\frac{1}{3}$kg b) $\frac{7}{20}$t
c) $\frac{9}{8}$km = $1\frac{1}{8}$km d) $\frac{15}{2}$m³ = $7\frac{1}{2}$m³

2
a) $\frac{8}{9}$ b) $\frac{20}{3}$ c) $\frac{7}{2}$ d) 3 e) $\frac{161}{72}$

3
$\frac{2}{5}$ beträgt der Weizenanteil.

Kapitel III, Bist du sicher? Seite 85

1
a) $\frac{5}{8}$ b) $\frac{9}{2}$ c) $\frac{21}{10}$ d) $\frac{38}{15}$

2
a) $\frac{25}{84}$ b) 8 c) $\frac{16}{27}$ d) $\frac{9}{2}$

3
31 Dosen

4
Dividiert man 5 durch einen Bruch kleiner eins, z.B. $\frac{1}{2}$, ist das Ergebnis größer 5, da mit $\frac{2}{1}$ multipliziert wird.

Kapitel III, Kannst du das noch? Seite 86

17
a) 100 m b) 250 kg c) 25 km d) 12 t

18
a) 20 000 m : 1000 = 20 m b) 12 000 kg : 100 = 120 kg
c) 200 cm : 1000 = 0,2 cm d) 5000 m : 10 000 = 0,5 m

Kapitel III, Bist du sicher? Seite 88

1
a) 4,5 b) 31 c) 0,0007 d) 0,00507 e) 0,0230

2
a) multipliziert mit 1000
b) dividiert durch 100
c) multipliziert mit 100
d) dividiert durch 1000

3
10 Münzen: 21,25 mm hoch und 75 g schwer
100 Münzen: 212,5 mm = 21,25 cm hoch und 750 g schwer
1000 Münzen: 2125 mm = 2,125 m hoch und 7500 g = 7,5 kg schwer

Kapitel III, Bist du sicher? Seite 91

1
a) 0,15 b) 0,48 c) 0,0012 d) 0,64 e) 0,006

2
a) $8 \cdot 3 = 24$; 23,925 b) $830 \cdot 3 \approx 2500$; 2520,96
c) $4 \cdot 5 = 20$; 21,825 d) $0{,}5 \cdot 6 = 3$; 3,2046
e) $15 \cdot 20 = 300$; 285,64

3
7473,48 Euro

Kapitel III, Bist du sicher? Seite 94

1
a) 0,05 b) 0,8 c) 0,043 d) 3,8 e) 0,1375

2
a) 0,125 b) 0,45 c) 0,4375

Kapitel III, Bist du sicher? Seite 97

1
a) 25 b) 9 c) 3 d) 2 e) 3000

2
a) 1500 : 2 = 750; 654 b) 2700 : 9 = 300; 314
c) 1,4 : 7 = 0,2; 0,249 d) 39 : 3 = 13; 12,34375

Kapitel III, Bist du sicher? Seite 99

1
a) 256 m b) 25 € c) 7,19 km

Kapitel III, Training Runde 1, Seite 113

1
a) $\frac{15}{7}$ b) $\frac{2}{5}$ c) 7 d) $\frac{12}{5}$

2
a) $\frac{6}{5}$ b) $\frac{21}{10}$ c) $\frac{3}{2}$ d) 20

3
a) 0,0009 b) 6,09 c) 195,02
d) 0,06 e) 2,6 f) 50

4
Tischtennisplatte: $2{,}74 \cdot 1{,}53 = 4{,}1922$ gerundet: 4,19
Billardtisch: $2{,}84 \cdot 1{,}42 = 4{,}0328$ gerundet: 4,03
Die Tischtennisplatte hat den größeren Flächeninhalt.

5
a) Auch im Ergebnis verschiebt sich das Komma um eine Stelle nach rechts.
b) Das Ergebnis verändert sich nicht.

6
70 kW entsprechen 95 PS. 75 PS entsprechen 55 kW.

7
a) 10,20 : 4 = 2,55
b) 24,10 : 11 = 2,19090 gerundet 2,19 €
c) 24,1 : 2,7 = 8,9259... 75 : 2,7 = 27,777...
Eine Wochenkarte lohnt sich, wenn man mindestens 10-mal fährt, eine Monatskarte ab 30 Fahrten.

Kapitel III, Training Runde 2, Seite 113

1
a) $\frac{15}{4}$ b) $\frac{5}{3}$ c) $\frac{96}{25}$ d) $18\frac{1}{2}$
e) $\frac{9}{10}$ f) $\frac{21}{20}$

2
a) 32 b) 0,1523 c) 0,0125 d) 50

3
a) 152,7 b) 14,7 c) 0,0075
d) 0,009 e) 3,2 f) 51

4
5,04 : 0,045 = 112 9,18 : 0,045 = 204 44,91 : 0,045 = 998

5
a) 39 + 37 + 38 + 40 + 42 + 35 + 41 = 272
272 : 7 = 38,857...
Durchschnittlich sind 39 Hölzer in einer Schachtel.
b) Der Mittelwert ändert sich ebenfalls um ein Holz.

6
18 900 : 0,9 = 21 000 21 000 : 175 = 120
Es können 120 Fässer gefüllt werden.

7
1,1 : 3 = 0,3666... 1,55 : 5 = 0,31
Das zweite Angebot ist günstiger.

Kapitel IV, Bist du sicher? Seite 121

1
a) Die Winkel α und β sind Wechselwinkel an den Parallelen g und h. Deshalb gilt $\alpha = \beta$.
Der Winkel γ ist Nebenwinkel zu α. Deshalb gilt $\alpha = 180° - \gamma$.
b) Mit den Winkelbeschriftungen in der nebenstehenden Figur gilt z. B. $\alpha_1 = \gamma$ (Scheitelwinkel) oder $\alpha_1 = 180° - \alpha$ (Nebenwinkel) oder $\alpha_1 = \beta_3$ (Stufenwinkel) oder $\alpha_1 = \beta_2$ (Wechselwinkel).
c) Man kann alle vorkommenden Winkel berechnen:
$\alpha = \beta = \beta_2 = 70°$ und $\alpha_1 = \gamma = \beta_3 = \beta_1 = 110°$.

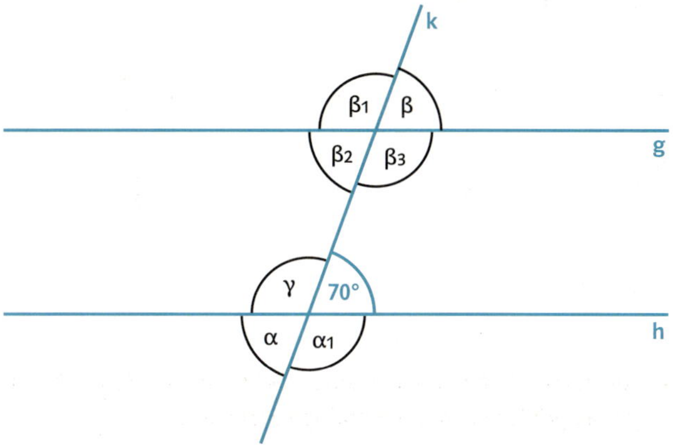

Fig. 1

2
Fritz hat Recht. Mit den Bezeichnungen in der untenstehenden Figur gilt:
Im Punkt A: $\alpha_1 = \gamma_1 = 30°$ (Scheitelwinkel);
$\delta_1 = 180° - \alpha_1 = 150°$ (Nebenwinkel);
$\beta_1 = \delta_1 = 150°$ (Scheitelwinkel).
Im Punkt B: $\alpha_2 = \gamma_2 = 135°$;
$\beta_2 = 180 - \alpha_2 = 45°$ (Nebenwinkel);
$\delta_2 = \beta_2$ (Scheitelwinkel).
Im Punkt C: $\beta_3 = \alpha_1 = 30°$ (Wechselwinkel an g und h) und $\alpha_3 = \delta_2 = 45°$ (Stufenwinkel an g und h).
Der Winkel γ_3 ergibt mit α_3 und δ_3 einen Winkel von 180°.
Also ist $\gamma_3 = 180° - 30° - 45° = 105°$.

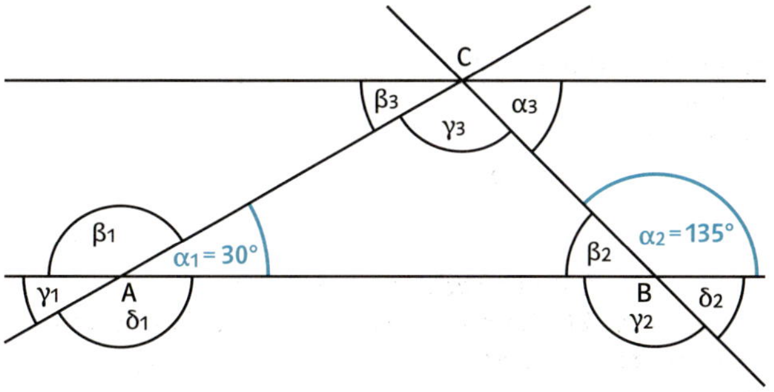

Fig. 2

Kapitel IV, Kannst du das noch? Seite 122

18

a) $\frac{1}{4}+\frac{3}{5}$, denn $\frac{51}{60}>\frac{50}{60}$

b) $\frac{5}{8}+\frac{1}{10}$, denn $\frac{29}{40}>\frac{28}{40}$

c) $\frac{3}{5}+\frac{1}{2}$, denn $\frac{66}{60}>\frac{65}{60}$

d) $\frac{7}{3}+\frac{6}{5}$, denn $\frac{166}{45}>\frac{159}{45}$

19

a) 1199,2 + 2100,9 – 46,3 · 27,4 = 2031,48
b) 33,5 + 79,8 – (228,7 – 219,2) = 103,8
c) (99,9 + 111,1) · (22,78 – 13,18) = 2025,6

20

a) 2,87 kg
b) 14,35 Milliarden rote Blutkörperchen
c) 14,35 km

Kapitel IV, Bist du sicher? Seite 125

1

a) Mit dem Satz über die Winkelsumme im Dreieck kann man den fehlenden Winkel γ berechnen. Es gilt $\gamma = 180° - 54° - 32° = 94°$.
b) Nach der Aufgabenstellung sind α und β Basiswinkel eines gleichschenkligen Dreiecks ABC und c ist die Basis. Die Winkel α und β müssen deshalb gleich groß sein und zusammen mit $\gamma = 76°$ einen Winkel von 180° ergeben. Deshalb gilt $\alpha = \beta = (180° - 76°) : 2 = 52°$.
Die Konstruktion beginnt mit der Basis $c = \overline{AB}$ mit der Länge 4 cm. Dann trägt man in A und B die Winkel α und β an. Der Schnittpunkt der beiden Schenkel ergibt den Punkt C.

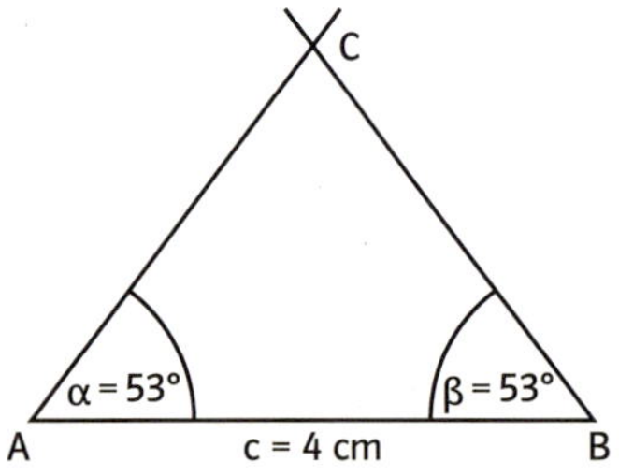

Fig. 1

2

a) Der Satz ist richtig. Es gibt gleichschenklige Dreiecke mit einem rechten Winkel von 90° und zwei gleichgroßen Winkeln von je 45°.
b) Ein stumpfer Winkel ist größer als 90°. Mit zwei stumpfen Winkeln in einem Dreieck wäre ihre Summe dann schon größer als 180°. Das ist nach dem Winkelsummensatz nicht möglich. Dann müsste ja die Winkelweite des dritten Winkels negativ sein, um in der Summe aller drei Winkel 180° zu erhalten.
c) Bei einem gleichschenkligen Dreieck sind mindestens zwei Winkel gleichgroß. Da aber 70° + 70° + 60° = 200° ergibt und 60° + 60° + 70° = 190° ist, kann es kein solches Dreieck geben. Dann wäre ja in dem gesuchten Dreieck die Summe der Winkel noch größer als 200° bzw. 190°.

Kapitel IV, Bist du sicher? Seite 129

1

a) Es soll die Mittelsenkrechte der Strecke $\overline{AB}$ konstruiert werden.
Konstruktionsbeschreibung:
1. Zeichne die Strecke $\overline{AB}$.
2. Zeichne um die Punkte A und B Kreise mit gleichem Radius, die sich schneiden.
3. Zeichne die Gerade m durch die beiden Schnittpunkte der Kreise.

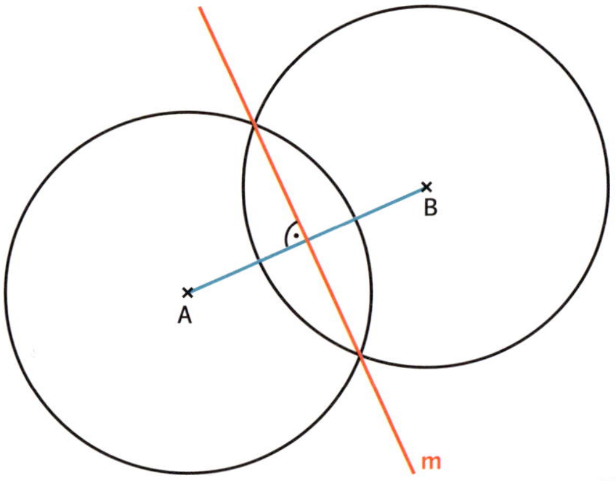

Fig. 2

b) Abgebildet ist die Viertelung des Ursprungswinkels
1. Zeichne einen Kreis K um S
2. Zeichne um die Schnittpunkte P und Q von K mit den Schenkeln je einen Kreis mit gleichem Radius.
3. Die Gerade durch die Schnittpunkte R und S der letzten beiden Kreise ist die Winkelhalbierende.
4. Zeichne einen weiteren Kreis mit dem Radius der letzten beiden Kreise um den Schnittpunkt T des Kreises um S und der Winkelhalbierenden.
5. Die Gerade durch die Schnittpunkte L und M dieses Kreises mit dem um Q trennt vom Ursprungswinkel ein Viertel ab.

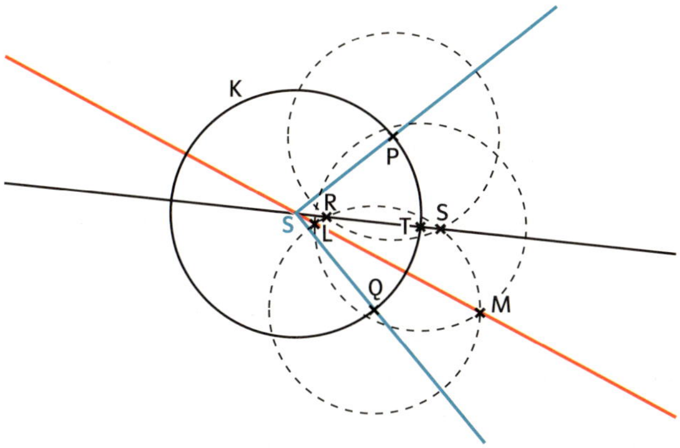

Fig. 1

c) Es soll die Lotgerade l vom Punkt P auf die Gerade g gezeichnet werden.
Konstruktionsbeschreibung:
1. Zeichne um den Punkt P einen Kreis, der die Gerade g in den Punkten Q und R schneidet.
2. Zeichne um Q und R Kreise mit gleichem Radius, die sich in S und T schneiden.
3. Zeichne die Gerade l durch die Punkte P und S (oder P und T).

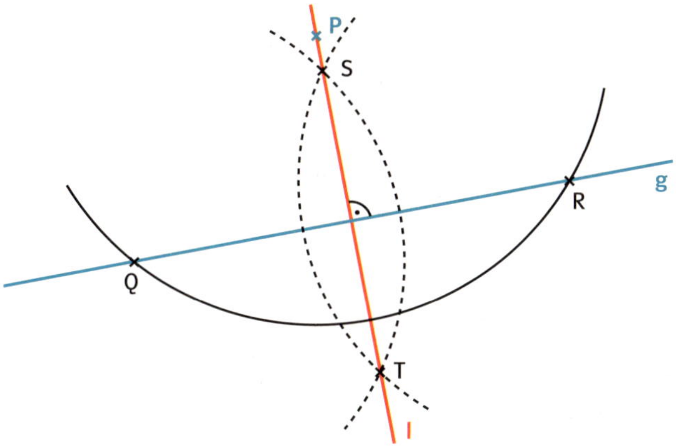

Fig. 2

2

a) Die Winkelweite des Winkels β ist halb so groß wie die von α. Deshalb kann man den Winkel α halbieren um β zu kontruieren (Konstruktion entsprechend 1b).
b) Die Strecke $\overline{AM}$ ist halb so groß wie $\overline{AB}$. Man kann die Mittelsenkrechte von $\overline{AB}$ konstruieren. Ihr Schnittpunkt mit $\overline{AB}$ ist der gesuchte Punkt M (Konstruktion entsprechend 1a).
c) 17,5° ist ein Viertel von 70°, d.h. der Winkel muss geviertelt werden (siehe hierzu Nr. 1b).
d) Man erhält die Strecke $\overline{BE}$, indem man zuerst die Strecke $\overline{AB}$ mit der zugehörigen Mittelsenkrechten halbiert. Danach wird die Strecke $\overline{AM}$ nochmals mithilfe der zugehörigen Mittelsenkrechten halbiert. Mit dem Mittelpunkt E ist die Strecke $\overline{BE}$ dann 7,5 cm lang (Konstruktion entsprechend 1a).

Kapitel IV, Bist du sicher? Seite 134

1

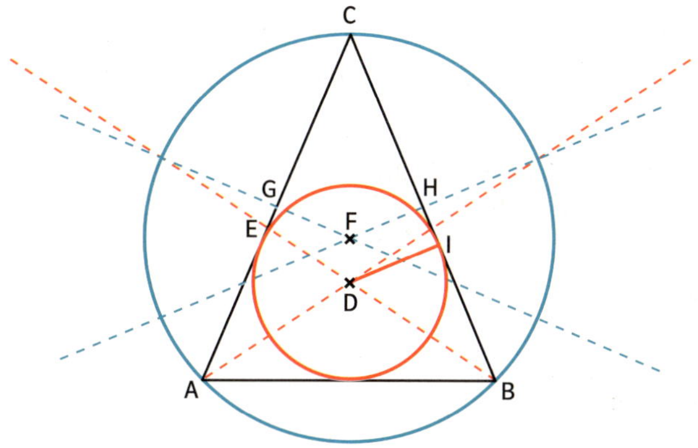

Fig. 3

1. Zeichne Winkelhalbierende bei A und B.
2. Fälle Lot von Schnittpunkt D auf a
3. Inkreis mit Mittelpunkt D durch Lotfußpunkt I.
4. Zeichne Mittelsenkrechten von b und a
5. Zeichne Kreis um den Schnittpunkt F der Mittelsenkrechten durch A,B,C.

2

Der Umkreismittelpunkt eines Dreiecks ist der Schnittpunkt der drei Mittelsenkrechten der Dreiecksseiten und der Inkreismittelpunkt ist der Schnittpunkt der drei Winkelhalbierenden. In einem gleichseitigen Dreieck ist aber jede Mittelsenkrechte einer Seite auch Winkelhalbierende des gegenüberliegenden Winkels. Deshalb fallen in jedem gleichseitigen Dreieck die Mittelpunkte des Inkreises und des Umkreises zusammen.

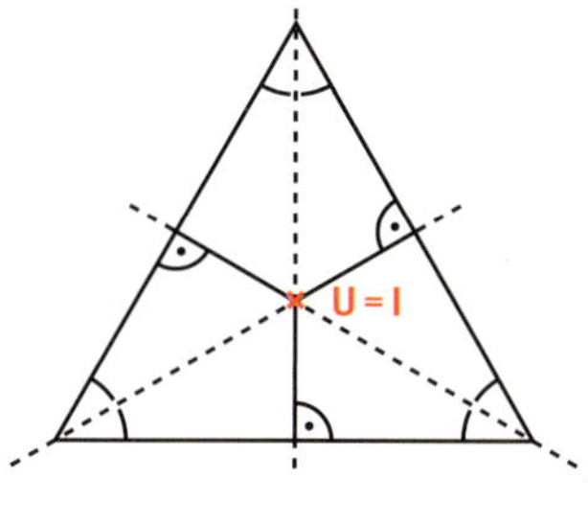

Fig. 4

3
Aus der Zeichnung erkennt man, dass die Seite $\overline{AB}$ des Dreiecks parallel zur x-Achse ist. Die Seite $\overline{BC}$ ist parallel zur y-Achse. Die Mittelpunkte dieser Seiten sind E(4|1) und D(6|3). Die Mittelsenkrechen durch diese Punkte sind wieder parallel zur x und y-Achse. Deshalb schneiden sie sich im Punkt M(4|3). Die Behauptung ist also richtig.

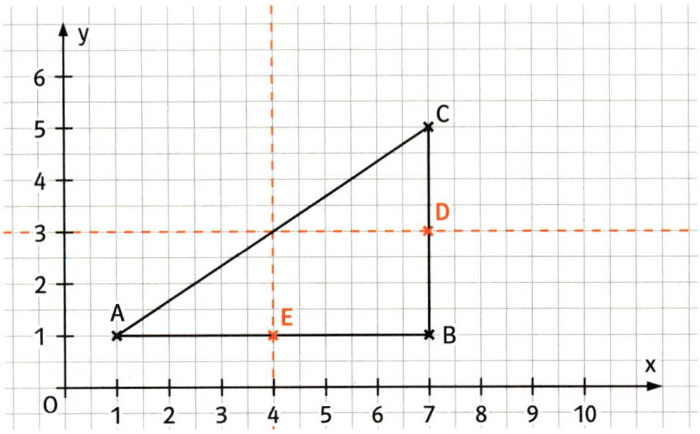

Fig. 1

4
a) Da I der Inkreismittelpunkt ist, ist sein Radius das Lot von I auf die Strecke $\overline{AB}$ mit Lotfußpunkt D. Damit kann man den Inkreis zeichnen. Die Seiten $\overline{AC}$ und $\overline{BC}$ des Dreiecks liegen auf den Tangenten von A und B an den Inkreis. Deren Berührpunkte liegen auf den jeweiligen Thaleskreisen der Strecken $\overline{AI}$ und $\overline{BI}$. Sind die beiden Tangenten konstruiert, schneiden sie sich im Punkt C des Dreiecks.

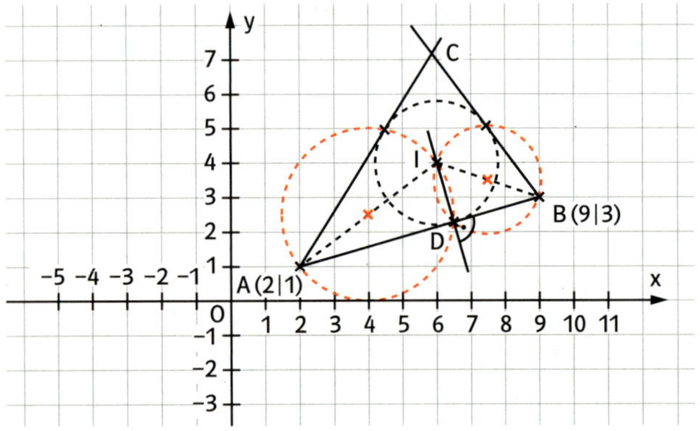

Fig. 2

b) Der Inkreis des gesuchten Dreiecks muss durch die Punkte D, E und F gehen. Man erhält seinen Mittelpunkt I als Schnittpunkt der Mittelsenkrechten der Seiten $\overline{DE}$ und $\overline{EF}$. Die Strecken $\overline{ID}$, $\overline{IE}$ und $\overline{IF}$ sind Radien des Inkreises, die senkrecht zu den gesuchten Seiten des Dreiecks ABC sind. Deshalb ergeben sich die Ecken des Dreiecks ABC als Schnittpunkte der Tangenten an den Inkreis in den Punkten D, E und F.

Kapitel IV, Kannst du das noch? Seite 135

14

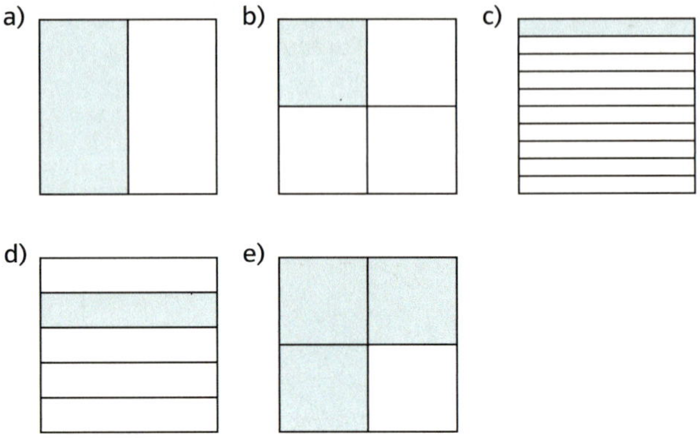

15
a) $\frac{9}{21} = \frac{3}{7}$ b) $\frac{8}{44} = \frac{2}{11}$ c) $\frac{25}{625} = \frac{1}{25}$ d) $\frac{147}{273} = \frac{7}{13}$ e) $\frac{36}{450} = \frac{2}{25}$

16
a) $\frac{7}{10}$ b) $\frac{3}{4}$ c) $\frac{1}{8}$ d) $\frac{3}{1000}$ e) $\frac{5}{2}$

Kapitel IV, Kannst du das noch? Seite 139

11
2576 teilbar durch 2, 3, 4, 6
3728 teilbar durch 2, 4
5268 teilbar durch 2, 3, 4, 6

12
Sie erhält 5,14 € zurück.

13
a) Wert verdoppelt sich. b) Wert halbiert sich.
c) Wert bleibt gleich. d) Wert halbiert sich.

Kapitel IV, Bist du sicher? Seite 142

1
Flächeninhalt des Parallelogramms: $42 \cdot 25\,mm^2 = 1050\,mm^2$
Flächeninhalt des Dreiecks: $(40 \cdot 22):2\,mm^2 = 440\,mm^2$
Flächeninhalt der 3. Figur: $6 \cdot 5\,cm^2 + (6 \cdot 3):2\,cm^2 = 39\,cm^2$

Kapitel IV, Training Runde 1, Seite 155

1
$A = 35{,}88\,cm^2$

2
Alle Punkte, welche die Aussage erfüllen, liegen im Kreisring um den Schnittpunkt M der Diagonalen des Rechtecks mit den Radien 1 cm und 3 cm, einschließlich der Punkte auf den beiden Kreisen.

Unter diesen Punkten sucht man nun solche, die 1 cm Abstand zu den Seiten $\overline{AB}$ und $\overline{BC}$ haben. Diese liegen auf Geraden parallel zu $\overline{AB}$ und $\overline{BC}$ im Abstand 1 cm. Als Lösungen der Aussagen A und B ergeben sich die Punkte auf den Strecken $\overline{EF}$ und $\overline{GH}$ und die einzelnen Punkte I und K.

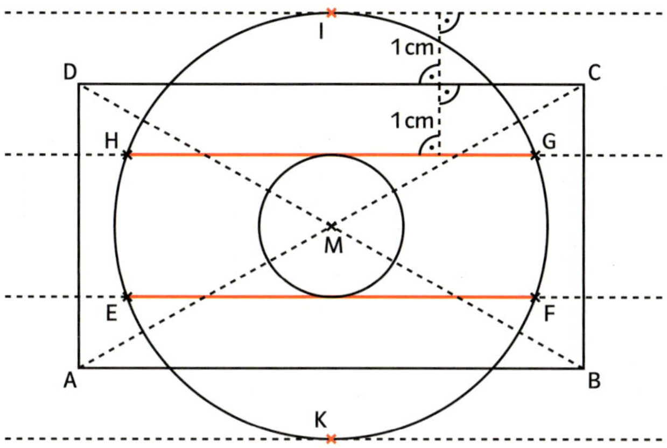

Fig. 1

3

Konstruktion des Dreiecks ABC:

1. Zeichne den Winkel $\gamma = 50°$ mit dem Scheitel C.
2. Zeichne um C die beiden Kreise mit Radius $a = 3\,cm$ und Radius $b = 4\,cm$. Beschrifte die Schnittpunkte mit γ mit A und B.
3. Zeichne die Strecke $\overline{AB}$.

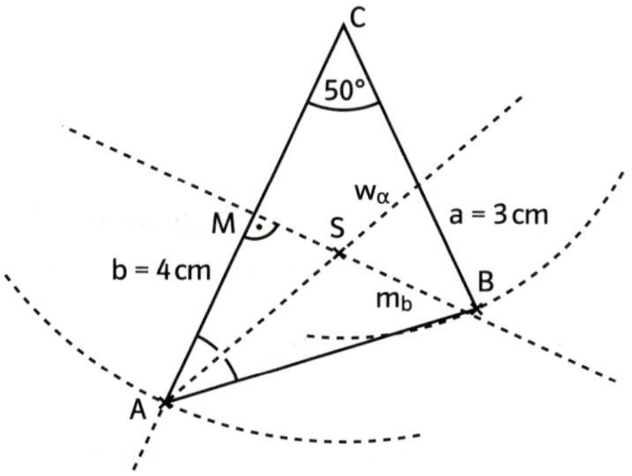

Fig. 2

Der Schnittpunkt S der Winkelhalbierenden W_α mit der Mittelsenkrechten m_b der Seite $b = \overline{AC}$ hat von den Schenkeln des Winkels α den gleichen Abstand. Der Abstand von S zu A ist so groß wie der Abstand von S zu C.

4

a) Die Zeichnung wird nach den Angaben erstellt und wie angegeben beschriftet.

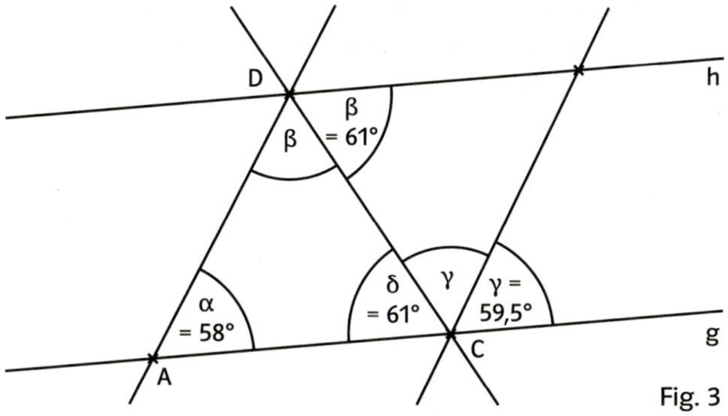

Fig. 3

b) Wegen $g \parallel h$ gilt mit dem Wechselwinkelsatz für den Winkel α und der Eigenschaft der Winkelhalbierenden beim Punkt B die Gleichung $\alpha + \beta + \beta = 180°$. Daraus erhält man mit $\alpha = 58°$ den Winkel $\beta = 61°$. Mit dem Satz über die Winkelsumme im Dreieck ABC kann man δ berechnen aus $\delta + \gamma + \gamma = 180°$. Daraus erhält man mit $\delta = 61°$ den Winkel $\gamma = 59{,}5°$.

c) Aus den Überlegungen in Teil b) ergibt sich ein Spezialfall: Wenn $\alpha = 60°$ ist, gilt auch $\beta = 60°$. Dann muss auch $\delta = 60°$ gelten und damit ist $\gamma = 60°$.

Kapitel IV, Training Runde 2, Seite 155

1

Es wird der Maßstab 1 : 100 gewählt. Dazu wird nach den Angaben zum See ein Dreieck ABC mit $\overline{BC} = 7{,}6\,cm$; $\overline{AC} = 4{,}7\,cm$ und Winkel $\gamma = 83°$ gezeichnet.

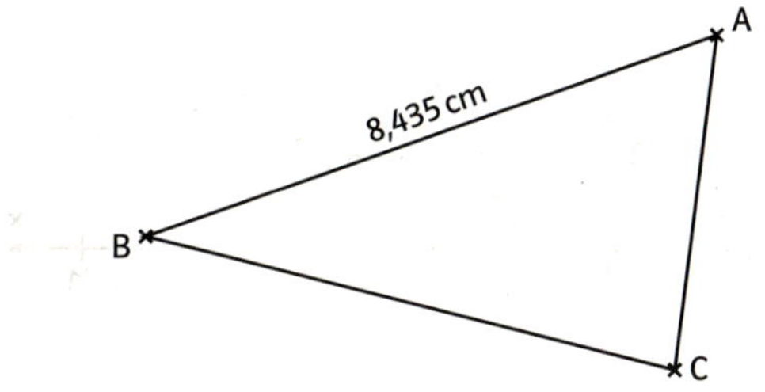

Fig. 4

Konstruktionsbeschreibung:

1. Zeichne die Strecke $\overline{BC} = 7{,}6\,cm$.
2. Trage im Punkt C an $\overline{BC}$ den Winkel $\beta = 83°$ an.
3. Zeichne um C einen Kreis mit Radius $\overline{CA} = 4{,}7\,cm$. Beschrifte den Schnittpunkt mit β mit C.

Die Strecke $\overline{AB}$ ist 8,4 cm lang. Deshalb ist der See etwa 840 Meter lang.

2

a) Mit $\gamma = 12°$ und $\beta = 90°$ gilt für α:
$\alpha = 180° - (\alpha + \beta) = 180° - 102° = 78°$.
b) Für $\beta = 2\alpha$ und $\beta = 90°$ gilt $\alpha = 45°$ und $\gamma = 45°$.
c) Für $\beta = 90°$ kann $\alpha + \gamma$ nicht 110° ergeben, da nach dem Satz über die Winkelsumme $\alpha + \beta = 90°$ gelten muss. Hierzu gibt es kein Dreieck.
zu a):

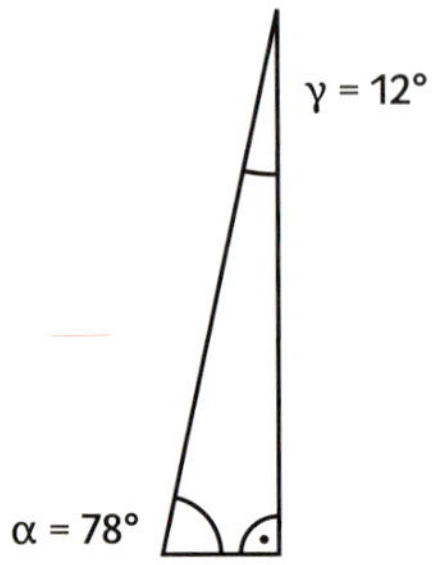

Fig. 1

zu b):

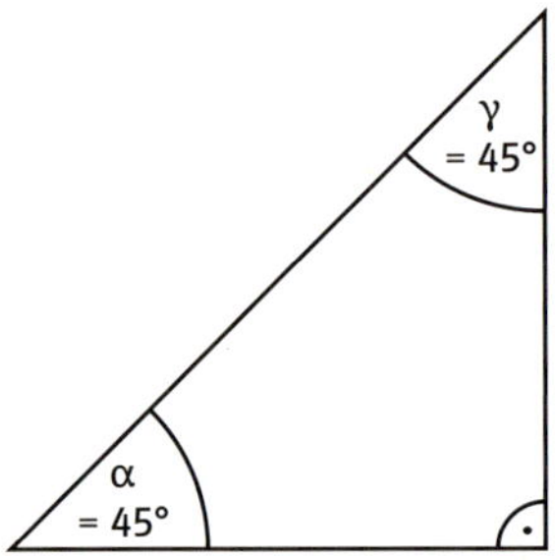

Fig. 2

3

Planfigur:

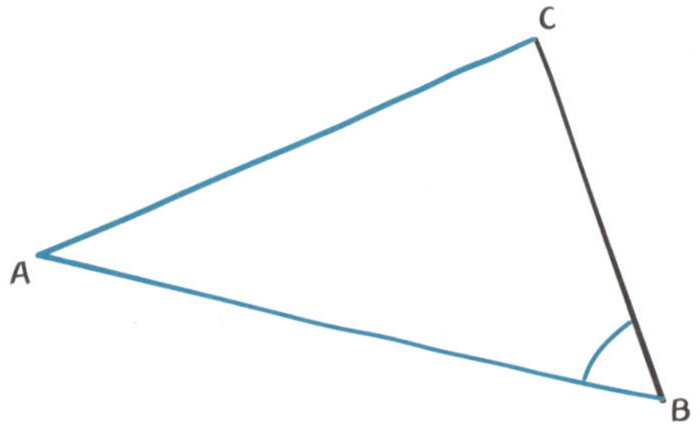

Fig. 3

Konstruktionsbeschreibung:
1. Zeichne die Strecke $\overline{AB} = 4\,cm$.
2. Trage den Winkel β in B an $\overline{AB}$ ab.
3. Zeichne den Kreis mit Radius 5 cm um A. Beschrifte den Schnittpunkt mit β mit C.
Einzige Lösung ist das Dreieck ABC.
4. Der Umkreismittelpunkt U ergibt sich als Schnittpunkt der Mittelsenkrechten zu $\overline{AB}$ mit der Mittelsenkrechten zu $\overline{BC}$.
5. Der Kreis um U mit Radius $\overline{UA}$ ist der gesuchte Umkreis.

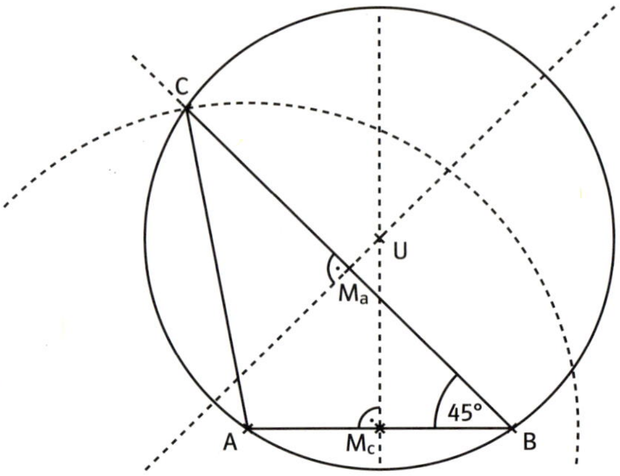

Fig. 4

4

a) Die Höhe auf der 4 cm langen Seite muss 2,5 cm betragen.
b) Ja, ein solches gibt es.
1. Zeichne zur Grundseite eine Parallele im Abstand von 2,5 cm.
2. Um die Endpunkt der Grundstrecke werden zwei Kreise mit dem Radius 4 cm gezeichnet.
3. Verbinde die Schnittpunkte der Kreise mit der Parallelen mit den Enden der Grundstrecke. Alle Seiten des Parallelogramms sind nun 4 cm lang.

5

Aufgrund der Angaben über die Winkel sind die Dreiecke ABC, AED und BCD gleichschenklig.
a) Gleichlange Seiten sind: $\overline{AB} = \overline{AC}$; $\overline{EA} = \overline{ED}$ und $\overline{BD} = \overline{BC}$.
b) Mit $\alpha = 26°$ gilt mit der Winkelsumme im Dreieck und der Eigenschaft der Basiswinkel im gleichschenkligen Dreieck:
- für das Dreieck ABC: $\beta + \beta + \alpha = 180°$.
  Daraus ergibt sich $\beta = (180° - 26°) : 2 = 77°$.
- für das Dreieck AED: $\alpha + \alpha + \gamma = 180°$.
  Daraus ergibt sich $\gamma = 180° - 2 \cdot 26° = 128°$.
- für das Dreieck BCD: $\beta + \beta + \varepsilon = 180°$.
  Daraus ergibt sich $\varepsilon = 180° - 2 \cdot 77° = 26°$.

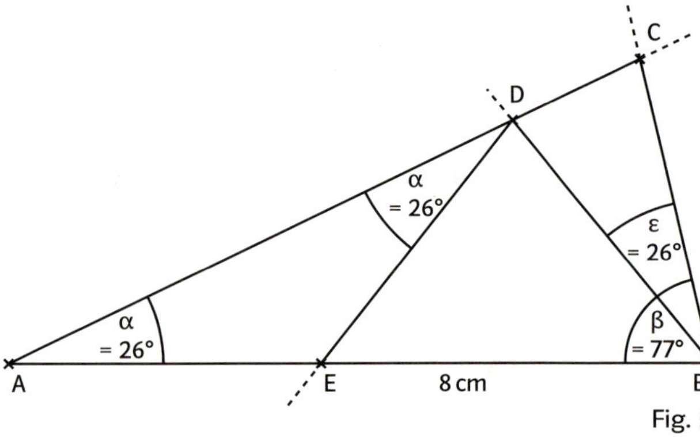

Fig. 5

Konstruktion der Figur zu $\alpha = 26°$:
1. Zeichne die Strecke $\overline{AB} = 8\,cm$.
2. Trage den Winkel $\alpha = 26°$ im Punkt A an $\overline{AB}$ an.
3. Trage den Winkel $\beta = 77°$ im Punkt B an $\overline{AB}$ an.
4. Beschrifte den Schnittpunkt der Winkel α und β mit C.
5. Trage den Winkel $\varepsilon = 26°$ im Punkt B an $\overline{BC}$ an.
6. Beschrifte den Schnittpunkt von ε mit $\overline{AC}$ mit D.
7. Trage in D an $\overline{AD}$ den Winkel α an.
8. Beschrifte den Schnittpunkt des Winkels α mit $\overline{AB}$ mit E.
9. Zeichne die Strecken $\overline{ED}$ und $\overline{BD}$.

c) Für $\alpha = 45°$ erhält man nach den Überlegungen aus c) $\gamma = 90°$; $\beta = 67°$; $\delta = 67{,}5°$ und $\varepsilon = 45°$.
Man kann vermuten, dass für jede Wahl von α der Winkel ε so groß wie α ist.

Kapitel V, Bist du sicher? Seite 169

Lösungen stehen neben den Aufgaben.

Kapitel V, Kannst du das noch? Seite 175

12

a) $\frac{1}{24}$ b) $\frac{1}{38}$ c) $\frac{5}{8}$ d) $\frac{1}{24}$

13

a) Reihenfolge ändern $\frac{22}{17}$
b) erst kürzen $\frac{5}{6}$
c) erst ausmultiplizieren und kürzen $\frac{7}{2}$
d) erst Minusklammer auflösen, dann Reihenfolge ändern $\frac{8}{11}$

14

a) richtig
b) falsch; richtig ist: $\frac{7}{10} + \frac{3}{10} = 1$
c) falsch; richtig ist: $\frac{5}{7} - \frac{7}{12} - \frac{4}{5}$

15

a) $\frac{22}{35}$ b) 2 c) $\frac{11}{24}$

Kapitel V, Training Runde 1, Seite 183

1

a) 11% b) $\frac{1}{5}$ c) ≈ 61,5%
d) $\frac{17}{20}$ e) $\frac{4}{5}$ f) 35%

2

a) $5\% > \frac{7}{150} \approx 4{,}7\%$ b) $22\% < 0{,}23 = 23\%$
c) $\frac{7}{8} = 87{,}5\% > 87\%$

3

	a)	b)	c)	d)	e)	f)
p%	2%	5%	25%	$33\frac{1}{3}\%$	2,3%	2,3%
W	8	45	250	2,3	6,9	0,1587
G	400	900	1000	6,9	300	6,9

4

Kreisdiagramm und ergänzte Tabelle der Schülerzahlen in Klassenstufe 6:

Klasse	Schülerzahl	Prozent	Winkel
6a	26	32,5%	117°
6b	30	37,5%	135°
6c	24	30,0%	108°
Summe	80	100,0%	360°

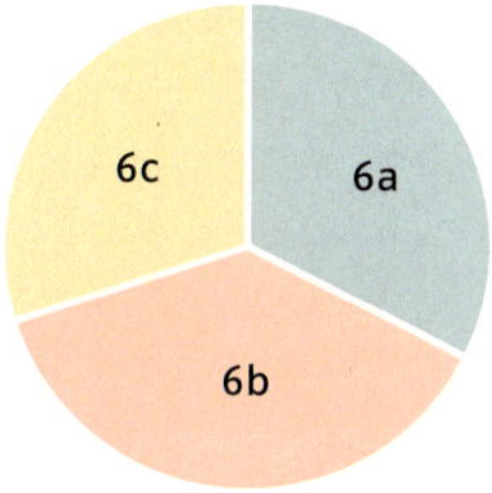

Fig. 1

5

Das gleiche Radio kostet bei Elektro Meier 175€ und bei EloWest 195€.
a) Bei Elektro Meier ist das Radio etwa 10,3% billiger als bei EloWest.
b) Bei EloWest ist das Radio etwa 11,4% teurer als bei Elektro Meier.

Kapitel V, Training Runde 2, Seite 183

1

a) 18%; $\frac{39}{200} = 19{,}5\%$; $0{,}19 = 19\%$ und $\frac{7}{16} = 43{,}75\%$.
Also: $\frac{7}{16} > 0{,}19 > 18\%$.

2

a) 340 von 625 sind 54,4%.
b) 253 ist um 15% größer als 220.
c) Eine Zahl wird um 35% verkleinert, und man erhält 162,5. Die Zahl heißt 250.

3

a) „Beim Kauf einer Jeans sparen Sie 30 €."

b) „Beim Kauf einer Jeans sparen Sie 30 %."

Bei a) wird für jede Jeans der gleiche Betrag abgezogen, bei b) kommt es auf den alten Preis der Hose an. Wenn eine Hose vorher z. B. 60 € gekostet hat, werden 18 € Nachlass gewährt. Nur für eine Hose mit dem alten Preis 100 € würde man auch 30 € sparen.

4

Das Fassungsvermögen beträt 200 Mio. Kubikmeter.

5

Das gesamte Grundstück ist $400\,m^2$ groß. Die Grundfläche des Hauses ist $11 \cdot 14\,m^2 - 6 \cdot 9\,m^2 = 100\,m^2$. Also werden 25 Prozent des Grundstücks bebaut.

6

Artikel	alter Preis €	Rabatt %	neuer Preis €	gekauft	Preise alt €	Preise neu €
Heft	0,72	25	0,54	6	4,32	3,24
Radierer	0,95	40	0,57	2	1,90	1,14
Stift	1,40	60	0,56	3	4,20	4,68
Summe					10,42	6,06

Jens spart also 4,36 €, das sind etwa 41,8 % von 10,42 €.

Kapitel VI, Bist du sicher? Seite 188

1

a) Die „0" hat die Wahrscheinlichkeit $\frac{1}{10}$.

b) „Dunkelblau" hat die Wahrscheinlichkeit $\frac{6}{10}$; „Hellblau" hat die Wahrscheinlichkeit $\frac{4}{10}$.

Kapitel VI, Bist du sicher? Seite 196

1

a) $\frac{4}{5} \cdot \frac{4}{5} \cdot \frac{4}{5} = 51{,}2\,\%$

b) $3 \cdot \frac{1}{5} \cdot \frac{1}{5} \cdot \frac{4}{5} = 9{,}6\,\%$

c) $\frac{2}{5} = 40\,\%$ (nur die letzte Ziffer ist entscheidend)

d) $5 \cdot \frac{1}{5} \cdot \frac{1}{5} \cdot \frac{1}{5} = 4\,\%$

Kapitel VI, Training Runde 1, Seite 203

1

a) 11 der 15 Kugeln sind weiß. Also beträgt die Wahrscheinlichkeit für eine weiße Kugel $\frac{11}{15} \approx 73{,}3\,\%$.

b) Auf 7 der 15 Kugeln steht eine gerade Zahl. Also beträgt die Wahrscheinlichkeit für eine Kugel mit einer geraden Zahl $\frac{7}{15} \approx 46{,}7\,\%$.

2

Die absolute Häufigkeit für C beträgt $96 - (39 + 27) = 30$.

Die relativen Häufigkeiten sind $\frac{39}{96} \approx 40{,}6\,\%$ für A, $\frac{27}{96} \approx 28{,}1\,\%$ für B und $\frac{30}{96} \approx 31{,}3\,\%$ für C.

Geschätzte Wahrscheinlichkeiten sind z. B. 41 % für A, 28 % für B und 31 % für C.

3

Mögliche Geburtstagstermine sind der 20. und der 31. Januar. Also beträgt die Ratewahrscheinlichkeit $\frac{1}{2} = 50\,\%$.

4

a) $\frac{1}{2} \cdot \frac{1}{2} = \frac{1}{4}$

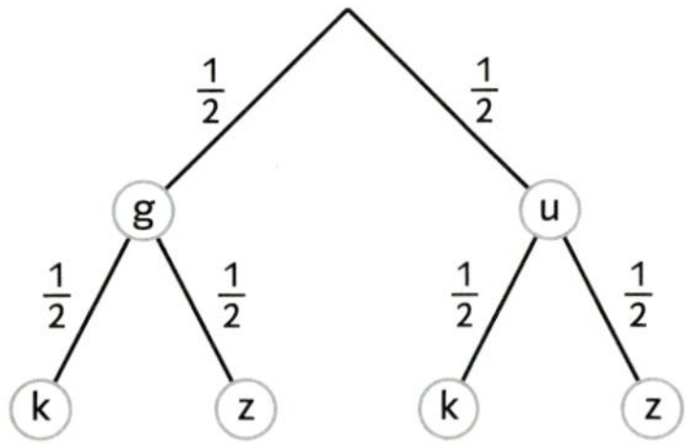

Fig. 1

b) $\frac{5}{6} \cdot \frac{1}{2} = \frac{5}{12}$

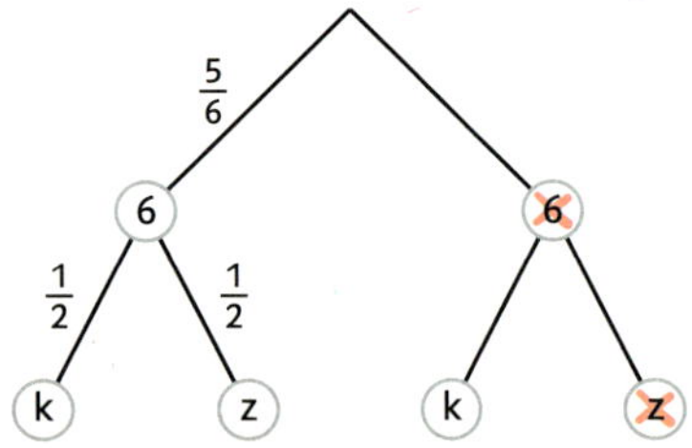

Fig. 2

5

a)

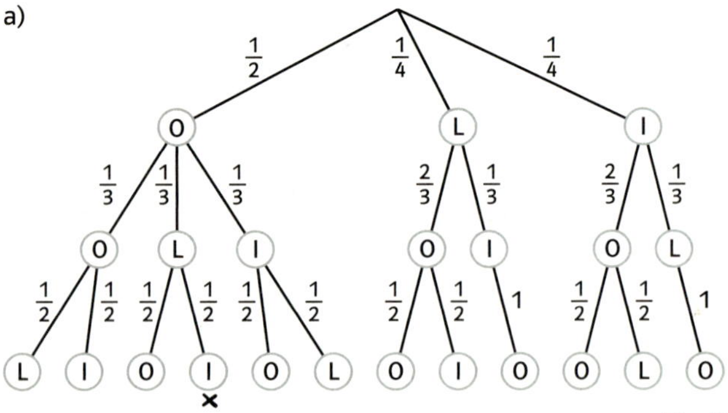

Fig. 3

b) Wahrscheinlichkeit für „OLI": $\frac{1}{12} \approx 8{,}3\,\%$

Kapitel VI, Training Runde 2, Seite 203

1

a) Es sind 12 Felder. Also beträgt die Wahrscheinlichkeit der „Sieben“ $\frac{1}{12} \approx 8{,}3\,\%$.
b) 3 der 12 Felder sind blau. Also beträgt die Wahrscheinlichkeit für „Blau“ $\frac{3}{12} = 25\,\%$.

2

Die geschätzte Wahrscheinlichkeit von Q beträgt
$100\,\% - (69{,}7\,\% + 7{,}0\,\%) = 23{,}3\,\%$.
Die erwarteten absoluten Häufigkeiten sind $0{,}07 \cdot 300 = 21$ für H, $0{,}233 \cdot 300 \approx 70$ für Q und $0{,}697 \cdot 300 \approx 209$ für F.

3

a) Baum:
$\frac{1}{6} \cdot \frac{5}{6} + \frac{5}{6} \cdot \frac{1}{6} = \frac{5}{18}$

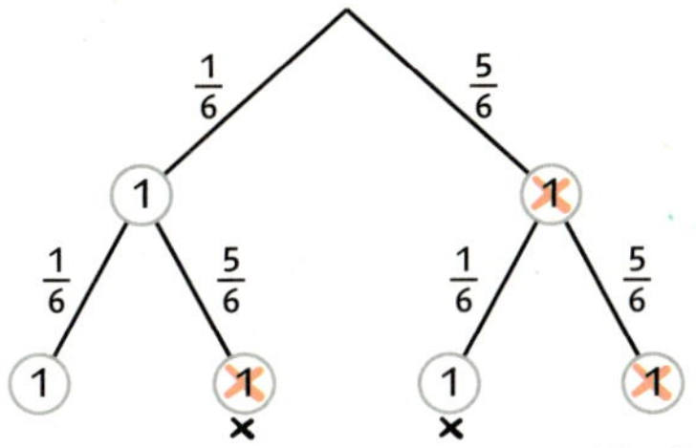

Fig. 1

1 bedeutet: 1 wird geworfen.
~~1~~ bedeutet: keine 1 wird geworfen.
Die Wahrscheinlichkeit für 1 ~~1~~ bzw ~~1~~ 1 beträgt
$\frac{1}{6} \cdot \frac{5}{6} + \frac{5}{6} \cdot \frac{1}{6} = \frac{5}{18} \approx 27{,}8\,\%$.

b)
Wahrscheinlichkeit für mindestens eine 1:
$\frac{1}{6} + \frac{5}{6} \cdot \frac{1}{6} = \frac{11}{36} \approx 30{,}6\,\%$

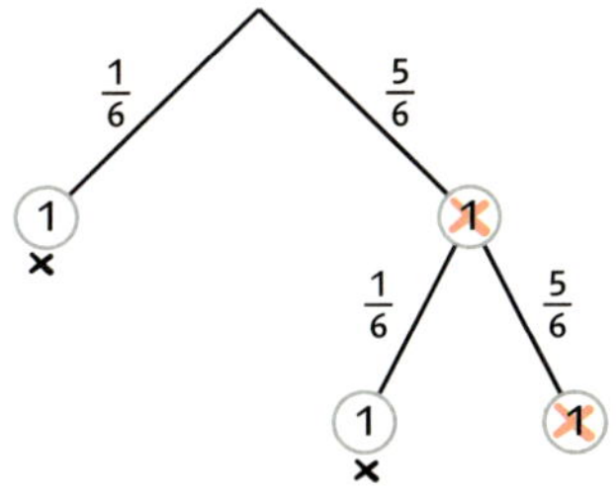

(1) eine Eins wird geworfen
(~~1~~) keine Eins wird geworfen

Fig. 2

4

a) siehe Fig. 3.

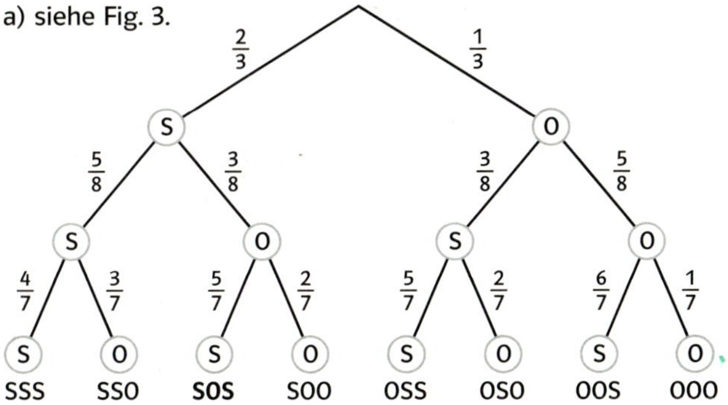

Fig. 3

b) Wahrscheinlichkeit für SOS: $\frac{6}{9} \cdot \frac{3}{8} \cdot \frac{5}{7} = \frac{5}{28} \approx 17{,}9\,\%$

Erweitern und kürzen

1 Erweitere.

a) $\frac{4}{6}$ mit 7 b) $\frac{3}{4}$ mit 5 c) $\frac{6}{7}$ mit 8 d) $\frac{1}{9}$ mit 13 e) $\frac{7}{12}$ mit 8

f) $\frac{9}{20}$ mit 4 g) $\frac{17}{35}$ mit 30 h) $\frac{13}{30}$ mit 2 i) $\frac{1}{16}$ mit 300 j) $\frac{12}{19}$ mit 45

2 a) Kürze mit 3: $\frac{12}{39}$; $\frac{24}{51}$; $\frac{21}{33}$; $\frac{63}{123}$; $\frac{87}{144}$ b) Kürze mit 7: $\frac{14}{49}$; $\frac{35}{84}$; $\frac{56}{91}$; $\frac{98}{154}$; $\frac{105}{217}$

3 Erweitere die folgenden Brüche jeweils mit 2, 3, 7, 11, 15, 50 und 100:

a) $\frac{1}{2}$ b) $\frac{3}{5}$ c) $\frac{7}{8}$ d) $\frac{5}{7}$ e) $\frac{4}{15}$ f) $\frac{1}{24}$ g) $\frac{2}{25}$ h) $\frac{1}{50}$ i) $\frac{25}{111}$ j) $\frac{9}{750}$

4 Kürze so weit wie möglich.

a) $\frac{12}{18}$; $\frac{15}{24}$; $\frac{15}{15}$; b) $\frac{6}{12}$; $\frac{5}{10}$; $\frac{12}{36}$; c) $\frac{16}{48}$; $\frac{10}{60}$; $\frac{27}{81}$; d) $\frac{24}{96}$; $\frac{45}{100}$; $\frac{28}{56}$;

e) $\frac{27}{36}$; $\frac{32}{96}$; $\frac{27}{45}$; f) $\frac{36}{78}$; $\frac{72}{84}$; $\frac{75}{25}$; g) $\frac{35}{49}$; $\frac{48}{64}$; $\frac{33}{77}$; h) $\frac{28}{70}$; $\frac{36}{84}$; $\frac{69}{92}$

5 Erweitere $\frac{3}{4}$ so, dass folgender Nenner entsteht:

a) 8 b) 12 c) 52 d) 172 e) 256

6 a) $\frac{25}{65}$ gekürzt mit 5 ist □ b) □ gekürzt mit 12 ist $\frac{2}{3}$

c) $\frac{228}{399}$ gekürzt mit 19 ist □ d) □ gekürzt mit 250 ist $\frac{7}{12}$

7 a) Bringe $\frac{1}{4}$ auf die Nenner 8, 12, 20, 28, 40, 64, 100, 180, 400, 1000.

b) Bringe $\frac{2}{3}$ auf die Nenner 6, 15, 24, 30, 51, 60, 96, 300.

8 Welche Zahlen fehlen?

a) $\frac{3}{7} = \frac{6}{\square}$ b) $\frac{\square}{10} = \frac{1}{2}$ c) $\frac{4}{12} = \frac{1}{\square}$ d) $\frac{\square}{5} = \frac{5}{25}$ e) $\frac{9}{27} = \frac{\square}{9}$

f) $\frac{16}{\square} = \frac{4}{5}$ g) $\frac{16}{20} = \frac{\square}{40}$ h) $\frac{21}{49} = \frac{84}{\square}$ i) $\frac{\square}{45} = \frac{16}{90}$ j) $\frac{162}{54} = \frac{27}{\square}$

9 Erweitere den Bruch so, dass im Nenner 100 steht und wandle dann in cm um:

a) $\frac{3}{4}$m b) $\frac{4}{5}$m c) $\frac{11}{20}$m d) $\frac{13}{25}$m e) $\frac{24}{25}$m

10 Rechne um, indem du zuerst auf deinen geeigneten Nenner erweiterst:

a) $\frac{7}{8}$kg in g b) $\frac{4}{5}$cm² in mm² c) $\frac{2}{3}$ Tage in h d) $\frac{11}{12}$h in min

11 Welcher Bruch ist größer?

a) $\frac{3}{5}$; $\frac{4}{5}$ b) $\frac{9}{11}$; $\frac{8}{11}$ c) $\frac{56}{57}$; $\frac{65}{57}$ d) $\frac{30}{93}$; $\frac{13}{93}$ e) $\frac{702}{159}$; $\frac{207}{159}$

12 Ordne der Größe nach.

a) $\frac{3}{4}$; $\frac{5}{8}$; $\frac{1}{3}$; $\frac{7}{12}$ b) $\frac{2}{3}$; $\frac{1}{15}$; $\frac{3}{5}$; $\frac{7}{10}$ c) $\frac{6}{7}$; $1\frac{1}{2}$; $\frac{9}{14}$; $1\frac{3}{4}$

d) $2\frac{1}{3}$; $\frac{9}{4}$; $\frac{19}{6}$; 3 e) $\frac{3}{50}$; $\frac{7}{100}$; $\frac{13}{1000}$; $\frac{1}{10}$; $\frac{17}{250}$ f) $\frac{6}{7}$; $\frac{7}{8}$; $\frac{7}{6}$

13 Welche der folgenden Bruchzahlen liegen zwischen $\frac{1}{2}$ und $\frac{3}{4}$?

a) $\frac{1}{3}$; $\frac{2}{3}$; $\frac{4}{5}$; $\frac{3}{5}$; $\frac{10}{21}$ b) $\frac{10}{23}$; $\frac{2}{5}$; $\frac{9}{13}$; $\frac{7}{15}$; $\frac{9}{11}$

Dezimalbrüche

1 Schreibe als Dezimalbruch.

a) $\frac{13}{10}$ b) $\frac{237}{100}$ c) $\frac{309}{10}$ d) $\frac{4637}{1000}$ e) $\frac{13}{100}$
f) $\frac{237}{1000}$ g) $\frac{309}{100}$ h) $\frac{4637}{100}$ i) $\frac{130}{100}$ k) $\frac{2370}{100}$
l) $\frac{3090}{1000}$ m) $\frac{4637}{10}$ n) $\frac{3}{5}$ o) $\frac{7}{2}$ p) $\frac{9}{20}$
q) $\frac{17}{25}$ r) $\frac{17}{8}$ s) $\frac{107}{40}$ t) $\frac{5}{16}$ u) $\frac{47}{80}$

2 Schreibe als Bruch und kürze vollständig.

a) 0,25 b) 0,05 c) 0,15 d) 3,26 e) 3,0005
f) 7,0025 g) 4,8 h) 13,136 i) 23,45 j) 1,4
k) 22,35 l) 107,323 m) 32,45 n) 1,009 o) 60,73
p) 0,3 q) 0,07 r) 0,0006

3 Kürze und/oder erweitere und schreibe dann als Dezimalbruch.

a) $\frac{57}{60}$ b) $\frac{49}{28}$ c) $\frac{55}{220}$ d) $\frac{51}{340}$ e) $\frac{3}{600}$
f) $\frac{81}{225}$ g) $\frac{169}{520}$ h) $\frac{196}{280}$ i) $\frac{280}{175}$ k) $\frac{33}{48}$
l) $\frac{35}{140}$ m) $\frac{99}{125}$ n) $\frac{105}{350}$ o) $\frac{87}{290}$ p) $\frac{121}{440}$
q) $\frac{17}{32}$ r) $\frac{91}{65}$ s) $\frac{279}{310}$ t) $\frac{23}{230}$ u) $\frac{135}{360}$

Addieren und Subtrahieren

1 Addiere und kürze, falls möglich.

a) $\frac{1}{4}+\frac{1}{6}$ b) $\frac{1}{8}+\frac{1}{12}$ c) $\frac{1}{4}+\frac{1}{10}$ d) $\frac{1}{10}+\frac{1}{15}$ e) $\frac{1}{15}+\frac{1}{20}$
f) $\frac{1}{12}+\frac{1}{15}$ g) $\frac{1}{6}+\frac{1}{9}$ h) $\frac{1}{8}+\frac{1}{6}$ i) $\frac{1}{12}+\frac{1}{18}$ j) $\frac{3}{8}+\frac{5}{12}$
k) $\frac{3}{14}+\frac{5}{21}$ l) $\frac{7}{12}+\frac{5}{18}$ m) $\frac{4}{15}+\frac{3}{20}$ n) $\frac{11}{15}+\frac{3}{25}$ o) $\frac{7}{10}+\frac{4}{15}$

2 Subtrahiere und kürze, falls möglich.

a) $\frac{11}{12}-\frac{1}{3}$ b) $\frac{7}{8}-\frac{1}{4}$ c) $\frac{17}{18}-\frac{1}{3}$ d) $\frac{7}{18}-\frac{1}{3}$ e) $\frac{17}{24}-\frac{3}{8}$
f) $\frac{7}{15}-\frac{2}{5}$ g) $\frac{5}{12}-\frac{3}{8}$ h) $\frac{5}{6}-\frac{11}{5}$ i) $\frac{4}{15}-\frac{1}{10}$ j) $\frac{7}{12}-\frac{3}{8}$

3 Berechne und kürze falls möglich.

a) $\frac{5}{14}+\frac{8}{21}$ b) $\frac{3}{10}+\frac{4}{15}$ c) $\frac{5}{18}+\frac{2}{27}$ d) $\frac{5}{22}-\frac{3}{20}$ e) $\frac{7}{16}-\frac{5}{12}$
f) $\frac{11}{20}-\frac{3}{16}$ g) $\frac{1}{10}+\frac{11}{12}$ h) $\frac{7}{12}-\frac{7}{16}$ i) $\frac{3}{25}+\frac{7}{40}$ j) $\frac{3}{20}-\frac{1}{30}$

4 Stelle zuerst fest, welcher Bruch größer ist und berechne dann den Unterschied.

a) $\frac{7}{9}; \frac{9}{7}$ b) $\frac{13}{8}; \frac{8}{5}$ c) $\frac{17}{20}; \frac{15}{17}$ d) $\frac{7}{2}; \frac{40}{11}$ e) $\frac{12}{19}; \frac{9}{13}$

5 Berechne.

a) $\frac{14}{3}-\left(\frac{2}{3}+\frac{1}{4}\right)$ b) $\frac{7}{2}-\left(\frac{7}{5}+\frac{7}{9}\right)$ c) $\frac{4}{3}-\left(\frac{1}{2}+\frac{5}{6}\right)$ d) $\frac{9}{8}-\left(\frac{3}{4}+\frac{3}{16}\right)$
e) $\frac{1}{3}-\left(\frac{9}{10}-\frac{11}{15}\right)$ f) $\frac{21}{4}-\left(\frac{7}{8}-\frac{5}{9}\right)$ g) $\frac{12}{7}-\left(\frac{4}{3}-\frac{3}{7}\right)$ h) $\frac{110}{6}-\left(\frac{19}{2}-\frac{23}{12}\right)$

6 Rechne geschickt.

a) $\frac{1}{4} + \left(\frac{1}{2} + \frac{3}{4}\right)$ b) $\frac{1}{8} + \left(\frac{3}{8} + \frac{1}{2}\right)$ c) $\left(\frac{4}{5} + \frac{1}{3}\right) + \frac{1}{5}$ d) $\left(\frac{2}{3} + \frac{1}{4}\right) + \frac{3}{4}$ e) $\left(\frac{1}{2} + \frac{1}{5}\right) + \frac{2}{3}$

f) $\left(\frac{1}{4} + \frac{1}{5}\right) + \frac{1}{20}$ g) $\frac{1}{2} + \left(\frac{2}{3} + \frac{3}{4}\right)$ h) $\frac{1}{9} + \left(\frac{4}{7} + \frac{2}{3}\right)$ i) $\frac{1}{3} + \frac{3}{4} + \frac{2}{3} + \frac{1}{2}$ j) $\frac{2}{7} + \frac{1}{8} + \frac{3}{4} + \frac{5}{7}$

k) $\frac{12}{13} + \frac{9}{2} + \frac{14}{13} + \frac{3}{4}$ l) $\frac{3}{8} + \frac{5}{4} + \frac{1}{8} + \frac{3}{2}$ m) $\frac{4}{9} + \frac{5}{6} + \frac{14}{9} + \frac{2}{3}$ n) $\frac{15}{7} + \frac{4}{3} + \frac{20}{21} + \frac{6}{7}$

7 Schreibe den Bruch als Dezimalbruch und berechne.

a) $3,5 + \frac{3}{5}$ b) $1,2 - \frac{1}{2}$ c) $\frac{3}{4} - 0,2$

d) $\frac{4}{5} - \frac{1}{2}$ e) $\frac{2}{5} - 0,04$ f) $0,8 - \frac{1}{20}$

8 Schreibe den Dezimalbruch als Bruch und berechne.

a) $0,5 + \frac{1}{4}$ b) $\frac{3}{4} + 0,2$ c) $\frac{4}{5} - 0,4$

d) $0,8 - \frac{3}{5}$ e) $\frac{1}{10} - 0,1$ f) $\frac{3}{25} + 0,2$

9 Berechne nach der Methode, die dir am günstigsten erscheint.

a) $10 + \frac{1}{4} - 1,8$ b) $4,2 + \frac{1}{2} - 0,8$ c) $3,5 - 0,6 + \frac{3}{4}$ d) $8,4 - 2 - \frac{9}{5}$

e) $\frac{3}{4} - \frac{1}{2} + 0,73$ f) $\frac{2}{5} + \frac{1}{2} + 4,3$ g) $\frac{3}{8} + 4,625 - 2,25$ h) $\frac{9}{250} + \frac{19}{10} - 0,3$

10 Mache zuerst einen Überschlag und berechne dann.

a) 25,32 + 24,03 b) 182,675 + 0,98 c) 520,49 + 19,983 d) 608,08 + 35,47

e) 978,99 − 173,83 f) 371,07 − 250,95 g) 3197,92 − 2836,4 h) 7639,48 + 41,394

i) 403,169 − 174,84 k) 6861,46 − 351,29 l) 200 − (520,8 − 487,6) + 74,1

m) (38,4 + 17,9) − (39,81 + 4,26) n) (81,63 − 19,9 + 2,06) − (36,5 − 3,8)

o) (931,6 − 48,93) − (486,96 − 391,58) p) 924,68 − (198,6 + 413,47) − 83, 82

11 a) $\frac{1}{4} + 1,63$ b) $2,08 + \frac{3}{4}$ c) $4,83 - \frac{2}{5}$ d) $7,28 - \frac{2}{5}$

e) $\frac{1}{5} + 3,82$ f) $\frac{4}{5} + 0,678$ g) $\frac{3}{4} - 0,19$ h) $2,49 - \frac{1}{2}$

12 Berechne. Runde das Ergebnis auf Zehntel.

a) 4,23 + 8,751 + 6,9 + 7,253 b) 675,3 − (24,25 + 8,647 + 14,2)

c) 810,82 − 10,8 + 20,53 − 49,01 d) 7,604 − 2,0035 + (84,6 + 7,25 − 33,8)

13 Welche Zahl musst du einsetzen?

a) x + 11,11 = 17,29 b) x + 34,86 = 129,6 c) 231,7 + x = 931,39

d) 17,34 + x = 98,34 e) x − 18,7 = 3,149 f) x − 432,86 = 219,71

g) 35,73 − x = 12,51 h) 4301 − x = 1718,68 i) 74,98 − (22,1 + 16,2) + x = 53,27

14 Übertrage die Tabelle in dein Heft und fülle sie aus.

a)

−	$\frac{1}{4}$	$\frac{4}{11}$	$\frac{3}{8}$	$\frac{2}{7}$
$\frac{1}{2}$				
$\frac{3}{5}$				
$\frac{7}{9}$				
$\frac{13}{14}$				

b)

+	$\frac{7}{15}$	$\frac{8}{21}$	$\frac{5}{24}$	$\frac{9}{48}$
$\frac{1}{9}$				
$\frac{5}{12}$				
$\frac{3}{18}$				
$\frac{7}{30}$				

c)

−	$\frac{7}{12}$	$\frac{15}{24}$	$\frac{17}{32}$	$\frac{29}{40}$
$\frac{5}{4}$				
$\frac{11}{8}$				
$\frac{15}{16}$				
$\frac{79}{80}$				

Rechentraining

Multiplizieren und Dividieren

1 Gib als Bruchteil der genannten Einheit an.

a) $\frac{3}{4}$ von $\frac{5}{8}$ km b) $\frac{2}{3}$ von $\frac{5}{3}$ kg c) $\frac{4}{5}$ von 8 dm d) $\frac{3}{7}$ von 14 €
e) $\frac{5}{6}$ von 9 l f) $\frac{3}{20}$ von 10 a g) $\frac{3}{2}$ von $\frac{7}{8}$ ha h) $\frac{1}{4}$ von $\frac{2}{3}$ m^2

2 Kürze, falls möglich, vor dem Ausrechnen.

a) $\frac{2}{9} \cdot \frac{3}{4}$ b) $\frac{12}{25} \cdot \frac{15}{16}$ c) $\frac{14}{9} \cdot \frac{6}{7}$ d) $\frac{24}{35} \cdot \frac{21}{20}$ e) $\frac{16}{17} \cdot \frac{34}{48}$
f) $\frac{11}{13} \cdot \frac{39}{77}$ g) $\frac{17}{81} \cdot \frac{28}{51}$ h) $\frac{22}{45} \cdot \frac{30}{55}$ i) $\frac{14}{27} \cdot \frac{9}{28}$ k) $\frac{17}{69} \cdot \frac{15}{51}$
l) $\frac{33}{37} \cdot \frac{74}{99}$ m) $\frac{25}{13} \cdot \frac{52}{100}$ n) $\frac{9}{20} \cdot \frac{10}{21}$ o) $\frac{3}{5} \cdot \frac{15}{45}$ p) $\frac{11}{12} \cdot \frac{6}{55}$
q) $\frac{4}{15} \cdot \frac{1}{8}$ r) $\frac{15}{16} \cdot \frac{20}{55}$ s) $\frac{4}{7} \cdot \frac{15}{12}$ t) $\frac{13}{25} \cdot \frac{10}{39}$ u) $\frac{7}{12} \cdot \frac{6}{35}$

3 Berechne, kürze möglichst früh.

a) $\frac{2}{3} : \frac{1}{2}$ b) $\frac{7}{8} : \frac{1}{4}$ c) $\frac{2}{5} : \frac{3}{10}$ d) $\frac{1}{2} : \frac{1}{2}$ e) $\frac{2}{7} : \frac{3}{8}$
f) $\frac{4}{9} : \frac{2}{3}$ g) $\frac{9}{10} : \frac{3}{5}$ h) $\frac{5}{7} : \frac{10}{21}$ i) $\frac{1}{2} : \frac{1}{10}$ j) $\frac{9}{22} : \frac{6}{11}$
k) $\frac{5}{6} : \frac{12}{17}$ l) $\frac{21}{25} : \frac{3}{5}$ m) $\frac{49}{50} : \frac{7}{20}$ n) $\frac{56}{57} : \frac{14}{19}$ o) $\frac{50}{51} : \frac{3}{10}$

4 Berechne.

a) 45,319 · 100 b) 9,01 · 1000 c) 10 000 · 0,0025 d) 10 · 3,084
e) 0,035 · 100 f) 100 000 · 0,0078 g) 38,6 · 1000 h) 100 · 15
i) 0,0004 · 10 j) 0,0032 · 1000 k) 384,5 : 10 l) 384,5 : 100
m) 0,0047 : 10 n) 30,03 : 10 o) 7,5 : 10 p) 3,9 : 100
q) 5 : 10 r) 0,8 : 100 s) 0,0032 : 100 t) 700 : 10 000

5 Berechne mithilfe von gegensinniger Kommaverschiebung im Kopf.

a) 0,03 · 50 b) 90 · 0,05 c) 0,24 · 20 d) 1,7 · 20 e) 0,7 · 80
f) 0,11 · 800 g) 0,06 · 150 h) 250 · 0,4 i) 12,5 · 40 j) 45 · 0,2
k) 22 · 0,05 l) 11 · 0,09 m) 0,08 · 70 n) 0,06 · 40 o) 55 · 0,02
p) 35 · 0,2 q) 450 · 0,04 r) 410 · 0,03

6 Führe zunächst eine Überschlagsrechnung durch. Rechne dann genau.

a) 64,2 · 0,12 b) 18,5 · 0,488 c) 27,21 · 0,011 d) 0,052 · 318 e) 520 · 0,45
f) 309 · 0,035 g) 82,5 · 0,29 h) 39,4 · 0,91 i) 832 · 3,03 j) 8,73 · 732,1
k) 0,045 · 485 l) 34,2 · 0,68 m) 0,049 · 65,4 n) 14,8 · 19,3 o) 87,4 · 0,38

7 Berechne.

a) 1,5 : 2 b) 3,8 : 2 c) 7,8 : 6 d) 5,7 : 19 e) 9,6 : 12
f) 13,2 : 11 g) 35,7 : 17 h) 87,1 : 13 i) 124,2 : 9 j) 0,963 : 3
k) 0,624 : 6 l) 0,756 : 6 m) 0,084 : 12 n) 0,096 : 8 o) 0,231 : 7

8 Mache bei den folgenden Aufgaben immer zuerst eine Überschlagsrechnung.

a) 2,25 : 0,018 b) 58,24 : 455 c) 12,1 : 9,68 d) 28 : 0,448 e) 20,67 : 0,65
f) 0,9632 : 0,032 g) 17,11 : 29,5 h) 288,64 : 32 i) 5,95 : 1,7 j) 360 : 0,008
k) 25 : 0,125 l) 0,12 : 0,3 m) 0,56 : 0,8 n) 0,96 : 1,2 o) 1,44 : 3,6
p) 0,17 : 0,5 q) 0,03 : 0,2 r) 0,303 : 0,5 s) 2,97 : 0,9 t) 4,42 : 1,3

Die vier Grundrechenarten; Rechenvorteile

1 Berechne.

a) $\frac{1}{2} \cdot \frac{1}{3} + \frac{1}{6}$
b) $\frac{2}{5} \cdot \frac{1}{4} + \frac{3}{10}$
c) $\frac{2}{3} \cdot \frac{3}{4} + \frac{3}{10}$
d) $\frac{4}{5} \cdot \frac{5}{8} + \frac{1}{3}$
e) $\frac{5}{6} + \frac{1}{3} \cdot \frac{2}{3}$
f) $\frac{1}{4} + \frac{1}{3} \cdot \frac{3}{4}$
g) $\frac{1}{2} \cdot \left(\frac{1}{2} + \frac{1}{4}\right)$
h) $\frac{2}{3} \cdot \left(\frac{1}{4} + \frac{1}{5}\right)$
i) $\left(\frac{3}{4} + \frac{1}{3}\right) \cdot \frac{4}{13}$
j) $\left(\frac{1}{5} + \frac{3}{8}\right) \cdot \frac{1}{23}$
k) $1\frac{1}{2} \cdot \left(2 + \frac{1}{3}\right)$
l) $2\frac{2}{3} \cdot \left(\frac{1}{6} + \frac{1}{2}\right)$
m) $1\frac{4}{5} \cdot \left(\frac{1}{3} + \frac{5}{6}\right)$
n) $\left(\frac{2}{3} + \frac{3}{2}\right) \cdot 1\frac{1}{5}$
o) $\frac{2}{3} + \frac{1}{2} : \frac{3}{4}$
p) $\frac{2}{7} : \frac{4}{5} + \frac{1}{2}$
q) $\frac{5}{6} : \frac{2}{3} + \frac{1}{3}$
r) $\frac{5}{8} + \frac{3}{4} : 2$
s) $\frac{5}{7} - \frac{1}{2} : \frac{3}{4}$
t) $\frac{2}{5} : \frac{4}{5} + \frac{3}{4}$
u) $\frac{5}{8} : \frac{1}{4} - 1\frac{8}{9}$
v) $\frac{2}{3} + \frac{1}{9} : \frac{11}{12}$
w) $\frac{2}{3} : \left(\frac{1}{6} + \frac{1}{2}\right)$
x) $\frac{5}{16} : \left(\frac{3}{8} + \frac{1}{4}\right)$
y) $\frac{7}{10} : \left(1\frac{1}{5} + \frac{2}{3}\right)$
z) $\frac{5}{9} : \left(\frac{5}{6} + \frac{3}{4}\right)$

2 Beachte: Punktrechnung vor Strichrechnung, aber Klammern zuerst.

a) $\frac{2}{5} \cdot \frac{3}{4} - \frac{1}{4} : 2\frac{1}{2}$
b) $\frac{1}{3} : \frac{4}{5} - \frac{1}{2} : 1\frac{1}{3}$
c) $\frac{5}{7} : \frac{10}{11} + \frac{3}{8} \cdot \frac{4}{7}$
d) $\frac{4}{9} \cdot 1\frac{4}{5} + \frac{3}{10} : \frac{2}{5}$
e) $\frac{5}{6} \cdot 2\frac{2}{5} - 1\frac{1}{3} \cdot \frac{1}{6}$
f) $5\frac{1}{3} : \frac{4}{9} - 3\frac{1}{3} \cdot \frac{3}{5}$
g) $\left(\frac{2}{3} + \frac{1}{2}\right) \cdot \left(\frac{1}{4} + \frac{1}{3}\right)$
h) $\left(\frac{2}{5} + \frac{1}{2}\right) \cdot \left(\frac{1}{3} + \frac{1}{5}\right)$
i) $\left(\frac{1}{6} + \frac{3}{4}\right) \cdot \left(\frac{1}{2} - \frac{2}{5}\right)$
j) $\left(\frac{3}{7} - \frac{1}{3}\right) \cdot \left(\frac{1}{2} - \frac{1}{3}\right)$
k) $\left(\frac{3}{4} - \frac{1}{3}\right) \cdot \left(\frac{4}{3} - \frac{1}{6}\right)$
l) $\left(\frac{4}{6} + \frac{3}{4}\right) : \left(\frac{5}{7} - \frac{1}{3}\right)$
m) $\left(\frac{2}{3} - \frac{1}{2}\right) : \left(\frac{3}{4} + \frac{1}{8}\right)$
n) $\left(\frac{2}{5} + \frac{3}{10}\right) \cdot \left(\frac{3}{7} - \frac{1}{4}\right)$
o) $\left(\frac{1}{9} + \frac{7}{12}\right) \cdot \left(\frac{3}{10} + \frac{3}{5}\right)$
p) $\left(\frac{5}{16} + \frac{3}{8}\right) : \left(\frac{1}{4} + 2\frac{1}{2}\right)$
q) $\left(\frac{5}{9} - \frac{1}{3}\right) : \left(\frac{2}{7} + \frac{2}{3}\right)$
r) $\left(\frac{5}{6} + \frac{3}{4}\right) \cdot \left(1 - \frac{1}{7}\right)$
s) $\left(\frac{3}{5} - \frac{1}{10}\right) : \left(\frac{3}{4} + \frac{5}{8}\right)$
t) $\left(2 + \frac{1}{9}\right) \cdot \left(\frac{3}{10} - \frac{1}{5}\right)$
u) $4 \cdot \left[\frac{3}{4} - \left(\frac{1}{2} - \frac{3}{8}\right)\right]$
v) $\left[1\frac{1}{3} - \left(\frac{5}{6} + \frac{1}{12}\right)\right] \cdot \frac{3}{5}$
w) $\left[\frac{4}{5} - \left(2\frac{1}{2} - 1\frac{3}{4}\right)\right] : \frac{1}{10}$
x) $\frac{5}{8} \cdot \left[\frac{2}{3} - \left(\frac{5}{12} + \frac{1}{15}\right)\right]$

3 Berechne.

a) $(1{,}5 \cdot 2 + 3{,}8 - 4{,}8) \cdot 0{,}485$
b) $(4{,}8 \cdot 3 + 6 \cdot 0{,}51 - 7{,}46) \cdot 17{,}1$
c) $(2{,}6 \cdot 3{,}5 - 3{,}1 \cdot 2{,}5 + 0{,}65) \cdot 0{,}11$
d) $5{,}31 \cdot (7{,}2 \cdot 5{,}1 - 6{,}8 \cdot 4{,}9 + 16{,}6)$
e) $12{,}6 + 3{,}25 \cdot (1{,}8 - 1{,}65)$
f) $2{,}8 \cdot 6{,}5 - (3{,}4 \cdot 0{,}3 + 4{,}8 \cdot 0{,}11)$
g) $8{,}76 \cdot (6{,}91 - 5{,}99) + (0{,}01 + 7{,}69) \cdot 7$
h) $25{,}99 + 4{,}01 \cdot 22 - 12 \cdot (3{,}8 - 2{,}09)$
i) $70 : 0{,}2 - 78{,}3 : (51 : 17 - 0{,}3)$
j) $8{,}5 \cdot (35{,}35 : 7 + 4{,}95) - 17{,}5$
k) $24 - 4 : (2{,}3 - 3{,}9 : 13) - 22$
l) $(1{,}8 + 0{,}2 \cdot 5 + 1{,}7) : 0{,}009$
m) $(0{,}7 + 0{,}0085 \cdot 1800) : 0{,}016$
n) $6{,}206 : 2 - (2{,}08 - 0{,}638) : 1{,}4$
o) $(4{,}5 : 0{,}06 - 0{,}3 : 0{,}75) : 25$
p) $(9{,}6 : 0{,}6 - 15{,}6 : 3) : (2{,}4 - 2{,}88 : 4{,}8)$

4 Nutze geschickt Assoziativgesetz und Kommutativgesetz aus.

a) $\frac{3}{5} \cdot \frac{7}{8} \cdot \frac{5}{3} \cdot \frac{8}{7}$
b) $\frac{27}{16} \cdot \frac{39}{144} \cdot \frac{16}{27} \cdot \frac{144}{39}$
c) $\frac{11}{47} \cdot \frac{3}{8} \cdot \frac{94}{11} \cdot \frac{8}{6}$
d) $\frac{169}{109} \cdot \frac{15}{17} \cdot \frac{109}{13} \cdot \frac{17}{225}$
e) $2\frac{1}{3} \cdot 3\frac{2}{5} \cdot 3 \cdot 5$
f) $7\frac{13}{14} \cdot 4\frac{13}{17} \cdot 14 \cdot 17$
g) $4 \cdot 5\frac{5}{8} \cdot 7 \cdot 3\frac{1}{49}$
h) $6\frac{2}{3} \cdot 9\frac{3}{7} \cdot \frac{1}{66} \cdot \frac{21}{20}$

5 Nutze geschickt die Distributivgesetze aus.

a) $\left(\frac{1}{3} + \frac{1}{6}\right) \cdot 3$
b) $\left(\frac{63}{144} - \frac{7}{36}\right) \cdot \frac{12}{21}$
c) $\frac{1}{7} \cdot \frac{2}{3} + \frac{6}{7} \cdot \frac{2}{3}$
d) $\frac{27}{39} \cdot 18 + \frac{51}{39} \cdot 18$
e) $2\frac{1}{3} \cdot 3 + 7\frac{2}{3} \cdot 3$
f) $7\frac{9}{16} \cdot \frac{9}{16} + 2\frac{7}{16} \cdot \frac{9}{16}$
g) $15\frac{1}{8} \cdot 8\frac{1}{5} - 14\frac{1}{8} \cdot 8\frac{1}{5}$

6 Rechne vorteilhaft.

a) $\left(\frac{1}{2} + \frac{2}{3}\right) \cdot \frac{3}{5} + \left(\frac{1}{2} + \frac{2}{3}\right) \cdot \frac{2}{5}$
b) $\left(2\frac{1}{8} - 1\frac{5}{8}\right) \cdot \frac{7}{11} + \left(2\frac{1}{8} - 1\frac{5}{8}\right) \cdot \frac{4}{11}$
c) $\left(\frac{7}{9} + 2\frac{4}{9}\right) : \frac{9}{13} - \left(2\frac{4}{9} + \frac{7}{9}\right) : \frac{9}{31}$
d) $1\frac{5}{8} \cdot \left(3\frac{1}{7} + 7\frac{1}{3}\right) - \left(7\frac{1}{7} + 3\frac{1}{3}\right) \cdot 1\frac{5}{8}$

Anteile, Bruchteile und das Ganze berechnen

1 Schreibe den Anteil als Bruch und kürze, falls möglich.
a) 20 m von 300 m, b) 35 dm^3 von 105 dm^3, c) 16 h von 2000 h, d) 37 l von 159 l?
e) 1500 g von 2 kg, f) 375 g von 1/2 kg, g) 16 h von 1 Tag, h) 172 € von 258 €?

2 Schreibe als Anteil von 1 kg und kürze den entstehenden Bruch so weit wie möglich:
a) 2 g b) 8 g c) 24 g d) 50 g e) 95 g f) 125 g g) 375 g h) 625 g

3 Ordne die Anteile der Größe nach:
a) 13 g von 25 g; 27 g von 50 g; 53 g von 100 g; 11 g von 20 g
b) 25 m von 30 m; 27 m von 60 m; 33 m von 90 m; 1 m von 3 m
c) 10 min von 1 h; 15 min von 2 h; 30 min von 4 h; 20 min von 3 h.

4 Berechne die Bruchteile
a) $\frac{2}{10}$ von 1 cm^2 b) $\frac{56}{100}$ von 3 m^2 c) $\frac{19}{20}$ von 43 km^2 d) $\frac{3}{5}$ von 17 a
e) $\frac{1}{2}$ von 6 m f) $\frac{2}{3}$ von 6 Tagen g) $\frac{7}{10}$ von 30 € h) $\frac{2}{4}$ von 8 h

5 Wie viele Minuten sind:
a) $\frac{2}{3}$ von 5 h b) $\frac{5}{6}$ von 11 h c) $\frac{3}{17}$ von 34 h d) $\frac{37}{38}$ von 76 h

6 Gib die Anteile zunächst als Bruch, dann in Prozent an.
a) 7 von 10 b) 19 von 20 c) 22 von 25 d) 80 von 400
e) 40 € von 100 € f) 35 kg von 25 kg g) 18 km von 20 km h) 3 min von 25 min
i) 100 von 200 j) 50 von 250 k) 80 von 40 l) 10 von 1000

Prozentsatz, Prozentwert und Grundwert berechnen

1 Bestimme im Kopf den Prozentsatz, der dem folgenden Anteil entspricht:
a) 36 € von 400 € b) 48 kg von 1200 kg c) 45 m von 500 m
d) 60 t von 2000 t e) 80 € von 400 € f) 90 l von 500 l.

2 Berechne im Kopf zum Prozentwert P und dem Grundwert G den Prozentsatz p %.
a) P = 24 m; G = 200 m b) P = 60 kg; G = 1500 kg c) P = 160 €; G = 400 €
d) P = 51 km; G = 600 km e) P = 52 m^2; G = 600 m^2 f) P = 24,5 hl; G = 700 hl

3 Berechne aus Prozentwert P und Grundwert G den Prozentsatz p%.

	a)	b)	c)	d)	e)	f)	g)
P	61,2 t	868 g	663,6 km	196,2 l	423 ha	15,52 m	1,26 €
G	72 t	1240 g	1580 km	1090 l	498 ha	48,5 m	16,80 €

4 Welchem Prozentsatz entsprechen 12 € (36 €; 108 €) von:
a) 60 €; b) 108 €; c) 12,50 €; d) 3000 €; e) 250 €;

5 Berechne 3 % (18 %; 85 %) von:
a) 3400 l; b) 230 g; c) 150 t; d) 24 kg;
e) 5 t; f) 7 km; g) 190 m; h) 76 m^2.

6 Berechne.

a) 4 % von 600 kg b) 13 % von 300 m c) 28 % von 1100 km d) 42 % von 3000 m^3
e) 7 % von 90 cm f) 15 % von 40 € g) 36 % von 950 l h) 72 % von 2350 dm.
i) 16 % von 50 € j) 65 % von 480 kg k) 14 % von 875 € l) 22 % von 3455 km
m) 35 % von 12 m n) 32 % von 75 cm o) 3 % von 5 € p) 115 % von 40 €

7 Ersetze den Prozentsatz durch einen gekürzten Bruch. Berechne damit den gesuchten Prozentwert.

a) 10 % von 75 € b) 25 % von 280 € c) 50 % von 620 km d) 20 % von 80 m
e) 75 % von 240 kg f) 40 % von 360 kg g) 60 % von 80 cm h) 120 % von 40 km

8 a) Vermindere 180 € um 10 % (um 15 %, um 28 %, um 80 %).
b) Vermehre 2400 € um 10 % (um 5 %, um 25 %, um 60 %).

9 Berechne den Grundwert G.

a) 3 % von G ist 6 kg b) 50 % von G ist 150 € c) 20 % von G ist 12 a
d) 7,5 % von G ist 2550 l e) 18,5 % von G ist 15,17 m f) 115 % von G ist 391 €

10 Berechne den Grundwert G für p % = 3 % (12 %; 2,5 %) und
a) P = 60 €, b) P = 240 g, c) P = 18 m, d) P = 54 kg, e) P = 144 km.

11 Berechne den Grundwert G für P = 45 km (150 €; 600 m^2) und
a) p % = 2 %, b) p % = 3 %, c) p % = 15 %, d) p % = 48 %, e) p % = 80 %.

12 Berechne aus Prozentwert P und Prozentsatz p % den Grundwert G.

	a)	b)	c)	d)	e)	f)	g)
P	483 m	253 t	7,65 €	115 hl	66 cm^2	47,5 kg	140,5 l
p %	21 %	110 %	17 %	2,5 %	1,2 %	3,8 %	$2\frac{1}{2}$ %

13 Ersetze den Prozentsatz durch einen gekürzten Bruch. Berechne damit den gesuchten Grundwert.

a) P = 68 t; p % = $33\frac{1}{3}$ % b) P = 72 cm; p % = $66\frac{2}{3}$ % c) P = 320 g; p % = 40 %
d) P = 84 kg; p % = 75 % e) P = 35 g; p % = 12,5 % f) P = 45 €; p % = 90 %

14 Addiert man zum Grundwert G noch 10 % (40 %; 60 %) von G, so ergeben sich
a) 1320 €; b) 6,27 m^2; c) 74,25 kg; d) 40,92 m^2; e) 20,79 €.
Wie groß ist jeweils der Grundwert G?

15 Berechne die fehlenden Angaben.

	a)	b)	c)	d)	e)	f)
Prozentsatz	11,5 %	17,8 %		9,9 %		180 %
Grundwert	480 m^2		12 000 m	27 000 kg	7850 €	
Prozentwert		63 ha	750 m		990 €	650 hl

16 Wie viel Promille sind

a) 17 g von 8,5 kg; b) 12 € von 2000 €; c) 5,2 m von 1560 m;
d) 2 mg von 1,6 g; e) 72 m von 12 km; f) 20 m von 40 km?

Rechentraining – Lösungen

Erweitern und kürzen

1 a) $\frac{28}{42}$ b) $\frac{15}{20}$ c) $\frac{48}{56}$ d) $\frac{13}{117}$ e) $\frac{56}{96}$ f) $\frac{36}{80}$ g) $\frac{510}{1050}$ h) $\frac{26}{60}$ i) $\frac{300}{4800}$ j) $\frac{540}{855}$

2 a) $\frac{4}{13}$; $\frac{8}{17}$; $\frac{7}{11}$; $\frac{21}{41}$; $\frac{29}{48}$ b) $\frac{2}{7}$; $\frac{5}{12}$; $\frac{8}{13}$; $\frac{14}{22}$; $\frac{15}{31}$

3 a) $\frac{2}{4}$; $\frac{3}{6}$; $\frac{7}{14}$; $\frac{11}{22}$; $\frac{15}{30}$; $\frac{50}{100}$; $\frac{100}{200}$ b) $\frac{6}{10}$; $\frac{9}{15}$; $\frac{21}{35}$; $\frac{33}{55}$; $\frac{45}{75}$; $\frac{150}{259}$; $\frac{300}{500}$ c) $\frac{14}{16}$; $\frac{21}{24}$; $\frac{49}{56}$; $\frac{77}{88}$; $\frac{105}{120}$; $\frac{350}{400}$; $\frac{700}{800}$; d) $\frac{10}{14}$; $\frac{15}{21}$; $\frac{35}{49}$; $\frac{55}{77}$; $\frac{75}{105}$; $\frac{250}{310}$; $\frac{500}{700}$ e) $\frac{8}{30}$; $\frac{12}{45}$; $\frac{28}{105}$; $\frac{44}{165}$; $\frac{60}{225}$; $\frac{200}{750}$; $\frac{400}{1500}$ f) $\frac{2}{48}$; $\frac{3}{72}$; $\frac{7}{168}$; $\frac{11}{264}$; $\frac{15}{360}$; $\frac{50}{1200}$; $\frac{100}{2400}$ g) $\frac{4}{50}$; $\frac{6}{75}$; $\frac{14}{175}$; $\frac{22}{275}$; $\frac{30}{375}$; $\frac{100}{1250}$; $\frac{200}{2500}$ h) $\frac{2}{100}$; $\frac{3}{150}$; $\frac{7}{350}$; $\frac{11}{550}$; $\frac{15}{750}$; $\frac{50}{2500}$; $\frac{100}{5000}$ i) $\frac{50}{222}$; $\frac{75}{333}$; $\frac{175}{777}$; $\frac{275}{1221}$; $\frac{375}{1665}$; $\frac{1250}{5550}$; $\frac{2500}{11100}$ j) $\frac{18}{1500}$; $\frac{27}{2250}$; $\frac{63}{5250}$; $\frac{99}{8250}$; $\frac{135}{11250}$; $\frac{450}{37500}$; $\frac{900}{75000}$

4 a) $\frac{2}{3}$; $\frac{5}{8}$; 1 b) $\frac{1}{2}$; $\frac{1}{2}$; $\frac{1}{3}$ c) $\frac{1}{3}$; $\frac{1}{6}$; $\frac{1}{3}$ d) $\frac{1}{4}$; $\frac{9}{20}$; $\frac{1}{2}$ e) $\frac{3}{4}$; $\frac{1}{3}$; $\frac{3}{5}$; f) $\frac{6}{13}$; $\frac{6}{7}$; 3 g) $\frac{5}{7}$; $\frac{3}{4}$; $\frac{3}{7}$ h) $\frac{2}{5}$; $\frac{3}{7}$; $\frac{3}{4}$

5 a) $\frac{6}{8}$ b) $\frac{9}{12}$ c) $\frac{39}{52}$ d) $\frac{129}{172}$ e) $\frac{192}{256}$

6 a) $\frac{5}{13}$ b) $\frac{24}{36}$ c) $\frac{12}{21}$ d) $\frac{175}{3000}$

7 a) $\frac{2}{8}$; $\frac{3}{12}$; $\frac{5}{50}$; $\frac{7}{28}$; $\frac{10}{40}$; $\frac{16}{64}$; $\frac{25}{100}$; $\frac{45}{180}$; $\frac{100}{400}$; $\frac{250}{1000}$ b) $\frac{4}{6}$; $\frac{10}{15}$; $\frac{16}{24}$; $\frac{20}{30}$; $\frac{34}{51}$; $\frac{40}{60}$; $\frac{64}{96}$; $\frac{200}{300}$

8 a) 14 b) 5 c) 3 d) 1 e) 3 f) 20 g) 32 h) 196 i) 8 j) 9

9 a) 75 cm b) 80 cm c) 55 cm d) 52 cm e) 96 cm

10 a) 875 g b) 80 mm^2 c) 16 h d) 55 min

11 a) $\frac{3}{5} < \frac{4}{5}$ b) $\frac{9}{11} > \frac{8}{11}$ c) $\frac{56}{57} < \frac{65}{57}$ d) $\frac{30}{93} > \frac{13}{93}$ e) $\frac{702}{159} > \frac{207}{159}$

12 a) $\frac{1}{3} < \frac{7}{12} < \frac{5}{8} < \frac{3}{4}$ b) $\frac{1}{15} < \frac{3}{5} < \frac{2}{3} < \frac{7}{10}$ c) $\frac{9}{14} < \frac{6}{7} < \frac{11}{2} < \frac{13}{4}$ d) $\frac{9}{4} < \frac{21}{3} < 3 < \frac{19}{6}$ e) $\frac{13}{1000} < \frac{3}{50} < \frac{17}{250} < \frac{7}{100} < \frac{1}{10}$ f) $\frac{6}{7} < \frac{7}{8} < \frac{7}{6}$

13 a) $\frac{2}{3}$; $\frac{3}{5}$ b) $\frac{9}{12}$

Dezimalbrüche

1 a) 1,3 b) 2,37 c) 30,9 d) 4,637 e) 0,13 f) 0,237 g) 3,09 h) 46,37 i) 1,3 k) 23,7 l) 3,09 m) 463,7 n) 0,6 o) 3,5 p) 0,45 q) 0,68 r) 2,125 s) 2,675 t) 0,3125 u) 0,5875

2 a) $\frac{1}{4}$ b) $\frac{1}{20}$ c) $\frac{3}{20}$ d) $\frac{163}{50}$ e) $\frac{6001}{2000}$ f) $\frac{2801}{400}$ g) $\frac{24}{5}$ h) $\frac{1642}{125}$ i) $\frac{469}{20}$ k) $\frac{9}{25}$ l) $\frac{161}{8}$ m) $\frac{1219}{400}$ n) $\frac{14}{10}$ o) $\frac{2235}{100}$ p) $\frac{107323}{1000}$ q) $\frac{3245}{100}$ r) $\frac{1009}{1000}$

3 a) 0,95 b) 1,75 c) 0,25 d) 0,15 e) 0,005 f) 0,36 g) 0,325 h) 0,7 i) 1,6 k) 0,6875 l) 0,25 m) 0,792 n) 0,3 o) 0,3 p) 0,275 q) 0,53125 r) 1,4 s) 0,9 t) 0,1 u) 0,375

Addieren und Subtrahieren

1 a) $\frac{5}{12}$ b) $\frac{5}{24}$ c) $\frac{7}{20}$ d) $\frac{5}{30} = \frac{1}{6}$ e) $\frac{7}{60}$ f) $\frac{9}{60} = \frac{3}{20}$ g) $\frac{5}{18}$ h) $\frac{7}{24}$ i) $\frac{5}{36}$ j) $\frac{19}{24}$ k) $\frac{19}{42}$ l) $\frac{31}{36}$ m) $\frac{25}{60} = \frac{3}{20}$ n) $\frac{64}{75}$ o) $\frac{29}{30}$

2 a) $\frac{7}{12}$ b) $\frac{5}{8}$ c) $\frac{11}{18}$ d) $\frac{1}{18}$ e) $\frac{8}{24}$ f) $\frac{1}{15}$ g) $\frac{1}{24}$ h) $\frac{3}{30} = \frac{1}{10}$ i) $\frac{5}{30} = \frac{1}{6}$ j) $\frac{5}{24}$

3 a) $\frac{31}{42}$ b) $\frac{17}{30}$ c) $\frac{19}{54}$ d) $\frac{17}{220}$ e) $\frac{1}{48}$ f) $\frac{29}{80}$ g) $1\frac{1}{60}$ h) $\frac{7}{48}$ i) $\frac{59}{200}$ j) $\frac{7}{60}$

4 a) $\frac{9}{7} - \frac{7}{9} = \frac{32}{63}$ b) $\frac{13}{8} - \frac{8}{5} = \frac{1}{40}$ c) $\frac{15}{17} - \frac{17}{20} = \frac{11}{340}$ d) $\frac{40}{11} - \frac{7}{2} = \frac{3}{22}$ e) $\frac{9}{13} - \frac{12}{19} = \frac{15}{247}$

5 a) $3\frac{3}{4}$ b) $1\frac{29}{90}$ c) 0 d) $\frac{3}{16}$ e) $\frac{1}{6}$ f) $4\frac{67}{72}$ g) $\frac{17}{21}$ h) $10\frac{3}{4}$

6 a) $1\frac{1}{2}$ b) 1 c) $1\frac{1}{3}$ d) $1\frac{2}{3}$ e) $1\frac{11}{30}$ f) $\frac{1}{2}$ g) $1\frac{11}{12}$ h) $1\frac{22}{63}$ i) $2\frac{1}{4}$ j) $1\frac{7}{8}$ k) $7\frac{1}{4}$ l) $3\frac{1}{4}$ m) $3\frac{1}{2}$ n) $5\frac{2}{7}$

7 a) 3,5 + 0,6 = 4,1 b) 1,2 − 0,5 = 0,7 c) 0,75 − 0,2 = 0,55 d) 0,8 − 0,5 = 0,3 e) 0,4 − 0,04 = 0,36 f) 0,8 − 0,05 = 0,75

8 a) $\frac{1}{2} + \frac{1}{4} = \frac{3}{4}$ b) $\frac{3}{4} + \frac{1}{5} = \frac{19}{20}$ c) $\frac{4}{5} - \frac{2}{5} = \frac{2}{5}$ d) $\frac{4}{5} - \frac{3}{5} = \frac{1}{5}$ e) $\frac{1}{10} - \frac{1}{10} = 0$ f) $\frac{3}{25} + \frac{1}{5} = \frac{8}{25}$

9 a) 8,45 b) 3,9 c) 3,65 d) 4,6 e) 0,98 f) 5,2 g) 2,75 h) $1{,}636 = 1\frac{159}{250}$

10 a) 50; 49,35 b) 184; 183,655 c) 540; 540,473 d) 645; 643,55 e) 800; 805,16 f) 120; 120,12 g) 400, 361,52 h) 7680; 7680,874 i) 230; 228,329 k) 6500; 6510,17 l) 240; 240,9 m) 12; 12,23 n) 31; 31,09 o) 800; 787,29 p) 200; 228,79

11 a) 0,25 + 1,63 = 1,88 b) 2,08 + 0,74 = 2,83 c) 4,83 − 0,4 = 4,43 d) 7,28 − 0,4 = 6,88 e) 0,2 + 3,82 = 4,02 f) 0,8 + 0,678 = 1,478 g) 0,75 − 0,19 = 0,56 h) 2,49 − 0,5 = 1,99

12 a) 27,134 ≈ 27,1 b) 628,203 ≈ 628,2 c) 771,54 ≈ 771,5 d) 63,6505 ≈ 63,7

13 a) 6,18 b) 94,74 c) 699,69 d) 81 e) 21,849 f) 652,57 g) 23,22 h) 2582,32 i) 16,59

14

a)

−	$\frac{1}{4}$	$\frac{4}{11}$	$\frac{3}{8}$	$\frac{2}{7}$
$\frac{1}{2}$	$\frac{1}{4}$	$\frac{3}{22}$	$\frac{1}{8}$	$\frac{3}{14}$
$\frac{3}{5}$	$\frac{7}{20}$	$\frac{13}{55}$	$\frac{9}{40}$	$\frac{11}{35}$
$\frac{7}{9}$	$\frac{19}{36}$	$\frac{41}{99}$	$\frac{29}{72}$	$\frac{31}{63}$
$\frac{13}{14}$	$\frac{19}{28}$	$\frac{87}{154}$	$\frac{31}{56}$	$\frac{9}{14}$

b)

+	$\frac{7}{15}$	$\frac{8}{21}$	$\frac{5}{24}$	$\frac{9}{48}$
$\frac{1}{9}$	$\frac{26}{45}$	$\frac{31}{63}$	$\frac{23}{72}$	$\frac{43}{144}$
$\frac{5}{12}$	$\frac{53}{60}$	$\frac{67}{84}$	$\frac{5}{8}$	$\frac{29}{48}$
$\frac{3}{18}$	$\frac{19}{30}$	$\frac{23}{42}$	$\frac{3}{8}$	$\frac{17}{48}$
$\frac{7}{30}$	$\frac{7}{10}$	$\frac{43}{70}$	$\frac{53}{120}$	$\frac{101}{240}$

c)

−	$\frac{7}{12}$	$\frac{15}{24}$	$\frac{17}{32}$	$\frac{29}{40}$
$\frac{5}{4}$	$\frac{2}{3}$	$\frac{5}{8}$	$\frac{23}{32}$	$\frac{21}{40}$
$\frac{11}{8}$	$\frac{19}{24}$	$\frac{3}{4}$	$\frac{27}{32}$	$\frac{13}{20}$
$\frac{15}{16}$	$\frac{17}{48}$	$\frac{5}{16}$	$\frac{13}{32}$	$\frac{17}{80}$
$\frac{79}{80}$	$\frac{97}{240}$	$\frac{29}{80}$	$\frac{73}{160}$	$\frac{21}{80}$

Multiplizieren und Dividieren

1 a) $\frac{15}{32}$ km b) $\frac{10}{9}$ kg = $1\frac{1}{9}$ kg c) $\frac{32}{5}$ dm = $6\frac{2}{5}$ dm d) 6 €
e) $\frac{45}{6}$ l = $7\frac{1}{2}$ l f) $1\frac{1}{2}$ a g) $\frac{21}{16}$ ha = $1\frac{5}{16}$ ha h) $\frac{1}{6}$ m²

2 a) $\frac{1}{6}$ b) $\frac{9}{20}$ c) $1\frac{1}{3}$ d) $\frac{18}{25}$ e) $\frac{2}{3}$ f) $\frac{3}{7}$ g) $\frac{28}{243}$ h) $\frac{4}{15}$ i) $\frac{1}{6}$ k) $\frac{5}{69}$
l) $\frac{2}{3}$ m) 1 n) $\frac{3}{14}$ o) $\frac{1}{5}$ p) $\frac{1}{10}$ q) $\frac{1}{30}$ r) $\frac{15}{44}$ s) $\frac{5}{7}$ t) $\frac{2}{15}$ u) $\frac{1}{10}$

3 a) $1\frac{1}{3}$ b) $3\frac{1}{2}$ c) $1\frac{1}{3}$ d) 1 e) $\frac{16}{21}$ f) $\frac{2}{3}$ g) $1\frac{1}{2}$ h) $1\frac{1}{2}$ i) 5
j) $\frac{3}{4}$ k) $1\frac{13}{72}$ l) $1\frac{2}{5}$ m) $2\frac{4}{5}$ n) $1\frac{1}{3}$ o) $3\frac{41}{153}$

4 a) 4531,9 b) 9010 c) 25 d) 30,84 e) 3,5 f) 780 g) 38 600
h) 1500 i) 0,004 j) 3,2 k) 38,45 l) 3,845 m) 0,00047 n) 3,003
o) 0,75 p) 0,039 q) 0,5 r) 0,008 s) 0,000032 t) 0,07

5 a) 1,5 b) 4,5 c) 4,8 d) 34 e) 56 f) 88 g) 9 h) 100 i) 500
j) 9 k) 1,1 l) 0,99 m) 5,6 n) 2,4 o) 1,1 p) 7 q) 18 r) 12,3

6 a) 7,704 b) 9,028 c) 0,29931 d) 16,536 e) 234 f) 10,815
g) 23,925 h) 35,854 i) 2520,96 j) 6391,233 k) 21,825
l) 23,256 m) 3,2046 n)285,64 o) 33,212

7 a) 0,75 b) 1,9 c) 1,3 d) 0,3 e) 0,8 f) 1,2 g) 2,1 h) 6,7
i) 13,8 j) 0,321 k) 0,104 l) 0,126 m) 0,007 n) 0,012 o) 0,033

8 a) 125 b) 0,128 c) 1,25 d) 62,5 e) 31,8 f) 30,1 g) 0,58
h) 9,02 i) 3,5 j) 45 000 k) 200 l) 0,4 m) 0,7 n) 0,8 o) 0,4
p) 0,34 q) 0,15 r) 0,606 s) 3,3 t) 3,4

Die vier Grundrechenarten; Rechenvorteile

1 a) $\frac{1}{3}$ b) $\frac{2}{5}$ c) $\frac{4}{5}$ d) $\frac{5}{6}$ e) $1\frac{1}{18}$ f) $\frac{1}{2}$ g) $\frac{3}{8}$ h) $\frac{3}{10}$ i) $\frac{1}{3}$ j) $\frac{1}{40}$ k) $3\frac{1}{2}$
l) $1\frac{7}{9}$ m) $2\frac{1}{10}$ n) $2\frac{3}{5}$ o) $1\frac{1}{3}$ p) $\frac{6}{7}$ q) $1\frac{7}{12}$ r) 1 s) $\frac{1}{21}$ t) $1\frac{1}{4}$ u) $\frac{11}{18}$
v) $\frac{26}{33}$ w) 1 x) $\frac{1}{2}$ y) $\frac{3}{8}$ z) $\frac{20}{57}$

2 a) $\frac{1}{5}$ b) $\frac{1}{24}$ c) 1 d) $1\frac{11}{20}$ e) $1\frac{7}{9}$ f) 10 g) $\frac{49}{72}$ h) $\frac{12}{25}$ i) $\frac{11}{120}$
j) $\frac{1}{63}$ k) $\frac{35}{72}$ l) $3\frac{23}{32}$ m) $\frac{4}{21}$ n) $\frac{1}{8}$ o) $\frac{5}{8}$ p) $\frac{1}{4}$ q) $\frac{7}{30}$ r) $1\frac{5}{14}$ s) $\frac{4}{11}$
t) $\frac{19}{90}$ u) $2\frac{1}{2}$ v) $\frac{1}{4}$ w) $\frac{1}{2}$ x) $\frac{11}{96}$

3 a) 0,97 b) 171 c) 0,22 d) 106,2 e) 13,0875 f) 16,652
g) 61,9592 h) 93,69 i) 321 j) 67,5 k) 0 l) 500 m) 1000
n) 2,073 o) 2,984 p) 6

4 a) 1 b) 1 c) 1 d) $\frac{13}{15}$ e) 119 f) 8991 g) $475\frac{5}{7}$ h) 1

5 a) $1\frac{1}{2}$ b) $\frac{5}{36}$ c) $\frac{2}{3}$ d) 36 e) 30 f) $5\frac{5}{8}$ g) $8\frac{1}{5}$

6 a) $1\frac{1}{6}$ b) $\frac{1}{2}$ c) 0 d) 0

Anteile, Bruchteile und das Ganze berechnen

1 a) $\frac{20}{300} = \frac{1}{15}$ b) $\frac{35}{105} = \frac{1}{3}$ c) $\frac{16}{2000} = \frac{1}{125}$ d) $\frac{37}{159}$ e) $\frac{1500}{2000} = \frac{3}{4}$
f) $\frac{375}{500} = \frac{2}{3}$ g) $\frac{16}{24} = \frac{2}{3}$ h) $\frac{172}{258} = \frac{2}{3}$

2 a) $\frac{1}{500}$ b) $\frac{1}{125}$ c) $\frac{3}{125}$ d) $\frac{1}{20}$ e) $\frac{19}{200}$ f) $\frac{1}{8}$ g) $\frac{3}{8}$ h) $\frac{5}{8}$

3 a) $\frac{13}{25} < \frac{53}{100} < \frac{27}{50} < \frac{11}{20}$ b) $\frac{1}{3} < \frac{33}{90} < \frac{27}{60} < \frac{25}{30}$

c) (20 min von 3 h) < (15 min von 2 h)
(15 min von 2 h) = (30 min von 4 h)
(30 min von 4 h) < (10 min von 1 h)

4 a) 20 mm² b) 168 dm² c) 40 850 000 m² d) 1020 m²
e) 3 m f) 4 Tage g) 21 € h) 4 h

5 a) 200 min b) 550 min c) 360 min d) 4440 min

6 a) $\frac{7}{10}$ = 70 % b) $\frac{19}{20}$ = 95 % c) $\frac{22}{25}$ = 88 % d) $\frac{80}{400}$ = 20 %
e) $\frac{40}{100}$ = 40 % f) $\frac{35}{25}$ = 140 % g) $\frac{18}{20}$ = 90 % h) $\frac{3}{25}$ = 12 % i) 50 %
j) 20 % k) 200 % l) 1 %

Prozentsatz, Prozentwert und Grundwert berechnen

1 a) 9 % b) 4 % c) 9 % d) 3 % e) 20 % f) 18 %

2 a) 12 % b) 4 % c) 40 % d) 8,5 % e) 8,67 % f) 3,5 %

3 a) 85 % b) 70 % c) 42 % d) 18 % e) 84,9 % f) 32 % g) 7,5 %

4 a) 20 %; 60 %; 180 % b) 11,1 %; 33,3 %; 100 % c) 96 %;
288 %; 864 % d) 0,4 %; 1,2 %; 3,6 % e) 4,8 %; 14,4 %; 43,2 %

5 a) 102 l; 612 l; 2890 l b) 6,9 g; 41,4 g; 195,5 g c) 4,5 t; 27 t;
127,5 t d) 0,72 kg; 4,32 kg; 20,4 kg e) 0,15 t; 0,9 t; 4,25 t
f) 0,21 km; 1,26 km; 5,95 km g) 5,7 m; 34,2 m; 161,5 m
h) 2,28 m²; 13,68 m²; 64,6 m²

6 a) 24 kg b) 39 m c) 308 km d) 1260 m³ e) 6,3 cm f) 6 €
g) 342 l h) 1692 dm i) 8 € j) 315 kg k) 122,50 € l) 760,1 km
m) 4,2 m n) 24 cm o) 0,15 € p) 46 €

7 a) $\frac{1}{10}$ · 75 € = 7,50 € b) $\frac{1}{4}$ · 280 € = 70 € c) $\frac{1}{2}$ · 620 km =
310 km d) $\frac{1}{5}$ · 80 m = 16 m e) $\frac{3}{4}$ · 240 kg = 180 kg f) $\frac{2}{5}$ · 360 g
= 144 g g) $\frac{3}{5}$ · 80 cm = 48 cm h) $\frac{6}{5}$ · 40 km = 48 km

8 a) 162 € (153 €; 129,6 €; 36 €) b) 2640 €
(2520 €; 3000 €; 3840 €)

9 a) 200 kg b) 300 € c) 60 a d) 34 000 l e) 82 m f) 340 €

10 a) 2000 €; 500 €; 2400 € b) 8000 g; 2000 g; 9600 g
c) 600 m; 150 m; 720 m d) 1800 kg; 450 kg; 2160 kg
e) 4800 km; 1200 km; 5760 km

11 a) 2250 km; 7500 €; 30 000 m² b) 1500 km; 5000 €;
20 000 m² c) 300 km; 1000 €; 4000 m² d) 93,75 km; 312,50 €,
1250 m² e) 56,25 km; 187,50 €; 750 m²

12 a) 2300 m b) 230 t c) 45 € d) 4600 hl e) 5500 cm²
f) 1250 kg g) 5620 l

13 a) 68 t : $\frac{1}{3}$ = 204 t b) 72 cm : $\frac{2}{3}$ = 108 cm c) 320 g : $\frac{2}{5}$ = 80 g
d) 84 kg : $\frac{3}{4}$ = 112 kg e) 35 g : $\frac{1}{8}$ = 280 g f) 45 € : $\frac{9}{10}$ = 40,50 €

14 a) 1200 €; 942,86 €; 825 € b) 5,7 m²; 4,48 m²; 3,92 m²
c) 67,5 kg; 53,04 kg; 46,41 kg d) 37,2 m²; 29,23 m²; 25,58 m²
e) 18,90 €; 14,85 €; 12,99 €

15 a) P = 55,2 m² b) G = 353,93 ha c) p = 6,25 %
d) P = 2673 kg e) p = 12,61 % f) G = 361,11 hl

16 a) 2 ‰ b) 6 ‰ c) $3\frac{1}{3}$ ‰ d) 1,25 ‰ e) 6 ‰ f) 0,5 ‰

Register

Bildquellen

S. 8.1: Getty Images (Taxi), München – S. 8.2: Getty Images (Photographer`s Choice), München – S. 8.3: Soehnle-Waagen GmbH & Co. KG (Leifheit), Backnang – S. 8.4: Getty Images (Image Bank), München – S. 8.5: Getty Images (R. Harding World Image), München – S. 8.6: Getty Images (Image Bank), München – S. 8.7: Avenue Images GmbH (PhotoDisc), Hamburg – S. 8.8: MEV, Augsburg – S. 8.9: Klett-Archiv (Dieter Gebhardt), Stuttgart – S. 8.10: Mauritius (age), Mittenwald – S. 8.11-13: Klett-Archiv (KomaAmok), Stuttgart – S. 9.1: Getty Images (Botonica), München – S. 9.2: Astrofoto (Shigemi Numazawa), Sörth – S. 13: Corel Corporation, Unterschleissheim – S. 14: Alamy Images RF (Mitchell), Abingdon, Oxon – S. 23: Mauritius (Doc Max), Mittenwald – S. 24: Corbis (Richard T. Nowitz), Düsseldorf – S. 28.1-2: Corel Corporation, Unterschleissheim – S. 29: Corbis (Reuters), Düsseldorf – S. 32: Getty Images (Image Bank), München – S. 38: Okapia (Thierry Montford), Frankfurt – S. 42: Fotosearch RF (EyeWire), Waukesha, – S. 44.1: Bridgeman Art Library (Giraudon), London – S. 44.2: AKG, Berlin – S. 47: IMAGO (Camera 4), Berlin – S. 48.1: Avenue Images GmbH (PhotoDisc), Hamburg – S. 48.2: Getty Images (Allsport Concepts), München – S. 48.3: ZEFA (Saloutos), Düsseldorf – S. 48.4: Avenue Images GmbH (image100), Hamburg – S. 48.5: Corbis (Richard Hamilton Smith), Düsseldorf – S. 49.1: Corbis (Strauss/Curtis), Düsseldorf – S. 49.2: Getty Images (FoodPix), München – S. 49.3: Fotofinder (images.de), Berlin – S. 50: Schauenburger Märchenwache S. 55: Mauritius (Pokorski), Mittenwald – S. 58.1: Mauritius (Weißer), Mittenwald – S. 58.2: MEV, Augsburg – S. 60: Picture-Alliance (Thomas), Frankfurt – S. 61.1: Mauritius (Frei), Mittenwald – S. 61.2: Getty Images (Taxi), München – S. 61.3: DaimlerChrysler, Stuttgart – S. 62.1-2: (c) 2005 The M.C.Escher Company – Holland. All rights reserved. www.mcescher.com – S. 65.1: GOODSHOOT (Goodshoot), Annecy-Le-Vieux – S. 65.2: Mauritius (Otto), Mittenwald – S. 65.3: IMAGO (Redeleit), Berlin – S. 65.4: Magr, Heinz, Emmerich – S. 70.1: Getty Images, München – S. 70.2: Ingram Publishing, Tattenhall Chester – S. 70.3: Moulinex GmbH, Solingen – S. 70.4: Getty Images (Image Bank), München – S. 71.1: Okapia (David Thompson), Frankfurt – S. 71.2: Creativ Collection Verlag GmbH, Freiburg – S. 71.3: ullstein bild (Braunger), Berlin – S. 71.4: Klett-Archiv (Silberzahn), Stuttgart – S. 71.5: Mauritius (Merten), Mittenwald – S. 71.7: creativ collection, Freiburg – S. 71.8: Fotofinder (Frister), Berlin – S. 71.10: Fotofinder (Blickwinkel), Berlin – S. 71.11: Haala, Gert, Wesel – S. 72.1: Portrait of M.C.Escher. (c) 2003 Cordon Art – Baarn – Holland. All rights reserved.www.mcescher.com – S. 72.2 – 73.4:(c) 2005 The M.C.Escher Company – Holland. All rights reserved. www.mcescher.com – S. 76.1: Getty Images (Taxi), München – S. 76.2: ZEFA (Westrich), Düsseldorf – S. 76.3: Fotofinder (Voller Ernst), Berlin – S. 76.4: Getty Images (Image Bank), München – S. 77.1: Getty Images (Stone+), München – S. 77.2: Getty Images (Image Bank), München – S. 78: MEV, Augsburg – S. 80.1: Image 100, Berlin – S. 80.2: Getty Images RF (PhotoDisc), München – S. 81: Schmidtke, Dieter, Schorndorf – S. 82: Avenue Images GmbH (Index Stock), Hamburg – S. 83: MEV, Augsburg – S. 88.1: Fotofinder (auto motor und sport), Berlin – S. 88.2: Helga Lade (Geoff du Feu), Frankfurt – S. 89: Corbis (Ronnie Kaufman), Düsseldorf – S. 94: ullstein bild (cw fotodesign), Berlin – S. 96: Picture-Alliance (epa/ Louisa Gouliama), Frankfurt – S. 97.1: Klett-Archiv, Stuttgart – S. 97.2: Fotofinder (Zierhut/F1 ONLINE), Berlin – S. 104.1: Corel Corporation, Unterschleissheim – S. 104.2: MEV, Augsburg – S. 104.3: Klett-Archiv, Stuttgart – S. 104.4: Klett-Archiv (Silberzahn), Stuttgart – S. 106: Niehoff, Ulrich, Bienenbüttel – S. 107: Corporate Express, Stuttgart – S. 110: Klett-Archiv (Simianer&Blühdorn), Stuttgart – S. 114.1: Getty Images (Photographer's Choice), München – S. 114.2: Avenue Images GmbH (Photo Disc), Hamburg – S. 114.3: Corbis (Christine Osborne), Düsseldorf – S. 114.4: Euroviva, Karlsruhe – S. 114.5: Picture-Alliance (KPA/Ziese), Frankfurt – S. 115.1: Corbis (LWA-Dann Tardif), Düsseldorf – S. 115.2: Klett-Archiv (KOMA AMOK), Stuttgart – S. 116: Artothek, Weilheim (c) VG Bild-Kunst, Bonn 2005 – S. 117: Alamy Images RF (RF), Abingdon, Oxon – S. 118: Visum, Hamburg – S. 123: Landesvermessungsamt Baden-Württemberg (www.lv-bw.de), Stuttgart – S. 127: mecom (Becker & Bredel), Hamburg – S. 132: Getty Images (Image Bank), München – S. 136: Corbis (Chris Trotmann), Düsseldorf – S. 138: Fotofinder (Caro/Sorge), Berlin – S. 139: Deutsches Museum, München – S. 140: Bilderberg (Hans Madej), Hamburg – S. 144: Alamy Images RF (acestock), Abingdon, Oxon – S. 149: Corbis, Düsseldorf – S. 151: Klett-Archiv, Stuttgart – S. 156.1: Fotofinder (Blickwinkel), Berlin – S. 156.2: Avenue Images GmbH (Medio images), Hamburg – S. 157.1: Mauritius (age), Mittenwald – S. 157.2: Avenue Images GmbH (Photo Disc), Hamburg – S. 159.1: Getty Images RF (Nathan Bilow), München – S. 159.2: Corbis, Düsseldorf – S. 161.1: MEV, Augsburg – S. 161.2: Stockfood Photo Stock Agency, München – S. 161.3: Okapia (Hans Reinhard), Frankfurt – S. 162: Klett-Archiv (Edmund Herd), Stuttgart – S. 163: Corbis (HEKIMIAN JULIEN), Düsseldorf – S. 164: ZEFA (Erlinger), Düsseldorf –S. 171: Mauritius (age), Mittenwald – S. 175: Klett-Archiv, Stuttgart – S. 177: Corbis (Sergio Pitamitz), Düsseldorf – S. 178.1: Picture-Alliance (AFP/Matt Campbell), Frankfurt – S. 178.2: Mauritius (Kerscher), Mittenwald – S. 181.1: Okapia (Stephen Dalton), Frankfurt – S. 181.2: Corel Corporation, Unterschleissheim – S. 181.3-4: MEV, Augsburg – S. 184.1: Getty Images (Taxi/Marc Douet), München – S. 184.2: photonica amana (Jan von Holleben), Hamburg – S. 184.3: Getty Images (Taxi/Space Frontiers), München – S. 184.4: Getty Images (Stone/Gary Holscher), München – S. 185.1: Getty Images (Stone/Garry Wade), München – S. 187 – 188: Klett-Archiv, Stuttgart – S. 189: Klett-Archiv (Simianer & Blühdorn), Stuttgart – S. 190 – 198: Klett-Archiv, Stuttgart – S. 199: Corel Corporation, Unterschleissheim – S. 200.1-2: Klett-Archiv, Stuttgart – S. 205.1: Mauritius (Wiede), Mittenwald – S. 205.2: MEV, Augsburg – S. 206: Fotosearch RF (Digital Vision), Waukesha, WI – S. 210.1: Corbis (Don Mason), Düsseldorf – S. 210.2: Silvestris (Jürgen Lindenburger), Dießen – S. 211: Getty Images (Stone), München – S. 212.1-2: IMAGO (Camera 4), Berlin – S. 212.3: IMAGO (Sven Simon), Berlin – S. 212.4: IMAGO (Ulmer), Berlin – S. 214.1: AKG (John Hios), Berlin – S. 214.2: Picture-Alliance (ASA), Frankfurt – S. 215.1: Picture-Alliance (akg-images), Frankfurt – S. 215.2: Bridgeman Art Library, London – S. 215.3: Picture-Alliance (akg-images), Frankfurt – S. 216-217: Picture-Alliance (dpa – Sportreport), Frankfurt – S. 218.1: Picture-Alliance (dpa – Sportreport), Frankfurt – S. 218.2: Picture-Alliance (dpa – Bildarchiv), Frankfurt – S. 219.1: Picture-Alliance (dpa – Sportreport), Frankfurt – S. 219.2: IMAGO (Ulmer), Berlin – S. 220.1-2: Picture-Alliance (dpa – Sportreport), Frankfurt – S. 221: IMAGO (Sven Simon), Berlin – S. 222.1: IMAGO (Camera 4), Berlin – S. 222.2 – 223.1: IMAGO (Sven Simon), Berlin – S. 223.2: Picture-Alliance (Sportreport), Frankfurt – S. 224.1: Corbis (Bettmann), Düsseldorf – S. 224.2: Corbis (Underwood & Underwood), Düsseldorf – S. 225.1: IMAGO (Sven Simon), Berlin – S. 225.2: IMAGO (Hoch Zwei), Berlin

Nicht in allen Fällen war es uns möglich, den Rechteinhaber ausfindig zu machen. Berechtigte Ansprüche werden selbstverständlich im Rahmen der üblichen Vereinbarungen abgegolten.